Karin Stenke

Der Einsatz von Zinsterminkontrakten zur Steuerung des Zinsänderungsrisikos eines Kreditinstituts im Rahmen eines Modells für das Aktiv-Passiv-Management

VVF

HOCHSCHULSCHRIFTEN ZUR BETRIEBSWIRTSCHAFTSLEHRE

Herausgeber:
Prof. Dr. D. Beschorner · Universität Ulm
Prof. Dr. M. Heinhold · Universität Marburg

Band 111

Die Deutsche Bibliothek - CIP-Einheitsaufnahme

Stenke, Karin:
Der Einsatz von Zinsterminkontrakten zur Steuerung des Zinsänderungsrisikos eines Kreditinstituts im Rahmen eines Modells für das Aktiv-Passiv-Managements / Karin Stenke. - München : VVF, 1993
(Hochschulschriften zur Betriebswirtschaftslehre ; Bd. 111)
Zugl.: München, Univ., Diss., 1992
ISBN 3-89481-013-0

NE: GT

Gesamtherstellung: Fotodruck Frank GmbH, 80333 München
Printed in Germany

VORWORT

Die Durchführung dieser Studie wäre ohne die Unterstützung zahlreicher Personen nicht möglich gewesen. Ihnen allen gebührt mein aufrichtiger Dank.

Insbesondere bedanke ich mich bei Herrn Prof. Dr. H. Meyer zu Selhausen, der mich zum einen zur Bearbeitung der Problematik angeregt hat und sich zum anderen auch im Laufe der Realisation des Projekts auf vielfältige Weise persönlich eingesetzt hat. Herrn Prof. Dr. Hanssmann danke ich für sein Interesse an dieser Arbeit und die Übernahme des Korreferats.

Ebenso bin ich den Mitarbeitern des betrachteten Kreditinstituts zu Dank verpflichtet, die mir durch ihre Unterstützung die technische Umsetzung der Untersuchungsergebnisse ermöglicht haben.

Nicht zuletzt sei meinen Kollegen vom Seminar für Bankwirtschaft der Universität München für die jederzeitige Bereitschaft zur kritischen Diskussion der Thematik gedankt.

Karin Stenke

Geleitwort

Ohne Zweifel sehen sich Kreditinstitute seit einiger Zeit einer besonders komplexen und schwierigen Kapitalmarktsituation gegenüber. Teilweise inverse Zinsstrukturen mit nicht schulmäßiger Umkehrung des kurz- und langfristigen Zinsniveaus, das Auftreten immer neuer Finanzinnovationen, der computerisierte Handel an der Deutschen-Termin-Börse (DTB), sich wandelndes Anlegerverhalten der Bankkunden - all diese und weitere Faktoren beeinflussen das Ergebnis der Kreditinstitute. In besonderem Ausmaß ist hiervon die Zinsspanne betroffen. Ihre Entwicklung ist in der letzten Dekade durch eine deutliche, stark negative Tendenz gekennzeichnet.

Die vorliegende Arbeit gibt der Bank Entscheidungshilfen zur Verbesserung des Zinsspannenmanagements. Unter Ausklammerung aller vom Entscheidungsträger nicht oder nur sehr langfristig beeinflußbaren Größen konzentriert sich die Arbeit auf die voll im autonomen Entscheidungsbereich der Kreditinstitute befindliche Gestaltung des Aktiv-Passiv-Managements.

Die besonders geglückte Verbindung einer modelltheoretisch perfekten Abhandlung des Problems mit der praktischen Umsetzung der Ergebnisse auf ein konkretes Kreditinstitut macht diese Arbeit nicht nur für den Wissenschaftler und Entscheidungstheoretiker, sondern auch für den wissenschaftlichen Bankmanager hochinteressant.

Marburg und Ulm, im Juli 1993

Die Herausgeber

INHALTSVERZEICHNIS Seite

ABBILDUNGSVERZEICHNIS Seite

ABKÜRZUNGSVERZEICHNIS

Abb.	Abbildung
Alt.	Alternative
APM	Aktiv-Passiv-Management
APMZ	Aktiv-Passiv-Management mit Zinsterminkontrakten
BAK	Bundesaufsichtsamt für das Kreditwesen
Bobl	Bundesobligation (in Verbindung mit Bobl-Future)
bzw.	beziehungsweise
CTD	Cheapest-to-deliver-Anleihe
d.J.	des Jahres
d.n.J.	des nächsten Jahres
DTB	Deutsche Terminbörse
etc.	et cetera
f.	folgende
FN	Fußnote
ff.	fortfolgende
FFR	Forward-Forward-Rate
i.d.R.	in der Regel
i.e.S.	im engeren Sinn
i.w.S.	im weiteren Sinn
KWG	Gesetz über das Kreditwesen
LIFFE	London Financial Futures Exchange
LP	Lineares Programm
LZB	Landeszentralbank
MAD	Mean absolute deviation
MATIF	Marché à Terme International de France
m.E.	meines Erachtens
MZÜ	Modifizierter Zinsüberschuß
o.J.	ohne Jahrgang
o.O.	ohne Ort
o.V.	ohne Verfasser
p.a.	per annum
Red.	Redaktion
RLZ	Restlaufzeit
S.	Seite
SAD	Semi-absolute deviation
TDM	Tausend Deutsche Mark
vgl.	vergleiche
z.B.	zum Beispiel
ZÜ	Zinsüberschuß

SYMBOLVERZEICHNIS[1]

Symbolik der Entscheidungs- und Hilfsvariablen:

$Alt_{i,t}$	Offene Position, die im Zeitpunkt i eingegangen wurde, zum Zeitpunkt t (i < t)
$AltL_{i,t}$	offene Kaufposition (Long-Position) zum Zeitpunkt t, die aus i resultiert
$AltS_{i,t}$	offene Verkaufsposition (Short-Position) zum Zeitpunkt t, die aus i resultiert
$Kauf_{i,t}$	Anzahl gekaufter Kontrakte im Zeitpunkt t mit Bezug zu Zeitpunkt i (i ≤ t) i = t: Eingehen einer offenen Kaufposition i < t: Schließen einer offenen Verkaufsposition, die aus i resultiert
$Neu_{i,t}$	Transaktion, die im Zeitpunkt t mit Bezug zu Zeitpunkt i vorgenommen wird (i ≤ t) i = t: Eingehen einer offenen Position i < t: Schließen einer offenen Position, die im Zeitpunkt i eingegangen wurde
OLP_t	gesamte offene Kaufposition in t
OP_t	Gesamte offene Position im Zeitpunkt t
OSP_t	gesamte offene Verkaufsposition in t

1 Die aufgeführten Symbole finden so im Rahmen des 4. Kapitels Verwendung, beziehen sich also auf die Herleitung der Relationen des Entscheidungsmodells für das Aktiv-Passiv-Management.

In vorhergehenden Abschnitten zur Darstellung anderer Zusammenhänge herangezogene Symbole sind hier nicht enthalten. Diese werden ausschließlich jeweils direkt im Anschluß an ihre Verwendung erläutert.

$Verk_{i,t}$	Anzahl verkaufter Kontrakte im Zeitpunkt t mit Bezug zu Zeitpunkt i ($i \leq t$) i = t: Eingehen einer offenen Verkaufsposition i < t: Schließen einer offenen Kaufposition, die aus i resultiert

Symbolik der Zielfunktionskoeffizienten und Modellparameter:

AK_t	Aktueller Kurs eines Kontrakts im Zeitpunkt t
$BOND\_AK_{r,t}$	Aktueller Kurs eines Renten-Terminkontrakts mit einer Restlaufzeit von r zum Zeitpunkt t
DA	Zu deckender Anteil der gesamten Abschreibungsbedarfs ($0 \leq DA \leq 1$)
EB_t	Gesamter Ergebnisbeitrag aus einem Kontrakt in DM zum Zeitpunkt t
EBB_t	Ergebnisbeitrag aus Transaktionen mit Bundfuture-Kontrakten in t
$EK_{i,t}$	Ergebnisbeitrags-Koeffizienten einer Variablen, die den Kauf eines Kontrakts zum Schließen einer offenen Position aus i zum Zeitpnkt t repräsentiert
$EURO\_AK_{r,t}$	Aktueller Kurs eines 3-Monats-Euro-DM-Terminkontrakts mit einer Restlaufzeit von r zum Zeitpunkt t
$EV_{i,t}$	Ergebnisbeitrags-Koeffizienten einer Variablen, die den Verkauf eines Kontrakts zum Schließen einer offenen Position aus i zum Zeitpnkt t repräsentiert
$FFR_{r,90,t}$	Forward-Forward-Rate für einen Zeitraum von 90 Tagen, der in r Tagen beginnt, zum Zeitpunkt t
$FZÜ\_A_t$	Aktivischer Festzinsüberhang in der betrachteten Zinsbindungsschicht in t
$FZÜ\_P_t$	Passivischer Festzinsüberhang in der betrachteten Zinsbindungsschicht in t
$i_{r,t}$	Zinssatz für r-Tage-Geld zum Zeitpunkt t

KK_t	Kurs des Basis-Wertpapiers zum Zeitpunkt t
NW	Nennwert des betrachteten Terminkontrakts
r	Restlaufzeit eines Terminkontrakts in Tagen ($r \in \{0, 30, 90, 180, 270\}$)
rk_t	Rendite des Basis-Wertpapiers (Kassaposition) zum Zeitpunkt t
UK_i	Ursprungskurs einer Position, die im Zeitpunkt i eingegangen wurde
$WPABGE_t$	Abschreibungsbedarf auf Wertpapiere in t

Symbolik der Entscheidungsregel:

AW_t^{PER}	Abweichung vom periodenbezogenen Anspruchsniveau zum Zeitpunkt t (gesamt) + positive Abweichung - negative Abweichung
AW_t^{SZE}	Abweichung vom szenariobezogenen Anspruchsniveau zum Zeitpunkt t (gesamt) + positive Abweichung - negative Abweichung
$A_{n,t}$	Volumen der aktivischen Bilanzposition n zum Zeitpunkt t
$a_{n,t,m}$	Zinssatz der aktivischen Bilanzposition n zum Zeitpunkt t bei Szenario m
a_k	Abweichung der k-ten Zielsetzung vom entsprechenden Anspruchsniveau
a_k^+	Positive Abweichung der k-ten Zielsetzung vom entsprechenden Anspruchsniveau
a_k^-	Negative Abweichung der k-ten Zielsetzung vom entsprechenden Anspruchsniveau
$EKG_{t,m}$	Ergebnisbeitrag aus Kursgewinnen/ -verlusten zum Zeitpunkt t bei Szenario m
f_k	Funktionalzusammenhang der k-ten Zielsetzung
G_k	Anspruchsniveau (Goal) für die k-te Zielsetzung
g_k	Gewichtung der k-ten Zielsetzung
g^{PER}	Gewichtung des Perioden-Abweichungsziels

g^{SZE}	Gewichtung des Szenarien-Abweichungsziels
$G^{ZÜ}$	Anspruchsniveau bezüglich des modifizierten Zinsüberschusses
$g^{ZÜ}$	Gewichtung des Zinsüberschuß-Ziels
$P_{j,t}$	Volumen der passivischen Bilanzposition j zum Zeitpunkt t
$p_{j,t,m}$	Zinssatz der passivischen Bilanzposition j zum Zeitpunkt t bei Szenario m
q_m	Eintrittswahrscheinlichkeit des m-ten Zinsszenarios ($\sum_{m=1}^{3} q_m = 1$)
x_{kl}	Entscheidungsvariable des Typs l der k-ten Zielsetzung
y_k	Umweltbedingungen der k-ten Zielsetzung
Z	Zielkriterium (Summe der absoluten Abweichungen)
z_k	Wert der k-ten Zielsetzung

Indizes:

i	Index des Bezugs- bzw. Ursprungszeitpunkts (i = 1, 2, 3, 4)
j	Index der Finanzierungsalternativen (j = 1, ..., M)
k	Index der einzelnen Zielsetzungen (k = 1, ..., n)
l	Index der Entscheidungsvariablen (l = 1, ..., N)
m	Index der Zinsszenarien (m = 1, 2, 3)
n	Index der Anlagealternativen (n = 1, ..., K)
t	Index des aktuellen Projektionszeitpunkts (t= 1, ..., 9)

1. Einleitung
1.1 Problemstellung

Obwohl die Ertragslage der deutschen Kreditinstitute Ende der achtziger Jahre insgesamt nach wie vor als gut bezeichnet werden kann,[1] lassen sich doch Verschiebungen bei den Erfolgsbeiträgen der einzelnen Geschäftssparten feststellen. Betrachtet man die beiden Ertragskomponenten des Betriebsergebnisses, Zinsüberschuß[2] und Provisionsüberschuß, ergeben sich gegenläufige Tendenzen. Während der prozentuale Anteil des Provisionsüberschusses am durchschnittlichen Geschäftsvolumen, die sogenannte Provisionsspanne, zunimmt, ist der prozentuale Anteil des Zinsüberschusses am durchschnittlichen Geschäftsvolumen, die Zinsspanne, seit dem Jahr 1983 rückläufig. Die Abbildungen 1 und 2 (S. 2) verdeutlichen die Entwicklung der beiden Größen von 1980 an.

Diese Tendenz ist zwar bei den verschiedenen Bankengruppen[3] unterschiedlich stark ausgeprägt, läßt sich jedoch im Prinzip bei allen Typen von Kreditinstituten beobachten. Gerade bei den großen Filialbanken, für die das Zinsgeschäft traditionell eine wichtige Ertragsba-

---

1 Vgl. hierzu und zum folgenden z.B. o.V. (Ertragslage, 1990) insbesondere S. 15 - 18; anderer Ansicht ist beispielsweise *Eilenberger*, der die Ertragslage der großen Geschäftsbanken als nach wie vor unzureichend erachtet; vgl. hierzu o.V. (Strukturen, 1992), S. 15

2 Zur Definition des Begriffs Zinsüberschuß der Deutschen Bundesbank vgl. z.B. o.V. (Ertragslage, 1990) S. 26

3 Vgl. hierzu o.V. (Ertragslage, 1990) S. 27

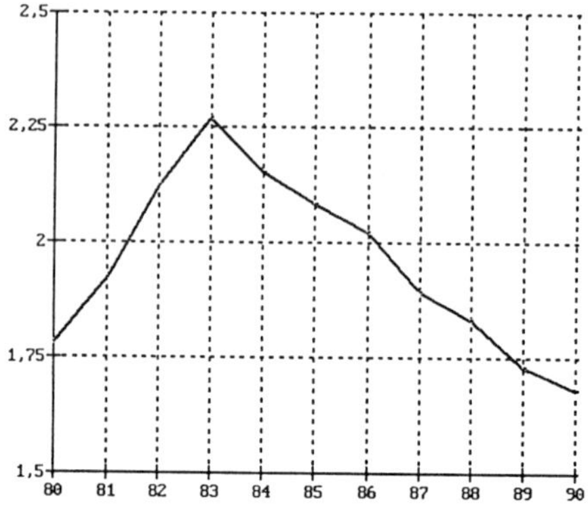

Abb. 1: Entwicklung der Zinsspanne (1980 - 1990)
Quelle: o.V. (Ertragslage, 1990), S. 26 und
o.V. (Ertragslage, 1991), S. 24

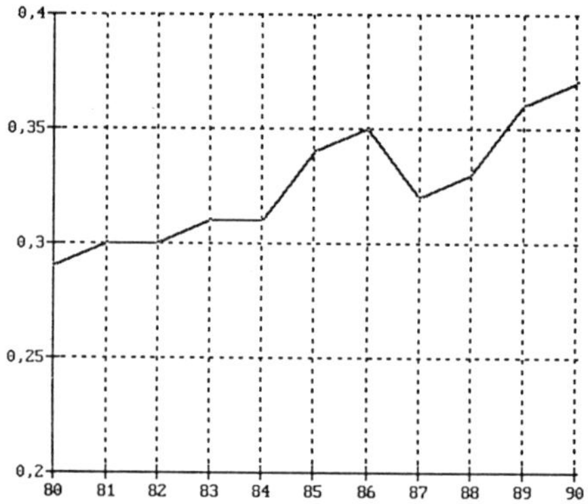

Abb. 2: Entwicklung der Provisionsspanne (1980 - 1990)
Quelle: o.V. (Ertragslage, 1990), S. 26 und
o.V. (Ertragslage, 1991), S. 24

sis darstellt, ist die zu beobachtende Margenverengung als besorgniserregend zu erachten.[4]

Als Ursachen für die sinkende Zinsspanne können zum einen externe Faktoren und zum anderen unternehmensspezifische Gründe genannt werden.[5] Die volkswirtschaftlichen Einflußfaktoren, wie Zinsstruktur, Zinsniveau und Volatilität der Zinssätze[6], sind von den Kreditinstituten nicht beeinflußbar.

Eine weitere Ursache liegt in einem veränderten Verhalten der Kundschaft. Die erhöhte Zinsempfindlichkeit hat zu Umschichtungen von niedrig verzinsten Einlagen zu höher verzinsten Kapitalanlagen geführt.[7] Exemplarisch soll dies anhand der Entwicklung der Spareinlagen und des Erwerbs von festverzinslichen Wertpapieren durch Abbildung 3 (S. 4) verdeutlicht werden.

Generell verteuert diese Umschichtung von Vermögensanlagen die Finanzierung der Banken, führt also zu erhöhten Zinsaufwendungen, denen keine ausreichende Steige-

---

4 Vgl. z.B. Hooven, E. v. (Zukunft, 1989), S. 5. Dies gilt umso mehr, als es den Banken offensichtlich nicht im angestrebten Ausmaß gelingt, den Rückgang des Zinsüberschusses durch den Anstieg des Provisionsüberschusses zu kompensieren; vgl. hierzu Schwarzer, O. (Ertrag, 1992), S. 33

5 Vgl. zu den Determinanten der Zinsspanne Mayer, H., Strienz, R. (Zinsspanne, 1991), S. 488 ff.

6 Zur Entwicklung und den Determinanten der Zinsen vgl. o.V. (Zinsstruktur, 1991), S. 31 ff. sowie o.V. (Zinsentwicklung, 1983), S. 14 ff.

7 Vgl. zu diesem Phänomen beispielsweise Stadtsparkasse München (Hrsg.) (Geschäftsbericht, 1990), S. 30 f. sowie o.V. (Vermögensbildung, 1991), S. 20, Deutsche Bundesbank (Hrsg.) (Finanzierungsrechnung, 1990), S. 20 ff. und Deutsche Bundesbank (Hrsg.) (Ergänzungslieferung, 1991), S. 15 ff.

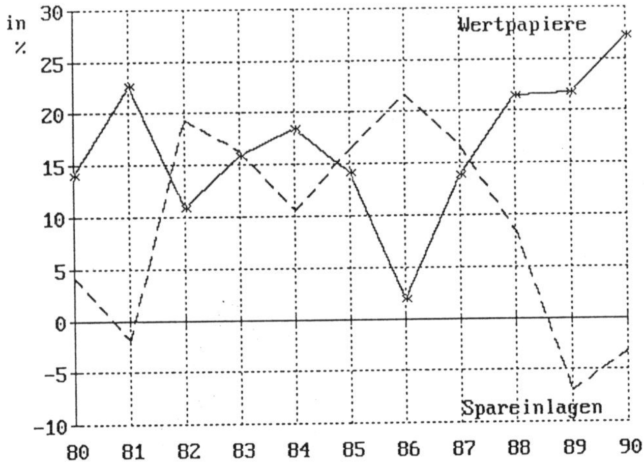

Abb. 3: Prozentualer Anteil der Spareinlagen und des Erwerbs von festverzinslichen Wertpapieren an der gesamten Geldvermögensbildung der inländischen nichtfinanziellen Sektoren[8] (1980 - 1990)

Quelle: Deutsche Bundesbank (Hrsg.) (Finanzierungsrechnung, 1990) und Deutsche Bundesbank (Hrsg.) (Finanzierungsrechnung, 1991)

rung der Zinserträge gegenübersteht, weil die Kreditinstitute nicht in der Lage sind, "ihre steigenden Geldeinstandskosten sofort und vollständig in höheren Sollzinsen an ihre Kreditnehmer weiterzugeben."[9] Diese Phänomene sind durch die Banken zumindest kurzfristig nicht beeinflußbar. Zudem stellt sich die Frage, ob die Kreditinstitute überhaupt versuchen sollten, gegen die

---

8 Private Haushalte, Unternehmen sowie öffentliche Haushalte

9 o.V. (Ertragslage, 1990), S. 15

Interessen der Kunden die Mittelherkunft und -verwendung in diesem Bereich günstiger zu gestalten.[10]

Grundsätzlich stellt jedoch die jeweilige Bilanzstruktur - in Verbindung mit der vorliegenden Zinskonstellation - eine weitere, wesentliche Determinante des Zinsergebnisses einer Bank dar. Von entscheidender Bedeutung sind in diesem Zusammenhang Zinsbindungsinkongruenzen zwischen Aktiva und Passiva.[11] Zum einen ist die Fristentransformation eine der Grundlagen des Bankgeschäfts[12], zum anderen liegt gerade hierin eines der für die Kreditinstitute bedeutendsten Risiken, das Zinsänderungsrisiko.[13] Vor allem in Zeiten anhaltender Hochzinsphasen mit teils inverser Zinsstruktur, wie beispielsweise von Ende 1979 bis Anfang 1982[14] und auch von 1989 bis heute, haben nicht kongruente Finanzierungen zu Ertragseinbußen im zinsabhängigen Geschäft geführt.[15]

Andererseits kann die Strukturierung der Mittelherkunft und -verwendung bei entsprechender Zusammensetzung auch Chancen eröffnen. So konnten einzelne Institute beispielsweise im Geschäftsjahr 1990 trotz des Zinsanstiegs eine Steigerung des Zinsüberschusses verzeichnen, da die Struktur der Aktiva und Passiva im Hinblick auf Zins- und Kapitalbindung flexibel genug war, um die

---

10 Vgl. Meyer zu Selhausen, H. (Strategien, 1991), S. 139

11 Vgl. z.B. Schlenzka, P.F. (Kontrolle, 1984), S. 73

12 Vgl. z.B. Eilenberger, G. (Bank, 1990), S. 214

13 Zur Definition vgl. Abschnitt 3.2.2.1, S. 60 ff.

14 Vgl. Schlenzka, P.F. (Kontrolle, 1984), S. 73

15 Vgl. z.B. o.V. (Helaba, 1989), S. 26

notwendigen Umschichtungen in der Bilanz zu ermöglichen.[16]

Von den bisher diskutierten Faktoren, die den Zinsüberschuß beeinflussen, stellt die Strukturierung der Aktiva und Passiva denjenigen dar, der von den Kreditinstituten weitgehend autonom[17] gestaltet werden kann. Die Notwendigkeit einer simultanen Steuerung von Mittelherkunft und -verwendung unter ertrags- und risikoorientierten Aspekten, also eines Bilanzstrukturmanagement[18] bzw. einer Aktiv-Passiv-Steuerung[19], ist aus den genannten Gründen in Literatur und Praxis seit geraumer Zeit unbestritten[20]; deutlich gestiegen sind jedoch die

---

16 Vgl. hierzu z.B. BHF-BANK (Hrsg.) (Bericht, 1990), S. 18; dies gilt grundsätzlich, auch wenn die westdeutschen Kreditinstitute im Jahr 1991 erstmals wieder einen Anstieg der Zinsspanne verzeichnen konnten, vgl. hierzu o.V. (Ertragslage, 1992), S. 31 ff.

17 Einschränkungen sind u.a. gegeben durch gesetzliche Normen und Marktrestriktionen; vgl. hierzu auch Abschnitt 3.3.1, S. 102 ff.

18 Diesen Begriff verwenden beispielsweise *Schierenbeck*, vgl. Schierenbeck, H. (Bilanzstruktur, 1984), und *Heitmüller*, vgl. Heitmüller, H.-M. (Bilanzstrukturmanagement, 1991); *Schneider-Gädicke* spricht von Bilanzstrukturpolitik, vgl. Schneider-Gädicke, K.-H. (Wertpapiergeschäft, 1984)

19 Synonym dazu auch Aktiv-Passiv-Koordination, vgl. Meyer zu Selhausen, H. (Koordination, 1988), bzw. Aktiv-Passiv-Management, vgl. Rothacker, H. (Treasury, 1991); zur weiteren Begriffsabgrenzung siehe Abschnitt 2.1, S. 16 ff.

20 "Eine betonte Risikovorsorge und eine verstärkte Ertragsorientierung haben ... geschäftspolitische Priorität erhalten und insbesondere die jahrelange einseitig wachstumsorientierte Politik 'um nahezu jeden Preis' ... in den Hintergrund treten lassen." Schierenbeck, H. (Bilanzstruktur, 1984), S. 9

Anforderungen.[21] Demgegenüber stehen mit den sogenannten Finanzinnovationen[22] eine Vielzahl von neuen Instrumenten zur Verfügung, die zusätzlich herangezogen werden können, um unter den veränderten Umweltbedingungen im Rahmen des Aktiv-Passiv-Managements eine effiziente Risikosteuerung vorzunehmen.

1.2 Zielsetzung und Vorgehensweise

Die Aktiv-Passiv-Steuerung ist der Bestandteil des Controlling-Systems eines Kreditinstituts[23], der die Rentabilitäts- und Risikosteuerung des Wertbereichs beinhaltet. Somit sind grundsätzlich alle Erfolgs- und Liquiditätsrisiken[24] zu berücksichtigen. Die vorliegende Untersuchung befaßt sich jedoch schwerpunktmäßig mit der Einbeziehung des Zinsänderungsrisiko-Managements in die Aktiv-Passiv-Koordination, weil diese Risiken einerseits "lange Zeit weder in bankaufsichtsrechtlichen Vorschriften noch in der Literatur große Beachtung gefunden"[25] haben und andererseits "von ihrem Gewicht her für Banken i.d.R. die bedeutendsten Marktrisiken"[26] darstellen. Ausfallrisiko und Liquiditätsrisiko werden zwar einbezogen, sind aber nicht eigentlicher Gegenstand der Analyse. Generell keine Berücksichtigung fin-

---

21 Vgl. Hofmann-Werther, M. (Treasury, 1989), S. 804

22 Vgl. zum Begriff Büschgen, H.E. (Lexikon, 1989), S. 261; einen Überblick vermittelt z.B. Zahn, H.E. (Handlexikon, 1991)

23 Vgl. hierzu Schierenbeck, H. (Bilanzstruktur, 1984), S. 9 ff.

24 Zur Typologie der bankspezifischen Risiken vgl. z.B. Hölscher, R. (Risikokosten, 1987), S. 12 ff.

25 Bessler, W. (Zinsrisikomanagement, 1989), S. 3

26 Rothacker, H. (Treasury, 1991), S. 194

den alle Risiken, die das Auslandsgeschäft der Banken betreffen, wie Währungs- und Länderrisiken.

Ziel der vorliegenden Untersuchung ist es, ein Instrument zur Entscheidungsunterstützung für die Aktiv-Passiv-Koordination eines konkreten Kreditinstituts[27] so weiter zu entwickeln, daß die Mittelbeschaffung und -verwendung unter Einbeziehung von Zinsterminkontrakten insbesondere im Hinblick auf das Zinsänderungsrisiko optimiert wird. Dazu werden Verfahren aus dem Bereich des Operations Research[28] herangezogen, da diese Disziplin Lösungsansätze bereitstellt, die für das vorliegenden Entscheidungsproblem[29] geeignet erscheinen und zudem quantitative Aussagen über die Wirkungen einzelner Handlungen erlauben.

Ausgehend von einer Analyse des "state of the art" im Bereich des Aktiv-Passiv-Managements sowohl im Hinblick auf realisierte Konzeptionen zur Entscheidungsunterstützung als auch hinsichtlich theoretischer Ansätze werden im dritten Abschnitt konzeptionelle Überlegungen zum Management des Zinsänderungsrisikos im Rahmen eines

---

27 Es handelt sich hierbei um eine große deutsche Universalbank, die im folgenden als das "betrachtete" Institut bezeichnet wird. Nähere Angaben können aus Gründen der Vertraulichkeit nicht gemacht werden. Das Institut verfügt bereits über ein Modell zur Aktiv-Passiv-Koordination, auf das im Rahmen dieser Arbeit zurückgegriffen wird, vgl. hierzu auch die Ausführungen in Abschnitt 2.2.2.2, S. 26 ff.

28 Synonym werden die Begriffe "Management Science" und "Systemforschung" verwendet; zur Konzeption und zum Einsatz in Kreditinstituten vgl. Meyer zu Selhausen, H. (Operations Research, 1990), S. 500 ff. sowie die dort angegebene Literatur.

29 Vgl. hierzu auch die Ausführungen in Abschnitt 1.3, S. 9 ff.

Modells zur Aktiv-Passiv-Koordination angestellt. Dazu sind zunächst die Anforderungen an das Modell festzulegen, um anschließend die Entscheidungskriterien[30] und die Handlungsspielräume für das Aktiv-Passiv-Management zu bestimmen. In diesem Zusammenhang ist zudem zu zeigen, daß von der Vielzahl der möglichen Finanzinnovationen insbesondere Zinsterminkontrakte dafür geeignet sind, als Handlungsalternativen für das Management des Zinsänderungsrisikos in ein Modell zur Aktiv-Passiv-Koordination integriert zu werden.

Die Umsetzung der Konzeption, also die eigentliche Modellierung, ist Gegenstand des vierten Abschnitts, während das fünfte Kapitel der Implementierung des Modells sowie der Kontrolle der Ergebnisse gewidmet ist.

Die Vorgehensweise ist somit den Phasen einer Systemstudie nachempfunden.[31]

1.3 Zur Systematisierung von Entscheidungsproblemen und Entscheidungsmodellen

In der Entscheidungstheorie wurden zwei unterschiedliche Forschungsansätze entwickelt - die normative Ent-

---

30 Entscheidungskriterien dienen der Bewertung unterschiedlicher Handlungsalternativen im Hinblick auf deren jeweiligen Beitrag zur Zielerreichung und können somit auch als Zielkriterien bezeichnet werden; vgl. Hanssmann, F. (Systemforschung, 1987), S. 43 ff.

31 Zu den Phasen einer Systemstudie vgl. Hanssmann, F. (Systemforschung, 1987), S. 25 ff. oder auch Eilon, S., Fowkes, T.R. (Science, 1978), S. 2 ff. Zum betriebswirtschaftlichen Systemverständnis im allgemeinen vgl. z.B. Müller-Merbach, H. (Systemansätze, 1992), insbesondere S. 854 ff. sowie S. 870 ff.

scheidungstheorie[32] und die empirisch realistische (deskriptive) Entscheidungstheorie.[33] Im Rahmen der vorliegenden Untersuchung ist der normative Ansatz insofern von größerer Bedeutung, als die normative Entscheidungstheorie primär die allgemeinen theoretischen Grundlagen für optimale Handlungen erarbeitet,[34] und somit dem Ziel der Arbeit, möglichst optimale Entscheidungen vorzubereiten, entspricht.[35] Dagegen ist die Untersuchung des praktischen Entscheidungsverhaltens - ein Forschungsschwerpunkt des empirischen Ansatzes - nicht Gegenstand der Arbeit.

Folgt man nun der normativen Entscheidungstheorie, so läßt sich eine Entscheidungssituation unabhängig vom Entscheidungsträger durch die folgenden Bestandteile des Entscheidungsfeldes[36] charakterisieren:

---

32 Dieser Ansatz wird auch als Entscheidungslogik bezeichnet, vgl. z.B. Sieben, G., Schildbach, T. (Entscheidungstheorie, 1990), S. 1

33 Vgl. z.B. Kirsch, W. (Entscheidungen, 1971)

34 Vgl. Sieben, G., Schildbach, T. (Entscheidungstheorie, 1990), S. 10

35 Der Begriff der Entscheidung selbst wird in der Literatur unterschiedlich definiert und interpretiert; einen Überblick gibt beispielsweise Herrmann, H.-J. (Planung, 1991), S. 16 ff. Auf eine genauere Erörterung wird hier insofern verzichtet, als das Vorliegen einer Entscheidungssituation im Kontext der vorliegenden Untersuchung grundsätzlich zu bejahen ist; vgl. hierzu auch die Ausführungen zum Prozeß der Aktiv-Passiv-Steuerung in Abschnitt 2.1, S. 20 ff. Die generellen Möglichkeiten der modellgestützten Entscheidungsvorbereitung bzw. die Charakteristika von Entscheidungsmodellen werden dagegen auf S. 13 ff. aufgezeigt.

36 Vgl. Sieben, G., Schildbach, T. (Entscheidungstheorie, 1990), S. 15 ff.

- den Aktionsraum, der die Menge aller dem Entscheidungsträger zur Verfügung stehenden Handlungsalternativen umfaßt,
- die Menge möglicher Umweltsituationen, also die Parameter, die einerseits auf die Konsequenzen der Handlungen einwirken, andererseits jedoch nicht im Einflußbereich des Entscheidungsträgers selbst liegen, sowie
- die Ergebnisfunktion, welche jeder Kombination von Handlungen und Umweltsituationen eine eindeutige Konsequenz zuordnet.

Um ein Entscheidungsproblem vollständig definieren zu können, müssen diese faktischen Entscheidungsprämissen um die wertenden Entscheidungsprämissen[37] ergänzt werden. Darunter sind vor allem die Ziele bzw. das Zielsystem sowie die Präferenzen des Entscheidungsträgers zu verstehen.

Ein Entscheidungsproblem kann somit anhand der Ausprägungen dieser Basiselemente eingeordnet werden, wobei allgemein unterschieden werden kann nach der Anzahl der möglichen Handlungsalternativen und deren zeitlicher Dimension, nach dem Unsicherheitscharakter der Umweltparameter und nach der Anzahl der zu erreichenden Ziele und deren Verhältnis zueinander.

Betrachtet man die Entscheidungssituation, mit der ein Kreditinstitut im Rahmen der Aktiv-Passiv-Koordination konfrontiert ist, so läßt sich feststellen, daß diese hochgradig komplex ist. Die Zahl der Handlungsalternativen geht gegen unendlich, da theoretisch - auch wenn man die gesetzlichen, marktlichen und sonstigen ge-

---

37 Vgl. Szyperski, N., Winand, U. (Entscheidungstheorie, 1974), S. 40 ff.

schäftspolitischen Restriktionen beachtet - eine Anzahl möglicher Kombinationen von Mittelherkunft und -verwendung existiert, die nicht enumerativ zu erfassen ist. Zusätzlich ist das Entscheidungsproblem im Hinblick auf die zeitliche Dimension dynamisch. Dies gilt sowohl für die Handlungsalternativen, in dem Sinn, daß jetzt getroffene Entscheidungen auch die Ergebnisse weit in der Zukunft liegender Perioden beeinflussen können, als auch für einzelne Umweltparameter, wie z.B. die Zinssätze, die im Zeitablauf starken Schwankungen unterliegen. Darüberhinaus sind die Umweltparameter nicht deterministisch, d.h. die zukünftige Realisation der Größen ist nicht mit Sicherheit bekannt. Zu unterscheiden sind dabei Entscheidungen unter Risiko und unter Unsicherheit.[38]

Von Risiko i.e.S. spricht man, falls der Realisation der nicht deterministischen Parameter objektive Wahrscheinlichkeitsverteilungen zuzuordnen sind. Als objektiv ist eine Wahrscheinlichkeitsverteilung dann zu bezeichnen, wenn verschiedene, voll informierte und rational handelnde Subjekte zu gleichlautenden Schätzungen gelangen müssen. Sofern keine objektiven Wahrscheinlichkeiten vorliegen, ist dagegen eine Unsicherheitssituation i.e.S. gegeben.

Durch die Einführung subjektiver Wahrscheinlichkeiten kann eine Unsicherheitssituation jedoch in eine Entscheidung unter Risiko überführt werden,[39] sodaß eine

---

38 Vgl. hierzu und zum folgenden Schneider, G. (Planung, 1970), S. 7 ff.

39 Vgl. Schneeweiß, H. (Risiko, 1967), S. 28

weitere Unterscheidung nicht notwendig erscheint.[40] Im folgenden werden daher die Begriffe Risiko und Unsicherheit zur Kennzeichnung des vorliegenden Entscheidungsproblems synonym verwendet.

Schließlich ist das Zielsystem mehrdimensional,[41] wobei die Ziele zusätzlich in einem konkurrierenden Verhältnis zueinander stehen, da sich i.d.R. Ertrags- und Risikoorientierung gegenläufig verhalten.[42]

Zusammenfassend ist somit festzuhalten, daß es sich im Fall der Aktiv-Passiv-Steuerung um ein dynamisches, nicht deterministisches Entscheidungsproblem mit konkurrierenden Zielsetzungen handelt.[43] Im folgenden soll erörtert werden, inwieweit Modelle dazu beitragen können, entsprechende Entscheidungssituationen besser beherrschen zu können.

Innerhalb der Wirtschaftswissenschaften existiert zwar kein einheitliches Modellverständnis,[44] grundsätzlich

---

40 *Baecker* weist in diesem Zusammenhang mit Recht darauf hin, daß Risiken im Sinne von objektiven Wahrscheinlichkeiten immer nur ex post festzustellen sind, während ex ante lediglich subjektive Wahrscheinlichkeiten und somit Ungewißheiten ermittelt werden können; somit sei diese Differenzierung für aktuelle, in die Zukunft gerichtete Entscheidungen ungeeignet. Vgl. Baecker, D. (Risiko, 1992), S. 249

41 Vgl. Szyperski, N., Winand, U. (Entscheidungstheorie, 1974), S. 46 f.

42 Vgl. zur Beziehung von Risiko und Ertrag im allgemeinen beispielsweise auch Milde, H. (Risiko, 1992), S. 315 ff.

43 Vgl. hierzu z.B. auch Brodt, A.I. (Portfolio, 1979), S. 197 ff.

44 Vgl. hierzu auch Herrmann, H.-J. (Planung, 1991), S. 19 ff. sowie S. 102 ff.

kann ein Modell jedoch als vereinfachtes Abbild eines realen Systems bezeichnet werden.[45] "A model of a system under investigation is essentially a simplified abstraction of reality. It eliminates the irrelevant and unimportant details of the real system, and concentrates instead on the fundamental elements, variables and relationships."[46]

Modelle können unter anderem nach ihrer Funktion typisiert werden.[47] Zu unterscheiden sind hierbei insbesondere Erklärungs- und Entscheidungsmodelle.[48] Erklärungs- oder auch Evaluierungsmodelle[49] dienen ausschließlich der Darstellung von funktionalen Zusammenhängen zwischen endogenen und exogenen Variablen, während Entscheidungsmodelle darüberhinaus eine Zielvorschrift zur Ermittlung optimaler Politiken bzw. Handlungsalternativen bei gegebenen Relationen beinhalten.

Modelle beiden Typs können von Entscheidungsträgern insofern zur Entscheidungsunterstützung herangezogen werden, als mögliche Auswirkungen unterschiedlicher Politiken aufgezeigt werden, ohne die entsprechenden Situationen in der Realität herbeiführen zu müssen. Der fundamentale Unterschied besteht darin, daß Entschei-

---

45 In diesem Sinne z.B. auch Baetge, J. (Systemtheorie, 1974), S. 47 sowie Kern, W. (Operations Research, 1971), S. 10

46 Cohen, K.J., Hammer, F.S. (Approach, 1966), S. 9

47 Andere Typisierungskriterien sind beispielsweise analog zu den Merkmalen, die eine Entscheidungssituation kennzeichnen, die Zeit- oder Unsicherheitsdimension eines Modells.

48 Vgl. hierzu und zum folgenden Baetge, J. (Systemtheorie, 1974), S. 55 f.

49 Vgl. zum Begriff auch Meyer zu Selhausen (Optimierungsverfahren, erscheint demnächst)

dungsmodelle - über die Offenlegung der Konsequenzen einer Entscheidung hinaus - im Sinne der Zielvorschrift optimale Gestaltungsmöglichkeiten erarbeiten. Im Rahmen der Entscheidungssituation des Aktiv-Passiv-Managements bedeutet das, daß ein Erklärungsmodell die Wirkung einer fest vorgegebenen Handlungsalternative, wie beispielsweise eines bezüglich Konditionen und Volumen definierten Swaps, im Hinblick auf die Zielgrößen berechnet, während ein Entscheidungsmodell diese Parameter eines Swaps so festlegen würde, daß die Konsequenzen im Sinne der Zielvorschrift optimal sind.

Im folgenden Kapitel werden im Anschluß an eine detaillierte Erörterung von Begriff und Aufgaben des Aktiv-Passiv-Managements unterschiedliche Modelle zur Entscheidungsunterstützung vorgestellt und kritisch gewürdigt.

2. Konzeptionen für die Entscheidungsunterstützung im Rahmen des Aktiv-Passiv-Managements in Theorie und Praxis

Bevor theoretische und auch tatsächlich in Kreditinstituten realisierte Konzeptionen für die Entscheidungsunterstützung im Rahmen der Aktiv-Passiv-Koordination einer kritischen Würdigung unterzogen werden können, ist zunächst eine klare Abgrenzung des Begriffs, der Aufgaben und des Prozesses des Aktiv-Passiv-Managements vorzunehmen.

2.1 Begriff, Prozeß und Aufgaben des Aktiv-Passiv-Managements

Wie oben bereits erwähnt[1] werden verschiedene Begriffe herangezogen, um den Planungs- und Kontrollprozeß zur Steuerung der Mittelbeschaffung und -verwendung zu beschreiben. All diesen Bezeichnungen, sei es nun Aktiv-Passiv-Steuerung oder Bilanzstrukturmanagement[2], ist gemeinsam, daß sie eine Steuerung ausschließlich der Bilanzpositionen eines Kreditinstituts implizieren. Eine Berücksichtigung der weiteren Möglichkeiten der Gestaltung der Mittelherkunft und -verwendung in Form von bilanzunwirksamen Instrumenten, wie Swaps, Optionen, etc.[3], unterbleibt. Insofern werden diese Begriffe

---

1 Vgl. hierzu auch FN 18 und 19 in Abschnitt 1.1, S. 6

2 Im folgenden wird den Bezeichnungen Aktiv-Passiv-Management, -koordination bzw. -steuerung der Vorzug gegeben, um diese Aufgabe auch begrifflich klar von der Bilanzpolitik abzugrenzen.

3 Zur Bilanzunwirksamkeit von Finanzinnovationen im allgemeinen vgl. z.B. o.V. (Finanzinstrumente, 1987), S. 23; speziell für Termingeschäfte vgl. Bieg, H., Rübel, M. (Bewertung, 1988), insbesondere S. 269

der gesamten Aufgabenstellung nicht vollständig gerecht. Dennoch wird in der vorliegenden Arbeit die Bezeichnung Aktiv-Passiv-Management verwendet, da dieser Begriff eingeführt ist, wobei die inhaltliche Definition weiter zu fassen ist, als die, die der Ausdruck an sich beinhaltet.

Die unterschiedlichen Begriffsbestimmungen von Aktiv-Passiv-Management decken sich in wesentlichen Punkten, wobei dies unabhängig davon gilt, ob sich die jeweilige Definition schwerpunktmäßig an den zu erreichenden Zielen[4], den zu erfüllenden Aufgaben[5] oder den anzuwendenden Verfahren[6] orientiert. Als gemeinsame Aspekte, und damit <u>Grundtatbestände des Aktiv-Passiv-Managements</u>,[7] können herausgearbeitet werden:

- Die Steuerung der Anlage- und Finanzierungspolitik hat simultan, also aufeinander abgestimmt, zu erfolgen.

---

4 Vgl. z.B. Altenhain, T., Hölscher, R. (Bilanzstruktur, 1988), S. 41, Schierenbeck, H. (Einbindung, 1991), S. 30 f. oder auch Rolfes, B., Bergfried H. (Geschäftsstruktur, 1988), S. 239

5 Diesen Ansatz wählt beispielsweise Schierenbeck, vgl. Schierenbeck, H. (Bilanzstruktur, 1984), S. 9 f.

6 So z.B. Thomas, J.M. (Futures, 1984), S. 188: "Asset and liability management is essentially a portfolio management process, with the entire balance sheet - assets and liabilities - being the portfolio to be managed."

7 Vgl. z.B. Langen, D. (Management, 1989), S. 33 sowie die weitere, im Abschnitt 2.1 der vorliegenden Arbeit zitierte Literatur

- Das Aktiv-Passiv-Management hat sich in erster Linie an ertrags- bzw. rentabilitätsbezogenen Kriterien zu orientieren.[8]
- Risikopolitik ist ein integraler Bestandteil des Aktiv-Passiv-Managements.[9]
- Die Einhaltung aller rechtlichen Normen ist zu gewährleisten.

Keine einheitliche Meinung besteht selbstverständlich darüber, wie diese Steuerung im Detail vorzunehmen ist und welche Verfahren gegebenenfalls angewendet werden sollen.

Zudem existieren unterschiedliche Auffassungen bezüglich der Einordnung des Aktiv-Passiv-Managements im Rahmen der Steuerungsebenen eines Kreditinstituts. Während einige Autoren[10] das Aktiv-Passiv-Management eindeutig dem strategischen Planungsbereich zuordnen, betonen andere den operativen bzw. taktisch-dispositiven Charakter[11] oder äußern sich überhaupt nicht zu dieser

---

8 Dabei differiert allerdings die jeweilige Konkretisierung dieser Kriterien im Einzelfall.

9 *Rolfes* beispielsweise betrachtet das Management des Zinsänderungsrisikos sogar als Kernstück der Aktiv-Passiv-Steuerung; vgl. Rolfes, B. (Methoden, 1990), S. 89. Dies war allerdings nicht immer der Fall, sondern hat sich erst in jüngerer Vergangenheit herauskristallisiert. Vgl. auch die Ausführungen in Abschnitt 2.2.1, S. 22 ff.

10 Vgl. z.B. Leichsenring, H. (Führungsinformationssysteme, 1990), S. 320 ff., Altenhain, T., Hölscher, R. (Bilanzstruktur, 1988), S. 41 oder auch Giokas, D., Vassiloglou, M. (Model, 1991), S. 48

11 Vgl. Meyer zu Selhausen, H. (Bank-Controlling, 1992), S. 255

Problematik. *Schierenbeck*[12] beschreitet hier insofern einen Mittelweg, als er das Bilanzstruktur-Management als in erster Linie strategische Aufgabe bezeichnet, die jedoch einen starken Zusammenhang zum operativen Controlling aufweist, da der Zeithorizont gemessen an üblichen strategischen Kategorien relativ kurz ist. Eine Diskussion dieser Divergenzen erscheint jedoch dann obsolet, wenn man *Eisele*[13] folgt, der fordert, daß das Aktiv-Passiv-Management beiden Aspekten, also sowohl dem strategischen als auch dem operativen, gerecht werden muß.[14] Diese Auffassung ist auch insofern zu vertreten, als die Gesamtstruktur der Anlage- und Finanzierungspolitik eines Kreditinstituts durchaus ein Erfolgspotential im strategischen Sinne darstellen kann,[15] wohingegen die einzelnen Entscheidungen bzw. die daraus resultierenden Maßnahmen operativen Charakter haben.

---

12 Vgl. Schierenbeck, H. (Bankmanagement, 1991), S. 21 f.

13 Vgl. Eisele, D. (Bilanzstrukturmanagement, 1985), S. 122

14 Dieser Problematik ist bei der konzeptionellen Gestaltung des Modells durch eine geeignete Wahl des Planungshorizonts und, damit eng verbunden, des Detaillierungsgrads Rechnung zu tragen; vgl. Abschnitt 4.1.2, S. 149 ff.

15 *Meyer zu Selhausen* verwendet in diesem Zusammenhang den Begriff der Zinsgeschäftsstrategie im Sinne einer Funktionalstrategie ; vgl. Meyer zu Selhausen, H. (Strategien, 1991), S. 139. Vgl. hierzu auch Köllhofer, D. (Gewinnplanung, 1987), S. 123 f., der insbesondere das Zinsänderungsrisiko als strategisch bedeutsam erachtet, bzw. Jacob, A.-F. (Geschäftsfeld, 1992), S. 105 ff., der den strategischen Charakter des Risiko-Managements betont. Darüberhinaus kann ein Modell zum Aktiv-Passiv-Management den strategischen Erfolgsfaktor der Qualität der Führungs- und Steuerungssysteme unterstützen; vgl. Meyer zu Selhausen, H. (Erfolgsposition, 1989), S. 89.

Für die vorliegende Arbeit soll die folgende Definition zugrunde gelegt werden:

Aktiv-Passiv-Management ist ein kontinuierlicher Planungs- und Kontrollprozeß, der die Koordination der Anlage- und Finanzierungspolitik eines Kreditinstituts unter ertrags- und risikoorientierten Aspekten sowie unter Berücksichtigung aller rechtlichen und marktlichen Beschränkungen steuert.

Diese Begriffsbestimmung umfaßt sowohl die Steuerung von Bilanzpositionen als auch die der nicht bilanzwirksamen Instrumente, ist jedoch unabhängig von etwaigen heranzuziehenden Verfahren. Sie erscheint somit zum einen hinreichend konkret und zum anderen weit genug gefaßt, um nicht eventuell interessante Möglichkeiten zur Gestaltung des Aktiv-Passiv-Managements bereits von vorneherein definitorisch auszuschließen.

Abschließend seien die Aufgaben des Aktiv-Passiv-Managements anhand eines möglichen Phasenschemas konkretisiert. Der Prozeß läßt sich grob in die Phasen Entscheidungsvorbereitung, Entscheidung und Kontrolle einteilen.[16] Abbildung 4 (S. 21) stellt die Aufgaben innerhalb dieser Abschnitte im Überblick dar.

Die im folgenden näher zu untersuchenden Instrumente der Entscheidungsunterstützung sind der Phase der Entscheidungsvorbereitung, insbesondere den Aufgaben "Erarbeitung von Handlungsalternativen" und "Evaluierung der Handlungsalternativen" zuzuordnen, wobei je nach

---

16 Vgl. hierzu und zum folgenden Strobl, J. (Zinsänderungsrisiken, 1989), S. 216 ff.

Phase	Entscheidungsvorbereitung	Entscheidung	Kontrolle
Aufgaben	Analyse der Ausgangssituation Erstellen von Prognosen - Zinsen - Marktentwicklung Erarbeitung von Handlungsalternativen Evaluierung der Handlungsalternativen	Diskussion der Handlungs-alternativen Fällen der Entscheidungen	Kontrolle der Prämissen Kontrolle der Realisation

Abb. 4: Phasen und Aufgaben des Aktiv-Passiv-Managements

Quelle: In Anlehnung an Strobl, J. (Zinsänderungsrisiken, 1989), S. 218

Ausgestaltung der Modelle entweder beide Aufgaben oder nur die der Bewertung von Politiken unterstützt werden.

2.2 Aktiv-Passiv-Management unter veränderten Umweltbedingungen

Es sollen zunächst kurz die Ursprünge des Aktiv-Passiv-Managements skizziert werden, um anschließend den derzeitigen Entwicklungsstand anhand ausgewählter Beispiele darzustellen. Es wird hier insbesondere auf in Kreditinstituten realisierte Konzeptionen der Entscheidungsunterstützung eingegangen, wobei im Anschluß an die Darstellung theoretischer Ansätze die Ursachen einer etwaigen Diskrepanz zwischen Praxis und Theorie zu analysieren sind.

2.2.1 Historische Entwicklung des Aktiv-Passiv-Managements

In den 50er und 60er Jahren wurden zunächst jeweils isoliert Ansätze zum Management der Aktiva bzw. später auch der Passiva entwickelt.[17] "... nowadays, it has become 'assets *and* liabilities management' ..."[18] Ausschlaggebend für diese Entwicklung waren drei Hauptgründe:[19]

1. Zu Beginn der 70er Jahre stiegen aufgrund der zunehmenden Inflationsraten die Nominalzinsen an.
2. Die Volatilität der Zinsen nahm ab dem Ende der 70er Jahre stark zu.
3. Parallel zu diesen Entwicklungen läßt sich ein Trend zur Deregulation beobachten, der in der Bundesrepublik Deutschland mit der Freigabe der Zinssätze im Jahr 1967 seinen Anfang nahm.

Das Zusammenwirken dieser Faktoren führte letztendlich zu einer Verschärfung des Wettbewerbs und damit einhergehend zu sinkenden Margen.

Da die Kreditinstitute früher die "... Kundennachfrage nach Bankleistungen noch weitgehend als gegeben hinnahmen ..."[20], bestand aus der damaligen Sicht keine Notwendigkeit für ein Steuerungsinstrument. Erste Ansätze zur Planung beschränkten sich somit insofern isoliert

---

17 Vgl. hierzu Wilson, J.S.G. (Definitions, 1988), S. 1

18 Wilson, J.S.G. (Summary, 1988), S. 263

19 Vgl. hierzu und zum folgenden Wilson, J.S.G. (Definitions, 1988), S. 1 ff.

20 Meyer zu Selhausen, H. (Optimalplanung, 1970), S. 2

auf die Kapitalverwendung, als von einem festen, zur Verfügung stehenden Anlagebetrag ausgegangen wurde.[21] Entsprechend dienten auch Methoden zur Planung der Kapitalbeschaffung ausschließlich der Ermittlung der kostengünstigsten Finanzierung bestimmter Aktiva.[22]

Die Zusammenführung beider Teilbereiche ergab dann die Basis für eine koordinierte Steuerung, wobei allerdings zunächst - neben der Einhaltung der rechtlichen Beschränkungen und Rentabilitätsgesichtspunkten - vor allem die Liquiditätssicherung im Vordergrund stand.[23] Erst in der jüngeren Vergangenheit wurde dann auch das Management der Marktrisiken Bestandteil des Aktiv-Passiv-Managements, wodurch die Entwicklung der Funktion als solcher den heutigen Stand erreicht hat.

2.2.2 Ausgestaltung des Aktiv-Passiv-Managements in Kreditinstituten

Bezüglich der konkreten Ausgestaltung des Aktiv-Passiv-Managements sowie der in Kreditinstituten tatsächlich herangezogenen Entscheidungsunterstützungsinstrumente liegen vergleichsweise wenige Erkenntnisse vor. Dies beruht auf der im allgemeinen relativ zurückhaltenden Informationspolitik der Banken, was interne Systeme und

---

21 Vgl. hierzu auch Süchting, J. (Bankmanagement, 1987), S. 335 ff. sowie die dort angesprochenen Modelle.

22 Diese Vorgehensweise kann mit dem Begriff "Funding" umschrieben werden; vgl. Wilson, J.S.G. (Definitions, 1988), S. 1

23 Vgl. Rothacker, H. (Treasury, 1991), S. 191 sowie Jacob, H.-R., Villiez, C. v., Westphal, E. (Erfolgs-Management, 1992), S. 101

Abläufe anbelangt.[24] Aus diesem Grund wurde auf eine eigene Erhebung bei Kreditinstituten verzichtet. Die im folgenden exemplarisch aufgezeigten Ansätze sind der Literatur entnommen, wobei kein Anspruch auf Vollständigkeit oder auch nur Repräsentativität erhoben wird.

Darüberhinaus wird die derzeitige Konzeption des Aktiv-Passiv-Managements des betrachteten Kreditinstituts insoweit geschildert, als dies für den weiteren Gang der Untersuchung notwendig ist.

2.2.2.1 Realisierte Instrumente für die Entscheidungsunterstützung im Rahmen des Aktiv-Passiv-Managements

Obwohl die Notwendigkeit einer Gesamtbanksteuerung unter ertrags- und risikoorientierten Aspekten unbestritten ist, scheint die Bereitschaft zur Veröffentlichung von tatsächlich herangezogenen Verfahren und Methoden eher gering zu sein. Vor allem deutsche Institute legen hier eine große Zurückhaltung an den Tag. So finden sich zwar allgemeine Hinweise auf die organisatorische Gestaltung des Aktiv-Passiv-Management-Prozesses,[25] konkrete Aussagen im Hinblick auf die Durchführung sowie den Einsatz von Instrumenten und Methoden unterbleiben jedoch.

---

24 In diesem Sinn auch Langen, D. (Management, 1989), S. 37 f.

25 Vgl. z.B. Bindert, D. (Case Study, 1988), S. 127 ff., der über die Deutsche Bank AG berichtete, oder o.V. (Exkursion, 1991), S. 97, wo die organisatorische Eingliederung der Aktiv-Passiv-Steuerung der Bayerischen Hypotheken- und Wechsel-Bank AG beschrieben ist.

Eine Ausnahme stellt hier der Sparkassensektor insofern dar, als die eingesetzten Instrumente zumindest im Überblick beschrieben sind.[26] Es handelt sich zum einen um "STRABIS", ein Instrument zur "strategischen Bilanzsimulation", das auf einem Tabellenkalkulationsprogramm basiert und folgende Hauptzielsetzungen verfolgt:
- Simulation der Determinanten der Zinsspannenentwicklung (Zinsanpassungselastizitäten, Abweichungen vom Kapitalmarktzins, Zinsbindungsstrukturen und Struktur des Kreditgeschäfts),
- Offenlegung der Zinsänderungsrisiken bzw. -chancen (variabel- und festverzinsliche Positionen) sowie
- Unterstützung bei der Erstellung von Planbilanzen.

Einen ähnlichen Ansatz verfolgen auch *Abels* und *Virgin*[27] mit ihrem EDV-Planungsprogramm zur Steuerung und Kontrolle der Zinsspanne. Charakteristisch für diese Modelle ist, daß sie auf relativ hochaggregierten Daten beruhen und von den Autoren dem strategischen Planungsbereich zugeordnet werden. Sie beruhen auf Simulationsansätzen, weshalb der Schwerpunkt der Anwendungen auf "What ... if ..."-Analysen liegt. Insofern stellen diese Instrumente zur Planungs- und Prognoseunterstützung Evaluierungsmodelle dar, machen also die Konsequenzen der Entwicklung der Umweltparameter und der jeweiligen Anlage- und Finanzierungspolitik deutlich. Handlungsempfehlungen werden durch diese Instrumente nicht generiert.[28]

---

26 Vgl. hierzu und zum folgenden beispielsweise Friggemann, P., Neumann, M. (Bilanzsimulation, 1988), Friggemann, P. (Management, 1990), Abels, P., Virgin, G. (Bilanzstruktur, 1978), Krüger, G. (Programm, 1992)

27 Vgl. Abels, P., Virgin, G. (Bilanzstruktur, 1978)

28 Zur Würdigung von Simulationsansätzen im allgemeinen vgl. auch Abschnitt 2.3.1.1, S. 31 ff.

Weitere Erkenntnisse über den Einsatz von Verfahren zum Aktiv-Passiv-Management, insbesondere mit Methoden des Operations Research, in deutschen Kreditinstituten[29] liegen nicht vor. Grundsätzlich werden jedoch auch solche quantitativen Modelle, vor allem in anderen Ländern, durchaus in der Praxis eingesetzt.[30] Die Diskussion möglicher Ursachen der geringen Akzeptanz in deutschen Banken erfolgt im Anschluß an die Darstellung des Aktiv-Passiv-Managements des betrachteten Kreditinstituts sowie des Stands der Modellentwicklungen in der Theorie in Abschnitt 2.3.3.

2.2.2.2 Ausgestaltung des Aktiv-Passiv-Managements im betrachteten Kreditinstitut

Die organisatorische Einbindung des Aktiv-Passiv-Managements der betrachteten Bank ist in Abbildung 5 (S. 27) im Überblick dargestellt.[31] Neben der explizit für die Steuerung des Zinsänderungsrisikos verantwortlichen

---

29 Eine Ausnahme stellt das betrachtete Institut dar; vgl. dazu die Ausführungen im folgenden Abschnitt.

30 So berichten beispielsweise *Giokas und Vassiloglou* über ein in einer griechischen Bank implementiertes Modell, vgl. Giokas, D., Vassiloglou, M. (Model, 1991); *Korhonen* über eine finnische Bank, vgl. Korhonen, A. (Model, 1987); *Kusy und Ziemba* über ein kanadisches Institut, vgl. Kusy, M.I., Ziemba, W.T. (Model, 1986); über weitere implementierte Modelle berichten Cohen, K.J., Maier, S.F., Vander Weide, J.H. (Science, 1981), S. 1098 ff. Bei *Bitner und Goddard* findet sich eine Aufstellung kommerzieller Anbieter von Simulations-Modellen zum Aktiv-Passiv-Management, wobei jedoch keine Aussagen über Art und Einsatz der Modelle gemacht werden; vgl. Bitner, J.W., Goddard, R.A. (Management, 1992), S. 34

31 Vgl. zu den weiteren, in das Aktiv-Passiv-Management involvierten Organisationseinheiten Meyer zu Selhausen (Verwirklichung, 1972), S. 85 ff.

Abteilung sind dem Aktiv-Passiv-Management Einheiten zur Liquiditäts- und Strukturplanung sowie zur Disposition des Geldanlagebestandes unterstellt.

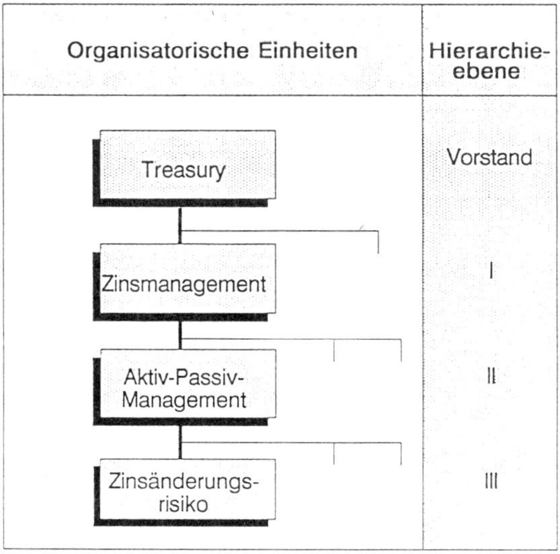

Abb. 5: Organisatorische Einbindung des Aktiv-Passiv-Managements des betrachteten Kreditinstituts

Zur Entscheidungsunterstützung steht ein Modell zur Verfügung, welches im Lauf der Zeit mehrfach modifiziert und verbessert wurde.[32] Umfeld und Grundstruktur

32 Vgl. hierzu und zum folgenden Meyer zu Selhausen, H. (Optimalplanung, 1970), ders. (Optimization, 1977), ders. (Koordination, 1988) sowie ders. (Strategien, 1991)

dieses Modells[33] lassen sich wie folgt gemäß Abbildung 6 darstellen.

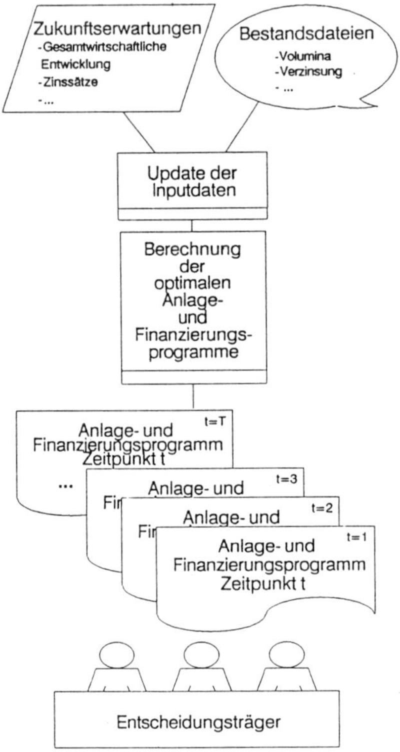

Abb. 6: Umfeld und Grundstruktur des Modells zur Entscheidungsunterstützung

Quelle: In Anlehnung an Gilbert, D. (Tools, 1988), S. 205

---

33 Die Bezeichnung Modell wird im folgenden insofern in einer weiten Begriffsauslegung verwendet, als unter Modellanwendung grundsätzlich auch die Generierung der Inputs sowie Outputs und nicht nur die reine Berechnung der Ergebnisse verstanden wird; der Modellbegriff schließt hier somit das informationstechnische Umfeld mit ein.

Es handelt sich um ein lineares Optimierungsmodell zur Maximierung einer Nutzenfunktion, die auf die Maximierung des Zinsüberschusses ausgerichtet ist.[34] Mit Hilfe des Modells wird eine Folge von Anlage- und Finanzierungsprogrammen erstellt, die unter Berücksichtigung der zum Planungszeitpunkt gegebenen Ausgangssituation, der Zinserwartungen sowie aller rechtlichen und marktlichen Restriktionen im Hinblick auf das Nutzenkriterium optimal ist.

Der derzeitige Entwicklungsstand des Modells, das im folgenden als APM-Modell bezeichnet wird, ist dadurch gekennzeichnet, daß zum einen mit Ausnahme von Zins-Swaps Finanzinnovationen keine Berücksichtigung finden und zum anderen das Zinsänderungsrisiko zwar detailliert analysiert werden kann und auch implizit in die Nutzenfunktion eingeht, jedoch keine explizite Zielgröße darstellt. Die Integration dieser beiden Aspekte ist die Zielsetzung der vorliegenden Arbeit.

2.3 Theoretische Ansätze für die Entscheidungsunterstützung im Rahmen des Aktiv-Passiv-Managements

In der Literatur finden sich zahlreiche theoretische[35] Ansätze für Systeme zur Entscheidungsunterstützung im Rahmen des Aktiv-Passiv-Managements, die nicht bis zur Praxisreife entwickelt und daher in Banken nicht imple-

---

34 Zu einer detaillierteren Beschreibung der Zielfunktion sowie weiterer modelltechnischer Einzelheiten vgl. Kapitel 4, insbesondere Abschnitt 4.3.1, S. 187 ff.

35 Es kann allerdings nicht ganz ausgeschlossen werden, daß der eine oder andere in diesem Abschnitt diskutierte Ansatz in der Praxis umgesetzt ist, da dies aus den Quellen nicht immer eindeutig hervorgeht.

mentiert sind.[36] Im folgenden sollen nur einige dieser Modelle, die insbesondere auch das Zinsänderungsrisiko berücksichtigen, skizziert[37] werden. Die Auswahl wurde so vorgenommen, daß grundsätzlich verschiedene Ansätze jeweils anhand von Beispielen, die den aktuellen Stand der Forschung[38] im jeweiligen Bereich repräsentieren, dargestellt werden. Die Klassifikation erfolgt dabei in erster Linie danach, ob analytische oder heuristische Verfahren zur Anwendung kommen. Die weitere Einteilung orientiert sich an inhaltlichen Aspekten der jeweiligen Ansätze.

2.3.1 Heuristische Ansätze

Unter heuristischen Verfahren versteht man "... intuitiv konzipierte Verfahren, die keine optimale Lösung garantieren ..."[39] Sie "... bestehen aus bestimmten Vorgehensregeln zur Lösungsfindung, die hinsichtlich der Problemstruktur als sinnvoll, zweckmäßig und erfolgversprechend erscheinen ..."[40] Insofern können

---

36 Einen guten Überblick gibt beispielsweise Langen, D. (Management, 1989), S. 33 ff.

37 Die Darstellung beschränkt sich auf die für die Ansätze charakteristischen Grundelemente. Die Details, wie z.B. die Formulierung der Nebenbedingungen können - soweit sie veröffentlicht sind - der jeweils angegebenen Literatur entnommen werden.

38 Es wurde aus diesem Grund bewußt darauf verzichtet, Modelle zu diskutieren, die dem Unsicherheitsaspekt zumindest bezüglich der Zinssätze bzw. der Dynamik der Problemstellung keine Rechnung tragen.

39 Hillier, F., Lieberman, G.J. (Einführung, 1988), S. 20

40 Müller-Merbach, H. (Research, 1973), S. 290

hierunter Ansätze, die auf Simulation bzw. Kennzahlenvorgaben beruhen, subsummiert werden.

Da Heuristiken i.d.R. vor allem dann herangezogen werden, wenn keine analytischen Verfahren zur Verfügung stehen, soll dieser Bereich im folgenden nur kurz abgehandelt werden, da - wie später zu zeigen ist - eine Reihe von analytischen Ansätzen für die Entscheidungsunterstützung im Rahmen des Aktiv-Passiv-Managements existiert.

2.3.1.1 Simulationsansätze

"Simulation enables one to answer the question 'what if ...'"[41] Das Grundprinzip - hier angewandt auf das Beispiel des Aktiv-Passiv-Managements - besteht also darin, bestimmte, vorzugebende Strukturen von Mittelherkunft und -verwendung im Rahmen eines Simulationsmodells mit unterschiedlichen Umweltbedingungen, insbesondere Zinsszenarien, zu konfrontieren und die entsprechenden Auswirkungen auf die Zielgrößen, wie z.B. den Zinsüberschuß, zu berechnen. Indem man Simulationsläufe für alternative Strukturen mit jeweils identischen Einflußfaktoren durchführt, gelangt man zu einer Bewertung der unterschiedlichen Möglichkeiten.[42]

Simulationsansätze erlauben die modellhafte Abbildung komplexer Zusammenhänge und sind zudem sehr gut geeignet, um stochastische Parameter zu berücksichtigen. Sie werden aus diesen Gründen herangezogen, um Modelle

---

41 Royer, M.H. (Simulation, 1980), S. 121

42 Für ein mögliches Schema eines entsprechenden Modells vgl. Toevs, A.L., Haney, W.C. (Models, 1986), S. 298; zur Gestaltung von Simulationsmodellen im allgemeinen vgl. z.B. Witte, T. (Simulationstheorie, 1973), S. 195 ff.

der gesamten Unternehmung zu konstruieren. Für Kreditinstitute existieren insbesondere für den Bereich des Aktiv-Passiv-Managements zahlreiche Simulationsanwendungen.[43]

"Although simulation is widely used in bank profit planning with good results, its value is limited in some respects by the quality of inputs that must be provided by management."[44] Dies gilt umso mehr, als Simulationsmodelle nicht in der Lage sind, Handlungsalternativen zu generieren, sondern lediglich die Auswirkungen vorgegebener Maßnahmen zu evaluieren.[45]

2.3.1.2 Kennzahlengestützte Ansätze

Einen kennzahlengestützten Ansatz zum Aktiv-Passiv-Management schlägt beispielsweise *Schierenbeck*[46] vor. Dabei müssen zunächst geeignete Risiko-Strukturziele, z.B. in Form von Limitierungen und Relationen, sowie Rentabilitätsvorgaben ermittelt werden, die dann mit Hilfe der zur Verfügung stehenden Maßnahmen durchzusetzen sind.

Ein derartig gestaltetes Instrument zeigt weder Handlungsalternativen auf, noch ist es in der Lage, die Auswirkungen etwaiger Maßnahmen zu berechnen, um so die

---

43 Vgl. z.B. Bedoni, M. (Simulation, 1987), Grubmann, N. (Simulation, 1987), Robinson, R.S. (BANKMOD, 1987) oder auch Wild, K.D. (Simulation, 1987)

44 o.V., (Balance, 1980), S. 165

45 Vgl. hierzu und zu weiteren Nachteilen der Simulation Hillier, F., Lieberman, G.J. (Einführung, 1988), S. 804 f.

46 Vgl. hierzu und zum folgenden Schierenbeck, H. (Bilanzstruktur, 1984)

Vorteilhaftigkeit einzelner Handlungsmöglichkeiten erkennen zu lassen. Tatsächlich stellt der Ansatz lediglich den Versuch einer Quantifizierung von Zielgrößen für das Aktiv-Passiv-Management dar. Insofern kann es m.E. nicht als Konzeption zur Entscheidungsunterstützung i.e.S. aufgefaßt werden, sondern ist bestenfalls der Entscheidungsvorbereitung im Sinne einer Problemstrukturierung zuzuordnen.

2.3.2 Analytische Modelle

Analytische Modelle zeichnen sich durch eine mathematisch geschlossene Formulierung aus. Zu ihrer Lösung kann i.d.R. auf exakte mathematische Algorithmen zurückgegriffen werden, die das Auffinden einer optimalen Lösung ermöglichen.

Auf eine weitere Differenzierung in Abhängigkeit von den jeweils verwendeten Algorithmen wird im folgenden verzichtet, da deren Wahl stark von den Modellstrukturen abhängt, die wiederum von den Modellinhalten geprägt werden. Daher ist der Algorithmus als solcher nicht charakteristisch für einen Ansatz.[47] Die hier vorgenommenen Kategorisierung orientiert sich dagegen an inhaltlichen Kriterien, und zwar im einzelnen an der Art und Weise der jeweiligen Berücksichtigung

- des Zinsänderungsrisikos (Marktwert- oder Periodenüberschußprinzip),
- der Zielsetzungen (Ein- oder Mehrfachkriterium),

---

47 Eine Differenzierung nach Algorithmen nehmen einige Autoren vor, vgl. beispielsweise Kusy, M.I., Ziemba, W.T. (Model, 1986), S. 356 ff. M.E. betont dies jedoch zu sehr den mathematischen Aspekt der Problemstellung und wird daher den inhaltlichen Gesichtspunkten nur bedingt gerecht.

- der Unsicherheit sowie
- von nicht bilanzwirksamen Finanzinstrumenten.

Bevor jedoch die modellmäßigen Umsetzungen hinsichtlich der genannten Merkmale dargestellt und diskutiert werden, soll zunächst auf die Portfolio Theorie als einen der grundlegenden analytischen Ansätze, auf den sich viele Modelle zurückführen lassen, eingegangen werden.

2.3.2.1 Portfolioansatz

Eine Reihe von Modellen zum Aktiv-Passiv-Management basiert auf der von *Markowitz* entwickelten Portfolio Theorie.[48] Die Grundstruktur dieses Ansatzes läßt sich wie folgt formulieren: Gegeben sind ein bestimmter Anlagebetrag sowie verschiedene Wertpapiere, von denen jeweils die Wahrscheinlichkeitsverteilung des Ertrags und somit Erwartungswert und Varianz des Ertrags sowie die Kovarianzen des Ertrags mit den Erträgen aller anderen Wertpapiere bekannt sind. Die Verteilung des Betrags auf die Wertpapiere stellt dann ein <u>effizientes Portfolio</u> dar, wenn gilt, daß mit keinem anderen Portfolio entweder ein höherer Erwartungswert des Gesamtertrags bei gleichbleibendem Risiko (ausgedrückt durch die Varianz[49] des Gesamtertrags) oder ein geringeres Risiko bei gleichbleibendem Erwartungswert des Gesamtertrags erzielt werden kann.

Der Ansatz wurde im Lauf der Zeit im Hinblick auf die mathematische Struktur mehrfach modifiziert und wei-

---

48 Vgl. Markowitz, H.M. (Portfolio, 1959)

49 Zur Diskussion der Eignung der Varianz als Risikomaß vgl. z.B. die Auseinandersetzung zwischen *Keppler* und *Bauer*: Keppler, M. (Volatilität, 1990); Bauer, C. (Risikomaße, 1991) sowie Keppler, M. (Portfolio, 1991)

terentwickelt.[50] Hervorzuheben ist hierbei die Arbeit von *Sharpe*[51], der mit der Entwicklung seines Indexmodells einen wesentlichen Beitrag zur Reduzierung der für das Modell benötigten Inputdaten geleistet hat.

Darüberhinaus werden Übertragungen des ursprünglich nur für die Ermittlung effizienter Wertpapierportefeuilles, also der optimalen Zusammensetzung von Anlagen, insbesondere Aktien, herangezogenen Theorieansatzes auf andere Portefeuilles diskutiert.[52] Die Anwendungen im Rahmen des Aktiv-Passiv-Managements[53] beziehen die Passiva - zusätzlich zu den Aktiva - in Form von "negativen Erträgen" mit ein, sodaß die gesamte Bilanz das Portefeuille darstellt. Der Grundgedanke besteht nun analog zur Portfolio Theorie darin, daß aus einer Vielzahl von möglichen und zulässigen Anpassungen der Bilanzstruktur diejenigen als effizient herausgefiltert werden, die entweder bei gleichbleibendem Erwartungswert des Ertrags ein minimales Risiko beinhalten oder bei gleichbleibendem Risiko den Erwartungswert des Ertrags maximieren. Insofern berücksichtigt dieser Ansatz implizit zwei Zielsetzungen, wobei eine der beiden grundsätzlich in Form einer Nebenbedingung auf einen bestimmten Wert fixiert wird, während die Zielfunktion im Hinblick auf die andere optimiert wird. Durch parametrische Variation des festzuschreibenden Werts wird so eine Vielzahl von effizienten Lösungen berechnet.

---

50 Einen Überblick gibt z.B. *Hielscher*; vgl. Hielscher, U. (Asset, 1991), S. 254 ff.

51 Vgl. z.B. Sharpe, W.F. (Model, 1966), S. 282 ff.

52 Vgl. hierzu und zu der damit verbundenen Problematik Wilhelm, J. (Zinsänderungsrisiko, 1992), S. 209 ff.

53 Vgl. hierzu und zum folgenden Brodt, A.I. (Portfolio, 1979) und Brodt, A.I. (International, 1984)

Eine simultane Lösung des Problems im Hinblick auf beide Zielgrößen findet jedoch nicht statt.

"The bankers can then examine the set of efficient decisions and select the decision that best satisfies them, i.e., has the highest expected utility."[54] Insofern stellt dieser Ansatz tatsächlich nur eine Entscheidungsunterstützung dar und hat den Vorteil, daß a priori keine Annahmen darüber zu treffen sind, welches Maß an Risiko der Entscheidungsträger bereit ist einzugehen. Andererseits wird eben dieser Punkt kritisiert, da dies bei mehrperiodigen Betrachtungen dazu führt, daß "at least 2t parameters should be traded-off against each other (where t is the number of time periods included in the model), ..."[55]. Die Modelle sind in dieser Hinsicht als unvollständig zu bezeichnen.

Das Risiko wird bei den entsprechenden Modellansätzen i.d.R. nicht mittels der Varianz bzw. der Standardabweichung gemessen,[56] sondern durch andere stochastische Parameter, wie MAD (mean absolute deviation) oder SAD (semi-absolute deviation). Diese Risikomaße haben gegenüber der Varianz den Vorteil, daß einer der Hauptkritikpunkte[57] des Portfolioansatzes entkräftet werden kann: Die Normalverteilungsannahme für die Verteilung der Erträge ist nicht mehr notwendig. Zusätzlich wird

---

54 Brodt, A.I. (International, 1984), S. 91

55 Spronk, J., Zambruno, G.M. (Portfolio, 1981), S. 452

56 Eine Ausnahme stellt hier *Chen* dar, der die Varianz als Risikomaß heranzieht und zur Lösung seines Ansatzes auf die von *Sharpe* entwickelte Indexmethode zurückgreift; vgl. Chen, A.H.Y. (Portfolio, 1978), S. 144 f.

57 Vgl. z.B. Langen, D. (Management, 1989), S. 132

so erreicht, daß das Modell dann linear[58] ist und somit auch das wesentlich einfachere Verfahren der Linearen Optimierung zur Berechnung der Lösung herangezogen werden kann. Darüberhinaus entfällt die Schätzung bzw. Prognose der Varianzen und Kovarianzen.

Abschließend ist festzuhalten, daß sich die Anwendung der Portfolio Theorie im Rahmen des Aktiv-Passiv-Managements beträchtlich vom ursprünglichen Ansatz unterscheidet. Lediglich der Grundgedanke der effizienten Kombinationen von Ertrag und Risiko wird beibehalten. Weitergehende Entwicklungen, die zwar nach wie vor den Begriff der Portfolio Selection verwenden[59], entfernen sich bereits so weit von der Idee von *Markowitz*, daß sie m.E. nicht unter diesem Punkt zu diskutieren sind.

2.3.2.2 Marktwert- versus Periodenüberschußprinzip

Kennzeichnend für Modelle, die unter dem Begriff Marktwertprinzip oder auch Duration-Ansatz subsummiert werden können, ist, daß bei einer Zinsänderung die Auswirkung auf den Marktwert aller Aktiva und Passiva erfaßt wird. Das Zinsänderungsrisiko wird somit durch die Sensitivität des Marktwerts gemessen, wobei "Opportunitätsgewinne und -verluste im Moment ihrer Entstehung berücksichtigt werden."[60]

---

58 Der ursprüngliche Ansatz von *Markowitz* ist aufgrund der Verwendung der Varianz als Risikomaß und der damit verbundenen Notwendigkeit der Einbeziehung der Kovarianzen nicht linear, da dadurch eine multiplikative Verknüpfung von Variablen impliziert wird.

59 Vgl. z.B. Spronk, J., Zambruno, G.M. (Portfolio, 1981)

60 Brammertz, W., Burger, W. (Duration, 1990), S. 325

Dagegen orientieren sich Konzeptionen, die auf dem Periodenüberschußprinzip basieren, an den nominalen Zinszahlungen, die aus zinstragenden Aktiva und Passiva resultieren, bzw. tatsächlich realisierten Kursgewinnen und/oder -verlusten. Die Bilanzpositionen werden dabei zu Buchwerten angesetzt. Als Maß für das Zinsänderungsrisiko wird die Sensitivität des Periodenergebnisses herangezogen.

Der grundsätzliche Unterschied dieser Konzepte liegt also in der Erfassung des Zinsänderungsrisikos, wobei beide Ansätze Vor- und Nachteile[61] haben, beziehungsweise den Ausprägungen des Zinsänderungsrisikos bei verschiedenen Bilanzpositionen in unterschiedlicher Weise gerecht werden.

Die Mehrheit der Modelle zum Aktiv-Passiv-Management beruht auf der Grundkonzeption des Periodenüberschußprinzips, wobei dies nicht immer explizit erwähnt wird. Zudem weichen die einzelnen Konzeptionen, denen gemeinsam ist, daß die steuerungsrelevanten Größen zu Buchwerten angesetzt werden, stark voneinander ab.[62] So ist beispielsweise *Meyer zu Selhausen*[63] als Vertreter des Zinsüberschuß-Ansatzes zu nennen. *Olson* und *Simonson*[64] verwenden dagegen das Prinzip des Gap-Managements, *Rolfes*[65] wiederum einen Elastizitäten-Ansatz.

---

61 Zur ausführlichen Diskussion unterschiedlicher Konzepte der Erfassung des Zinsänderungsrisikos vgl. Abschnitt 3.2.2, S. 60 ff.

62 Vgl. hierzu und zu weiteren Beispielen auch Langen, D. (Management, 1989), S. 66 f.

63 Vgl. Meyer zu Selhausen, H. (Koordination, 1988)

64 Vgl. Olson, R.L., Simonson, D.G. (Gap, 1982)

65 Vgl. z.B. Rolfes, B. (Steuerung, 1985)

Auf dem Marktwertprinzip basieren vergleichsweise weniger Konzepte. Die meisten ausformulierten Modelle beschränken sich auf die Steuerung von Bond-Portfolios,[66] während Ansätze zur Koordination aller Bilanzpositionen eines Kreditinstituts häufig nur verbal beschrieben sind und keineswegs als ausgereift bezeichnet werden können.[67]

Einen Mittelweg beschreiten schließlich *Simonson* und *Hempel*[68] sowie *Booth* und *Bessler*[69], indem sie versuchen, die Vorteile beider Konzeptionen in einem Modell zu integrieren. Beide Arbeiten stellen jedoch lediglich Ansätze dar, wobei die Möglichkeit der Umsetzung der auf dem Buchwertprinzip beruhenden Relationen sogar von den Autoren selbst angezweifelt wird: "... it may not be possible to resolve completely the duration related modeling problem ..."[70]

2.3.2.3 Einfache versus mehrfache Zielsetzung

"Eine wichtige Determinante der optimalen Bilanzstruktur ist das Zielsystem des Kreditinstituts. Der Vorgang der Zielsetzung muß vor dem Optimierungsprozeß stattfinden, wobei ... ein dominantes Hauptziel und unterge-

---

66 Vgl. z.B. Fong, H.G., Vasicek, O.A. (Strategy, 1984) sowie auf dieser Arbeit aufbauend Prisman, E.Z., Shores, M.R. (Duration, 1988)

67 Vgl. z.B. Rudolph, B. (Strategie, 1979) sowie Wondrak, B. (Steuerung, 1986)

68 Vgl. Simonson, D.G., Hempel, G.H. (Gap, 1982)

69 Vgl. Booth, G.G., Bessler, W. (Goal, 1989)

70 Booth, G.G., Bessler, W. (Goal, 1989), S. 88

ordnete Nebenziele aufzustellen sind."[71] Unbestritten ist, daß das dominierende Ziel im weitesten Sinne der Gewinnmaximierung entspricht, wobei die konkrete Ausprägung jeweils von der betrachteten Bank abhängig ist. Einigkeit besteht auch darüber, daß das Aktiv-Passiv-Management weiteren Zielsetzungen gerecht werden muß, die teilweise mit dem Gewinnziel konkurrieren, wie z.B. die Minimierung von Erfolgsrisiken, wobei diese allerdings nicht unbedingt als untergeordnet zu bezeichnen sind.

Es existieren darüberhinaus grundsätzlich unterschiedliche Ansätze, wie verschiedene, nicht verträgliche Zielsetzungen (unabhängig von ihrer Gewichtung) innerhalb eines Modells berücksichtigt werden können.[72] Die folgende Diskussion bezieht sich ausschließlich auf solche Zielsetzungen, deren Optimierung angestrebt wird, und nicht auf solche, deren Erreichen zwingend ist,[73] wie z.B. die Aufrechterhaltung der Liquidität.

Betrachtet man nur zwei Zielsetzungen, beispielhaft Gewinnmaximierung und Risikominimierung, so stehen drei unterschiedliche Möglichkeiten zur Verfügung, diese in ein Modell zu integrieren:

- Formulierung einer Zielfunktion, die ein Ziel als Kriterium beinhaltet, sowie einer Satisfizierungsbedingung, die gewährleistet, daß die andere Zielgröße

---

71 Schierenbeck, H. (Modell, 1987), S. 499 f.

72 Zu den Voraussetzungen der Anwendung entsprechender Verfahren vgl. z.B. Bitz, M. (Strukturierung, 1977), S. 270 ff.

73 Diese sind in der modellmäßigen Umsetzung grundsätzlich als Nebenbedingungen zu behandeln, deren Verletzung zu unzulässigen Lösungen führt.

einen geforderten Grenzwert nicht über- bzw. nicht unterschreitet.[74]

- Das Konzept der effizienten Lösungen, wie es in der Portfolio Theorie zur Anwendung kommt.[75]
- Die Formulierung einer Zielfunktion, die beide Zielsetzungen in einem Kriterium zusammenfaßt.[76]

Nur der zuletzt genannte Ansatz garantiert die tatsächliche, simultane Optimierung aller Zielgrößen, in dem Sinn, daß eine pareto-optimale Kombination dieser Zielgrößen erreicht wird; wobei pareto-optimal wie folgt definiert wird: "... that combination of the goal variables in which no goal value can be improved without deteriorating at least one of the other goal values."[77] Als Anwendungsbeispiele sind die Modelle von *Korhonen*[78] oder auch *Booth* und *Bessler*[79] zu nennen.

Die hierbei zum Einsatz kommenden mathematischen Lösungsverfahren gehören zur Klasse der Multiple Objective Programming Methods[80], wobei insbesondere der An-

---

74 So z.B. Schierenbeck, H. (Modell, 1987), S. 499 ff.

75 Vgl. hierzu auch Abschnitt 2.3.2.1, S. 34 ff.

76 Vgl. hierzu allgemein Bitz, M. (Strukturierung, 1977), S. 225 ff.

77 Spronk, J., Zambruno, G.M. (Portfolio, 1981), S. 454

78 Vgl. Korhonen, A. (Model, 1987), S. 13 ff.

79 Vgl. Booth, G.G., Bessler, W. (Goal, 1989), S. 81 ff.

80 Einen Überblick gibt z.B. Spronk, J. (Goal, 1981), S. 50 ff.

satz des Goal Programmings[81] verwendet wird. Die Optimierung der Zielgrößen erfolgt dabei, indem deren Abweichung von bestimmten, vorher festzulegenden Werten (goals) minimiert wird. Materiell führt dies dazu, daß die Zielgrößen den jeweiligen Anspruchsniveaus, den "goals", so gut wie möglich angenähert werden.[82] Auf diese Weise können mehrere, auch konkurrierende Ziele zu einem Kriterium, nämlich der Gesamtsumme der einzelnen Abweichungen, zusammengefaßt werden.

Der Ansatz des Goal Programmings erscheint darüberhinaus auch deshalb für Modelle zur Entscheidungsunterstützung im Rahmen des Aktiv-Passiv-Managements geeignet,[83] weil der Grundgedanke des Optimierungsprozesses für einen Entscheidungsträger vergleichsweise einfach nachzuvollziehen ist.

2.3.2.4 Berücksichtigung der Unsicherheit

Bei den meisten bisher diskutierten Modellen wird ausschließlich die Realisation der zukünftigen Zinssätze als nicht deterministischer Parameter berücksichtigt.[84] Darüberhinaus existieren Ansätze, die zusätzlich die Unsicherheit weiterer ökonomischer Größen integrieren. Zu nennen sind hier beispielhaft die Arbeiten von *Cohen*

---

81 Eine Kurzdarstellung findet sich bei Hillier, F., Lieberman, G.J. (Einführung, 1988), S. 229 ff.

82 Vgl. Charnes, A., Cooper, W.W. (Goal, 1977), S. 40

83 Zu den Vorteilen dieses Konzepts vgl. Nijkamp, P., Spronk, J. (Results, 1980), S. 279

84 Dies war von vorneherein ein Auswahlkriterium für die vorzustellenden Modelle; vgl. auch Abschnitt 2.3, S. 30, FN 38

und *Thore; Booth; Kusy* und *Ziemba; Korhonen*[85] sowie *Booth, Bessler* und *Foote.*[86]

Charakteristisch für diese Ansätze ist, daß die Unsicherheit nunmehr auch bei Größen berücksichtigt wird, die Beschränkungen des Entscheidungsraums darstellen.[87] Beispielhaft kann hier die Nachfrage nach bestimmten Bankleistungen genannt werden. In der Umsetzung aller bisher diskutierten Modelle sind diese Parameter fest fixierte Grenzen bestimmter, korrespondierender Nebenbedingungen, sogenannte upper bzw. lower bounds. Dies stellt gegenüber der Realität eine gewisse Vereinfachung dar. "No banker can confidently predict the exact course of his bank's deposits or demand for loans ..."[88]. Dadurch, daß diese Größen in Form von Wahrscheinlichkeitsverteilungen anstatt in Form deterministischer Grenzen einbezogen werden, soll eine größere Realitätsnähe erzielt werden.

Inhaltlich kann die mathematische Formulierung solcher Ansätze mit der Abbildung von zweistufigen Entscheidungen je Periode verglichen werden. "First-stage decisions are made at the beginning of the period. As time passes and uncertainty becomes resolved, second-stage

85 Vgl. Vgl. Cohen, K.J., Thore, S. (Uncertainty, 1970), S. 42 ff; Booth, G.G. (Bank, 1972), S. 28 ff.; Kusy, M.I., Ziemba, W.T. (Model, 1986), S. 356 ff.; Korhonen, A. (Model, 1987), S. 13 ff.

86 Vgl. Booth, G.G., Bessler, W., Foote, W. (Managing, 1989); das Modell beinhaltet prinzipiell die Möglichkeit, Restriktionsgrenzen stochastisch zu gestalten, auch wenn dies im numerischen Beispiel (vgl. S. 310) nicht der Fall ist.

87 Bei allen bisher diskutuierten Ansätzen wurden lediglich die Koeffizienten der Zielfunktion, also die Zinssätze, als stochastische Größen behandelt.

88 Cohen, K.J., Thore, S. (Uncertainty, 1970), S. 43

decisions are made."[89] Die Entscheidungen der zweiten Stufe können also als notwendige Anpassungsmaßnahmen auf Veränderungen der relevanten Umwelt innerhalb einer Periode interpretiert werden. Um dies zu erreichen, müssen die Handlungsalternativen bzw. Entscheidungsvariablen in zwei Klassen eingeteilt werden, sodaß sie den Entscheidungsstufen zugeordnet werden können.[90]

Die mathematischen Optimierungsverfahren, die zur Lösung derartiger Probleme verwendet werden, gehören zur Klasse der stochastischen Verfahren[91]. Die hier betrachteten Modelle sind so formuliert, daß der Algorithmus des stochastic linear programming with simple recourse (SLPRS)[92] angewendet werden kann, und somit ein Verfahren, das - verglichen mit den anderen Ansätzen in diesem Bereich - programmtechnisch relativ einfach umzusetzen ist.

Dennoch sind diese stochastischen Modelle von einer <u>enormen Komplexität</u>, die m.E. einer Anwendung in der

---

89 Booth, G.G., Bessler, W., Foote, W.G. (Managing, 1989), S. 305

90 Die Zuordnung der Variablen auf die Stufen differiert je nach Modell; Vgl. z.B. Cohen, K.J., Thore, S. (Uncertainty, 1970), S. 47 und S. 49, Booth, G.G. (Bank, 1972), S. 37 sowie Booth, G.G., Bessler, W., Foote, W.G. (Managing, 1989), S. 306.

91 In Frage kommen hier "chance constrained programming, dynamic programming, sequential decision theory, and linear programming under uncertainty"; Kusy, M.I., Ziemba, W.T. (Model, 1986), S. 357

92 Vgl. zum Verfahren des stochastic programming with recourse allgemein z.B. Wets, R. (Uncertainty, 1966), Walkup, D.W., Wets, R.J.B. (Programs, 1967) und zu den Formen mit simple recourse Walkup, D.W., Wets, R.J.B. (Special, 1970), Everitt, R., Ziemba, W.T. (Programs, 1979) und die dort angegebene Literatur

Praxis entgegensteht. Mit Ausnahme der Modelle von *Kusy* und *Ziemba*, das für eine kanadische Bank entwickelt wurde[93], und des von *Korhonen*, welches in einer finnischen Bank implementiert wurde[94], stellen die Arbeiten überwiegend theoretische Grundlagenforschung dar und können als Prototypen bezeichnet werden.

2.3.2.5 Berücksichtigung von Finanzinnovationen

Die meisten der vorliegenden Modellansätze zum Aktiv-Passiv-Management beschränken sich im Rahmen der Handlungsalternativen auf Bilanzpositionen. Dies beruht zum Teil darauf, daß die sogenannten Finanzinnovationen zur Zeit der Konzeption der Modelle noch gar keine oder zumindest keine große Bedeutung für die Gesamtbanksteuerung hatten.[95] Aber auch Ansätze jüngeren Datums berücksichtigen überwiegend ausschließlich Aktiva und Passiva als Entscheidungsvariable.

Dagegen umfaßt der tatsächliche Handlungsspielraum weit mehr Alternativen, und gerade im Rahmen des Managements von Erfolgsrisiken können die nicht bilanzwirksamen Instrumente eine wichtige Rolle spielen.[96] So berichten auch die Autoren, die entsprechende Entscheidungsvariable, wie z.B. Financial Futures, in ihre Ansätze in-

---

93 Vgl. Kusy, M.I., Ziemba, W.T. (Model, 1986), S. 364

94 Vgl. Korhonen, A. (Model, 1987), S. 13

95 Vgl. z.B. Langen, D. (Management, 1989), S. 80 ff., der u.a. auf einen fehlenden, geregelten Markt für Finanzinnovationen in Deutschland verweist.

96 Vgl. hierzu z.B. Thomas, J.M. (Futures, 1984)

tegrieren[97], daß diese durchaus dazu beitragen, die Ziele der jeweiligen Modellbank besser zu erreichen. Hierbei ist allerdings zu beachten, daß es sich lediglich um explorative Studien handelt. Implementierte Gesamtbankmodelle, die Finanzinnovationen berücksichtigen, sind bisher nicht bekannt.

2.3.3 Zusammenfassende Würdigung

Zusammenfassend kann festgestellt werden, daß zwar in der Theorie zahlreiche, teilweise sehr komplexe, Modellansätze für das Aktiv-Passiv-Management vorgeschlagen werden. Abbildung 7 (S. 47) gibt anhand einiger Modelle einen abschließenden Überblick über die Entwicklung der analytischen Ansätze in Bezug auf deren wesentliche Merkmale.

In der Praxis der Kreditinstitute, insbesondere in Deutschland, ist der Einsatz solcher modellgestützter Instrumente jedoch nicht verbreitet.[98] Wenn überhaupt

---

97 Vgl. z.B. Booth, G.G, Bessler, W. (Goal, 1989) und Booth, G.G, Bessler, W., Foote, W.G. (Managing, 1989)

98 Entsprechende Ergebnisse zeigt auch eine von *Priewasser* im Jahre 1975 durchgeführte empirische Untersuchung, vgl. Priewasser, E. (Implementierung, 1977), S. 302. Es ist davon auszugehen, daß die Aussagen der Studie tendenziell weiterhin gültig sind, vgl. hierzu Niestrath, C., Wagner, M. (Optimierung, 1990), S. 216. In diesem Sinne auch Herrmann, H.-J. (Planung, 1991), S. 61 ff.
Dagegen stellten *McClure und Miller* in ihrer auf den allgemeinen Einsatz von Operations Research Verfahren in amerikanischen Banken bezogenen Untersuchung eine weite Verbreitung solcher Methoden fest. Allerdings wurde hier bereits der Einsatz statistischer Verfahren als OR-Anwendung bezeichnet, was die Aussagefähigkeit der Studie schmälert. Vgl. McClure, R.H., Miller, R.E. (Application, 1979), insbesondere S. 25 sowie S. 28 f.

Modellansatz	Hauptmerkmale des Modellansatzes			
Autor(en) (Kurztitel) Jahr	Zielkriterium	Berücksichtigung des Zinsänderungsrisikos	Integration von Finanzinnovationen	Integration von stochast. NB-Grenzen
Cohen/Thore (Uncertainty) 1970	einfach	Erwartungswert des Gewinns	---	+
Booth (Bank) 1972	einfach	Erwartungswert des Gewinns	---	+
Brodt (Portfolio) 1979	Trade-off	Semi-absolute deviation[1]	---	---
Korhonen (Model) 1987	mehrfach	Semi-absolute deviation[1]	---	+
Booth/Bessler (Goal) 1989	mehrfach	Duration	Futures	---
Booth/Bessler/Foote (Managing) 1989	mehrfach	Marktwertveränderungen	Futures	+

1) Maß für das Risiko ist somit die negative Abweichung der Realisation des Gewinnkriteriums im Rahmen verschiedener Szenarien vom Erwartungswert des Gewinns.

Abb. 7: Entwicklung theoretischer Modellansätze für das Aktiv-Passiv-Management im Überblick

entsprechende Modelle zum Einsatz kommen, dann handelt es sich zum größten Teil um solche, die auf Simulationsansätzen beruhen.[99] Der Vorteil dieser Instrumente liegt zweifellos in der vergleichsweise einfachen Nachvollziehbarkeit der Modellstrukturen und damit auch der Ergebnisermittlung.

Im Gegensatz zu den Simulationsansätzen zeichnen sich die dargestellten analytischen Modelle durch eine wesentlich größere Leistungsfähigkeit aus. Dies bedingt allerdings eine in der Regel hochgradig komplexe mathematische Struktur, die das Verständnis dieser Instrumente erschwert. Hierin liegt m.E. einer der Hauptgründe, weshalb die Akzeptanz der entsprechenden Ansätze so gering ist.[100] "Die Güte eines Verfahrens zum Management von Zinsänderungsrisiken hängt nicht allein von der Zahl und der Komplexität der berücksichtigten Entscheidungskriterien, sondern mindestens ebenso von der Verständlichkeit und Benutzerfreundlichkeit für das Bedienungspersonal des jeweiligen Instituts ab."[101]

Aufgrund dieser Beziehung zwischen der Komplexität eines Ansatzes einerseits und dessen Praktikabilität andererseits stellt sich die Frage, "... wann ein Modell zu einfach bzw. zu kompliziert ist, um praktische Ent-

---

99 Das betrachtete Institut stellt hier eine Ausnahme dar, da dem eingesetzten APM-Modell ein den Simulationsansätzen bei weitem überlegenes analytisches Konzept zugrundeliegt.

100 Zur Diskussion weiterer Faktoren vgl. auch Hammer, F.S. (Science, 1969), S. S. 285 ff. oder Herrmann, H.-J. (Planung, 1991), S. 63

101 Müller, H.-U., Schum, R. (Risiken, 1989), S. 7

scheidungen zweckmäßig treffen zu können."[102] Zum einen sollen möglichst alle relevanten Aspekte der Realität erfaßt werden, um die Güte und Umsetzbarkeit der Handlungsempfehlungen sicherzustellen, und zum anderen muß die Nachvollziehbarkeit der einem Instrument zugrundeliegenden Modellstruktur für den Entscheidungsträger gegeben sein, damit er es überhaupt zur Entscheidungsunterstützung heranzieht.

Im folgenden Abschnitt werden aus diesem Grund zunächst die Anforderungen diskutiert, denen die Konzeption für die Integration von Zinsterminkontrakten in das APM-Modell genügen muß, wenn dieses hinsichtlich Realitätsnähe und Akzeptanz befriedigen soll.

---

102 Bäuerle, P. (Entscheidungsmodelle, 1989), S. 175. *Scheffler* spricht in diesem Zusammenhang von Überschaubarkeit als Voraussetzung für Entscheidbarkeit, vgl. Scheffler, W. (Entscheidungen, 1992), S. 242

3. Konzeptionelle Überlegungen zur Steuerung des Zinsänderungsrisikos im Rahmen eines Modells für das Aktiv-Passiv-Management

Gegenstand dieses Kapitels ist die Entwicklung einer Soll-Konzeption für die Integration des Zinsänderungsrisiko-Managements in das APM-Modell der betrachteten Bank[1]. Zur klaren Differenzierung zwischen der bestehenden Version des APM-Modells und der hier zu entwikkelnden, erweiterten Modellvariante wird diese im folgenden als APMZ-Modell bezeichnet. Nach der Festlegung der allgemeinen und problemspezifischen Anforderungen, denen der Ansatz zu genügen hat, werden die Elemente des APMZ-Modells[2] konkretisiert.

Hierbei stehen zum einen die Zielgrößen und zum anderen die Handlungsalternativen, insbesondere die einzubeziehenden Finanzinnovationen, im Vordergrund. Umweltparameter und Funktionalzusammenhang können zum Teil aus dem bereits bestehenden APM-Modell übernommen werden; soweit aufgrund der Modifikationen zur Integration des Zinsänderungsrisikos und der Finanzinnovationen hier Anpassungen nötig werden, sind diese Gegenstand des vierten Abschnitts, der die eigentliche Modellierung beinhaltet.

---

1 Vgl. hierzu auch Abschnitt 2.2.2.2, S. 26 ff.

2 Ein Entscheidungsmodell kann generell durch die Elemente Entscheidungskriterium (E), Entscheidungsvariable (X), Umweltparameter (Y) und den entsprechenden, die Elemente verbindenden Funktionalzusammenhang (f) beschrieben werden: E = f(X;Y); vgl. Hanssmann, F. (Systemforschung, 1987), S. 80

3.1 Anforderungen an das APMZ-Modell

Die Anforderungen, denen ein Modell zu genügen hat, sind zum einen genereller und zum anderen problemspezifischer Art. Dabei werden im folgenden unter den generellen Anforderungen all diejenigen Aspekte diskutiert, die grundsätzlich bei einer Modellkonzeption zu berücksichtigen sind, während unter den problemspezifischen Anforderungen Aufgabe und Zielsetzung im Rahmen des Aktiv-Passiv-Managements insbesondere des betrachteten Kreditinstituts konkretisiert werden. Die allgemeinen Anforderungen können somit als eher formal bezeichnet werden, die problemspezifischen dagegen als inhaltlich.

3.1.1 Generelle Anforderungen

Anhand der zugrundeliegenden Entscheidungssituation können grundsätzliche Modelltypen[3] unterschieden werden, die sogenannten "praktischen" und die "theoretischen" Modelle. Die theoretischen Modelle weisen keinen Bezug zu einem konkreten Entscheidungsproblem auf. Sie sind daher für die vorliegende Untersuchung nicht relevant, ihr Wesen soll aus diesem Grund nicht weiter vertieft werden.

Da das APMZ-Modell für den Einsatz in der bankbetrieblichen Praxis konzipiert wird, muß es - verglichen mit solchen Modellen, die lediglich als Prototyp gewisse Einsichten in eine vorliegende Problemstruktur vermitteln sollen - anderen, zusätzlichen Anforderungen genügen. Von besonderer Bedeutung sind in diesem Zusammenhang

---

3 Vgl. hierzu und zum folgenden Bitz, M. (Strukturierung, 1977), S. 51 ff.

- die Umsetzbarkeit der durch das Modell generierten Lösungsvorschläge,
  was im konkreten Fall der Steuerung des Zinsänderungsrisikos im Rahmen des Aktiv-Passiv-Managements eines deutschen Kreditinstituts restriktiv insbesondere in dem Sinne wirkt, daß die tatsächlich zur Verfügung stehenden Handlungsalternativen eingeschränkt werden[4], und

- die Akzeptanz der Modellkonzeption durch die jeweiligen Entscheidungsträger,
  was zum einen die Festlegung des Zielsystems des Aktiv-Passiv-Managements berührt[5] und zum anderen die Wahl der Modellstruktur und des zur Anwendung kommenden Algorithmus beeinflußt.

Bäuerle[6] postuliert darüberhinaus die Verfügbarkeit bestimmter planungsrelevanter Ressourcen, deren Vorhandensein eine notwendige Voraussetzung für den praktischen Modelleinsatz darstellt. Zu unterscheiden sind:

- Personaler Input
  Es muß ein Spezialist zur Verfügung stehen, der das Modell bzw. dessen Einsatz betreut.
- Informatorischer Input
  Die konkreten Werte der in das Modell eingehenden Umweltparameter müssen mit vertretbarem Aufwand beschaffbar sein.

---

4 Vgl. hierzu auch Abschnitt 3.3.2, S. 111 ff.

5 Dieser Aspekt wird als inhaltliche Anforderung betrachtet und ist somit Thema des folgenden Abschnitts 3.1.2, S. 55 ff..

6 Vgl. hierzu und zum folgenden Bäuerle, P. (Entscheidungsmodelle, 1989), S.180 ff.

- Technologischer Input
  Die zum Einsatz des Modells notwendige Hard- und Software muß verfügbar sein.
- Organisatorischer Input
  Die ablauf- und gegebenenfalls auch aufbauorganisatorischen Regelungen für einen reibungslosen Modelleinsatz müssen gegeben sein.
- Zeitlicher Input
  Der Zeitbedarf sowohl für die Modellformulierung als auch für einen modellgestützten Entscheidungsvorgang muß dem Problem angemessen sein.

Bei der Konzeption ist somit darauf zu achten, daß das APMZ-Modell keine höheren Anforderungen im Hinblick auf die oben genannten Aspekte stellt, als in der Praxis vorzufinden sind bzw. geschaffen werden können.

Im konkreten Fall ist davon auszugehen, daß der personale und der organisatorische Input zu einem großen Teil gegeben sind, da das Aktiv-Passiv-Management in der betrachteten Bank bereits modellgestützt abgewikkelt wird.[7] Auch die technischen Ressourcen, Hard- und Software, stehen zur Verfügung. Allerdings handelt es sich bei der Software um ein Paket zur linearen Optimierung, so daß hier die Wahl des mathematischen Lösungssalgorithmus zumindest auf die Klasse der linearen Verfahren eingeschränkt wird.[8] Der Zeitbedarf der Entwicklung des Modells stellt insofern keinen Engpaßfaktor dar, als eine implementierte Lösung vorliegt. Dagegen spielt die Zeitdauer eines Modellaufs durchaus eine

---

7 Vgl. Abschnitt 2.2.2.2, S. 26 ff.

8 Aufgrund der in Abschnitt 2.3.1, S. 30 ff. diskutierten Nachteile heuristischer Entscheidungsmodelle werden im folgenden ausschließlich analytische Ansätze verfolgt.

wichtige Rolle, da das zu entwickelnde Modell ein Unterstützungssystem für eine periodisch wiederkehrende Entscheidung darstellt.

Den bisher diskutierten Aspekten ist insbesondere bei der Modellierung und Implementierung des Systems Rechnung zu tragen. Dagegen beeinflußt die Forderung der Quantifizierbarkeit der Inputdaten bereits die konzeptionelle Gestaltung des Modells. "If garbage is fed into the system, then garbage will come out."[9] Auch ein umfassend konzipiertes und theoretisch gesichertes Modell liefert wertlose Ergebnisse, wenn nur Teile des erforderlichen informatorischen Inputs fehlerhaft sind.

Dies schließt zum einen die Integration solcher Finanzinstrumente als Entscheidungsvariable aus, für die die notwendigen Parameter nicht gesichert bzw. nicht mit vertretbarem Aufwand zu beschaffen sind. Zum anderen wird hierdurch die Auswahl geeigneter Zielgrößen, sei es zur Erfassung des Erfolgs des Aktiv-Passiv-Managements oder zur Messung und Bewertung des Zinsänderungsrisikos, eingeschränkt. Letztlich ist abzuwägen, inwieweit die Güte der Modellergebnisse den Aufwand der Datenbeschaffung jeweils rechtfertigt.

Zusammenfassend läßt sich festhalten, daß das für das betrachtete Kreditinstitut zu entwickelnde APMZ-Modell den folgenden generellen und formalen Anforderungen zu genügen hat:

---

9 Baumann, W.S. (Analysis, 1967), S. 95

(1) Analytische Modellstruktur
(2) Lineare Modellstruktur
(3) Nachvollziehbarkeit der Modellstruktur
(4) Quantifizierbarkeit aller Modellparameter
(5) Umsetzbarkeit der Handlungsempfehlungen

3.1.2 Problemspezifische Anforderungen

Die problemspezifischen Anforderungen an das APMZ-Modell entsprechen größtenteils den bereits im Rahmen der Zielsetzung und der Darstellung des Wesens des Aktiv-Passiv-Managements diskutierten Aspekten.[10] Im wesentlichen handelt es sich um

- die Generierung und Evaluierung einer Folge von zukünftigen Anlage- und Finanzierungsprogrammen, die unter Erfolgs- und Zinsänderungsrisikogesichtspunkten optimal sind, sowie
- die Integration geeigneter Finanzinnovationen in das APM-Modell,

unter Berücksichtigung aller rechtlichen und marktlichen Restriktionen und bei Beschränkung auf die in DM denominierten bilanziellen und außerbilanziellen Positionen.

Dabei ist von entscheidender Bedeutung, nach welchem Maßstab die Handlungsalternativen durch das Modell evaluiert werden. Grundsätzlich unterliegt auch das Aktiv-Passiv-Management der klassischen Triade bankgeschäftspolitischer Ziele,[11] nämlich Rentabilität, Liquidität

---

10 Vgl. hierzu die Abschnitte 1.2, S. 7 ff. und 2.1, S. 16 ff.

11 Vgl. hierzu z.B. Büschgen, H.E. (Risikomanagement, 1992), S. 80

sowie Sicherheit als Pendant der Risikoorientierung.[12] Angestrebt wird hier jedoch die Ermittlung von Anlage- und Finanzierungsprogrammen, die sich zudem insbesondere durch Robustheit und Flexibilität[13] auszeichnen. "Unter Robustheit einer Strategie versteht man allgemein ihre Unempfindlichkeit gegenüber (stochastischen) Störungen"[14]; dagegen ist "Flexibilität ... als Maß für die Fähigkeit eines Systems anzusehen, sich veränderten Umweltsituationen anzupassen."[15]

Im Rahmen des Aktiv-Passiv-Managements gilt somit, daß ein Anlage- und Finanzierungsprogramm dann als robust zu bezeichnen ist, wenn es unempfindlich auf Zinsänderungen reagiert, also bei unterschiedlichen Zinsszenarien annähernd gleiche Erfolge erzielt. Als Beispiel kann ein vollständig immunisiertes Portefeuille dienen. Dagegen kennzeichnet die Flexibilität eines Anlage- und Finanzierungsprogramms die der Struktur immanenten Handlungsspielräume, die die bei Zinsänderungen notwen-

---

12 Die Aufrechterhaltung der Liquidität wird hier allerdings im Gegensatz zu den beiden anderen Kriterien als strenge Nebenbedingung behandelt. Dies ist gerechtfertigt, da diese Zielsetzung insofern nicht im strengen Sinn zu maximieren bzw. zu minimieren ist, als es sich um eine Forderung handelt, die entweder erfüllt ist oder nicht.

13 Vgl. zur Flexibilität Dinkelbach, W. (Planung, 1989), Sp. 507 ff., zur Robustheit Hanssmann, F. (Planung, 1989), Sp. 1758 ff. sowie zur Abgrenzung der Begriffe auch Schneeweiß, C., Kühn, M. (Flexibilität, 1990), insbesondere S. 383.

14 Schneeweiß, C., Kühn, M. (Flexibilität, 1990), S. 383

15 Schneeweiß, C., Kühn, M. (Flexibilität, 1990), S. 379

digen Anpassungen ermöglichen.[16] Als in diesem Sinne völlig unflexible Position kann beispielsweise - zumindest für die Zeit der vertraglichen Bindung - eine Termineinlage (Festgeld) genannt werden. Robustheit ist somit als zeitpunktbezogene bzw. statische, Flexibilität als zeitraum- bzw. aktivitätsbezogene Eigenschaft eines Systems zu verstehen, wobei beide sowohl Erfolgs- als auch Risikokomponenten beinhalten. Die Konkretisierung dieser Komponenten wird im folgenden Abschnitt vorgenommen.

3.2 Bestimmung der Entscheidungskriterien für das Aktiv-Passiv-Management

Entscheidungskriterien stellen den Maßstab zur Bewertung von Handlungsalternativen dar. Sie dienen somit der Evaluierung der Konsequenzen verschiedener Maßnahmen und "legen im Extremfall (als Entscheidungs*regeln*) die optimale Entscheidung fest, geben im allgemeinen (als Entscheidungs*prinzipien*) nur gewisse Richtlinien, die bei der Optimierung zu beachten sind ..."[17] Insofern müssen Entscheidungskriterien mit dem Zielsystem des Entscheidungsträgers in Einklang stehen bzw. dieses repräsentieren.

Die Entscheidungssituation im Rahmen des Aktiv-Passiv-Managements[18] ist dadurch gekennzeichnet, daß konkurrierende Ziele vorliegen. Zudem handelt es sich um ein

---

16 Man kann diese Eigenschaft auch als "built-in-flexibility" der Struktur bezeichnen; vgl. Schneider-Gädicke, K.-H. (Wertpapiergeschäft, 1984), S. 103

17 Schneeweiß, H. (Risiko, 1967), S. 2

18 Vgl. hierzu und zum folgenden auch die Ausführungen in den Abschnitten 1.3, S. 9 ff. sowie 3.1.2, S. 55 ff.

nicht deterministisches Entscheidungsproblem. Bevor nun auf die Operationalisierung der zwei Zielsetzungen - Risiko- und Ertragsorientierung - eingegangen wird, sollen zunächst die Möglichkeiten der Formulierung von Entscheidungskriterien unter Unsicherheit bzw. Risiko[19] allgemein diskutiert werden.

3.2.1 Entscheidungskriterien bei Unsicherheit

Wenn im Rahmen einer Entscheidungssituation unter Unsicherheit subjektive oder objektive Wahrscheinlichkeiten der Realisation der Umweltparameter bekannt sind, kann grundsätzlich der Erwartungswert der Wahrscheinlichkeitsverteilung des Zielkriteriums zur Optimierung herangezogen werden.[20] Dieses Mittelwertprinzip ist jedoch nur dann als adäquate Entscheidungsregel zu erachten, wenn sich die betreffende Risikosituation in identischer Form sehr oft - theoretisch unendlich oft - wiederholt und somit das Gesetz der großen Zahl[21] zur Anwendung kommt. Unter dieser Voraussetzung nähert sich der Durchschnitt der tatsächlich erzielten Ergebnisse im Zeitablauf dem Erwartungswert der Zielgröße an, es erfolgt eine intertemporale Kompensation der Abweichungen.

Ein einmaliges Entscheidungsproblem wird dagegen allein durch den Erwartungswert des Ergebnisses nicht ausreichend beschrieben. Zur Beurteilung solcher Situationen

---

19 Zur Abgrenzung der Begriffe siehe Abschnitt 1.3, S. 12 f.

20 Vgl. hierzu und zum folgenden z.B. Schneeweiß, H. (Risiko, 1967), insbesondere S.2 f und S. 173 ff.

21 Vgl. zur Bedeutung des Gesetzes der großen Zahl z.B. Hartung, J., Elpelt, B., Klösener, K.-H. (Statistik, 1987), S. 121

sind zusätzliche Größen erforderlich, die die möglichen Abweichungen vom Erwartungswert berücksichtigen. Als mathematisch-statistische Risikomaße werden in der Regel Streuungsparameter der Wahrscheinlichkeitsverteilung des Zielkriteriums, wie z.B. deren Standardabweichung, herangezogen. Man spricht dann von sogenannten (μ,σ)-Prinzipien[22].

Für das Entscheidungsproblem im Rahmen des Aktiv-Passiv-Managements gilt folgender, für die Beurteilung der oben angeführten Entscheidungsregeln unter Risiko maßgeblicher Tatbestand: Die Entscheidungssituation als solche ist zwar periodisch wiederkehrend, die Umstände differieren jedoch erheblich. So ist zum einen jeweils die Ausgangslage - repräsentiert durch die aktuelle Anlage- und Finanzierungsstruktur der Bank - eine andere. Darüberhinaus unterliegen auch die Umweltpameter, wie z.B. Zinsstruktur und -niveau, einem permanenten Wechsel. Eine Orientierung ausschließlich am Mittelwert einer ertragsorientierten Zielgröße ist somit nicht hinreichend.

Daher werden im folgenden neben den ertrags- insbesondere auch risikoorientierte[23] Entscheidungskriterien hinsichtlich ihrer Eignung für die Zielsetzungen im

---

22 Dabei steht μ für den Erwartungswert und σ für die Standardabweichung. Unter diesem Begriff werden auch alle Linearkombinationen der beiden Parameter subsummiert. Vgl. zu entsprechenden Kriterien auch die Ausführungen in Abschnitt 3.2.2.2, S. 67 ff.

23 Die Risikoorientierung bezieht sich dabei aufgrund der Zielsetzung der Arbeit ausschließlich auf das Zinsänderungsrisiko. Die Erörterung der Kriterien befaßt sich auch deshalb schwerpunktmäßig mit den risikoorientierten Maßen, da - wie zu zeigen ist - die Festlegung eines Erfolgsmaßstabes nicht völlig unabhängig von der Wahl eines Risikokriteriums ist.

Rahmen des Aktiv-Passiv-Managements diskutiert. Beide Aspekte werden abschließend zu einer Entscheidungsregel aggregiert, die die Generierung robuster und flexibler Anlage- und Finanzierungsprogramme gewährleisten soll.

3.2.2 Konzeptionen zur Evaluierung des Zinsänderungsrisikos

Bevor verschiedene Konzepte zur Risikoevaluierung hinsichtlich ihrer Eignung diskutiert werden können, sind zunächst Begriff und Wesen des bankbetrieblichen Zinsänderungsrisikos zu untersuchen. Im Anschluß daran werden dann vier verschiedene Klassen von Maßen zur Messung des Zinsänderungsrisikos jeweils kurz dargestellt und kritisch gewürdigt. Der Auswahl der zu diskutierenden Kriterien liegt u.a. die folgende Überlegung zugrunde: Wie zu zeigen ist, beruht das gesamte bankbetriebliche Zinsänderungsrisiko auf verschiedenen Determinanten. Um all diesen Bestimmungsfaktoren gerecht zu werden, wurden die Maße so gewählt, daß für jede der Ausprägungsformen speziell geeignete Kriterien vorgestellt werden.[24] Abschließend ist abzuwägen, welcher Typ von Maßstab den Anforderungen im Rahmen des Aktiv-Passiv-Managements insbesondere im Hinblick auf eine zukunftsorientierte Steuerung am besten gerecht werden kann.

3.2.2.1 Begriff und Wesen des Zinsänderungsrisikos

Generell kann unter Risiko die in einem unzureichenden Informationsstand begründete Gefahr der negativen Ab-

---

24 Der Vollständigkeit halber wird auch auf die mathematisch-statistischen Risikomaße eingegangen, die im Prinzip für alle Entscheidungen unter Risiko herangezogen werden können.

weichung von einer Zielgröße verstanden werden.[25] Wendet man diese allgemeine Risikodefinition auf das Zinsänderungsrisiko an, so ergibt sich als Zinsänderungsrisiko die durch mögliche, zukünftige Marktzinsänderungen bedingte Gefahr der negativen Abweichung von einer Zielgröße.[26] Diese, noch sehr weite Begriffsbestimmung ist nun hinsichtlich der Ursachen und insbesondere der Wirkungen genauer zu spezifizieren.

In der Literatur finden sich zahlreiche Auffassungen, welche Positionen bzw. Zielgrößen durch das Zinsänderungsrisiko betroffen sind. So sehen z.B. *Rolfes, Bellmann* und *Napp* die Ursache des Zinsänderungsrisikos ausschließlich im variabel verzinslichen Geschäft[27], während beispielsweise *Schmidt* auf die Festzinspositio-

---

25 Dies stellt nur eine mögliche Definition des Begriffs dar. Vgl. zur Vielfalt des betriebswirtschaftlichen Risikobegriffs z.B. Kupsch, P. (Risiken, 1975), S. 153 ff., Mag, W. (Risiko, 1981), S. 479 ff. sowie Selbach, R. (Risiko, 1987), S. 21 ff. Weitere mögliche Interpretationen des betriebswirtschaftlichen Risikobegriffs sind Risiko als Gefahr des Mißlingens einer Leistung und Risiko als Gefahr einer Fehlentscheidung; vgl. auch Koerner, U. (Risikomanagement, 1989), S. 493 f. Beide Ansätze lassen sich jedoch m.E. unter der oben gewählten Risikointerpration zusammenfassen, wenn die Wirkungskomponente einer Risikosituation betrachtet wird.

26 Korrespondierend dazu beinhaltet jede Risikosituation auch eine Chance, die sich als Möglichkeit der positiven Abweichung von einer Zielgröße darstellt. Im folgenden wird die Zinsänderungschance nicht explizit behandelt, da deren Wesen grundsätzlich nicht anders zu beurteilen ist, als das des Risikos.

27 Vgl. Rolfes, B., Bellmann, K., Napp, U. (Darstellung, 1988), S. 12 und insbesondere auch Rolfes, B. (Gestaltung, 1992), S. 4

nen[28] abstellt. Genau genommen verweisen jedoch die einzelnen Autoren lediglich auf unterschiedliche Komponenten des gesamten bankbetrieblichen Zinsänderungsrisikos, je nach Intention der jeweiligen Untersuchung. In Abbildung 8 sind die wesentlichen Erscheinungsformen des Zinsänderungsrisikos[29] zunächst im Überblick dargestellt.

Nr.	Betroffene Positionen	Konstituierende Voraussetzungen
1	Festzinsbereich	Zinsbindungs-inkongruenz
2	Festzinsbereich	Änderung des Marktwerts
3	Variabel verzinste Positionen	unterschiedliche Zinselastizitäten[30]

Abb. 8: Erscheinungsformen des Zinsänderungsrisikos

Das Marktwertänderungsrisiko wird im Gegensatz zur hier vertretenen Auffassung von einigen Autoren nicht unter dem Begriff des Zinsänderungsrisikos subsummiert, sondern der Kategorie der sonstigen Preisrisiken zugerech-

---

28 Vgl. Schmidt, H. (Marktzinsrisiken, 1982), S. 36 ff.

29 Einen guten Überblick geben beispielsweise *Herzog* oder *Rolfes*; vgl. Herzog, W. (Zinsänderungsrisiken, 1990), S. 12 ff. bzw. Rolfes, B. (Steuerung, 1985), S. 9 ff.

30 Zum Begriff der Zinselastizität vgl. z.B. Rolfes, B. (Banken, 1988), S. 401 f.

net.[31] Die Ursache dafür liegt m.E. implizit in einer grundsätzlich unterschiedlichen Risikodefinition[32] begründet: Legt man entsprechende wirkungsbezogene Definitionen zugrunde, dann erscheint eine differenzierte Betrachtung der beiden Risikoarten gerechtfertigt; wird Zinsänderungsrisiko dagegen ursachenbezogen[33] definiert, so ist die Gefahr einer negativen Wertänderung Bestandteil des Zinsänderungsrisikos.[34]

Betrachtet man nun diese unterschiedlichen Ausprägungen, so wird deutlich, daß sich - wenn man ausschließlich reale Konsequenzen einer Zinsänderung in Betracht zieht[35] - die in Abbildung 8 (S. 62) unter Nr. 1 und 3

---

31 Vgl. z.B. Engmann, H.R. (Risikosteuerung, 1991), S. 10 f. oder auch Buhr, R., Hansel, A. (Treasury, 1991), S. 168 ff. und 172

32 Vgl. zu den grundsätzlichen Möglichkeiten der Definition z.B. Bangert, M. (Banken, 1987), S. 5 ff. sowie die dort angegebene Literatur. Zur Unterscheidung von ursachen- und wirkungsbezogener Risikodefinition vgl. auch Grützemacher, T. (Preisrisiken, 1989), S. 18 ff.

33 Eine entsprechende Arbeitsdefinition, die zunächst auf die Unsicherheit hinsichtlich der zukünftigen Marktzinsentwicklung abstellt, liegt diesem Abschnitt zugrunde, vgl. S. 61.

34 Eine sehr viel weitergehende Interpretation der ursachenbezogenen Risikodefinition findet sich bei Strobl, J. (Zinsänderungsrisiken, 1989), S. 10 f., der auch Ausfall- und Währungsrisiken zu den durch Zinsänderungen bedingten Risiken zählt. Dieser Auffassung wird hier nicht gefolgt, da der Zusammenhang zwischen Ursache und Wirkung nur indirekt hergestellt werden kann.

35 Realisiertes Zinsänderungsrisiko kann sich als reale Ertragsverminderung bzw. Aufwandssteigerung oder aber als Opportunitätsverlust auswirken. Im folgenden wird ausschließlich das "reale" Risiko betrachtet, da ein Opportunitätsrisiko grundsätzlich immer vorhanden ist und sich einer Steuerung im Rahmen des Aktiv-Passiv-Managements entzieht.

aufgeführten Formen des Zinsänderungsrisikos aus dem Bilanzzusammenhang ergeben. Sie "resultieren aus inkongruenten Zinsbindungen für Aktiv- und Passivpositionen"[36], wobei die jeweiligen Zinsbindungen entweder vertraglich vereinbart sind (Festzinsbereich) oder in Form von Zinsanpassungselastizitäten[37], die aufgrund von Marktgegebenheiten existieren, faktisch vorliegen (variabel verzinster Bereich). Dagegen betrifft das Risiko in Form der Marktwertänderung im Festzinsbereich einzelne Positionen auch dann, wenn diese isoliert gesehen werden. Ein Beispiel soll dies verdeutlichen.

Die Ausgangssituation sei durch folgende Aktiv- und Passivpositionen (RLZ = Restlaufzeiten der Zinsbindung in Perioden) gekennzeichnet:

Mittelverwendung			*t=1*		*Mittelherkunft*
Nennwert	Zins	(RLZ)	Nennwert	Zins	(RLZ)
100	Variabel 5 %		100	Variabel 4 %	
100	Fest 7 %	(2)	100	Fest 6 %	(1)

Der Zinsüberschuß ergibt sich zu (5+7)-(4+6) = 2

Nach einer Periode sei das Marktzinsniveau gestiegen. Aufgrund des Auslaufens der Zinsbindung der passivischen Festzinsposition ergebe sich aufgrund der neuen, an das erhöhte Zinsniveau angepaßten Zinsfestsetzung folgende Situation:

---

36 Remmers, J. (Probleme, 1985), S. 61

37 Dieser Begriff wird synonym zur Bezeichnung Zinselastizität verwendet; vgl. auch Pfingsten, A. (Zinselastizitäten, 1989), S. 33

Mittelverwendung		*t=2*	*Mittelherkunft*		
Nennwert	Zins	(RLZ)	Nennwert	Zins	(RLZ)
100	Variabel 5 %		100	Variabel 4 %	
100	Fest 7 %	(1)	100	Fest 7 %	(3)

Der Zinsüberschuß ergibt sich zu (5+7)-(4+7) = 1

Das Zinsänderungsrisiko resultiert hier aus der Fristeninkongruenz der Festzinspositionen.

Gleichzeitig seien aufgrund der Marktzinsniveausteigerung folgende Anpassungen im variabel verzinsten Bereich nötig (passivisch) bzw. durchsetzbar (aktivisch) geworden:

Mittelverwendung		*t=2'*	*Mittelherkunft*		
Nennwert	Zins	(RLZ)	Nennwert	Zins	(RLZ)
100	Variabel 5,5 %		100	Variabel 5 %	
100	Fest 7 %	(1)	100	Fest 7 %	(3)

Der Zinsüberschuß ergibt sich zu (5,5+7)-(5+7) = 0,5

Das Zinsänderungsrisiko resultiert hier aus den unterschiedlichen Zinsanpassungselastizitäten im variabel verzinsten Bereich, da auf der Aktivseite lediglich 0,5 % der Marktzinserhöhung an die Kundschaft weitergegeben werden konnte, die Refinanzierungskosten jedoch um 1 % gestiegen sind.

Bei der festverzinslichen Aktivposition äußert sich das Zinsänderungsrisiko dagegen gegebenenfalls in Form einer Wertänderung,[38] die unabhängig von der Refinanzierung ist. Dies gilt rein kalkulatorisch zwar für jede festverzinsliche Position, explizit zu Tage tritt dieses Phänomen jedoch nur bei solchen handelbaren Aktiva, für die sich tatsächlich ein Kurswert feststellen läßt, also z.B. für Wertpapiere. Zinsänderungsrisiko ist hier die Gefahr der Marktwertminderung einzelner Positionen oder - in aggregierter Form - der Vermögensminderung und kann in dieser Form auch als Abschreibungsrisiko[39] oder als Wertrisiko bezeichnet bzw. als Solvenzeffekt[40] beschrieben werden.

Zinsänderungsrisiko tritt somit nicht nur in verschiedenen Ausprägungsformen auf, die sich aufgrund alternativer Grundtatbestände ergeben, die Konsequenzen betreffen auch jeweils unterschiedliche Zielgrößen. Darüberhinaus ist zu berücksichtigen, ob es sich bei der Marktzinsänderung um eine Verschiebung des Zinsniveaus und/oder der Zinsstruktur handelt. Die differenzierte Betrachtung einer Parallelverschiebung der Zinsstrukturkurve und einer Veränderung in Abhängigkeit der Fristigkeitsstruktur[41] ist notwendig, da einzelne Positionen je nach Art der Zinsänderung in unterschiedlichem Ausmaß betroffen sind.

Zinsänderungsrisiko wird somit im wesentlichen determiniert durch

---

38 Vgl. hierzu z.B. Bangert, M. (Banken, 1987), S. 66 ff.

39 So z.B. Hölscher, R. (Risikomessung, 1988), S. 50

40 Vgl. Schmidt, H. (Marktzinsrisiken, 1982), S. 34 f.

41 In obigem Beispiel wurde vereinfachend eine konstante Zinsstruktur unterstellt.

- die Restlaufzeit bzw. die Dauer der Zinsbindung einer Position,
- die Art der Marktzinsänderung,
- die Reagibilität eines Positionszinses in Bezug auf eine Marktzinsänderung sowie
- die Reagibilität des Marktwerts einer Position in Bezug auf eine Marktzinsänderung.

Von einer detaillierten, für die weitere Untersuchung gültigen Definition des Zinsänderungsrisikos wird zunächst abgesehen, da die Begriffsbestimmung erheblich von der zugrundegelegten Zielgröße geprägt wird. Aus diesem Grund werden im folgenden einzelne Maße und Kriterien zur Messung und Bewertung des Zinsänderungsrisikos diskutiert, die in unterschiedlicher Art und Weise den Komponenten von Zinsänderungsrisiko bzw. -chance gerecht werden. Abschließend werden diese Größen hinsichtliche ihrer Eignung zur Steuerung im Rahmen des modellgestützten Aktiv-Passiv-Managements untersucht.

3.2.2.2 Mathematisch-statistische Risikomaße

Unter dem Begriff mathematisch-statistische Risikomaße werden im folgenden all diejenigen Größen betrachtet, die das Zinsänderungsrisiko aufgrund von Lage- und Streuungsparametern[42] der Wahrscheinlichkeitsverteilung einer korrespondierenden Zielgröße erfassen. Kriterien dieser Art können im Gegensatz zu den später diskutierten Maßen, wie z.B. der Duration, unabhängig von der inhaltlichen Bedeutung des Risikos zur Beurteilung von Unsicherheitssituationen herangezogen werden. Aus-

---

42 Zu den Parametern von Wahrscheinlichkeitsverteilungen vgl. z.B. Hartung, J., Elpelt, B., Klösener, K.-H. (Statistik, 1987), S. 112 ff.

schlaggebend für die Konkretisierung des Entscheidungsproblems ist dann allein die Wahl der Zielgröße.

Das Risiko kann zum einen mittels der Streuung der Zielgröße um deren Erwartungswert gemessen werden. Als Maße kommen Varianz bzw. Standardabweichung in Frage, wobei das Risiko umso höher ist, je stärker die Wahrscheinlichkeitsverteilung um den erwarteten Wert streut. "Using standard deviation as a measure of risk might be counterintuitive ... because return variability on the positive (high) side contributes as much as return variability on the negative (low) side."[43] Eine Gleichbehandlung von Chancen und Risiken in dem Sinne, das auch Chancen negativ beurteilt werden, ist mit dem Zielsystem im Rahmen des Aktiv-Passiv-Managements nicht vereinbar. Darüberhinaus sind diese Größen quadratisch, was der Forderung nach Linearität des Modells widerspricht.

Eine andere Möglichkeit der Risikoerfassung stellt die Ermittlung von kritischen Wahrscheinlichkeiten dar.[44] Als Maß wird hier die Wahrscheinlichkeit des Unterschreitens eines bestimmten Schwellenwerts der Zielgröße herangezogen. Wird beispielsweise der Erfolg des Vorjahres als Schwellenwert verwendet, so ist eine Handlungsalternative umso besser zu bewerten, je geringer die Wahrscheinlichkeit ist, daß dieser Wert nicht erreicht wird. Rational ist die Verwendung entsprechender Kriterien jedoch nur, wenn sich die betrachtete Risikosituation zumindest annähernd durch eine Normalver-

---

43 Figlewski, S. (Hedging, 1986), S. 9

44 Vgl. hierzu und zum folgenden z.B. Figlewski, S. (Hedging, 1986), S. 9 f.; ein Anwendungsbeispiel auf Basis des Portfolio-Ansatzes findet sich auch bei Hanssmann, F. (Betriebswirtschaftslehre, 1990), S. 206

teilung beschreiben läßt. Diese Normalverteilungsannahme für die Wahrscheinlichkeitsverteilung der Zielgröße erscheint jedoch im Rahmen des Aktiv-Passiv-Managements nicht plausibel.

Abschließend kann festgehalten werden, daß sich die mathematisch-statistischen Risikomaße für die Evaluierung des Zinsänderungsrisikos im Rahmen des Aktiv-Passiv-Managements aus den verschiedenen, oben angeführten Gründen nicht eignen. Darüberhinaus ist die inhaltliche Aussagekraft der Größen, wie Standardabweichung oder kritischer Wahrscheinlichkeit, gering, was die Akzeptanz eines auf diesen Kriterien basierenden Modells beeinträchtigen könnte.

3.2.2.3 Ablaufbilanz-orientierte Ansätze

Unter dem Begriff ablaufbilanz-orientierte Ansätze sollen im folgenden all diejenigen Konzepte diskutiert werden, die sich im weitesten Sinne auf die Zinsbindungsbilanz von *Scholz*[45] zurückführen lassen. Diese Form der Ermittlung und Steuerung von Zinsänderungsrisiken wird häufig auch mit Festzinsbilanz, Zinsänderungsbilanz oder Ablaufbilanz[46] bezeichnet. Im Mittelpunkt der Betrachtung steht hier die sogenannte offene Festzinsposition, also das zinsrisikobehaftete Inkongruenzvolumen[47], wobei als Maßstab zur Steuerung des Zinsänderungsrisikos der Zinsüberschuß bzw. die Brutto-

---

45 Vgl. z.B. Scholz, W. (Zinsänderungsrisiken, 1982)

46 Vgl. Scholz, W. (Steuerung, 1984), S 120, S. 7 ff.

47 Vgl. Hasenkamp, K.P. (Zinsrisiken, 1982), S. 95

zinsspanne[48] - respektive deren negative Entwicklung - herangezogen werden.

Das grundsätzliche Vorgehen[49] läßt sich wie folgt beschreiben. Zur Ermittlung der offenen Festzinsposition werden alle aktivischen und passivischen Bestände, die im Betrachtungszeitraum einer Zinsbindung unterliegen, gemäß ihrer Abschmelzung im Zeitablauf in einer Ablaufbilanz dargestellt. Abbildung 9 zeigt beispielhaft ein entsprechendes Schema.

	Rechnungsperioden						
Restbestände	1	2	3	4	5	6	...
aktiv Mill. DM	100	100	100	100	50	-	
passiv Mill. DM	100	100	50	50	50	50	
offene aktive Festzinsposition Mill. DM	---	---	50	50	---	---	
offene passive Festzinsposition Mill. DM	---	---	---	---	---	50	
zum durchschnittlichen Zins von %			8	8		7	

Abb. 9: Schema einer Ablaufbilanz

Quelle: In Anlehnung an Scholz, W. (Zinsänderungsrisiken, 1982), S. 25

48 Vgl. Wörner, E. (Zinsrisiko, 1988), S. 22

49 Vgl. z.B. Scholz, W. (Zinsänderungsrisiken, 1984), S. 120 ff. oder auch Remmers, J. (Probleme, 1985), S. 66 ff.

Der Umfang der offenen Festzinsposition und des darin zum Ausdruck kommenden Zinsänderungsrisikos wird somit zum einen durch die Höhe und zum anderen durch die Zahl der Perioden, während denen offene Positionen existieren, bestimmt. Die so ermittelten Inkongruenzvolumina werden mit dem jeweiligen Durchschnittszins bewertet und geben erste Aufschlüsse über Art und Ausmaß des der derzeitigen Bilanzstruktur immanenten Risikos[50], wobei allerdings keine Angaben darüber möglich sind, aus welchen Einzelpositionen der entsprechende Festzinsüberhang besteht.

Der Begriff Festzinsüberhang muß hierbei jedoch nicht im engsten Sinne des Wortes interpretiert werden, da es im Rahmen der Konzeption möglich ist, "den grundsätzlichen Unterschied zwischen festverzinslichen und den variabel verzinslichen Posten zu ignorieren und die Übernahme eines Bilanzpostens in die Zinsbindungsrechnung nur davon abhängig zu machen, ob eine für das Ergebnis der Rechnung wesentliche Zinsbindung besteht."[51] Somit entspricht die offenen Position einem Zinsbindungsüberhang. Inwieweit so auch Positionen mit sehr kurzer Zinsbindung erfaßt werden können, hängt wesentlich vom für die betrachtete Rechnungsperiode gewählten Zeitraster ab.

Ein weiteres Problem des Ansatzes wird in der fehlenden Berücksichtigung des Kursrisikos gesehen. So stellt beispielsweise auch *Schmidt*[52] in seiner Kritik auf die Vernachlässigung des Solvenzeffektes ab, bemerkt aber

---

50 Hier wird somit vorerst nur die Struktur des Altgeschäfts analysiert.

51 Scholz, W. (Steuerung, 1984), S. 123

52 Vgl. hierzu und zum folgenden Schmidt, H. (Marktzinsrisiken, 1982), S. 45 ff.

zugleich relativierend, daß *Scholz* bei der Entwicklung des Konzepts "mehr an einer Dispositionshilfe für das Bankmanagement als an einer Meldung an die Bankaufsicht"[53] interessiert war. Auch wenn *Schmidt* dadurch unterstellt, daß das Kursrisiko aus Sicht des Bankmanagements von geringerer Relevanz ist, so muß doch festgehalten werden, daß eine Erfassung mittels Zinsbindungsbilanz nicht möglich ist.

Das vorgestellte Grundschema ist nun je nach Anwendungszweck und Verfügbarkeit der notwendigen Daten[54] zu erweitern und zu verfeinern. So sind sämtliche Positionen eines Kreditinstituts in einer Zinsertragsbilanz zu erfassen, wobei die einzelnen Aktiva und Passiva im Detail aufgegliedert werden müssen. Um ein zukunftsorientiertes Steuerungskonzept realisieren zu können, wären darüberhinaus Prognosen über das Neugeschäft sowie eine aussagefähige Zielgröße, wie z.B. der Zinsüberschuß, zu integrieren. Entsprechende Konzepte werden in der Literatur als Gap-Management oder Interest Rate Sensitivity Analyse[55] bzw. Zinsüberschuß-Ansatz[56] bezeichnet und wurden auch im Rahmen des Aktiv-Passiv-Managements entwickelt.[57]

---

53 Schmidt, H. (Marktzinsrisiken, 1982), S. 47; vgl. hierzu auch die Ausführungen in Abschnitt 3.2.2.4, S. 79

54 Zur Problematik der Datenerfassung vgl. z.B. Schlenzka, P.F. (Kontrolle, 1984), S. 74 f.

55 Vgl. z.B. Olson, R.L., Simonson, D.G. (Gap, 1982), S. 53

56 Vgl. Meyer zu Selhausen, H. (Koordination, 1988), S. 556 f.

57 Vgl. hierzu auch die Beispiele in Abschnitt 2.3.2.2, S. 37 ff.

3.2.2.4 Durationskonzepte

Die Kennzahl Duration ist in ihrer ursprünglichen Form ein Maß für die durchschnittliche zukünftige Zeitspanne, in der eine festverzinsliche Anlage in einem Vermögenswert bzw. einem Portfeuille aus solchen Werten gebunden ist,[58] und wird daher auch als durchschnittliche Bindungdauer bezeichnet. Als Begründer der Durationsanalyse können neben *Macaulay*[59] auch *Hicks*, *Samuelson* und *Redington*[60] genannt werden, wobei jeweils unterschiedliche Zielsetzungen verfolgt wurden.[61] Im Lauf der Zeit wurden verschiedene, auf das Grundkonzept aufbauende Anwendungsgebiete[62] beschrieben und diskutiert. *Rudolph* und *Wondrak*[63] nennen als bedeutendste

---

58 Vgl. hierzu und zum folgenden beispielsweise Rudolph, B. (Kontrollrechnungen, 1981), S. 546

59 *Macaulay* prägte den Begiff Duration "... to signify the essence of the time element in a loan." vgl. Macaulay, F.R. (Interest Rates, 1938), S. 44

60 *Hicks* ermittelte die Elastizität des Barwertes von Einkommensströmen in Bezug auf den Diskontsatz und nannte diese Größe "Average Period", vgl. Hicks, J.R. (Value, 1946), S. 184 ff.; *Samuelson* untersuchte mittels des Barwertkonzepts die Auswirkungen von Zinsänderungen auf das Bankensystem, vgl. Samuelson, P.A. (Banking, 1945), S. 21 ff.; *Redington* prägte den Begriff der "immunization", vgl. Redington, F.M. (Valuations, 1952), insbesondere S. 288 ff.

61 Vgl. hierzu auch Bessler, W. (Zinsrisikomanagement, 1989), S. 59 ff.

62 Einen Überblick über die Entwicklung gibt z.B. Weil, R.L. (Duration, 1973), S. 589 ff.

63 Vgl. Rudolph, B., Wondrak, B. (Modelle, 1985), S. 4 f.

1. die Immunisierung[64] von Wertpapier-Portefeuilles gegen Zinsänderungsrisiken und
2. die Messung und Steuerung der Zinsempfindlichkeit des Marktwertes von Unternehmen.

Bevor nun auf die Verwendung der Kennzahl Duration als risikoorientiertes Kriterium im Rahmen des Aktiv-Passiv-Managements eingegangen wird, sollen zunächst die Grundlagen des Konzepts kurz dargestellt werden.[65]

Die Duration eines finanziellen Engagements ergibt sich als gewogenes arithmetisches Mittel aller auf den Zeitpunkt t=0 abgezinsten Zahlungsströme, also aus der Relation der Summe der mit ihrem jeweiligen Entstehungszeitpunkt gewichteten, abgezinsten Zahlungsströme zu der Summe der ungewichteten, abgezinsten Zahlungsströme aus diesem Engagement:

$$D = \frac{\sum_{t=1}^{T} t \, R_t \, q^{-t}}{\sum_{t=1}^{T} R_t \, q^{-t}} \qquad (3.2.2.4 - 1)$$

wobei:

D.....Duration eines Engagements

R_t....Rückfluß zum Zeitpunkt t

q.....Zinsfaktor

t.....Index der Zeit (t=1,...,T)

T.....Zeitpunkt der Endfälligkeit des Engagements

---

64 Zum Konzept der Immunisierung vgl. Uhlir, H. (Futures, 1992), S. 435 f.

65 Vgl. zum folgenden beispielsweise Kruschwitz, L., Schöbel, R. (Duration I, 1986), S. 550 f.

Die Duration eines Portefeuilles berechnet sich wie folgt als Linearkombination der Durationen der im Portfeuilles enthaltenen Engagements:[66]

$$D_P = \sum_{i=1}^{N} \alpha_i \, D_i \qquad (3.2.2.4 - 2)$$

wobei:

D_P....Duration des Portfeuilles

D_i....Duration des i-ten Engagements

α_i....Anteil des i-ten Engagements am Portefeuille

i.....Index der Engagements (i=1,...,N)

Eine Anlage[67] ist dann zu jenem Zeitpunkt, der der mittleren Bindungsdauer, also der Duration, entspricht, gegen das Zinsänderungsrisiko[68] insofern immunisiert, als der bis dahin zu erzielende Ertrag unabhängig vom Zinsniveau bzw. einer etwaigen Zinsänderung ist. Dieser Immunisierungseffekt beruht auf dem gegenläufigen Zusammenhang zwischen Kurswertänderung der betrachteten Anlage und Verzinsung der während der Laufzeit freigesetzten Mittel bei Wiederanlage[69] und ist an enge Voraussetzungen gebunden. Eine kritische Diskussion der Realitätsnähe - auch im Hinblick auf die zahlreichen Prämissen - erfolgt im Anschluß an die Ausführungen zu der zweiten Interpretation des Durationsmaßes, da sie

---

66 Vgl. zum folgenden beispielsweise Kruschwitz, L., Schöbel, R. (Duration II, 1986), S. 607 f.

67 Da keine grundlegenden Unterschiede bestehen, wird im folgenden auf eine Differenzierung von Einzelengagement und Portefeuille verzichtet.

68 Wobei sich dies hier genau genommen auf Zinseszinsertrags- und Kursrisiko zurückführen läßt; vgl. Bühler, W. (Anlagestrategien, 1983), S. 85

69 Vgl. hierzu auch die Erläuterungen bei Eller, R., Kempfle, W. (Duration, 1989), S. 676 f.

grundlegend sind und somit alle Einsatzmöglichkeiten des Konzepts betreffen.

Die Duration kann neben der reinen Berechnung der mittleren Bindungsdauer von finanziellen Engagements auch als Maß für die Zinssensitivität des Kurswerts von Anlagen herangezogen werden. Zu diesem Zweck wird die Elastizität des Barwerts einer Anlage in Abhängigkeit vom Marktzins mittels der Duration näherungsweise wie folgt bestimmt.[70]

$$\Delta K = - \frac{K}{1+i} \cdot D \cdot \Delta i \quad \text{bzw.} \quad \frac{\Delta K / K}{\Delta i / i} = - D \frac{i}{1+i}$$

(3.2.2.4 - 3)

wobei:

K....Kurs des Wertpapiers in DM

Δ K..Veränderung des Kurses in DM

D....Duration des Wertpapiers

i....Marktzins

Δ i..Veränderung des Marktzinses

Die Marktwertänderung eines Portfeuilles ergibt sich entsprechend durch Addition der Kursänderungen der einzelnen Finanztitel.

Dieser Zusammenhang wird nunmehr herangezogen, um eine "Bestimmung der optimalen Bilanzstruktur von Unternehmen (Vermögensgesamtheiten) unter Risiko"[71] vorzunehmen. Dazu werden die gesamten Aktiva und Passiva je-

---

70 Vgl. zur Herleitung Kruschwitz, L., Schöbel, R. (Duration I, 1986), S. 551 f. sowie dieselben (Duration II, 1986), S. 603 f. oder auch Gramlich, D., Walz, H. (Instrumente, 1991), S. 330 f.

71 Bessler, W. (Zinsrisikomanagement, 1989), S. 201; vgl. zum grundsätzlichen Vorgehen auch S. 230 ff.

weils als ein Portfeuille betrachtet, wobei sich die Auswirkung einer Marktzinsänderung auf das Eigenkapital[72] der Unternehmung als Differenz der Wertänderungen des aktivischen und des passivischen Portfeuilles ergibt. Eine vollständige Immunisierung des Eigenkapitals gegen das Zinsänderungsrisiko ist somit dann gegeben, wenn dessen Zinssensitivität gleich Null ist, also die Zinssensitivität der Aktiva gleich der der Passiva ist.

Bessler[73] rechtfertigt dieses Vorgehen zur Erfassung und Steuerung des Zinsänderungsrisikos insbesondere bei Finanzintermediären damit, daß Banken (und Versicherungen) überwiegend solche Finanztitel halten, deren Wert vom Marktzins abhängt. Diese Aussage erscheint jedoch zumindest insofern fragwürdig,[74] als Kreditinstitute auch diverse Positionen halten, die zum einen keinen Marktwert haben, da sie nicht handelbar sind, wie z.B. Kundenforderungen, oder unabhängig vom Marktzins sind, wie z.B. Beteiligungen. *Berger* et al.[75] betonen in diesem Zusammenhang, daß sich Banken aufgrund ihrer Sonderstellung gerade auf jene Aktiva spezialisieren, die nicht an den Märkten gehandelt werden.

Darüberhinaus werden auch unabhängig von der Anwendung die dem Durationskonzept zugrundeliegenden Prämissen

---

72 Die in verschiedenen auf der Duration basierenden Steuerungsansätzen herangezogenen Zielgrößen können zwar differieren, sind jedoch ex definitione immer vermögensbezogen.

73 Vgl. Bessler, W. (Zinsrisikomangement, 1989), S. 201

74 Vgl. hierzu und zum folgenden Meyer zu Selhausen, H. (Literatur, 1990), S. 99

75 Vgl. Berger, A.N., Kuester King, K., O'Brien, J.M. (Limitations, 1991), S. 754 ff.

kritisiert.[76] Es sei hier nur derjenige, für die Fragestellung der Eignung des Durationsmaßes im Rahmen des Aktiv-Passiv-Managements wesentliche Punkt herausgegriffen, nämlich die Annahmen bezüglich der Zinssätze:

- Das Durationskonzept basiert auf der Annahme einer flachen Zinsstruktur, unterstellt somit also einen einheitlichen Marktzins unabhängig von der Restlaufzeit. *Bühler* und *Herzog*[77] sahen im Rahmen einer Analyse der Eignung der Duration für die Steuerung von Zinsänderungsrisiken in Kreditinstituten hierin die Hauptursache von Fehlsteuerungen.
- Zudem besteht die betrachtete Zinsänderung lediglich in einer einmalige Erhöhung bzw. Senkung des Niveaus, die gleich zu Beginn des Planungshorizonts auftritt.

Es sind in der Literatur zwar Ansätze[78] entwickelt worden, die die engen Voraussetzungen zugunsten realistischerer Annahmen aufheben. Die Bedenken hinsichtlich der Anwendung des Konzepts auf alle Positionen eines Kreditinstituts bleiben jedoch bestehen.

---

76 Zur Kritik an der Duration im allgemeinen vgl. beispielsweise Rudolph, B., Wondrak, B. (Modelle, 1985), S. 10 f., Hergert, V. (Duration, 1992), S. 307 ff. sowie Kugler, A. (Analyse, 1985), S. 259 f.

77 Vgl. Bühler, W., Herzog, W. (Duration I, 1989) sowie dieselben (Duration II, 1989), insbesondere S. 560 f.

78 Vgl. z.B. Rudolph, B., Wondrak, B. (Modelle, 1985), S. 11 ff. sowie die dort angegebene Literatur. Eine empirische Überprüfung der Güte von unterschiedlichen, auf der Duration beruhenden Zinsänderungsrisikomaßen für Renten findet sich bei Bußmann, J. (Zinsänderungsrisikomaße, 1989), S. 754 ff.

Abschließend kann festgehalten werden, daß Durationskonzepte zwar wohl zur Immunisierung von Bond-Portfeuilles herangezogen werden können, wenn auf einen bestimmten Zeitpunkt abgestellt wird.[79] Der Einsatz im Rahmen des Aktiv-Passiv-Managements eines Kreditinstituts erscheint dagegen fragwürdig. Zumindest ist eine Steuerung ausschließlich auf Basis eines Durationsansatzes m.E. nicht ausreichend, um allen Aspekten des Zinsänderungsrisikos gerecht zu werden. Dies gilt umso mehr, als der Durationsansatz als solcher zwar dynamisch ist, die zur Evaluierung des Zinsänderungsrisikos herangezogenen Kriterien jedoch nur Zeitpunktbetrachtungen ermöglichen. Die Risikobegrenzung durch Festlegung tolerierbarer Prozentverluste auf das Eigenkapital - so vorgeschlagen von *Brammertz* und *Burger*[80] - mag eine etwa für die Bankenaufsicht im Hinblick auf deren Zielsetzungen interessante Kontrollmöglichkeit darstellen,[81] den Anforderungen im Rahmen des Aktiv-Passiv-Managements genügt dies bei weitem nicht.

3.2.2.5 Zinselastizitätskonzepte

Die Elastizitätskonzepte zur Beurteilung des Zinsänderungsrisikos basieren auf dem Verhältnis von Positions-

---

79 Wobei *Eller* und *Kempfle* richtigerweise betonen, daß dies für Kreditinstitute keine Rolle spielt; vgl. Eller, R., Kempfle, W. (Duration, 1989), S. 678

80 Vgl. Brammertz, W., Burger, W. (Duration, 1990), S. 328

81 Zu den Zielsetzungen der Risikobegrenzung durch gesetzliche Normen vgl. beispielsweise Bester, D. (Kontrolle, 1986), S. 26 ff. sowie insbesondere S. 33. Dabei ist die Bankenaufsicht traditionell an einer Überwachung des Altgeschäfts interessiert; vgl. Schmidt, H. (Marktzinsrisiken, 1982), S. 61

zu Marktzinsänderungen.[82] Sie beruhen auf der Prämisse, daß Zinsänderungsrisiko immer dann auftritt, wenn die Zinssätze einzelner Positionen in unterschiedlichem Maß an eine Änderung des Zinsniveaus angepaßt werden können. Dieser Grundgedanke wurde von verschiedenen Autoren[83] aufgegriffen, wobei sich die daraus abgeleiteten Konzeptionen in Details unterscheiden. Im folgenden soll exemplarisch der Ansatz der Zinserfolgselastizitäten von *Rolfes*[84] dargestellt werden.

"Die Zinserfolgselastizität bringt ... zum Ausdruck, wie stark sich der Zinserfolg einer Aktiv-/Passiv-Position verändert, wenn sich das Zinsniveau ... ceteris paribus verändert."[85] Als Indikator für das Zinsniveau wird bei *Rolfes* der Tagesgeldsatz[86] herangezogen. Somit lassen sich Zinserfolgselastizitäten wie folgt formulieren:

Zinserfolgselastizität einer Aktivposition:

$$\frac{\text{Zinsänderung der Aktivposition} - \text{Tagesgeldzinsänderung}}{\text{Tagesgeldzinsänderung}}$$

---

82 Es handelt sich hierbei nicht um Elastizitäten i.e.S., da absolute Änderungen betrachtet werden; vgl. zum Begriff der Elastizität z.B. Geigant, F., Sobotka, D., Westphal, H.M. (Volkswirtschaft, 1983), S. 163 f.

83 Vgl. z.B. Hölscher, R. (Risikokosten, 1987), S. 107 ff.

84 Vgl. Rolfes, B. (Steuerung, 1985); diese Arbeit kann als grundlegend für das Elastizitätskonzept bezeichnet werden.

85 Siegel, B., Degener, R. (Steuerung I, 1988), S. 900

86 Zur Begründung vgl. z.B. Rolfes, B. (Steuerung, 1985), S. 177 f.

Zinserfolgselastizität einer Passivposition:

$$\frac{\text{Tagesgeldzinsänderung - Zinsänderung der Passivposition}}{\text{Tagesgeldzinsänderung}}$$

Dabei kennzeichnen im Aktivgeschäft (Passivgeschäft) Erfolgselastizitäten von -1 (+1) festverzinsliche Positionen; Werte zwischen -1 und 0 (0 und +1) ein Zinsänderungsrisiko sowie positive (negative) Werte eine Zinsänderungschance.

Wendet man dieses Konzept auf Gesamtbankebene an, so ist das Kriterium zur Risikoevaluierung die Bruttozinsspannenelastizität. Sie ergibt sich aus der Summe der jeweils mit ihren Volumensanteilen gewichteten Positionselastizitäten.[87] Allgemein läßt sich die Veränderung der Bruttozinsspanne für beliebige Zinsniveauänderungen und Zeithorizonte somit gemäß folgendem Zusammenhang berechnen:

$$\Delta\ BZSP = E_Z * \Delta\ Z * \frac{1}{t_z} * t_r * \frac{1}{2} * (2 * r - 1) \qquad (3.2.2.5 - 1)$$

wobei:

Δ BZSP..Änderung der Bruttozinsspanne in Prozentpunkten
E_Z......Bruttozinsspannenelastizität
Δ Z.....Zinsniveauänderung in Prozentpunkten
t_z......Zeitraum, innerhalb dessen sich Δ Z vollzieht
t_r......Rechnungsperiode
r.......Zeitraum, für den Δ BZSP ermittelt werden soll

87 Vgl. hierzu und zum folgenden z.B. Rolfes, B. (Steuerung, 1985), S. 187 ff.

Analog zur Interpretation der Positionselastizitäten gibt die Bruttozinsspannenelastizität die Reagibilität der Zinsspanne auf Zinsniveauänderungen wieder. Ein negativer Wert von beispielsweise -0,5 sagt aus, daß sich die Bruttozinsspanne bei einer Zinsniveauerhöhung um 1 Prozentpunkt um 0,5 Prozentpunkte verringert.

Ein Vorteil dieses Ansatzes liegt darin begründet, daß durch die Zinserfolgselastizitäten sowohl das variable als auch das Festzinsrisiko erfaßt werden und somit beide Ausprägungsformen des Zinsänderungsrisikos mittels einer Zielgröße, nämlich der Veränderung der Bruttozinsspanne, abgebildet werden können. Zudem werden auch etwaige Zinsänderungschancen berücksichtigt.

Nicht gelöst ist jedoch die Problematik, die auftritt, wenn bei Festzinspositionen innerhalb des Betrachtungszeitraums die Zinsbindung ausläuft.[88] Zu diesem Zeitpunkt müßte die Annahme der völlig unelastischen Zinserfolgselastizität von +1 bzw. -1 für die jeweilige Position aufgegeben werden und statt dessen eine der tatsächlich möglichen Zinsanpassung im Rahmen einer etwaigen Prolongation bzw. Neuanlage entsprechende Elastizität verwendet werden. Dies ist eng mit einem weiteren Kritikpunkt verbunden, nämlich der Annahme von im Planungshorizont konstanten Zinselastizitäten[89], die zudem unabhängig von der Richtung und dem Ausmaß der jeweiligen Zinsniveauänderung sowie dem in der Ausgangssituation herrschenden Zinsniveau Gültigkeit ha-

88 Vgl. hierzu auch Herzog, W. (Zinsänderungsrisiken, 1990), S. 60 f.

89 Auf diesen Punkt verweist *Rolfes* selbst; vgl. Rolfes, B. (Steuerung, 1985), S. 181

ben.[90] Verfeinerungen des Grundansatzes in dieser Hinsicht wurden zwar vorgenommen,[91] wobei auch die Einbeziehung einer Zinsstrukturänderung durch die Wahl geeigneter Zinselastizitäten denkbar erscheint. Generell erschwert dies jedoch in hohem Maße die Generierung der notwendigen Inputdaten zur Umsetzung eines derartigen Steuerungsinstruments. So ist dann auch das von *Klerx*[92] vorgestellte Modell, das auf dem Elasitizitätenansatz basiert und bei der Bank für Sozialwirtschaft eingesetzt wird, nur ein sehr stark vereinfachendes Simulationsmodell.

Somit kann nicht davon ausgegangen werden, daß die Prognoseproblematik bei Anwendung des Konzepts gering ist, da nur ein Zinsindikator geschätzt werden muß. Dieser Vorteil wird dadurch aufgehoben, daß stattdessen die Zinserfolgselastizitäten der betrachteten Positionen zu bestimmen sind.[93] In der Regel werden diese aus Vergangenheitsdaten gewonnen, wobei sich dann zusätzlich die Frage stellt, ob diese Werte in der Zukunft Gültigkeit haben. "Es ist nicht unproblematisch, die in der längeren Vergangenheit beobachteten Zusammenhänge in die Zukunft fortzuschreiben und angesichts der sich immer

---

90 Vgl. in diesem Sinn auch Pfingsten, A. (Zinselastizitäten, 1989), S. 33.

91 So verwenden beispielsweise *Siegel* und *Degener* variable Elastizitäten; vgl. Siegel, B., Degener R. (Steuerung I, 1988), S. 902 ff.

92 Vgl. Klerx, K. (Zinselastizitätsbilanz, 1989), S. 28 f.

93 *Rolfes et al.* sprechen in diesem Zusammenhang von einer multifaktoralen Elastizitätsanalyse; vgl. Rolfes, B., Schwanitz, J. (Stabilität, 1992), S. 335 ff. sowie Rolfes, B., Schierenbeck, H. (Marktwert, 1992), S. 411

diskontinuierlicher verhaltenden Umwelt eine fast 'automatische' Veränderung der Zinsmarge vorauszusagen."[94]

3.2.2.6 Zusammenfassende Würdigung der Konzeptionen für die Steuerung des Zinsänderungsrisikos

Alle diskutierten Maße zur Erfassung und Evaluierung des Zinsänderungsrisikos haben Vor- und Nachteile. Generell als ungeeignet haben sich lediglich die rein mathematisch-statistischen Risikomaße erwiesen. Dagegen werden die finanzspezifischen Konzepte der Problematik besser gerecht. Die Ablaufbilanz-, Durations- und Zinselastizitäts-orientierten Ansätze sind jeweils nur für eine Komponente des gesamten Zinsänderungsrisikos geeignet und verwenden daher auch unterschiedliche Zielgrößen zur Steuerung. Abbildung 10 (S. 85) faßt dies nochmals zusammen.

Dagegen ist der Periodenüberschuß-Ansatz geeignet, alle Komponenten des Zinsänderungsrisikos gleichzeitig zu berücksichtigen. Dies erfordert ein Modell, das die gesamte Bankbilanz, also das Festsatzgeschäft, das variabel verzinste Geschäft und das marktzins-unabhängige Geschäft, umfaßt und die Auswirkungen von Zinsänderungen auf den Zinsüberschuß im Zeitablauf evaluiert. Solche bilanzorientierten Ansätze werden auch als praktisch orientierte Konzepte bezeichnet.[95]

---

94 Brammertz, W., Spillmann, M. (Zinselastizität, 1991), S. 387

95 Vgl. Wörner, E. (Zinsrisiko, 1988), S. 22.

Betroffene Positionen: Ursache	Erfassungskonzepte: Zielgröße
Festzinsbereich: Fristeninkongruenz	Ablaufbilanz-orientierte Ansätze: Festsatz-Überhang
Festzinsbereich: Marktwertänderung	Durationskonzepte: Eigenkapital/Reinvermögen
Variabel verzinste Positionen: unterschiedliche Zinsanpassungen	Elastizitätskonzepte: Bruttozinsspanne

Abb. 10: Komponenten des Zinsänderungsrisikos und geeignete Erfassungskonzepte

Dies gilt zum einen im Hinblick auf die zugrundeliegende Zielgröße, den Zinsüberschuß, da er am besten geeignet ist, die Ertragslage[96] und die damit verbundenen Risiken abzubilden, insbesondere auch im Hinblick auf den Jahresabschluß. Zum anderen ist die Integration von zukünftigem Neugeschäft, dessen Steuerung als vordringliche Aufgabe der Bankführung verstanden werden kann,[97] in die Risikoevaluierung nur bei Anwendung des Periodenüberschuß-Ansatzes möglich, während dies insbeson-

96 "Aktiv- und Passivgeschäfte von Banken sind durch nominale Konditionen gekennzeichnet ... Die Bank muß zu bestimmten Terminen gemäß den vereinbarten Konditionen Beträge auszahlen und erhält zu bestimmten Terminen gemäß den vereinbarten Nominalkonditionen Gelder zurück." Benke, H., Flesch, H.R., Piaskowski, F. (Steuerung, 1989), S. 432

97 Vgl. hierzu auch Schmidt, H. (Marktzinsrisiken, 1982), S. 65

dere bei Ablaufbilanz-, Durations- und Elastizitätsbetrachtungen nicht gesichert ist.[98] Zudem erfordern Durations- und Elastizitäten-Konzepte Inputdaten, deren Ermittlung problematisch erscheint, so daß der Zinsüberschuß-Ansatz auch bezüglich des Kriteriums des informatorischen Inputs vorzuziehen ist.

Darüberhinaus läßt sich das variable Zinsänderungsrisiko hinreichend genau mit Hilfe des Periodenüberschuß-Ansatzes erfassen, wenn nur das Zeitraster des Planungshorizonts entsprechend gewählt wird und die Zinsprognosen detailliert genug vorgenommen werden. Die Elastizitäts-Konzepte leisten hier - auch unter der Voraussetzung korrekter Anwendung - nur einen marginalen Beitrag zur Verbesserung der Ermittlung des variablen Zinsrisikos.

Eine Erfassung des Kursrisikos ist dagegen exakt nur mittels der Duration möglich. Dies erscheint zwar für jene Positionen, für die die Grundannahmen des Konzepts erwiesenermaßen gültig sind, wünschenswert, nicht jedoch für die Gesamtheit aller Aktiva und Passiva. Da die parallele Integration beider Komponenten - Zinsüberschuß- und Durationsansatz - schwerwiegende Probleme in der modellmäßigen Umsetzung aufwirft,[99] soll

---

98 Vgl. hierzu die Ausführungen in Abschnitt 3.2.2.5, S. 79 ff.; der Aussage von *Rolfes* und *Schwanitz*, die Gap-Analysen würden im Gegensatz zum Elastizitätenansatz das Prognoseproblem ignorieren, vgl. Rolfes, B., Schwanitz, J. (Stabilität, 1992), S. 334, muß hier wiedersprochen werden. Dies gilt zwar für das ursprüngliche Konzept der Zinsbindungsbilanz, nicht jedoch für weitergehende Ansätze, wie z.B. der von *Meyer zu Selhausen* entwikkelte, vgl. hierzu die Ausführungen in Abschnitt 2.2.2.2, S. 26 ff. sowie die dort angegebene Literatur.

99 Vgl. hierzu auch Abschnitt 2.3.2.2., S. 39

im Rahmen des APMZ-Modells auf den Durationsansatz verzichtet werden. Für das Wertpapierportfeuille erscheint allerdings eine Sonderrechnung empfehlenswert.[100]

Abschließend ist somit festzuhalten, daß im Rahmen des APMZ-Modells ein um das Abschreibungsrisiko erweiterter Zinsüberschuß-Ansatz zur Erfassung und Steuerung des Zinsänderungsrisikos zur Anwendung kommt. Die Ableitung eines Zielkriteriums, welches eine Steuerung des zukünftigen Zinsergebnisses im Sinne der Forderung nach robusten Lösungen gewährleisten kann, erfolgt im Anschluß an die Erörterung möglicher Kriterien zur Evaluierung des Erfolgs.

3.2.3 Kriterien zur Evaluierung des Erfolgs im Rahmen des Aktiv-Passiv-Managements

Als Erfolgskriterien[101] können prinzipiell zwei Gruppen von Zielgrößen herangezogen werden. Es handelt sich zum einen um Größen des externen Rechnungswesens, insbesondere der Gewinn- und Verlustrechnung, und zum anderen um kalkulatorische Größen, wie z.B. den Reinvermögenswert.[102] Im folgenden sollen schwerpunktmäßig die erst-

---

100 In dem bereits vorliegenden APM-Modell wird der Abschreibungsbedarf auf festverzinsliche Wertpapiere mit Hilfe einer als Nebenrechnung zu bezeichnenden Funktion ermittelt; zur Integration des Abschreibungsrisikos in das Zielsystem vgl. auch die Ausführungen in den Abschnitten 4.3.2.2, S. 193 ff. und 5.4, insbesondere S. 231

101 Die Erörterung der Kriterien zur Messung des Erfolgs im Rahmen des Aktiv-Passiv-Managements kann insofern relativ kürzer vorgenommen werden, als wesentliche Aspekte bereits im Rahmen der Darstellung der Risikomaße angesprochen wurden.

102 Den Reinvermögenswert verwendet beispielsweise *Bessler*, vgl. Bessler, W. (Zinsrisikomanagement, 1989), S. 228 ff.

genannten Kriterien hinsichtlich ihrer Eignung zur Evaluierung des Erfolgs im Rahmen des Aktiv-Passiv-Managements diskutiert werden, da die entsprechenden Daten - zumindest sofern sie den Status Quo bzw. die Gegenwart betreffen - in der Regel vom externen Rechnungswesen bereitgestellt werden können. Im Gegensatz dazu ist bei der Verwendung von kalkulatorischen Größen, wie z.B. fiktiven Marktwerten für nicht handelbare Aktiva, nicht davon auszugehen, daß diese von vorneherein zur Verfügung stehen. Es besteht sogar die Gefahr, daß einzelne Komponenten eines entsprechenden Zielkriteriums überhaupt nicht oder nur mittels nicht gesicherter Hilfskonstruktionen ermittelt werden können.[103]

Das Aktiv-Passiv-Management ist dem Wertbereich eines Kreditinstituts zuzurechnen. Aus diesem Grund kommen hier zur Messung und Bewertung des Erfolgs grundsätzlich auch nur die Komponenten der Wertkosten bzw. des Werterlöses[104] in Betracht. Relevante Erlösarten sind somit Zinsen, Provisionen und Kursgewinne.[105] Der Überschuß aus Bankgeschäften ergibt sich dann gemäß dem in Abbildung 11 (S. 89) dargestellten Schema aus Zinsüberschuß, Provisionsüberschuß und Kursgewinnen, wobei sich diese Komponenten in unterschiedlichem Maße zur Evalu

---

103 Zur Diskussion der Problematik des Ansatzes von kalkulatorischen Größen sei an dieser Stelle nochmals auf die Ausführungen in Abschnitt 3.2.2.4, S. 77 verwiesen.

104 Es lassen sich die Erlösarten Wert- und Betriebserlöse unterscheiden, wobei die Erlöse des Betriebsbereichs hier nicht Gegenstand der Betrachtung sind; vgl. hierzu und zum folgenden z.B. Süchting, J. (Bankmanagement, 1992), S. 108 ff. oder Fischer, O. (Analyse, 1987), S. 29 ff.

105 Es handelt sich hier ausschließlich um tatsächlich realisierte Kursgewinne, nicht jedoch um kalkulatorische.

ierung des Erfolgs im Rahmen eines Modellansatzes zum Aktiv-Passiv-Management eignen.

+ Zinserträge aus Kredit- und Geldmarktgeschäften + Laufende Erträge aus Wertpapieren und Beteiligungen - Zinsaufwendungen	+ Zinsüberschuß
+ Provisionserträge aus Dienstleistungsgeschäften - Provisionsaufwendungen für Dienstleistungsgeschäfte	+ Provisions-überschuß
+ Kursgewinne aus Eigenhandelsgeschäften	+ Kursgewinne
= Überschuß aus Bankgeschäften	= Überschuß aus Bankgeschäften

Abb. 11: Komponenten des Überschusses aus Bankgeschäften

Quelle: In Anlehnung an Fischer, O. (Analyse, 1987), S. 31

Da die Steuerung der Mittelherkunft und -verwendung auf Gesamtbankebene rein volumensmäßig erfolgt, ist eine Einbeziehung des Provisionsüberschusses[106] nicht möglich. Darüberhinaus erscheint diese Größe auch wenig aussagefähig im Hinblick auf die Zielsetzung, das An-

106 Zur Berechnung von Provisionserträgen müßten wesentlich detailliertere Daten, wie z.B. der stückmäßige Umsatz, vorliegen bzw. im Modellzusammenhang prognostiziert werden.

lage- und Finanzierungsprogramm eines Kreditinstituts unter Rentabilitätsgesichtspunkten zu koordinieren.

Bezüglich der Ertragskomponente der Kursgewinne ist eine Einschränkung insofern notwendig, als eine Prognose der Kursentwicklungen in Abhängigkeit von Zinsniveau und -struktur nicht ohne weiteres durchführbar ist.[107] Die Größe Kursgewinn im Sinne des externen Rechnungswesens kann daher nur eingeschränkt zur Evaluierung des Erfolgs im Rahmen des Aktiv-Passiv-Managements herangezogen werden. Allerdings fallen Erträge bzw. Verluste aus Transaktionen mit bilanzunwirksamen Instrumenten, denen keine Zinszahlungen im eigentlichen Sinne zugerechnet werden können, als Kursgewinne/-verluste an.[108] Zumindest im Zusammenhang mit diesen Transaktionen ist also die Verwendung des entsprechenden Erfolgskriteriums notwendig und sinnvoll.

Für alle bilanzwirksamen Transaktionen stellt dagegen der Zinsüberschuß ein geeignetes Kriterium zur Bewertung von Maßnahmen im Rahmen des Aktiv-Passiv-Managements insofern dar, als durch diese Größe die ertragsmäßigen Konsequenzen sowohl von aktivischen als auch von passivischen Volumensumschichtungen hinreichend abgebildet werden können. Der Zinsüberschuß als Erfolgsmaßstab erfüllt somit die Bedingung der Entscheidungs-

---

107 Hier empfiehlt sich - analog zur Ermittlung des Abschreibungsbedarfs auf festverzinsliche Wertpapiere - eine Sonderrechnung; eine mögliche Integration in das Gesamtmodell wird in Abschnitt 5.4, insbesondere S. 231 aufgezeigt.

108 Vgl. hierzu auch die Ausführungen in Abschnitt 3.3.4, S. 129 ff.

abhängigkeit[109], da so "diejenigen Aufwands- und Ertragsbestandteile, die bei den Entscheidungen über die Höhe der Aktiv- und Passivpositionen direkt variieren,"[110] erfaßt werden. Zudem stellt der Zinsüberschuß ein zeitraumbezogenes Kriterium[111] dar und kann daher den Erfolg des Aktiv-Passiv-Managements besser abbilden als zeitpunktbezogene Kriterien, wie beispielsweise Vermögensgrößen, da der Erfolg einer Bank letztlich durch die aus den Aktiv- und Passivgeschäften resultierenden Zahlungsströme[112] bestimmt wird. Aus diesem Grund scheint auch die Verwendung der Zinsspanne, also Zinsüberschuß in Relation zum Geschäftsvolumen, als Erfolgsmaßstab vergleichsweise weniger aussagefähig zu sein.[113]

Als Ergebnis kann somit festgehalten werden, daß die Verwendung des Zinsüberschusses als Erfolgskriterium dem Postulat des informatorischen Inputs[114] am besten

---

109 Entscheidungsabhängig sind Aufwendungen und Erträge dann, wenn sie bei Unterlassen einer Handlungsalternative entfallen bzw. nur bei der Realisation einer Handlungsalternative tatsächlich anfallen; es gilt das sogenannte Verursachungsprinzip. Vgl. hierzu z.B. Hanssmann, F. (Systemforschung, 1987), S. 55 ff.

110 Meyer zu Selhausen, H. (Kreditbank, 1971), S. 128

111 Vgl. Herzog, W. (Zinsänderungsrisiken, 1990), S. 14

112 In diesem Sinne auch Benke, H., Flesch, H.R., Piaskowski, F. (Steuerung, 1989), S. 432

113 Die Verwendung von Verhältniszahlen als Entscheidungskriterien kann generell zu Fehlbewertungen führen, da die absoluten Werte der Ausprägungen der Zielkomponenten vernachlässigt werden; vgl. hierzu Hanssmann, F. (Systemforschung, 1987), S. 59 f.

114 Vgl. hierzu Abschnitt 3.1.1, S. 51 ff.

gerecht wird. Eine umfassende Abbildung des Erfolgs kann darüberhinaus dadurch erreicht werden, daß der Zinsüberschuß um eine additive Komponente erweitert wird, durch die das im Rahmen der Sonderrechnung zu prognostizierende Ergebnis aus Kursveränderungen bei festverzinslichen Wertpapiere sowie das Ergebnis aus Transaktionen in Zinsterminkontrakten erfaßt wird. Dieses nunmehr ausreichend definierte Erfolgskriterium wird im folgenden als modifizierter Zinsüberschuß (MZÜ) bezeichnet.

Eine weitere Aufschlüsselung der Erfolgsbeiträge - wie sie etwa bei der Marktzinsmethode vorgenommen wird - ist zwar zur Kalkulation von Einzelgeschäften notwendig und sinnvoll[115], leistet jedoch m.E. im Rahmen der Aufgaben des Aktiv-Passiv-Managements keine zusätzlichen Entscheidungshilfen zur Evaluierung eines Anlage- und Finanzierungsprogramms.

Eine Diskontierung[116] zukünftiger Zinsüberschüsse erscheint unabhängig von der Problematik der Festlegung des korrekten Diskontierungssatzes zum einen aufgrund der geforderten Gleichmäßigkeit des Ergebnisverlaufs[117] nicht gerechtfertigt. Im Modell würde eine Abzinsung der Periodenergebnisbeiträge dazu führen, daß das Modell versucht, die nicht diskontierten Erträge tenden-

---

115 Bei Anwendung der Marktzinsmethode wird das Zinsergebnis in die Komponenten Konditionenbeitrag und Strukturbeitrag aufgespaltet; vgl. hierzu beispielsweise Schierenbeck, H. (Bankmanagement, 1991) S. 78 ff. oder auch Marusev, A.W. (Marktzinsmodell, 1990)

116 Vgl. zur Diskontierung als Ausdrucksform der Zeitpräferenz innerhalb betriebswirtschaftlicher Modelle Kern, W. (Zeit, 1992) insbesondere S. 52

117 Vgl. hierzu die Ausführungen in Abschnitt 3.1.2, S. 55 ff.

ziell umso höher zu gestalten, je näher in der Zukunft sie anfallen. Zum anderen ist grundsätzlich davon auszugehen, daß das Kreditinstitut über den Planungshorizont hinaus existiert,[118] und somit auch rational keinerlei Veranlassung dazu besteht, einen zeitlich früher anfallenden Ertrag wertvoller einzuschätzen, als einen, der in einer späteren Periode zu erwarten ist.[119]

3.2.4 Zur Kombination der erfolgs- und risikoorientierten Zielsetzungen zu einer Steuerungsgröße

Die beiden oben konkretisierten, konkurrierenden Zielsetzungen - Risiko- und Erfolgsorientierung - sind nun zu einer Steuerungsgröße zusammenzufassen, welche das Zielsystem des Kreditinstituts im Rahmen des Aktiv-Passiv-Managements repräsentiert.[120] Da grundsätzlich verschiedene Möglichkeiten der Kombination der beiden Teilaspekte existieren,[121] wurde ein stark vereinfachtes PC-Modell entwickelt, um unterschiedliche Steuerungsgrößen im Hinblick darauf testen zu können,

---

118 Insofern ist hier vom sogenannten Going Concern oder auch Fortführungsfall auszugehen; zu den Begriffen vgl. beispielsweise Coenenberg, A.G. (Jahresabschluß, 1991), S. 39

119 Allerdings kann nicht ausgeschlossen werden, daß ein Entscheidungsträger z.B. im Hinblick auf einen Bilanztermin ein kurzfristig gutes Ergebnis bevorzugt; hierfür steht jedoch das bilanzpolitische Instrumentarium zur Verfügung.

120 Vgl. hierzu auch die Ausführungen in Abschnitt 3.1.2, S. 55 ff.

121 Vgl. hierzu auch die grundlegenden Ausführungen in Abschnitt 2.3.2.3, S. 39 ff.

inwieweit die jeweiligen Steuerungsgrößen den Forderungen nach Robustheit und Flexibilität[122] genügen.

Dieses PC-Modell entspricht in seiner Grundstruktur dem APM-Modell, beinhaltet jedoch nur solche Parameter, Variable und Restriktionen, die notwendig sind, um ein Kreditinstitut ökonomisch hinreichend zu beschreiben.[123] Der Planungshorizont erstreckt sich über zwei Perioden, wobei die Zinsentwicklung in der zweiten Periode unsicher ist und durch drei Zinsszenarien mit gegebenen Eintrittswahrscheinlichkeiten beschrieben wird.

Die unterschiedlichen Steuerungsgrößen wurden in Anlehnung an das Goal Programming-Konzept[124] formuliert, da dieses besonders geeignet erscheint, um bezüglich konkurrierender Zielsetzungen, zusammengefaßt zu einem Kriterium, zu optimieren. Dabei wurde als Anspruchsniveau bzw. Goal grundsätzlich ein bestimmtes Zinsüberschußziel[125] festgesetzt (erfolgsorientierte Zielsetzung). Der risikoorientierte Aspekt (Verfehlung des angestrebten Zinsüberschusses aufgrund der unsicheren Zinserwartungen in Periode 2) wurde dagegen auf unterschiedliche Art und Weise in die jeweiligen Steuerungsgrößen einbezogen. Folgende alternative Formulierungen für die Zielabweichungen wurden an Hand des PC-Modells getestet:

---

122 Vgl. hierzu die Ausführungen in Abschnitt 3.1.2, S. 56 f.

123 Zur Struktur des PC-Modells vgl. Anhang I, S. 235 ff.

124 Vgl. hierzu die Ausführungen in Abschnitt 2.3.2.3, S. 42

125 Als Zinsüberschußziel wurde hier der Zinsüberschuß verwendet, der in Periode eins, also bei deterministischem Zinsszenario, maximal zu erzielen ist.

(1) Minimierung des Erwartungswerts der negativen Abweichung von dem Zinsüberschußziel [MIN E(NEG)]
(2) Minimierung der absoluten negativen Abweichung von dem Zinsüberschußziel [MIN A NEG]
(3) Minimierung des Erwartungswerts der gesamten Abweichung von dem Zinsüberschußziel [MIN E(GES)]
(4) Minimierung der gesamten absoluten Abweichung von dem Zinsüberschußziel [MIN A GES]

Zusätzlich wurde eine Steuerungsgröße entwickelt, die der Forderung nach Robustheit und Flexibilität explizit Rechnung trägt. Ein Anlage- und Finanzierungsprogramm gilt dann als robust und flexibel, wenn gewährleistet ist, daß der Zinsüberschuß sowohl von einer Periode zur nächsten als auch innerhalb einer Periode unabhängig von der Realisation des Zinsszenarios möglichst konstant bleibt. Hier werden somit zwei Zielverfehlungskomponenten minimiert

- zum einen die Abweichung der absoluten gesamten Abweichung von dem Zinsüberschußziel (vgl. oben Punkt 4) und
- zum anderen die Abweichungen der einzelnen, in Abhängigkeit von der Realisation eines Zinsszenarios jeweils zu erzielenden Zinsüberschußwerte untereinander.

Diese Steuerungsgröße wird im folgenden als [MAX E(ZÜ)|RO] bezeichnet.

Um Vergleichsdaten zu generieren, wurde zusätzlich ein Modellauf durchgeführt, bei dem nur der Erwartungswert des Zinsüberschusses maximiert wurde [MAX E(ZÜ)], also die Risikokomponente nicht explizit berücksichtigt ist.

Abbildung 12 stellt die Ergebnisse der verschiedenen Testrechnungen gegenüber.[126]

Kriterium	E(ZÜ)	A NEG	E(GES)	A GES	E(ZÜ)|RO
Erwartungswert ZÜ gesamt	16,2	16,0	15,8	15,8	14,8
ZÜ Periode 1	8,9	8,6	8,4	8,3	7,4
E(ZÜ) Periode 2	7,3	7,4	7,4	7,5	7,4
$ZÜ_2 \| Zins_1$	8,9	8,6	8,6	8,4	7,4
$ZÜ_2 \| Zins_2$	2,1	3,9	4,3	5,0	7,4
$ZÜ_2 \| Zins_3$	11,1	9,6	9,1	8,9	7,4
$ZÜ_1 - E(ZÜ_2)$	1,6	1,2	1,0	0,8	0,0
$(ZÜ_2^{Min} - ZÜ_2^{Max})$	9,0	5,7	4,8	3,9	0,0

Abb. 12: Wirkung unterschiedlicher Entscheidungskriterien hinsichtlich Erfolg und Risiko

Mißt man die Robustheit mit Hilfe der Differenz zwischen dem bestmöglichen [$ZÜ_2^{Max}$] und dem niedrigsten Ergebnis [$ZÜ_2^{Min}$] in Abhängigkeit von der Realisation eines Szenarios und die Flexibilität durch die Differenz beim Periodenvergleich [$ZÜ_1$-E($ZÜ_2$)], dann führt die Entscheidungsregel [MAX E(ZÜ)|RO] zu dem im oben definierten Sinne robustesten und flexibelsten - und

126 Die Kriterien [MIN E(NEG)] und [MIN A NEG] führten zu identischen Ergebnissen, daher wird im folgenden nur auf den Modellauf [MIN A NEG] eingegangen.

damit am wenigsten risikobehafteten - Anlage- und Finanzierungsprogramm.

Allerdings ist dies mit Einbußen bezüglich des Erfolgskriteriums verbunden. Im Vergleich zu dem in dieser Hinsicht besten Kriterium [MAX E(ZÜ)] beträgt die Differenz 1,4. Aus diesem Grund wurde die Entscheidungsregel [MAX E(ZÜ)|RO] so modifiziert, daß Erfolgs- und Ri-

Kriterium Gewichtung	E(ZÜ)|RO 1 : 1	E(ZÜ)|RO 2 : 1	E(ZÜ)|RO 4 : 1
Erwartungswert ZÜ gesamt	14,8	15,3	15,7
ZÜ Periode 1	7,4	7,6	7,85
E(ZÜ) Periode 2	7,4	7,6	7,85
$ZÜ_2 \| Zins_1$	7,4	7,9	8,1
$ZÜ_2 \| Zins_2$	7,4	7,0	6,4
$ZÜ_2 \| Zins_3$	7,4	7,9	9,5
$ZÜ_1 - E(ZÜ_2)$	0,0	0,0	0,0
$(ZÜ_2^{Min} - ZÜ_2^{Max})$	0,0	0,9	3,1

Abb. 13: Wirkung unterschiedlicher Gewichtung von Erfolg und Risiko bei Verwendung der Entscheidungsregel [MAX E(ZÜ)|RO]

sikoaspekt jeweils unterschiedlich gewichtet werden können. Abbildung 13 (S. 97) faßt die Ergebnisse für verschiedene Gewichtungsvarianten zusammen.[127]

Zur Verdeutlichung der Wirkung der Entscheidungsregeln auf das Flexibilitäts- und Robustheitskriterium, also die Spannen zwischen den zu erzielenden Zinsüberschußwerten hinsichtlich des Periodenvergleichs und des Zinsszenarienvergleichs, sind diese in den Abbildungen 14 und 15 (S. 99) nochmals grafisch dargestellt.

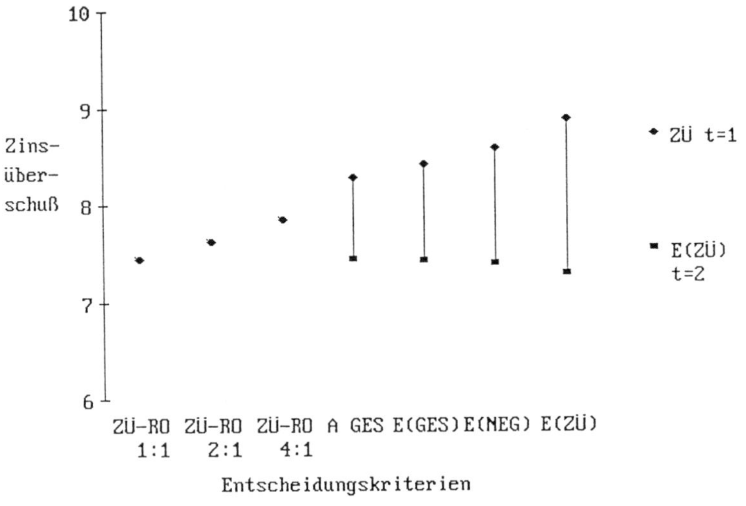

Abb. 14: Spannen zwischen den zu erzielenden Zinsüberschußwerten der Perioden 1 und 2 bei verschiedenen Entscheidungskriterien

127 Die Gewichtungsvarianten E(ZÜ):RO wie 2:1 und E(ZÜ):RO wie 3:1 führten zu identischen Ergebnissen.

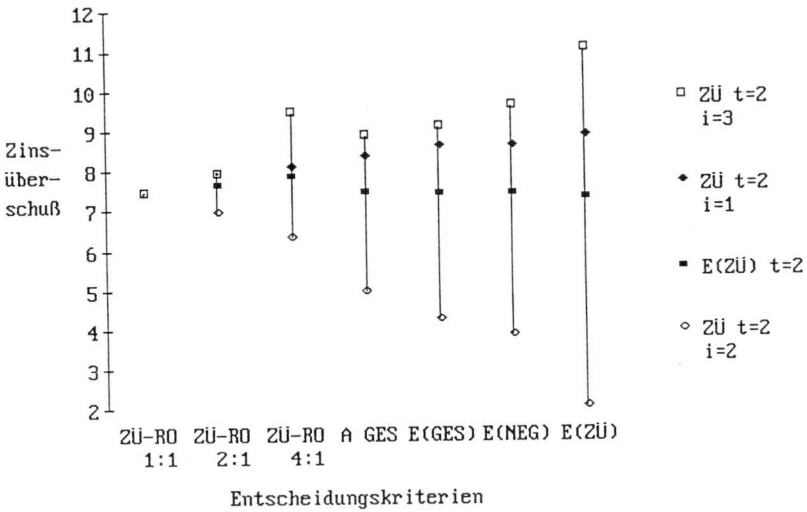

Abb. 15: Spannen zwischen den bei Realisation der Zinsszenarien jeweils zu erzielenden Zinsüberschußwerten in der Periode 2 bei verschiedenen Entscheidungskriterien

Betrachtet man zudem die Kurve des Trade-Off zwischen Erfolg und Risiko, das in Abbildung 16 (S. 100) durch die maximale Differenz zwischen den möglichen Ergebnissen in der Periode 2 repräsentiert ist, so zeigt sich deutlich, daß die Entscheidungsregeln der Klasse [MAX E(ZÜ)|RO] den anderen Kriterien überlegen sind, da die jeweilige Steigung der Kurve die Austauschrelation zwischen Ertragssteigerung und Risikozuwachs angibt.

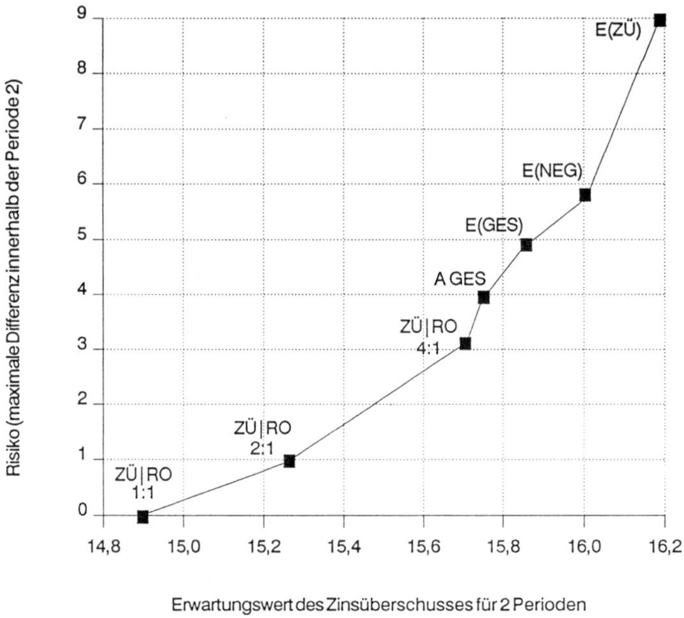

Abb. 16: Trade-Off zwischen Ertrags- und Risikokomponente für verschiedene Entscheidungskriterien

Abschließend kann also festgehalten werden, daß die Entscheidungsregeln der Klasse [MAX E(ZÜ)|RO] geeignet sind, robuste und flexible Lösungen zu generieren. Darüberhinaus verfügt der Entscheidungsträger durch die Möglichkeit der unterschiedlichen Gewichtung des Ertrags- und des Risikoaspekts über ein Entscheidungsunterstützungsinstrument, welches er seiner individuellen Risikoneigung anpassen kann. Somit müssen hierüber a priori keine Annahmen getroffen werden. Diese Klasse von Kriterien generiert zwar keine im strengen Sinne optimalen Lösungen[128] - was auch aufgrund der gegebenen Entscheidungssituation von vorneherein nicht anzustreben war - erlaubt jedoch die Evaluierung von Finanzierungs- und Anlageprogrammen so, daß diese einem vorzugebenden Anspruchsniveau bestmöglich genügen. Insofern steht die gewählte Entscheidungsregel mit der Theorie der Anspruchsanpassung[129] im Einklang und ist in diesem Sinne als rational zu bezeichnen.

Die mathematische Formulierung des Kriteriums sowie der entsprechenden Zielfunktion für das APMZ-Modell werden in Abschnitt 4.3.2.2 vorgenommen.

3.3 Ableitung von Handlungsalternativen für das Zinsänderungsrisiko-Management

Es wurde gezeigt, daß die Mehrheit der Ansätze zum Management des Zinsänderungsrisikos ausschließlich diagnostische Funktionen ausübt und nicht in der Lage ist, tatsächliche Handlungsalternativen zu erarbeiten.[130] Diese Konzepte sind daher nicht geeignet, den gesamten

---

128 Vgl. zur Diskussion Satisfizierung versus Maximierung in der betriebswirtschaftlichen Entscheidungstheorie Simon, H.A. (Entscheidung, 1977), S. 87 f.

129 Zur Theorie der Anspruchsanpassung und deren Anwendung auf Kreditinstitute vgl. Kolbeck, R. (Planung, 1971), S. 81 ff. sowie die dort angegebene Literatur.

130 Dies gilt sowohl für die meisten Konzeptionen zur Erfassung und Steuerung des Zinsänderungsrisikos, vgl. hierzu die Ausführungen in Abschnitt 3.2.2.6, S. 84 ff., als auch für die darauf aufbauenden Modellansätze zum Aktiv-Passiv-Management, die i.d.R. lediglich What-If-Analysen unterstützen, vgl. hierzu auch die grundlegenden Ausführungen in Abschnitt 2.3.1.1, S. 31 f.

Prozeß des Risiko-Managements[131] unterstützend zu begleiten. Modelle, die zwar im Sinne der Risikoevaluierung Handlungsbedarf aufzeigen, dann aber letztlich keine Handlungsempfehlungen generieren, genügen den Anforderungen im Rahmen des Aktiv-Passiv-Managements nicht. Gegenstand der folgenden Ausführungen sind daher mögliche Maßnahmen zur Steuerung des Zinsänderungsrisikos.

Aufgezeigt und gewürdigt werden zunächst die Möglichkeiten und Grenzen des Zinsänderungsrisiko-Managements mit Hilfe von bilanziellen Instrumenten. Anschließend werden grundsätzlich in Frage kommende, bilanzneutrale Alternativen hinsichtlich ihrer Eignung im Rahmen des modellgestützten Aktiv-Pasiv-Managements untersucht. Zu diesem Zweck werden Kriterien erarbeitet, denen die Instrumente zu genügen haben. Wie zu zeigen ist, erfüllen insbesondere Zinsterminkontrakte die gestellten Anforderungen. Daher wird abschließend der Einsatz dieser Instrumente näher erläutert.

3.3.1 Grundsätzliche Möglichkeiten des Zinsänderungsrisiko-Managements

Im folgenden werden verschiedene Maßnahmen zur Steuerung des Zinsänderungsrisikos vorgestellt und hinsichtlich der jeweiligen Vor- und Nachteile diskutiert. Grundsätzlich werden nur solche Alternativen einbezo-

---

131 Der Begriff Risiko-Management wird in der vorliegenden Arbeit synonym zum Begriff Risikopolitik verwendet. Vgl. zur Identität der Begriffe sowie zum Wesen der Risikopolitik im allgemeinen Selbach, R. (Risiko, 1987), S. 29 ff. sowie die dort angegebene Literatur.

gen, die der aktiven Risikopolitik[132] zuzuordnen sind. Es wird hier jedoch nicht danach unterschieden, ob es sich um risikopolitische Maßnahmen der Risikostreuung, -überwälzung, des Hedgings o.ä. handelt. Diese in der Literatur gängige Kategorisierung[133] verschiedener Handlungsalternativen ist im Modellzusammenhang insofern wenig zielführend, als die letztendlich durchzuführenden Maßnahmen durch das Modell generiert werden.

Als grundsätzlich unterschiedlich zu beurteilende Ansätze des Zinsänderungsrisiko-Managements werden hier zwei Gruppen von Maßnahmen diskutiert. Es handelt sich zum einen um traditionelle, also bilanzwirksame, und zum anderen um bilanzunwirksame Handlungsalternativen, die auf dem Einsatz sogenannter Finanzinnovationen beruhen.

3.3.1.1 Traditionelle Maßnahmen des Zinsänderungsrisiko-Managements

Unter traditionellen Maßnahmen des Zinsänderungsrisiko-Managements werden im folgenden all diejenigen Handlungsalternativen zur Behebung etwaiger Inkongruenzen verstanden, die einen unmittelbaren Niederschlag in der Bilanz eines Kreditinstituts finden. Von besonderer Bedeutung ist in diesem Zusammenhang das sogenannte Ei-

---

132 Die aktive oder auch ursachenbezogene Risikopolitik hat im Gegensatz zur passiven, wirkungsbezogenen das Ziel, die Eintrittswahrscheinlichkeit von Risiken zu verringern; vgl. z.B. Schierenbeck, H. (Bankmanagement, 1991), S. 515 f.

133 Vgl. z.B. Eilenberger, G. (Bank, 1990), S. 134 oder auch Meyer, C. (Bankbilanz, 1986), S. 132

gengeschäft[134], da ein Institut in diesem Bereich weitestgehend autonom handeln kann. Im Gegensatz dazu sind alle Transaktionen im Rahmen des Bankmarktgeschäfts[135] durch die Kundschaft determiniert, wobei eine Beeinflussung des Kundenverhaltens in der Regel zum einen mit Kosten[136] verbunden ist und zum anderen einer gewissen Zeitverzögerung unterliegt.[137] Darüberhinaus ist zu bedenken, daß die Verfolgung interner Strukturziele gegen die Wünsche und Bedürfnisse der Kunden langfristig auch negative Auswirkungen - im Extremfall Kundenverlust - haben kann.[138]

Das Eigengeschäft eines Kreditinstituts umfaßt die Bereiche Interbanken- sowie Wertpapiereigengeschäft[139], wobei dem Wertpapiereigengeschäft aufgrund des Volu-

---

134 *Schierenbeck* spricht im Rahmen des Risiko-Managements hier von kompensatorischen Eigengeschäften, vgl. Schierenbeck, H. (Bankmanagement, 1991), S. 770. Zur Bedeutung der Eigenanlagen eines Kreditinstituts im Rahmen des Aktiv-Passiv-Managements vgl. auch Schierenbeck, H. (Einbindung, 1991), S. 30 f.

135 Zu Wesen und Begriff von Bankmarktleistungen vgl. z.B. Benner, W. (Bankbetriebslehre, 1978), S. 344 f.

136 Zu denken ist hier insbesondere an Kosten für Marketing-Maßnahmen.

137 Vgl. zur Diskussion bilanzstrukturpolitischer Maßnahmen im Kundengeschäft auch Bessler, W. (Zinsrisikomanagement, 1989), S. 177 ff. oder auch Grommek, W. (Steuerung, 1989), S. 509

138 Vgl. hierzu auch Abschnitt 1.1, insbesondere S. 4 f.

139 Die ebenfalls dem Eigengeschäft zuzurechnenden Geschäfte im Devisenbereich werden aufgrund der Modellstruktur, die auf der Erfassung aller Volumina in DM basiert, hier nicht behandelt.

mens[140] und der Vielfalt der möglichen Transaktionen im Hinblick auf Verzinsung und Laufzeit die wohl größere Bedeutung zukommt. Allerdings ist hierbei zu beachten, daß der gesamte Wertpapierbestand eines Kreditinstituts nicht in erster Linie für die Zwecke des Zinsänderungsrisiko-Managements zur Verfügung steht.[141]

Allgemeingültige Aussagen über die mit Eigengeschäften verbundenen Erträge und Risiken sind aufgrund der Vielzahl der einzelnen Anlage- bzw. Finanzierungsformen nicht möglich. Daher werden bei der Beurteilung im Hinblick auf den Einsatz im Rahmen des Risiko-Managements insbesondere auch aufsichtsrechtliche Perspektiven und Liquiditätsaspekte berücksichtigt.

Kennzeichnend für die hier betrachteten Handlungsalternativen ist, daß sich die entsprechenden Volumina unmittelbar in der Bilanz niederschlagen und somit, je nach Transaktion, gegebenenfalls eine möglicherweise unerwünschte Bilanzverlängerung bzw. -verkürzung zur Folge haben. Darüberhinaus sind Forderungen an Kreditinstitute (Interbankengeschäft) sowie nicht börsengängige Wertpapiere im Rahmen der Grundsätze des BAK über das Eigenkapital und die Liquidität der Kreditinstitute

---

140 Im Durchschnitt aller Bankengruppen belief sich der Anteil der auf der Aktivseite verbuchten Wertpapiere im ersten Halbjahr 1991 auf ca. 11,7 % des Geschäftsvolumens. Quelle: Eigene Berechnungen auf Basis der Bankenstatistik der Deutschen Bundesbank; vgl. Deutsche Bundesbank (Hrsg.) (Bankenstatistik, 1991), S. 2 f.; entsprechende Daten finden sich für 1984 bei Schneider-Gädicke, K.-H. (Wertpapiergeschäft, 1984), S. 104.

141 Zu unterscheiden sind hier Anlage- und Handelsbestand, wobei insbesondere bei der Disposition des Anlagebestands langfristige Renditeüberlegungen im Vordergrund stehen; vgl. hierzu auch Schierenbeck, H. (Einbindung, 1991), S. 33

zu erfassen. Die Hereinnahme bestimmter Aktivpositionen unterliegt somit Grenzen und kann insbesondere in Engpaßsituationen den verbleibenden Handlungsspielraum des Instituts schmälern. Zu relativieren ist die Bedeutung dieses Aspekts insofern, als eine Vielzahl möglicher Transaktionen nicht von diesen gesetzlichen Restriktionen betroffen ist.[142]

Bezüglich der Liquidität von aktivischen Wertpapierbeständen weist *Schneider-Gädicke*[143] darauf hin, daß zum einen die Zahlungsströme, die aus einem Wertpapier resultieren, eindeutig fixiert sind und somit eine zuverlässige Kalkulationsgrundlage gegeben ist,[144] und daß Wertpapiere zum zweiten Sekundärliquidität darstellen, die im Regelfall schnell in Primärliquidität umgewandelt werden kann. Diese von *Schneider-Gädicke* genannten Vorteile gelten allerdings nur bei dem von ihm vorgenommenen Vergleich zwischen Wertpapieranlagen und Kreditvergabe, nicht jedoch, wenn man zusätzlich Alternativen aus dem Bereich der Finanzinnovationen heranzieht.[145] Festzuhalten ist in jedem Fall, daß Maßnahmen im aktivischen Wertpapiereigengeschäft zunächst Liqui-

---

142 Dies gilt umso mehr, als der Begriff der börsengängigen Wertpapiere vom BAK sehr weit gefaßt wird; vgl. hierzu die Schreiben des BAK, veröffentlicht z.B. in Consbruch, J., et al. (Hrsg.) (Kreditwesengesetz, 1991), Nr. 3.03

143 Vgl. Schneider-Gädicke, K.-H. (Wertpapiergeschäft, 1984), S. 105 ff.

144 Die Aussage *Schneider-Gädickes* ist insofern zu relativieren, als dies nur für festverzinsliche Papiere gilt. Der zukünftige Zahlungsstrom aus einer variabel verzinsten Anleihe schwankt in Abhängigkeit von der Zinsentwicklung und ist daher unsicher.

145 Vgl. hierzu die Ausführungen in Abschnitt 3.3.5, S. 142 ff.

dität in Höhe des Engagements binden. Zudem wird gerade im Zeichen der zunehmenden Securitisation[146] die Fähigkeit der Märkte, in einer Krisensituation sämtliche zu liquidierende Wertpapiere aufzunehmen, angezweifelt.[147]

Das traditionelle, bilanzwirksame Eigengeschäft eröffnet den Kreditinstituten zwar vielfältige Möglichkeiten zur Gestaltung der Struktur der Mittelherkunft und -verwendung, weist aber auch die genannten Grenzen im Hinblick auf gesetzliche Regelungen und Liquiditätsaspekte auf. Insbesondere bei kurzfristig notwendigen Transaktionen zur Schließung von zinsänderungsrisikobehafteten Inkongruenzen können die Konsequenzen von bilanzwirksamen Maßnahmen auch im Hinblick auf Ertragseinbußen so negativ sein, daß Handlungsalternativen aus dem bilanzneutralen Bereich der Vorzug zu geben ist.

3.3.1.2 Maßnahmen des bilanzunwirksamen Zinsänderungsrisiko-Managements

Unter dem Begriff Finanzinnovation wird eine Vielzahl von Instrumenten subsummiert, wobei die einzelnen hinsichtlich Ausgestaltung, Einsatzmöglichkeiten etc. stark differieren.[148] Einige dieser Instrumente sind insbesondere für die Steuerung des Zinsänderungsrisikos

---

146 Vgl. hierzu und zum folgenden Gerhardt, W. (Securitisation, 1987), insbesondere S. 91

147 In diesem Sinne auch Meinz, T. (Bedeutung, 1987), S. 128

148 Zu einer Systematik der Finanzinnovationen vgl. z.B. Büschgen, H.-E. (Überblick, 1988), S. 9 ff. oder Rudolph, B. (Innovationen, 1987), S. 19 ff.

geeignet.[149] Berücksichtigt werden hier nur diejenigen, die als bilanzunwirksam[150] zu bezeichnen sind, da sich bilanzwirksame Finanzinnovationen nicht generell von den Maßnahmen des traditionellen Zinsrisiko-Managements unterscheiden. Im folgenden sollen die Vor- und Nachteile des bilanzneutralen Zinsänderungsrisiko-Managements im Vergleich zum traditionellen Vorgehen allgemein, d.h. ohne auf spezifische Instrumente einzugehen, diskutiert werden.

Die Eigenschaft der Bilanzneutralität hat zur Folge, "daß Zinsentscheidungen ohne Auswirkung auf die Liquidität und die Bilanz getroffen werden können."[151] Diese Aussage ist in Bezug auf die Liquidität zwar nicht für alle Instrumente zutreffend,[152] grundsätzlich ist die Liquiditätswirkung von bilanzunwirksamen Transaktionen jedoch viel geringer als die der bilanzwirksamen. Daraus folgt, daß bestimmte Volumina mit einem vergleichsweise geringeren Mitteleinsatz abgesichert werden können.

Der Handlungsspielraum wird hier ebenso wie beim traditionellen Zinsänderungsrisiko-Management durch gesetzliche Normen limitiert. Das Bundesaufsichtsamt für das

---

149 Es ist sogar davon auszugehen, daß diese Instrumente ausschließlich zu diesem Zweck geschaffen wurden; vgl. z.B. Haake, M. (Bewertung, 1991), S. 319

150 Zu den Merkmalen bilanzunwirksamer Instrumente vgl. Aeberli, R.W. (Ausserbilanzgeschäfte, 1989), S. 31 ff.

151 Haake, M. (Bewertung, 1991), S. 319

152 So ist z.B. das Eingehen einer Terminkontrakt-Position mit der Zahlung der sogenannten Margins verbunden; vgl. auch die Ausführungen in Abschnitt 3.3.5, S. 142 ff.

Kreditwesen hat aufgrund der zunehmenden Verbreitung von bilanzunwirksamen Transaktionen die Grundsätze I und Ia über das Eigenkapital der Kreditinstitute modifiziert.[153] Diese im Mai 1990 bekanntgegebenen Neufassungen wurden zum 1. Oktober 1990 in Kraft gesetzt.[154] Grundsatz I umfaßt nunmehr neben den Buchkrediten und Beteiligungen auch die Eindeckungsrisiken aus Finanz-Swaps, Termingeschäften und Optionsrechten, also aus bilanzneutralen Transaktionen.[155] Zusätzlich zu der so sichergestellten Eigenkapitalunterlegung begrenzt Grundsatz Ia die Übernahme von Preisrisiken aus Zinstermin- und Zinsoptionsgeschäften, Aktientermin- und Aktienoptionsgeschäften sowie Indextermin- und Indexoptionsgeschäften.[156] Somit sind auch im Rahmen des bilanzneutralen Risiko-Managements die Handlungsalternativen eingeschränkt.

Als Nachteil des Zinsänderungsrisiko-Managements mit Hilfe bilanzunwirksamer Instrumente wird angeführt, daß mit diesen innovativen Anlage- und Finanzierungsformen

---

153 Vgl. zur Diskussion der Notwendigkeit der Anpassung der Grundsätze z.B. o.V. (Grundsätze, 1990), S. 39 f.

154 Vgl. hierzu sowie zu einer Würdigung der Norm z.B. Menrad, S., Hegedüs, J., Streib, H. (Risiken, 1991), S. 49

155 Eine detaillierte Darstellung findet sich z.B. bei Arnold, W., Schulte-Mattler, H. (Grundsatz I, 1990), S. 432 ff.

156 Zur Ausgestaltung im Detail vgl. z.B. Dormanns, A. (Grundsatz Ia, 1990), S. 372 ff.

in der Regel zusätzliche, neue Risiken[157] verbunden sind. Zudem liegt i.d.R. weniger Erfahrung im Umgang mit den entsprechenden Produkten vor, insbesondere was den Einsatz im Rahmen des Aktiv-Passiv-Managements anbelangt.[158]

Dennoch stellt der Bereich der bilanzunwirksamen Instrumente insgesamt eine interessante Möglichkeit dar, um die Maßnahmen des traditionellen Zinsänderungsrisiko-Managements zu ergänzen[159], wobei die Eignung der einzelnen, zinsrisikobezogenen Finanzinnovationen durchaus unterschiedlich zu beurteilen ist. Im folgenden werden daher Kriterien festgelegt, denen die in das Modell einzubeziehenden Produkte genügen müssen, damit aus der Vielzahl der möglichen Handlungsalternativen die geeigneten bestimmt werden können.

---

157 So z.B. Bank for International Settlement (Hrsg.), (Innovations, 1986), S. 199 ff., Halvax, G. (Risikokontrolle, 1989), S. 1147 ff., Krumnow, J. (Controlling, 1989), S. 141 ff., sowie insbesondere für Zinsterminkontrakte Morris, C.S. (Futures, 1989), S. 18. Im Gegensatz dazu betont *Carstensen*, "... daß die neuen Instrumente wie Futures, Optionen und Swaps keine neuen Risiken in sich bergen"; Carstensen, M. (Gesamtbanksteuerung, 1987), S. 137. M.E. handelt es sich zwar um im Prinzip bekannte Risiken, die jedoch aufgrund neuer Produkte auftreten; in diesem Sinne auch Krümmel, H.-J. (Strukturnormen, 1987), S. 40 ff. Eine Berücksichtigung erscheint allerdings unabhängig vom diesbezüglichen Charakter der Risiken erforderlich.

158 In diesem Sinne auch *Dew*, wenn er den Einsatz von Financial Futures im Rahmen des Risiko-Managements von Kreditinstituten untersucht; vgl. Dew, J.K. (Risk, 1986), S. 11.3 oder *Morris* und *Merfeld*, wenn sie beim Einsatz von bilanzunwirksamen Instrumenten auf das "managerial risk" hinweisen, vgl. Morris, C.S., Merfeld, T.J. (Risk, 1988), S. 15

159 Dies gilt umso mehr, als die traditionellen und die bilanzneutralen Transaktionen teilweise unterschiedlichen Begrenzungen unterliegen.

3.3.2 Analyse bilanzunwirksamer Finanzinstrumente im Hinblick auf deren Eignung für das Zinsänderungsrisiko-Management

Zunächst sind die Anforderungen, denen die in das APM-Modell zu integrierenden Finanzinnovationen zu genügen haben, festzulegen. Anhand dieser Kriterien werden dann die wesentlichen bilanzneutralen Instrumente beurteilt. Es ist zu zeigen, daß insbesondere Zinsterminkontrakte den Anforderungen gerecht werden.

3.3.2.1 Anforderungen an bilanzunwirksame Finanzinstrumente im Hinblick auf deren Eignung für das Zinsänderungsrisiko-Management

Die Anforderungen lassen sich in zwei Gruppen unterteilen. Es handelt sich zum einen um Kriterien genereller Art, die grundsätzlich im Rahmen des Zinsänderungsrisiko-Managements zu berücksichtigen sind, und zum anderen um solche, die speziell aus der Tatsache resultieren, daß hier ein modellgestütztes Entscheidungsunterstützungsinstrument zu entwickeln ist. Dabei sind die beiden Kategorien nicht völlig überschneidungsfrei, sie bedingen sich teilweise gegenseitig.

Zu den generellen Anforderungen ist die Bedingung der <u>Korrelation der Zins- bzw. Kursentwicklungen der einzusetzenden Finanzinnovationen mit denen der identifizierten Zinsänderungsrisikopositionen</u> zu rechnen.[160] Aus dieser unabdingbare Forderung, die eine wesentliche Voraussetzung für erfolgreiche Sicherungstransaktionen

---

160 Je geringer die Korrelation ist, desto höher ist das sogenannte Basisrisiko; vgl. hierzu auch die Ausführungen in den Abschnitten 5.3 und 5.4, S. 225 ff.

darstellt, resultieren zwei unterschiedliche, inhaltliche Aspekte:

- Die Produkte müssen sich auf die jeweils betrachteten Währungen beziehen, da nicht davon auszugehen ist, daß die Zinsentwicklungen in unterschiedlichen Währungsräumen parallel verlaufen.[161]

- Der zeitliche Bezug der Zinssätze der Instrumente (kurz-, mittel-, langfristig) muß mit derjenigen Laufzeitschicht übereinstimmen, in der eine Zinsbindungsinkongruenz besteht. Nur so kann gewährleistet werden, daß das Risiko auch bei einer Änderung der Zinsstruktur - und nicht nur des Zinsniveaus - wenn auch i.d.R. nicht vollständig eliminiert, so doch zumindest verringert werden kann.

Darüberhinaus ist eine gewisse Mindestliquidität der Märkte für die einzusetzenden Instrumente[162] zu fordern. Dies liegt zum einen darin begründet, daß nur durch ausreichend liquide Märkte gewährleistet ist, Positionen jederzeit eingehen bzw. auch wieder schließen zu können.[163] Darüberhinaus unterliegt die Preisbil-

---

161 Im Rahmen des APM-Modells werden alle Positionen in DM erfaßt. Aus diesem Grund müssen sich die zu integrierenden Finanzinnovationen auf die deutschen Geld- und Kapitalmärkte beziehen.

162 Zur Bedeutung der Liquidität vgl. Büschgen, H.E. (Zinstermingeschäfte, 1988), S. 90 f. oder auch Uhlir, H. (Futures, 1992), S. 437. Die Liquidität eines Marktes kann mittels des Transaktionsvolumens gemessen werden; vgl. Jeanneau, S. (Futures, 1989), S. 397

163 Der Aspekt, eine Position jederzeit glattstellen zu können, ist insbesondere bei solchen Geschäften von Bedeutung, die eine Erfüllungsverpflichtung beinhalten.

dung[164] auf solchen Märkten einem stärkeren Wettbewerb, beruht also auf einer größeren Anzahl von Transaktionen, was i.d.R. auch dazu führt, daß sich marktkonforme Gleichgewichtspreise eher einstellen, als auf weniger liquiden Märkten. Dies ist vor allem im Hinblick auf die Bewertung der entsprechenden Instrumente unverzichtbar.[165]

Ein weitere Anforderung besteht darin, daß mit den heranzuziehenden Finanzinnovationen keine zusätzlichen Risiken verbunden sein sollen. Neben dem Basisrisiko ist in diesem Zusammenhang insbesondere das Ausfallrisiko insofern von Bedeutung, als die innovativen Instrumente i.d.R. das zu sichernde Risiko einem Partner übertragen.[166] Abzuleiten ist somit die Forderung, daß entsprechende Geschäfte ausschließlich mit bonitätsmäßig einwandfreien Kontrahenten abgeschlossen werden.

Als rein modelltechnische Anforderung kann dagegen bezeichnet werden, daß die zu verwendenden Produkte in standardisierter Form vorliegen sollten. Diese Forderung, die jedoch zudem eng mit dem Kriterium der Liqui-

---

164 Vgl. hierzu und zum folgenden Barth, H. (Risiken, 1984), S. 120

165 Vgl. hierzu auch die Ausführungen in Abschnitt 3.3.4, S. 129 ff.

166 Zur Neuverteilung von Risiken mittels Finanzinnovationen vgl. z.B. Aeberli, R.W. (Ausserbilanzgeschäfte, 1989), S. 76 f.

dität der Märkte verbunden ist,[167] beruht im wesentlichen darauf, daß bei standardisierten Instrumenten weit weniger Dateninput nötig ist, um diese als wohldefinierte Handlungsalternativen in ein Optimierungsmodell zu integrieren. Eine exakte Niederlegung zulässiger Handlungsalternativen ist insbesondere notwendig, um zu gewährleisten, daß die vom Modell vorgeschlagenen Lösungen auch in der Realität umsetzbar sind. Auch kann davon ausgegangen werden, daß die entsprechenden Konstrukte tendenziell im Zeitablauf stabil, also unverändert bleiben, wodurch die Notwendigkeit von Anpassungen der Modellstruktur vermieden wird.

Die Anforderungen, denen die in das Modell zu integrierenden bilanzneutralen Finanzinnovationen zu genügen haben, sind somit:

(1) Korrelation mit den Risikopositionen,
(2) Liquidität der Märkte,
(3) Neutralität bezüglich zusätzlicher Risiken sowie
(4) Standardisierung der Instrumente.

3.3.2.2 Zur Eignung bilanzunwirksamer Finanzinstrumente für das Zinsänderungsrisiko-Management

Die für das bilanzneutrale Management des Zinsänderungsrisikos grundsätzlich in Frage kommenden Finanzin-

---

167 Es kann davon ausgegegangen werden, daß die Märkte für standardisierte Produkte i.d.R. eine höhere Liquidität aufweisen, als solche, auf denen individuelle Vereinbarungen getroffen werden; in diesem Sinne z.B. auch *Androsch*, der "...Standardisierung als Voraussetzung für tiefe und breite Märkte" bezeichnet, Androsch, H. (Securitization, 1987), S. 35

novationen lassen sich wie folgt in drei Grundtypen[168] einteilen:

- unbedingte Termingeschäfte, wie z.B. Futures,
- bedingte Termingeschäfte, also Optionen[169], sowie
- Swaps.[170]

Die Integration von Zinsswaps in das Modell wird derzeit in einer parallel zu der vorliegenden Arbeit durchgeführten Studie vorgenommen, so daß dieser Bereich hier nicht bearbeitet wird.

Zudem kommen aufgrund der oben festgelegten Kriterien, denen die in das Modell zu integrierenden Instrumente zu genügen haben, eine Reihe von möglichen Produkten von vorneherein nicht in Betracht. So schließt die Forderung, daß ausschließlich standardisierte Innovationen, deren Märkte eine gewisse Mindestliquidität aufweisen, heranzuziehen sind, alle Instrumente, die nicht börsengehandelt sind, aus.[171] Im wesentlichen handelt

---

168 In diesem Sinne z.B. auch Morris, C.S., Merfeld, T.J. (Risk, 1988), insbesondere S. 3; die Darstellung beschränkt sich im weiteren auf die zinsrelevanten Formen dieser Finanzinnovationen.

169 Wenn im folgenden der Einsatz von Optionen im Rahmen des Zinsrisiko-Managements diskutiert wird, so wird hier grundsätzlich von einem Optionserwerb ausgegangen. Die Möglichkeit als Stillhalter zu agieren, sei aufgrund der Zielsetzung von vorneherein ausgeschlossen.

170 Swaps bilden insofern eine eigene Kategorie, als sie Kombinationen von Kassa- und unbedingten Termingeschäften darstellen. Zu den Grundlagen von Swap-Transaktionen vgl. z.B. Nabben, S. (Swaps, 1990), S. 15 ff. oder auch Lassak, G, (Swaps, 1988), S. 16 ff.; vgl. insbesondere zu Zinsswaps Behrens, C.-U. (Zinsswaps, 1989), S. 201 ff.

171 Swaps nehmen hier eine Sonderstellung ein. Auf deren nähere Erläuterung wird aus dem oben genannten Grund verzichtet.

es sich bei diesen sogenannten over-the-counter-Produkten[172] um

- Forward Rate Agreements (Zinsausgleichsvereinbarungen), also nicht standardisierte Zinstermingeschäfte,[173] sowie
- Zinsoptionen, zu denen im weitesten Sinne auch Caps, Floors und Collars[174] und gegebenenfalls Swaptions[175] zu rechnen sind.

Dabei haben gemessen am Volumen die Forward Rate Agreements neben den Zinsswaps die wohl größte Bedeutung.[176] Daß Forward Rate Agreements und Zinsoptionen aufgrund der jeweils individuellen Vertragsgestaltung nicht in das Modell aufgenommen wird, ist insofern zu vertreten, als mit den <u>Interest Rate Futures und den Optionen auf Interest Rate Futures</u> entsprechende, an den Terminbör-

---

172 Over the counter ist die amerikanische Bezeichnung für den außerbörslichen Handel; vgl. z.B. Büschgen, H.E. (Lexikon, 1989), S. 524. Zur typischen Durchführung und Dokumentation solcher Geschäfte vgl. Lewis, M.K. (Regulation, 1988), S. 196 f.

173 Vgl. zu detaillierteren Erläuterungen dieser Kontrakte z.B. Maier, A. (Forward, 1988), S. 475 f.; zur Abgrenzung zu börsengehandelten Terminkontrakten vgl. Menzel, F.W. (Risikomanagement, 1987), S. 160

174 Die Grundstruktur dieser zinsbegrenzenden Instrumente läßt sich auf die einer Zinsoption zurückführen; vgl. Hubbes, H.H. (Caps, 1987), S. 2 f.

175 Zur Konstruktion dieser Optionen auf Swapgeschäfte vgl. Maier, A. (Swaptions, 1988), S. 415 f. oder auch Zugehör, G. (Verbindung, 1989), S. 323 ff.

176 In diesem Sinne indirekt auch *Meinecke*, der als volumensmäßig bedeutendste Instrumente aus diesem Bereich die Forward Rate Agreements und Finanzswaps diskutiert; vgl. Meinecke, H.-D., (Steuerung, 1988), S. 11 in Verbindung mit S. 12 und S. 14 ff.; sowie die Aufstellung in Bank of England (Hrsg.), (Bulletin, 1990), S. 224.

sen gehandelte Produkte zur Verfügung stehen.[177] Somit wird durch die Forderung der Standardisierung kein wesentlicher Grundtyp der bilanzneutralen Finanzinnovationen ausgeschlossen.

Börsengehandelte Produkte entsprechen zudem der Forderung, daß soweit als möglich mit dem Einsatz von Finanzinnovationen keine zusätzlichen Risiken verbunden sein sollen, da hier als Vertragspartner eine Drittpartei, die sogenannte Clearing-Stelle,[178] fungiert. Diese Organisation garantiert die Erfüllung der gehandelten Kontrakte, wobei die Clearing-Mitgliedschaft regelmäßig an enge Voraussetzungen[179] geknüpft ist. Somit kann das Ausfallrisiko als minimal bezeichnet werden.[180]

Standardisierte, zinsbezogene Instrumente im DM-Bereich werden an drei Terminbörsen - der Deutschen Terminbörse (DTB), der London International Financial Futures Exchange (LIFFE) sowie der Marché à Terme International

177 Allerdings sind die Einsatzmöglichkeiten der standardisierten Kontrakte hinsichtlich der zu schließenden Positionen zwangsläufig eingeschränkter. Zu den Vor- und Nachteilen des Einsatzes börsengehandelter Instrumente vgl. auch Miller, R. (Risk, 1988), S. 238

178 Vgl. hierzu und zum folgenden z.B. Barth, H. (Risiken, 1984), S. 124

179 Diese sind beispielsweise für die Deutsche Terminbörse in den Clearing-Bedingungen für den Handel an der Deutschen Terminbörse niedergelegt; vgl. o.V. (Börsenordnung, 1991), S. 284 f. (insbesondere Teilabschnitt 1.1: Clearing-Lizenz/Clearing-Mitgliedschaft).

180 Diese Aufassung wird auch vom BAK vertreten, vgl. hierzu die Ausführungen zu Grundsatz I, Abschnitt 4.2.2.4, S. 183 ff.

de France (MATIF) - gehandelt.[181] Es existieren Produkte der Typen Zinsterminkontrakt[182] und Option.[183] Dabei handelt es sich bei den Futures um den Drei-Monats-Euro-DM-Zinsterminkontrakt sowie zwei Rententerminkontrakte, deren Basisobjekte jeweils idealtypische mittelfristige bzw. langfristige Wertpapiere des Bundes sind, den sogenannten Bundesobligationen- und den Bundesanleihe-Terminkontrakt. Die Optionskontrakte stellen Optionen auf die genannten Terminkontrakte und somit Optionen auf Futures dar. Die genauen Spezifikationen der sechs an den Terminbörsen[184] gehandelten Kontrakte sind im Anhang[185] tabellarisch dargestellt.

---

181 Vgl. hierzu z.B. Basil Blackwell Ltd. (Hrsg.), (Handbook, 1991), S. 172 ff., 186 ff. sowie 363 ff.

182 Zinsterminkontrakte "beinhalten die vertragliche Vereinbarung (Kontrakt), eine standardisierte Menge, Nominalwert oder Wert eines bestimmten Finanzinstruments zu einem im voraus ausgehandelten Kurs an einem späteren, standardisierten Fälligkeitstag zu kaufen bzw. zu verkaufen." Cordero, R. (Markt, 1987), S. 164

183 Eine Kauf-/Verkaufsoption beinhaltet das Recht, ein Basisobjekt zu einem bestimmten Kurs (Basiskurs) zu kaufen/verkaufen. Vgl. z.B. Oberman, R.F.M.L. (Zinsrisikopotential, 1990), S. 75 f.

184 An der DTB werden mittel- und langfristige Bund-Futures sowie die entsprechenden Optionen gehandelt, Kontrakte vom Typ des 3-Monats-Futures sowie des langfristigen Bund-Futures werden an der LIFFE gehandelt, der 3-Monats-Future zudem an der MATIF. Die wesentlichen Kontraktspezifikationen sind an den beiden Börsen jeweils identisch. Im weiteren werden grundsätzlich die Produkte der DTB herangezogen. Nur im Fall des 3-Monats-Futures wird der Kontrakt der LIFFE verwendet, da an der DTB kein entsprechendes Produkt gehandelt wird. Dies erscheint auch in Anbetracht der Marktanteile der DTB bzw. der LIFFE gerechtfertigt, vgl. hierzu o.V. (Statistik, 1992), S. 76 sowie Humphreys, G. (Derivatives, 1992), S. 92

185 Vgl. hierzu Anhang II, S. 237 ff.

Untersucht man nun die zur Verfügung stehenden zinsbezogenen Instrumente hinsichtlich der Kriterien Korrelation mit der Risikoposition sowie Liquidität der entsprechenden Märkte[186], so zeigen sich Unterschiede, inwieweit die Kontrakte diesen Anforderungen genügen.

Bezüglich der Korrelation ist zunächst festzustellen, daß sich der Drei-Monats-Euro-DM-Zinsterminkontrakt im Gegensatz zu den anderen Kontrakten, nicht auf DM, sondern auf Euro-DM bezieht, da das dem Kontrakt zugrundeliegende Basisinstrument eine Dreimonats-Euro-DM-Einlage ist. Dadurch, daß zwischen den entsprechenden DM-Einlagen bei deutschen Instituten und bei Eurobanken eine starke Substitutionsbeziehung besteht,[187] also zwischen den beiden Finanzmärkten ein intensiver Liquiditätsausgleich stattfindet, besteht auch ein enger Zusammenhang zwischen den Zinssätzen.

Dies gilt - wie Abbildung 17 (S. 120) illustriert[188] - insbesondere für die Entwicklung des Zinsniveaus im Zeitablauf, so daß auch hier die geforderte Korrelation[189] der Zinssätze, die dem bilanzneutralen Instrument zugrundeliegen, und denen, die eine etwaige Risi-

---

186 Die Analyse schließt die Option auf den mittelfristigen Bund-Future nur teilweise ein, da zum Zeitpunkt der Untersuchung noch keine aussagefähigen Daten bezüglich des Umsatzes zur Verfügung standen.

187 Vgl. hierzu und zum folgenden Schäfer, R. (Geldmarkt, 1990), S. 467

188 Eine entsprechende Grafik auf Basis von Monatsdurchschnittswerten für die Jahre 1982 - 1989 findet sich bei Schäfer, R. (Geldmarkt, 1990), S. 468

189 Für den in Abbildung 17 wiedergegebenen Zeitraum belief sich der Korrelationskoeffizient R^2 auf 0,970303.

koposition aus dem Anlage- und Finanzierungsprogramm des Instituts begründen, besteht.

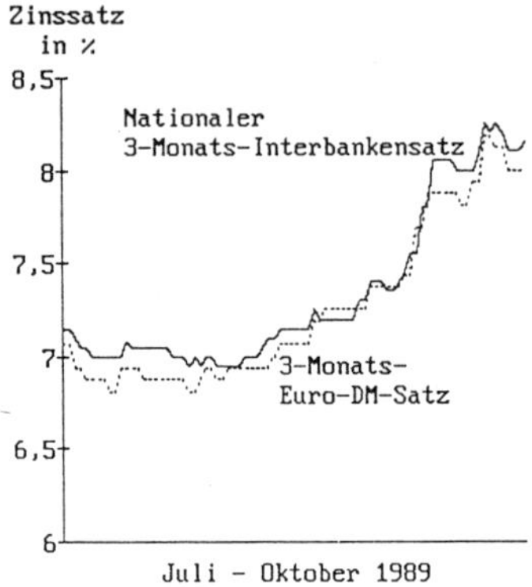

Abb. 17: Entwicklung des Drei-Monatssatzes am nationalen und am Euro-Geldmarkt

Quelle: Daten laut Handelsblatt (3.7. - 24.10.1989)

Das Laufzeitspektrum der den gehandelten Kontrakten zugrundeliegenden Basisinstrumente ist wie in Abbildung 18 (S. 121) dargestellt eingeschränkt.[190] Überhänge aus dem bilanziellen Bereich können mit Hilfe der Zinsterminkontrakte sinnvollerweise nur in den Laufzeitschichten geschlossen werden, die im Laufzeitspektrum der Basisinstrumente enthalten sind. Die Sicherung von Inkongruenzen in anderen Laufzeitschichten mit Hilfe der vorhandenen Instrumente ist zwar grundsätzlich möglich, beinhaltet jedoch ein hohes Basisrisiko. Hier muß gegebenenfalls auf Handlungsalternativen aus dem traditionellen Zinsänderungsrisiko-Management zurückgegriffen werden.

---

190 Der Wert der Kontrakte bzw. deren implizite Verzinsung entwickelt sich unter der Voraussetzung vollkommener Märkte analog zu dem Zinssatz, der dem entsprechenden Basisinstrument zuzurechnen ist. Vgl. hierzu auch Abschnitt 3.3.4, S. 129 ff.

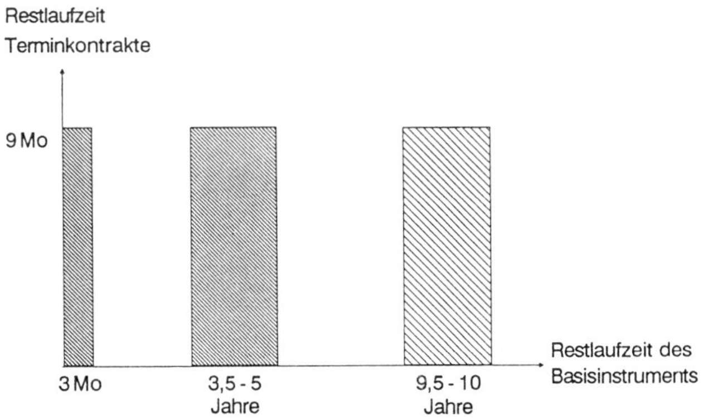

Abb. 18: Laufzeitspektrum der Basisinstrumente von börsengehandelten Terminkontrakten

Zudem ist die Laufzeit der Zinsterminkontrakte selbst auf maximal 9 Monate beschränkt. Zur Sicherung risikobehafteter Zinsbindungsüberhänge, die über einen längeren Zeitraum bestehen, müssen daher mehrere Transaktionen zu unterschiedlichen Zeitpunkten durchgeführt werden.

Hinsichtlich der Liquidität der Märkte ergibt sich folgendes Bild. Legt man die Anzahl der gehandelten Kontrakte (vgl. Abbildung 19, S. 122) zugrunde, so zeigt sich, daß der Handel mit dem langfristigen Bund-Future am umsatzintensivsten[191] ist. Zu beachten ist hierbei,

---

191 Dies gilt in gleichem Maß für die LIFFE. So wurden vor der Eröffnung der DTB beispielsweise in den Monaten August und September 1989 mehr als 500.000 Kontrakte umgesetzt; vgl. Schwarzer, O. (Dynamik, 1989), S. 34. Auch der Umsatz des Euromark-Future-Kontrakts beläuft sich an der LIFFE seit 1991 regelmäßig auf mehr als 300.000 Kontrakte pro Monat.

daß die Option auf den langfristigen Bund-Future der DTB (Aufnahme des Handels: 16. August 1991) und der mittelfristige Bund-Future (Aufnahme des Handels: 4. Oktober 1991) relativ neue Kontrakte sind, so daß die Aussagefähigkeit der Umsatzzahlen noch eingeschränkt ist.

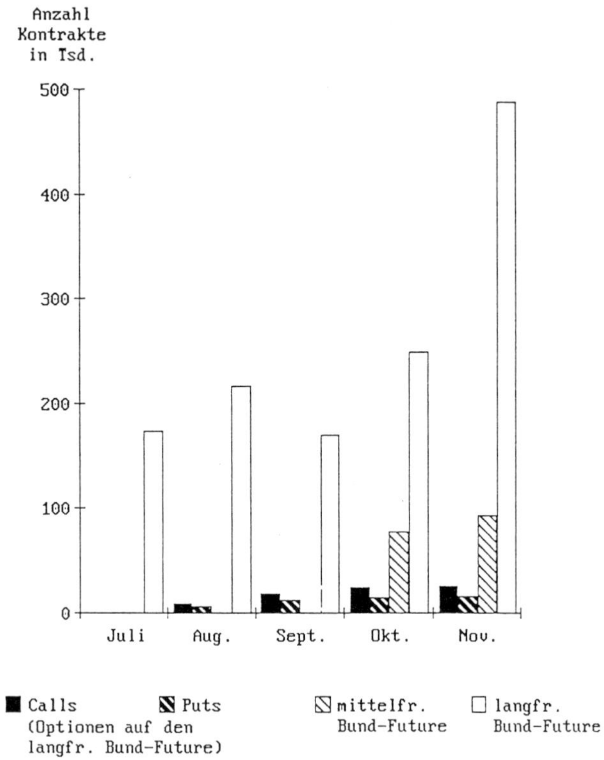

Abb. 19: Umsätze der Deutschen Terminbörse (Juli - Oktober 1991): Kauf- und Verkaufsoption auf den Bund-Future, mittel- und langfristiger Bund-Future

Quelle: Deutsche Bundesbank (Hrsg.), (Wertpapierstatistik, 1991), S. 47 f.

Dennoch läßt sich bereits jetzt feststellen, daß auch der Markt für den mittelfristigen Bund-Future liquider als der Optionsmarkt zu sein scheint.[192] Insgesamt wird hier somit bestätigt, daß die Zinsterminkontrakte die wohl größte Bedeutung unter den börsengehandelten Finanzinnovationen erlangt haben.[193]

Dies ist zwar angesichts der Tatsache, daß eine Option im Vergleich zu einem Terminkontrakt grundsätzlich das flexiblere Instrument darstellt,[194] verwunderlich, kann aber eventuell mit der komplexeren Konstruktion des Instruments begründet werden. Zudem handelt es sich um eine Option auf einen Future, also quasi ein Tertiärprodukt.[195]

Obwohl auch die Optionen auf die Terminkontrakte den Kriterien, die zur Eignungsprüfung der Finanzinnovationen formuliert wurden, genügen, muß dennoch auf deren

---

192 Die Liquidität der Märkte spielt bei Optionen eine geringere Rolle, vgl. hierzu auch Abschnitt 3.3.2.1, S. 111 ff.

193 Vgl. hierzu auch Schneider-Gädicke, K.-H. (Wertpapiergeschäft, 1984), S. 116

194 Optionen zeichnen sich dadurch aus, daß sie dem Inhaber eine Wählerposition einräumen. Es besteht hier - im Gegensatz zu den Zinsterminkontrakten - keine unbedingte Erfüllungsverpflichtung; der Optionsinhaber kann in Abhängigkeit von der Entwicklung der Rahmenbedingungen entscheiden, ob er das mit der Option verbundene Recht wahrnimmt oder die Option verfallen läßt. Daher ist bei einer Option das Verlustrisiko auf die Optionsprämie begrenzt, während es bei Terminkontrakten theoretisch unendlich ist. Vgl. hierzu z.B. Franke, G. (Kontrakte, 1990), S. 49 sowie S. 52 ff.

195 Wenn man die zugrundeliegende Bundesanleihe als Primär- und den Future als Sekundärprodukt begreift, kann die Option als Tertiärprodukt bezeichnet werden.

Integration in das APM-Modell verzichtet werden. Dies beruht auch auf der Tatsache, daß derzeit kein allgemein akzeptiertes Bewertungsmodell für Optionen auf Zinstitel vorliegt.[196] Darüberhinaus wirft die Modellierung der Optionsgeschäfte weitere Probleme auf, die nicht befriedigend gelöst werden können.[197]

Somit ist festzuhalten, daß die Zinsterminkontrakte den oben dargelegten Kriterien am besten gerecht werden, so daß drei innovative, bilanzneutrale Instrumente zur Steuerung des Zinsänderungsrisikos in das Modell aufgenommen werden. "Wenn solche (Zinstermin-, Anm. d. Verf.) Kontrakte mit der gebotenen Umsicht, d.h. bei sorgfältiger Abwägung der damit verbundenen Risiken und unter enger Anlehnung an eindeutig definierbare Wagnispositionen, eingesetzt werden, kann die Bilanzstruktursteuerung wesentlich effizienter gestaltet und die Ertragskraft der Banken gestärkt werden."[198] Diese Möglichkeiten der Steuerung des Zinsänderungsrisikos im

---

196 Vgl. hierzu Bühler, W. (Bewertung, 1991), S. 2. *Bühler* erarbeitet zwar ein an das Black & Scholes Modell angelehntes Verfahren zur Bewertung von Optionen auf den Bund-Future, räumt aber selbst ein, daß dieses nur dann Gültigkeit hat, wenn "... ein isoliertes Risikomanagement dieser Optionen und des Bund-Futures betrieben wird"; Bühler, W. (Bewertung, 1991), S. 23. Eine Integration in das APM-Modell, die zudem Prognosen voraussetzt, erscheint wenig sinnvoll, solange die benötigten Inputdaten zur Berechnung der Ergebniswirkung des Einsatzes der Optionen nicht gesichert ermittelt werden können. Vgl. hierzu auch die Ausführungen zur Prämisse des informatorischen Inputs eines praktischen Modells in Abschnitt 3.1.1, S. 51 ff.

197 Vgl. hierzu Anhang III, S. 243 ff., in dem Grundstruktur und Problematik einer möglichen Modellierung dargestellt wird.

198 o.V. (Innovationen, 1986), S. 30

Rahmen des Aktiv-Passiv-Managements werden im folgenden Abschnitt dargestellt.

3.3.3 Zum Einsatz von Zinsterminkontrakten zur Steuerung des Zinsänderungsrisikos

Als grundsätzliche Motive für Transaktionen mit Zinsterminkontrakten können Hedging, Arbitrage und Spekulation unterschieden werden.[199] Dabei beinhaltet Spekulation[200] das bewußte Eingehen einer neuen Risikoposition zum Zweck der Gewinnerzielung, während unter Arbitrage das Ausnutzen von Marktunvollkommenheiten zur Erzielung eines i.d.R. geringen, aber risikolosen Gewinns verstanden wird. Im Gegensatz dazu zeichnet sich Hedging dadurch aus, daß ein bestehendes oder zukünftig drohendes Risiko vermindert werden soll. Insofern wird nur dieser Ansatz der gegebenen Problematik gerecht. Daher wird im folgenden der Einsatz von Zinsterminkontrakten ausschließlich unter der Prämisse der Verwendung zu Hedgingzwecken diskutiert.[201]

Das Grundprinzip des Hedgings besteht darin, daß eine offene und damit risikobehaftete Position mit Hilfe einer Transaktion so geschlossen wird, daß bei einer Zinsänderung die Ertragseinbußen bei einer Position an-

---

199 Vgl. zur genaueren Abgrenzung der Begriffe Berger, M. (Hedging, 1990), S. 21 f. sowie S. 30 f. Dabei ist diese klare Unterscheidung in der Praxis nicht immer möglich, vgl. hierzu und zum folgenden Jeanneau, S. (Futures, 1989), S. 391

200 Spekulation wird auch auch mit dem Begriff Trading umschrieben; vgl. Köpf, G. (Futures, 1989), S. 35

201 Im folgenden wird zudem auf die Darstellung vorformulierter Hedging-Strategien verzichtet; zur Begründung vgl. Abschnitt 3.3.1, S. 102 f.; zu den Formen vgl. z.B. Körner, F., Moessmer, M. (Hedging, 1985), S. 145 ff.

nähernd durch den Ertragszuwachs der zweiten Position gedeckt werden. Wenn sich Gewinn und Verlust exakt ausgleichen, spricht man von einem Perfect Hedge. Dies läßt sich jedoch in der Realität bestenfalls bei einem sogenannten Micro-Hedge[202] erreichen, der sich im Gegensatz zum Macro-Hedge lediglich auf eine isoliert betrachtete Einzelposition bezieht. Werden dagegen offene Positionen, die nach Aufrechnung aller Einzelpositionen eines Portefeuilles, wie z.B. auch des gesamten Anlage- und Finanzierungsprogramms eines Kreditinstituts, verbleiben, geschlossen, handelt es sich um einen Macro-Hedge.

Beim Hedging mit Zinsterminkontrakten sind in Abhängigkeit von der Risikoposition und der Zinserwartung grundsätzlich zwei Varianten zu unterscheiden:

- Der <u>Kauf von Kontrakten</u>, also das Eingehen der Verpflichtung zur Abnahme des Basisobjektes am Liefertag;[203] eine entsprechende Position in Futures wird als "long" bezeichnet.

- Der <u>Verkauf von Kontrakten</u>, also das Eingehen der Verpflichtung zur Lieferung des Basisobjektes am Lie-

---

202 In der Regel ist hier sogar ein sogenannter "Pure Hedge" notwendig. Von einem Pure Hedge spricht man dann, wenn die zu schließende Position exakt dem Basisobjekt des Futures entspricht. Den Normalfall wird jedoch regelmäßig der sogenannte "Cross Hedge" darstellen, bei dem nicht identische, sondern ähnliche Positionen herangezogen werden; vgl. hierzu auch Figlewski, S. (Hedging, 1986), S. 76 ff.

203 Dies gilt nur für solche Kontrakte, bei denen die physische Lieferung des Basisobjektes möglich ist, nicht jedoch für diejenigen, bei denen ein Barausgleich vorgesehen ist, wie z.B. den 3-Monats-Euro-DM-Future.

fertag; eine entsprechende Position in Futures wird als "short" bezeichnet.

Die tatsächliche Erfüllung dieser Verpflichtungen stellt allerdings die Ausnahme dar, da der Großteil der offenen Terminpositionen nicht bis zum Liefertag gehalten wird.[204] In der Regel ist die Intention des Eingehens einer Position nicht der tatsächliche Erwerb/Verkauf des Basisobjektes, sondern die Absicherung bestimmter Zinsrisiken. Aus diesem Grund werden die meisten offenen Positionen vor dem letzten Handelstag durch Gegengeschäfte wieder geschlossen. Man spricht in diesem Zusammenhang auch von Glattstellung. Eine offene Long-Position wird durch Verkauf der entsprechenden Anzahl an Kontrakten, eine offene Short-Position dagegen durch Kauf geschlossen. Im folgenden soll die Wirkungsweise dieser Transaktionen (Öffnen und Glattstellen einer Terminposition) exemplarisch anhand einer Short-Position in Bund-Futures erläutert werden.[205]

Die Analyse des Anlage- und Finanzierungsprogramms eines Kreditinstituts habe ergeben, daß für das nächste Halbjahr im Bereich der langfristigen Kapitalmarktzinsen ein aktivischer Festzinsüberhang besteht. Es wird mit einem Anstieg des Zinsniveaus gerechnet, so daß aus der offenen Position (Kurs-)Verluste zu erwarten sind, die mittels Bund-Future-Kontrakten gehedgt werden sol-

---

204 Vgl. hierzu auch Büschgen, H.E. (Zinstermingeschäfte, 1988), S. 48, wonach nur ca. 1 - 5 % aller Zinsterminkontrakte bis zur Endfälligkeit gehalten werden.

205 Numerische Beispiele zur Funktionsweise von Zinsterminkontrakten - auch für Long-Positionen - finden sich unter anderem bei Uszczapowski, I. (Futures, 1991), S. 215 ff., Binkowski, P., Beeck, H. (Finanzinnovationen, 1989), S. 74 ff. sowie Cordero, R. (Markt, 1987), S. 92 f.

len. Zu diesem Zweck wird die entsprechende Anzahl[206] von Terminkontrakten mit einer Restlaufzeit von ½ Jahr verkauft. Steigen nun die Zinsen innerhalb des Zeitraums tatsächlich, so sinkt zwar der Kurs der Kassaposition, die Terminkontrakte können jedoch zu einem dann gestiegenen Kurs verkauft werden. Die Sicherungswirkung beruht also darauf, daß sich der Wert eines Terminkontrakts immer gegenläufig zum Wert des Basisinstruments verhält. Dies gilt jedoch ebenso in dem Fall, daß die Zinsentwicklung falsch beurteilt wurde, so daß bei fallenden Zinsen mögliche Kursgewinne aus der Kassaposition durch Verluste aus der Terminposition zumindest geschmälert werden.

Risikoposition[207]	Zinserwartung	Terminposition
aktivisch	Anstieg	short
aktivisch	Verfall	---
passivisch	Anstieg	---
passivisch	Verfall	long

Abb. 20: Grundformen des Einsatzes von Terminkontrakten in Abhängigkeit von Risikoposition und Zinserwartung

Generell lassen sich im Rahmen des Aktiv-Passiv-Managements in Abhängigkeit der Art des zu sichernden Über-

206 Zur Ermittlung der Anzahl der Kontrakte vgl. Berger, M. (Hedging, 1990), S. 402 ff.; dieser Aspekt wird hier insofern nicht weiter vertieft, als die Zahl der Kontrakte im Rahmen des Modells eine Entscheidungsvariable darstellt, also durch den Optimierungsalgorithmus bestimmt wird.

207 Art des Zinsbindungsüberhangs

hangs aus dem Kassabereich und der Richtung der Zinsänderungserwartung vier Grundpositionen identifizieren. Abbildung 20 (S. 128) stellt diese Grundpositionen sowie die jeweils daraus abzuleitenden Transaktionen in Terminkontrakten dar. Dabei werden Termingeschäfte nur für den Fall in Betracht gezogen, daß ein Zinsänderungsrisiko und keine Zinsänderungschance besteht.

Die Quantifizierung der Wertänderung von Terminkontrakten in Abhängigkeit von der Zinserwartung wird - insbesondere auch im Hinblick auf die Abbildung im Modellzusammenhang - im folgenden Abschnitt behandelt.

3.3.4 Zur Bewertung von Zinsterminkontrakten

Generell wird unter Bewertung eines Finanzinstruments die Ermittlung eines sogenannten "Fairen Preises bzw. Werts" verstanden, nicht jedoch eine Prognose des Kurses.[208] Der errechnete Gleichgewichtspreis[209] wird i.d.R. zum tatsächlichen Kurs in Relation gesetzt, um so Über- oder Unterbewertungen durch den Markt erkennen zu können und Hinweise auf Arbitrage-Möglichkeiten zu erhalten. Dennoch liefern die Bewertungsansätze wich-

---

208 Gerade diese Prognose ist jedoch die Grundlage des Einsatzes der Instrumente im Rahmen eines Modells zum Aktiv-Passiv-Management, da hier Handlungsalternativen insbesondere auch für zukünftige Planungsperioden erarbeitet werden sollen.

209 Diese Gleichgewichtspreise müßten sich im Sinne der Arbitrage Pricing Theory auf den Geld- und Kapitalmärkten einstellen, um das Erzielen risikoloser Gewinne auszuschließen; vgl. hierzu z.B. Hax, H., Hartmann-Wendels, T., Hinten, P. v. (Finanzierungstheorie, 1988), 699 ff. oder auch Wilhelm, J. (Arbitragefreiheit, 1981), S. 891 ff. Es handelt sich hier genau genommen um einen Break-even Preis zwischen Future- und Kassamärkten; vgl. Miller, M.H. (Equilibrium, 1989), S. 53.

tige Erkenntnisse auch im Hinblick auf die für den Modelleinsatz notwendige Prognose zukünftiger Kurse.

Die Bewertung von Financial Futures basiert auf unterschiedlichen Arbitrage-Prinzipien,[210] je nachdem, ob es sich um ein Instrument handelt, dem ein sogenanntes non-carryable, d.h. ein kurzfristiges, dem Geldmarkt zuzuordnendes, Basisobjekt oder ein sogenanntes carryable, d.h. ein langfristiges, dem Kapitalmarkt zuzuordnendes, Basisobjekt zugrunde liegt.[211] Im folgenden werden somit die Möglichkeiten zur Bewertung des 3-Monats-Euro-DM-Futures, als geldmarktnahes Instrument, und der Renten-Termin-Kontrakte, als kapitalmarktnahe Instrumente, getrennt diskutiert.[212]

3.3.4.1 Bewertung des 3-Monats-Euro-DM-Future-Kontrakts

Zur Bewertung von Futures auf Geldmarktinstrumente wird häufig die sogenannte Forward-Forward Arbitrage[213] herangezogen. Ausgangspunkt ist die Tatsache, daß der 3-Monats-Euro-DM-Kontrakt den erwarteten, für einen zukünftigen Zeitpunkt gültigen 3-Monats-Zins repräsentiert. Unter der Voraussetzung eines vollkommenen Markts läßt sich somit der Wert des Kontrakts aus der

---

210 Vgl. z.B. Janschek, O., Treitler, C. (Arbitrage, 1985), S. 99

211 Ursächlich für die Unterscheidung ist die Tatsache, daß Basisinstrumente, die carryable sind, tatsächlich in einem Portfeuille gehalten werden können, während dies für Basisinstrumente, die non-carryable sind, nicht gilt.

212 Dabei wird jeweils auf eine Berücksichtigung der Transaktionskosten verzichtet, um die grundsätzlichen Mechanismen deutlicher herausarbeiten zu können.

213 Vgl. hierzu und zum folgenden z.B. Cordero, R. (Markt, 1987), S. 146 ff.

gegenwärtigen Zinsstruktur ermitteln, da sich dann die zwei folgenden Alternativen[214] hinsichtlich der Verzinsung exakt entsprechen müssen.

1. Zweimalige Anlage eines Betrags am Kassamarkt:
   Anlage des Betrags zum Zeitpunkt T=0 mit einer Verzinsung von i_1 und einer Laufzeit von t=1.
   Daran anschließend Anlage des ursprünglichen Betrags zuzüglich des aus der ersten Anlage erzielten Zinsertrags zum Zeitpunkt T=1 mit einer Verzinsung von i_2 und einer Laufzeit von t=2.

2. Einmalige Anlage des Betrags am Kassamarkt zum Zeitpunkt T=0 mit einer Verzinsung von i_3 und einer Laufzeit von t=3.

Beide Varianten seien anhand eines Zeitstrahls verdeutlicht:

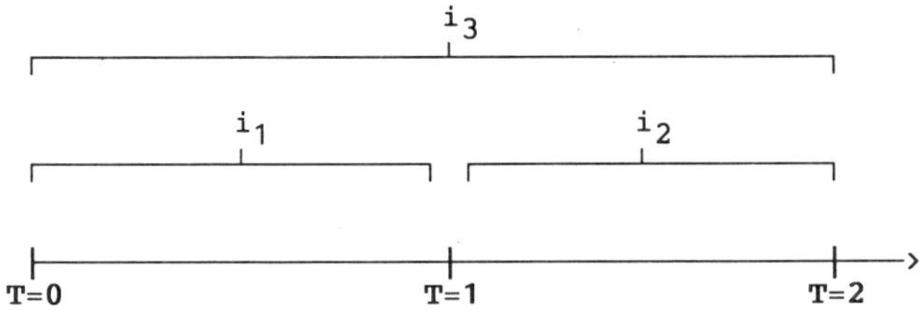

wobei:

T....Zeitpunkte	T=0	Beginn der Transaktionen
	T=1	Fälligkeit der ersten Anlage
	T=2	Ende der Transaktionen
t....Zeiträume	t=1	Laufzeit der 1. Anlage (Alternative 1)
	t=2	Laufzeit der 2. Anlage (Alt. 1)
	t=3	Laufzeit der Anlage (Alt. 2)

i_t...Zinssatz für die Laufzeit t

---

214 Vgl. auch Jones, F.J. (Futures, 1986), S. 10.34 ff.

Bekannt sind zum Zeitpunkt T=0 die Zinssätze i_1 sowie i_3. Mittels dieser "... Geldmarktsätze für verschiedene Laufzeiten läßt sich errechnen, welcher Zinssatz für dieselbe Periode zum heutigen Zeitpunkt im Markt impliziert wird";[215] im obigen Beispiel also i_2. Diese sogenannte Forward-Forward-Rate (FFR) wird somit durch zwei Zeitparameter - der Laufzeit (t_2) und den Zeitraum bis zum Beginn der zukünftigen Transaktion (t_1) - spezifiziert und ist wie folgt definiert:[216]

$$FFR_{1,2} = \left[\frac{1 + (i_3 * \frac{t_3}{360})}{1 + (i_1 * \frac{t_1}{360})} - 1 \right] * \frac{360}{t_2}$$

(3.3.4.1 - 1)

Da nun ein Terminkontrakt auf eben diesem Zukunftszins beruht, muß der implizierte Zins des Kontrakts[217] dem Forward-Forward-Satz für die jeweiligen Laufzeiten entsprechen.

---

215 Cordero, R. (Markt, 1987), S. 146; im Original "... diesselbe ..."

216 Zur Herleitung dieser Näherungsformel für den unterjährigen Bereich vgl. z.B. Fitzgerald, M.D. (Pricing, 1990), S. 114

217 In Zusammenhang mit Zinstermingeschäften ist die Bezeichnungen implizierter Zukunftszinssatz (implied bzw. implicit forward rate) gebräuchlich; vgl. z.B. Büschgen, H.E. (Zinstermingeschäfte, 1988), S. 78

Für einen 3-Monats-Kontrakt mit einer Restlaufzeit von 6 Monaten, der eine zukünftige Anlagedauer von 90 Tagen in 180 Tagen beinhaltet, ergibt sich der implizierte Zins wie folgt ($t_1 = 180$, $t_2 = 90$, $t_3 = t_1 + t_2 = 270$):

$$FFR_{180,90} = \left[\frac{1 + (i_{270} * \frac{270}{360})}{1 + (i_{180} * \frac{180}{360})} - 1 \right] * \frac{360}{90}$$

(3.3.4.1 - 2)

Für beliebige Restlaufzeiten (RLZ in Tagen) gilt dann für einen 3-Monats-Kontrakt allgemein:[218]

$$FFR_{RLZ,90} = \left[\frac{1 + (i_{RLZ+90} * \frac{RLZ+90}{360})}{1 + (i_{RLZ} * \frac{RLZ}{360})} - 1 \right] * \frac{360}{90}$$

(3.3.4.1 - 3)

Der Wert eines 3-Monats-Kontrakts ergibt sich dann in Abhängigkeit der Restlaufzeit ($W_{RLZ,90}$) aufgrund der Notierung[219] wie folgt:

---

218 Zu unterscheiden ist zusätzlich, ob der Wert einer Kauf- oder einer Verkaufsposition in Futures zu kalkulieren ist; je nachdem sind die jeweiligen Soll- bzw. Habensätze heranzuziehen.

219 Kurs des Futures = 100 - Zinssatz in Prozent

$$W_{RLZ,90} = 100 - FFR_{RLZ,90} * 100$$

(3.3.4.1 - 4)

Stimmen der so ermittelte Wert für den Fair Value des Futures und der tatsächliche Kurs nicht überein, so ist dies ein Hinweis auf Arbitragemöglichkeiten, die sich regelmäßig aufgrund von Marktunvollkommenheit ergeben.

Dennoch soll der zu T=0 implizierte Zins auch zur Prognose zukünftiger Futureskurse herangezogen werden, da sich der tatsächliche Kurs aufgrund von Arbitrage-Transaktionen dem Fair Value zumindest annähert. Mit Hilfe des Bewertungskonzepts können auch Aussagen über die Vorteilhaftigkeit des Eingehens einer Futuresposition für zukünftige Zeitpunkte abgeleitet werden.[220] Dies soll abschließend anhand eines Beispiels erläutert werden.

Gegebene Daten zum Zeitpunkt T=0:

Restlaufzeit des Kontrakts: 90 Tage
derzeitiger 3-Monats-Satz: 4 %
derzeitiger 6-Monats-Satz: 5 %

$$FFR_{90,90} = \left[\frac{1 + (0,05 * \frac{180}{360})}{1 + (0,04 * \frac{90}{360})} - 1 \right] * \frac{360}{90} =$$

$$= 0,0594$$

---

220 Eine Ungenauigkeit bei der exakten Quantifizierung der Ertragswirkung einer Position muß dabei jedoch in Kauf genommen werden.

$$W_{90,90} = 100 - FFR_{90,90} * 100 = 100 - 5{,}94 = 94{,}06$$

Wird nunmehr innerhalb der Laufzeit des Kontrakts ein Zinsanstieg auf beispielsweise 5 % im Bereich der 3-Monats-Sätze erwartet, so ergibt sich der prognostizierte Kurs des Futures am Verfalltag (Restlaufzeit = 0) wie folgt:[221]

$$W_{0,90} = 100 - 5 = 95$$

Bei dieser Erwartung wäre somit der Kauf des Kontrakts zum Zeitpunkt T=0 vorteilhaft; das erwartete Ergebnis ergibt sich als positive Differenz zwischen dem prognostizierten Verkaufserlös und den (geringeren) Kosten des Erwerbs. Wird dagegen eine Zinssenkung erwartet, ist analog ein Verkauf des Kontrakts zum Zeitpunkt T=0 vorteilhaft.

3.3.4.2 Bewertung der Bond-Future-Kontrakte

Während der Wert solcher Futures, denen ein kurzfristiges Kassainstrument zugrundeliegt, hauptsächlich durch die Zinserwartungen der Marktteilnehmer determiniert wird, sind die Bestimmungsfaktoren des Werts eines Bond-Futures[222] der Kurs des korrespondierenden Wertpapiers sowie die sogenannte Basis. Dabei ergibt sich die Basis als Unterschiedsbetrag zwischen dem Kurs des Wertpapiers und dem des Futures. "Entsprechend den Ein-

---

221 Die Ermittlung des Werts mittels der $FFR_{0,90}$ führt zum selben Ergebnis.

222 Die Begriffe Bond-Future bzw. Renten-Future stehen hier stellvertretend für alle Zinsterminkontrakte, deren Basisobjekt ein längerfristiges Wertpapier ist, und somit auch für den mittel- und den langfristigen Bund-Future.

flußfaktoren, die in der Basis zur Geltung kommen, unterscheidet man *Carry Basis* und *Value Basis*."[223] Dabei repräsentiert die Value Basis diejenigen kursbestimmenden Komponenten, die auf Angebot und Nachfrage am Terminmarkt selbst zurückgehen,[224] während die Höhe der Carry Basis durch die Kosten des Haltens des zugrundeliegenden Basisinstruments, also durch die korrespondierenden Kassamärkte, determiniert ist. Da die Carry Basis einerseits der dominierende Faktor ist und andererseits - im Gegensatz zur Value Basis[225] - analytisch bestimmbar ist, stellen auch die Bewertungsansätze auf die Erklärung der Höhe dieses Bestandteils der Gesamtdifferenz ab.

Generell hängt die Höhe der Carry Basis von den Nettofinanzierungskosten und damit auch von der Restlaufzeit der Terminmarkttransaktion ab, wobei sich der Wert des Futures verringert, je kürzer die Restlaufzeit ist. Der Kurs des Futures nähert sich somit gegen Ende seiner Laufzeit dem Kurs des Wertpapiers an. Dieses Phänomen wird als Konvergenz der Basis[226] bezeichnet.

---

223 DTB (Hrsg.) (Bund-Future, 1991), S. 12; im Original "Entsprechend der ... "

224 Vgl. hierzu und zum folgenden DTB (Hrsg.) (Bund-Future, 1991), S. 12 ff.

225 Die Preisverzerrungen an den Terminmärkten, die aus der Value Basis resultieren, ergeben sich aufgrund von Marktunvollkommenheiten als Differenz zwischen dem Fair Value und dem tatsächlichen Kurs eines Bond-Futures und werden daher auch als Basisrisiko bezeichnet.

226 Vgl. z.B. Büschgen, H.E. (Zinstermingeschäfte, 1988), S. 77

Abbildung 21 skizziert diesen idealtypischen Verlauf der Kurse am Kassa- und Terminmarkt in Abhängigkeit von der Restlaufzeit des Terminkontrakts.

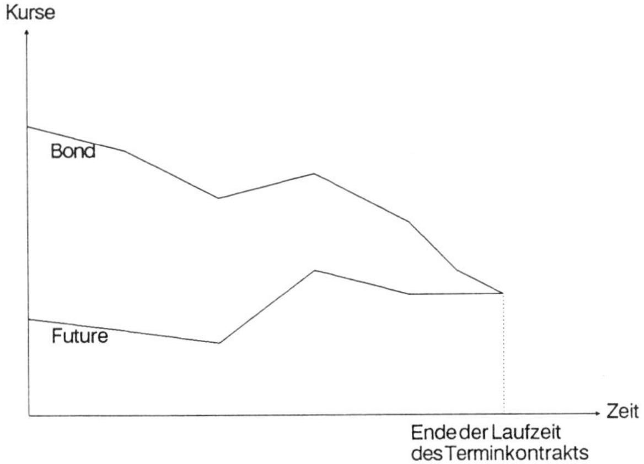

Abb. 21: Idealtypischer Verlauf der Basis

Quelle: In Anlehnung an Nachbaur-Sturm, G., Pollak, N. (Grundbegriffe, 1985), S. 41

Der Nettofinanzierungskosten-Ansatz (cost of carry; Kosten der Finanzierung des Kassatitels abzüglich der Zinserträge aus dem Halten dieses Titels) zur Erklärung der Höhe der Basis "stellt auf die *Opportunitätskosten* ab, die dadurch entstehen, daß zwischen Kauf eines Zinsterminkontrakts und der Lieferung des betreffenden Titels ... das Geldkapital zu einem geringeren Zinssatz angelegt werden muß, als für den gesamten Anlagezeitraum ... zu erreichen wäre."[227] In Abhängigkeit von der vorliegenden Zinsstruktur ist die Carry-Basis entweder positiv (Kurs des Futures < Kassakurs) oder negativ

227 Büschgen, H.E. (Zinstermingeschäfte, 1988), S. 79

(Kurs des Futures > Kassakurs), je nach Verhältnis der kurzfristigen zu den langfristigen Zinssätzen.[228]

Aus der Gegenüberstellung der entsprechenden Arbitrage-Transaktionen, also Kauf des Wertpapiers auf Termin und somit Erwerb des entsprechenden Future-Kontrakts, gegenüber Kassakauf des Wertpapiers und Finanzierung des entsprechenden Betrags über den Geldmarkt, ergibt sich dann die folgende allgemeine Funktion zur Ermittlung des fairen Preises bzw. Werts des Futures.[229] Voraussetzung für die Anwendung dieses Ansatzes ist die Fiktion der effektiven Erfüllung des Terminkontrakts.

$$WBF_{RLZ,t} = KK_t * [1 + (i_{RLZ,t} - rk_t) * \frac{RLZ}{360}]$$

(3.3.4.2 - 1)

wobei:

$WBF_{RLZ,t}$...Wert des Bond-Futures zum Zeitpunkt t in Abhängigkeit von dessen Restlaufzeit

RLZ........Restlaufzeit des Future-Kontrakts [Tage]

KK_t........Kurs des zugrundeliegenden Kassainstruments zum Zeitpunkt t

$i_{RLZ,t}$....Geldmarktsatz für den Zeitraum der Restlaufzeit des Kontrakts zum Zeitpunkt t

rk_t........Rendite des zugrundeliegenden Kassainstruments

t.........Betrachtungszeitpunkt

---

228 Vgl. hierzu auch DTB (Hrsg.) (Bund-Future, 1991), S. 12 f.

229 Vgl. Oberman, R.F.M.L. (Zinsrisikopotential, 1990), S. 70 ff.; auf die von *Oberman* in die Formel integrierte Störgröße wird hier wegen der Annahme eines vollkommenen Marktes verzichtet.

Die Bewertungsgleichung spiegelt die Konvergenz der Basis wieder, da sich der Kontraktwert des Futures zum Verfallstag aufgrund der abnehmenden Nettofinanzierungskosten dem Kurs des Basiswertpapiers annähert; die Carry Basis - und damit der implizite Wert des Kontrakts - geht mit abnehmender Restlaufzeit gegen Null.

Das Ergebnis aus einer Bond-Future-Transaktion (EBF) ergibt sich dann wie oben bereits für den Drei-Monats-Future dargestellt aus der Differenz der Werte zweier Betrachtungszeitpunkte. Unter der Annahme, daß der Kontrakt bis zur Endfälligkeit T gehalten wird, gilt:

$$EBF_{RLZ,t} = WBF_{0,T} - WBF_{RLZ,t} =$$
$$= KK_T - WBF_{RLZ,t} =$$
$$= KK_T - KK_t * [1 + (i_{RLZ,t} - rk_t) * \frac{RLZ}{360}]$$

(3.3.4.2 - 2)

Die Gründe für den Unterschied zwischen den aufgrund des oben vorgestellten Bewertungsansatzes ermittelten Kursen und den tatsächlichen liegen zum einen wiederum in Marktunvollkommenheiten.[230] Zum anderen wird die tatsächliche Preisbildung von Renten-Terminkontrakten, die auf synthetischen Basisinstrumenten beruhen, durch einen weiteren entscheidenden Faktor beeinflußt.

Dieser beruht auf der Tatsache, daß die Basisobjekte der Terminkontrakte idealtypische Wertpapiere sind, weshalb für die Erfüllung der resultierenden Lieferverpflichtung grundsätzlich verschiedene Anleihen, die ge-

---

230 Vgl. hierzu die Ausführungen zur Value Basis auf S. 136

wissen Bedingungen genügen, in Frage kommen. Diese Anleihen unterscheiden sich jedoch i.d.R. bezüglich Restlaufzeit und Nominalverzinsung, die darüberhinaus regelmäßig ungleich der der synthetischen Anleihe[231] sein wird. Um nun diese Unterschiede auszugleichen, wird auf die sogenannten Konversionsfaktoren[232] zurückgegriffen, die von den Terminbörsen berechnet und veröffentlicht werden. Der Rechnungsbetrag,[233] der letztendlich bei Erfüllung eines Kontrakts abgerechnet wird, ergibt sich dann aus dem um den Konversionsfaktor der entsprechenden Anleihe korrigierten Kurs des Futures zuzüglich der bis zum Liefertag angefallenen Stückzinsen.

Trotz der Angleichung aller lieferbaren Anleihen mittels der Konversionsfaktoren exisitiert zu jedem Zeitpunkt der Laufzeit eines Futures eine Anleihe, die für den Halter einer Short-Position die relativ billigste Alternative zur Erfüllung des Kontrakts darstellt, die sogenannte Cheapest-to-deliver-Anleihe (CTD).[234] Die CTD ist u.a. dadurch gekennzeichnet, daß sie von allen lieferbaren Anleihen die höchste Implied Repo Rate aufweist. Diese wird durch Gegenüberstellung des Verkaufserlöses bei Erfüllung des Terminkontrakts durch Liefe-

---

231 Bei den hier betrachteten Futures, dem Bundesanleihe-Kontrakt sowie dem Bundesobligationen-Kontrakt, beläuft sich dieser Satz auf 6 %.

232 Zur Berechnung dieser Umrechnungsfaktoren allgemein vgl. Hudis, J.A., Thomas, L.R., Schiebler, K. (Terminkontrakte, 1988), S. 5 ff.; zur Bedeutung vgl. Kirschner, W. (Zinsfutures, 1992), S. 387 ff.

233 Vgl. hierzu und zum folgenden DTB (Hrsg.) (Bund-Future, 1991), S. 24 f.; ein numerisches Beispiel hierzu findet sich zudem auch in LIFFE (Hrsg.) (Bund, 1988), S. 5 f.

234 Vgl. hierzu und zum folgenden z.B. Hudis, J.A., Thomas, L.R., Schiebler, K. (Terminkontrakte, 1988), S. 2 ff.

rung und desjenigen, der am Kassamarkt zu erzielen ist, wie folgt ermittelt:[235]

$$\text{Imlied Repo Rate} = \frac{R - K}{K} * \frac{360}{t} * 100$$

(3.3.4.2 - 3)

wobei:

R...Rechnungsbetrag des Kontrakts (incl. Stückzinsen)

K...Kassakurs der betrachteten, lieferbaren Anleihe (multipliziert mit dem Kontraktwert; zuzüglich Stückzinsen)

t...Anzahl Tage bis zur Lieferung

Dieser auf Arbitrage-Transaktionen zurückzuführende Bewertungsansatz ist strenggenommen nur bezüglich jeweils der CTD-Anleihen gültig.[236] Die Ermittlung der Cheapest-to-deliver für zukünftige Zeitpunkte, wie es für die Steuerung des Zinsänderungsrisikos eigentlich notwendig wäre, erscheint jedoch aufgrund der Vielzahl der benötigten Detaildaten, wie beispielsweise der Stückzinsen, nicht praktikabel.

Trotz dieser Ungenauigkeit wird der oben in seinen Grundlagen vorgestellte, auf der Cash- und Carry-Arbitrage beruhende Bewertungsansatz im folgenden herangezogen, um die zukünftigen Ergebniswirkungen von Transaktionen mit Bundesobligationen- und Bundesanleihe-

---

235 Vgl. zur Formel und zu Berechnungsbeispielen DTB (Hrsg.) (Bund-Future, 1991), S. 26

236 Vgl. z.B. LIFFE (Hrsg.) (Bund, 1988), S. 5 f.

Zinsterminkontrakten zu ermitteln.[237] Es gilt hier ebenso wie bei den kurzfristigen Terminkontrakten, daß im Rahmen des Aktiv-Passiv-Managements nicht die Berechnung eines fairen Preises, sondern die Ermittlung der Vorteilhaftigkeit des Eingehens einer Position im Vordergrund steht.

3.3.5 Zur Liquiditätswirkung des Einsatzes von Zinsterminkontrakten

Während sich der vorstehende Abschnitt im weitesten Sinne mit der Quantifizierung der Ertragswirkung des Einsatzes von Zinsterminkontrakten beschäftigt hat, sollen diese Instrumente im folgenden kurz hinsichtlich des Liquiditätsaspekts untersucht werden.[238]

Die mit dem Eingehen und Halten einer Position verbundenen, über die jeweiligen Terminbörsen abgewickelten

---

237 Dies erscheint insbesondere auch deshalb zulässig, weil die tatsächliche Erfüllung im Modellzusammenhang ausgeschlossen wird. Bezüglich der Rechtfertigung dieser Vorgehensweise gelten zudem die obigen Ausführungen zur Intention des Eingehens von Terminpositionen; vgl. Abschnitt 3.3.3, insbesondere S. 127

238 Auf die Entgelte, die die Terminbörsen für z.B. die Verwaltung von Positionen erheben, also auf die Transaktionskosten, wird hier generell nicht eingegangen. Die in den Clearing-Bedingungen der DTB ebenfalls vorgesehene Möglichkeit der Sicherheitsleistung in Wertpapieren wird hier nicht weiter untersucht. Vgl. dazu insbesondere den Teilabschnitt 1.3.5 der Clearing-Bedingungen für den Handel an der Deutschen Terminbörse.

Zahlungsströme[239] lassen sich aufgrund ihrer jeweiligen Ursache wie folgt einteilen:[240]

(1) Initial Margin (Einschuß) und
(2) Variation Margin (Nachschuß).

Bei den Margins handelt es sich grundsätzlich um Sicherheitsleistungen für die eingegangenen Verpflichtungen eines Clearing-Mitglieds.[241] Diese Sicherheitsleistungen werden von den Terminbörsen eingefordert, um das Ausfallrisiko abzudecken, welches sie als Kontrahent aller Teilnehmer am Terminhandel übernehmen.

Zu unterscheiden sind hierbei der Einschuß, die sogenannte Initial Margin, die beim Eingehen einer Position erhoben wird, und etwaige Nachschußzahlungen, die Variation Margins.[242] Die Höhe der Initial Margin wird von den Terminbörsen in Abhängigkeit von den zu berücksichtigenden Risikoparametern festgelegt.[243] Sie ist

---

239 Die Ermittlung der zu leistenden Zahlungen differiert je nach Terminbörse; vgl. Wörner, E. (Zinsrisiko, 1988), S. 150. Die folgenden Ausführungen beziehen sich auf die DTB, da die in das APM-Modell zu integrierenden Kontrakte überwiegend dort gehandelt werden.

240 Vgl. hierzu § 33 der Börsenordnung für die Deutsche Terminbörse

241 Vgl. hierzu und zum folgenden z.B. Zahn, H.E. (Handlexikon, 1991), S. 213 f. sowie den Teilabschnitt 1.3: Sicherheitsleistungen der Clearing-Bedingungen für den Handel an der Deutschen Terminbörse

242 Vgl. hierzu auch o.V. (Sicherheitsleistungen, 1989), S. 6

243 Dieses System wird daher auch als Risk-Based-Margining bezeichnet. Vgl. zu den Grundlagen der Ermittlung der Margins an der Deutschen Terminbörse DTB (Hrsg.) (Bund-Future, 1991), S. 22 f.

somit keine feste, sondern eine im Zeitablauf variable Größe. In der Regel beläuft sich die Initial Margin auf ca. 5 - 8 % des Kontraktwerts.[244] Dabei handelt es sich um die Margin, die die Clearing-Stelle berechnet. Falls die Clearing-Mitglieder, also die Kreditinstitute, im Kundenauftrag handeln, sind sie verpflichtet, die entsprechenden Sicherheitsleistungen wiederum von diesen einzufordern.[245] Allerdings werden hier i.d.R. wesentlich höhere Beträge verlangt. Die Initial Margin wird beim Glattstellen der entsprechenden Position zurückerstattet bzw. verrechnet.

Variation Margins werden dagegen während des Haltens offener Positionen eingefordert, wenn sich die Netto-Risikoposition erhöht. Die Ermittlung der Netto-Risikoposition erfolgt auf Basis der täglichen Abrechnungspreise[246] für die Kontrakte, aus denen sich die Position zusammensetzt. Dabei werden gleichartige Long- und Short-Positionen eines Clearing-Mitglieds gegeneinander aufgerechnet. Die daraus resultierende tägliche Abrechnungszahlung wird bei diesem sogenannten Mark-to-Market-Prinzip[247] börsentäglich während der Laufzeit einer offenen Position wie folgt ermittelt:

---

244 Vgl. hierzu Zahn, H.E. (Handlexikon, 1991), S. 213. Die Initial Margin für einen Bund-Future-Kontrakt an der LIFFE beträgt beispielsweise 1.500,-- DM, vgl. hierzu sowie zu numerischen Beispielen der Einschußberechnung Westdeutsche Landesbank Girozentrale (Hrsg.) (Bund Future, o.J.), S. 8 ff.

245 Vgl. hierzu und zum folgenden Bayerische Landesbank Girozentrale (Hrsg.) (Futures, 1990), Abschnitt 1.2.2 (ohne Seitenangaben).

246 Zur Ermittlung des täglichen Abrechnungspreises vgl. z.B. DTB (Hrsg.), (Bund-Future, 1991), S. 19

247 Vgl. hierzu und zum folgenden DTB (Hrsg.) (Bund-Future, 1991), S. 24

Abrechnungszahlung (t) =
[Abrechnungspreis des Kontrakts (t-1)
- Abrechnungspreis des Kontrakts (t)] * 100
* Tickwert * Anzahl Kontrakte

Es handelt sich somit um die Wertänderung einer Position in einem bestimmten Kontrakt gegenüber dem Vortag. Dabei wird jeweils der sich aus den Kursveränderungen des Kontrakts ergebende Gewinn bzw. Verlust berechnet und ebenso wie der Einschuß einem internen Verrechnungskonto, dem Margin Account, gutgeschrieben bzw. belastet.

Dieses DTB-interne Geldverrechnungskonto[248] wird dann mittels Lastschrift zu Lasten eines LZB-Kontos des Verpflichteten bzw. mittels Gutschrift auf dieses LZB-Konto zeitgerecht glattgestellt, wodurch Gewinn- bzw. Verlustakkumulationen verhindert werden. Liquidität fließt somit zum einen beim Eröffnen bzw. Schließen einer Position und zum anderen immer dann, wenn der Saldo des Geldverrechnungskontos nicht ausreicht, um "den Betrag der für den folgenden Börsentag anzufordernden Sicherheitsleistung"[249] zu decken.

Die Umsetzung der oben erörterten Tatbestände sowie der erfolgs- und liquiditätsmäßigen Auswirkungen von Transaktionen in Terminkontrakten im Rahmen des APM-Modells ist Bestandteil des folgenden Kapitels.

---

248 Vgl. hierzu Teilabschnitt 1.4.1 Geldverrechnungskonto der Clearing Bedingungen für den Handel an der Deutschen Terminbörse

249 Teilabschnitt 1.3.1 Verpflichtung zur Sicherheitsleistung Abs. 2 der Clearing Bedingungen für den Handel an der Deutschen Terminbörse

4. Modellierung der Integration der Zinsterminkontrakte und der Steuerungsgröße für das Zinsänderungsrisiko-Management in das APM-Modell

Die eigentliche Modellierung eines Sachverhalts läßt sich wie folgt in zwei Stufen unterteilen[1]:
- die Wahl des Modelltyps sowie
- den Aufbau des Modells aus deterministischen Einzelrelationen.

Nachdem bereits festgelegt wurde, daß die analytische und lineare Grundstruktur[2] des vorliegenden und implementierten APM-Modells übernommen werden soll, werden im folgenden ausgewählte Aspekte des Optimierungskonzepts allgemein dargestellt. Dabei wird insbesondere auf den Zeithorizont des Modells und die Integration der Unsicherheit eingegangen.

Nach diesen Vorüberlegungen sind die Elemente und Relationen des Modells zu formulieren. Dargestellt werden hier nur solche Bestandteile, bei denen aufgrund der Erweiterungen und Modifikationen des bereits vorliegenden APM-Modells substantielle Änderungen notwendig sind. Zu nennen ist hier insbesondere die Integration der zusätzlichen Entscheidungsvariablen für das Management des Zinsänderungsrisikos mittels Zinsterminkontrakten in die Relationen des APM-Modells. Im Anschluß daran werden Möglichkeiten der Formulierung der Zielsetzung, robuste und flexible Anlage- und Finanzierungsprogramme zu generieren, aufgezeigt.

---

1 Vgl. Hanssmann, F. (Systemforschung, 1987), S. 89 ff.

2 Vgl. hierzu auch die Ausführungen in Abschnitt 3.1.1, S. 51 ff.

4.1 Ausgewählte Aspekte der Modellierung

4.1.1 Zur Berücksichtigung der Unsicherheit

Wie oben bereits angesprochen[3] bestehen grundsätzlich im Rahmen des Aktiv-Passiv-Managements zwei Bereiche, bei denen die Realisation zukünftiger Werte nicht deterministisch gegeben bzw. bestimmbar ist. Es handelt sich hier zum einen um die zukünftigen Zinssätze und zum anderen um alle Volumina, die von der Kundennachfrage abhängen, die das Kreditinstitut also nicht autonom festlegen kann. Die Geschäftsvolumina stellen innerhalb des Entscheidungsmodells Entscheidungsvariable dar, deren zulässiger Wertebereich durch geeignete Nebenbedingungen zu begrenzen ist. Dem Unsicherheitsaspekt kann hierbei Rechnung getragen werden, indem als Restriktionsgrenzen nicht deterministische Werte, sondern stochastische Größen verwendet werden. Die damit verbundene Komplexität eines Modells wird jedoch m.E. durch den Erkenntniszuwachs nicht gerechtfertigt, so daß im Rahmen des hier zu erstellenden Entscheidungsunterstützungsinstruments auf diese Möglichkeit verzichtet wird. Dies erscheint umso mehr gerechtfertigt, als das betrachtete Kreditinstitut über ein hochentwickeltes Prognosemodell zur Schätzung der Marktvolumina verfügt, wobei zudem die sogenannten "gebrachten" Volumina, also das von Kundenseite determinierte Geschäft, ermittelt wird.

Somit werden ausschließlich die sich zukünftig realisierenden Ergebnisbeiträge als unsichere Größen in das Modell integriert. Dies erfolgt mittels eines bereits

---

3 Vgl. hierzu und zum folgenden auch die Ausführungen in Abschnitt 2.3.2.4, S. 42 ff.

vorliegenden Zinsstrukturmodells[4], welches ausgehend von sogenannten Zinsszenarioindikatoren[5], deren Entwicklungen während des Planungshorizonts durch Expertenschätzungen prognostiziert werden, die Eckzinssätze für die Modellvariablen berechnet.[6] Um nun die Unsicherheit der Realisation berücksichtigen zu können, werden drei unterschiedliche Zinsszenarien generiert und die dazu gehörigen subjektiven Eintrittswahrscheinlichkeiten festgelegt. Die Optimierung beruht somit auf dem Erwartungswertprinzip in Bezug auf diese drei Szenarien.

Befürworter des Durationsansatzes[7] kritisieren an dieser Vorgehensweise, daß es unmöglich ist, exakte Zinsprognosen zu generieren. Dies ist zweifellos korrekt. Allerdings wird die Bedeutung möglichst realistischer Prognosen für die Güte der Modellergebnisse durch das hier gewählte Entscheidungskriterium geschmälert. Dies beruht zum einen auf der Tatsache, daß in das Modell keine deterministische Prognose, sondern mehrwertige Zinserwartungen eingehen. Zum anderen resultiert aus

---

4 Vgl. hierzu und zum folgenden Meyer zu Selhausen, H. (Koordination, 1988), S. 576 ff.

5 Derzeit findet der Tagesgeldsatz als Indikator für das Zinsniveau Verwendung und nicht mehr wie ursprünglich der Lombardsatz; vgl. hierzu auch Meyer zu Selhausen, H. (Strategien, 1991), S. 143 f.

6 Zur Notwendigkeit von Zinsprognosen im Rahmen des Aktiv-Passiv- und Risiko-Managements im allgemeinen vgl. auch Kotz, H.-H., Braun, U. (Zinsstruktur, 1991), insbesondere S. 557 ff. sowie Wild, K.-D. (Zinsänderungsrisiken, 1992), S. 45 ff.

7 Vgl. hierzu und zum folgenden z.B. Booth, G.G., Bessler, W. (Goal, 1989), 81 f. sowie Brammertz, W., Burger, W. (Duration, 1990), S. 325 ff. Die fehlende Notwendigkeit detaillierter Zinsprognosen wird von diesen Autoren als Vorteil des Durationsansatzes hervorgehoben.

der Forderung, möglichst robuste Lösungen zu berechnen, daß die Modellergebnisse tendenziell gerade dann umso unempfindlicher auf überraschende Zinsentwicklungen reagieren, wenn bereits die vorgegebenen Zinsszenarien stark voneinander abweichen bzw. die einzelnen Szenarien irreguläre Zinsverläufe[8] repräsentieren. Der Kritikpunkt kann somit zumindest entkräftet werden.

4.1.2 Zum Zeithorizont des Modells

Der Planungshorizont des bestehenden APM-Modells erstreckt sich auf insgesamt 5 Jahre.[9] Innerhalb dieses Zeitraums existieren 9 nicht äquidistante Projektionszeitpunkte. Die Aufteilung wurde so vorgenommen, daß das erste Jahr stark untergliedert ist, während die Abstände der aufeinander folgenden Projektionszeitpunkte zunehmen, je weiter sie in der Zukunft liegen. Ausgehend vom Zeitpunkt der Planung (t=0) liegen die einzelnen Betrachtungszeitpunkte 1, 3, 6, 9, 12, 18, 24, 36 und 60 Monate danach. Diese Struktur ist wohlbegründet und wird daher unverändert übernommen.

Die Terminkontrakte stehen allerdings nur für den Zeitraum des ersten Jahres nach Durchführung der Planung zur Verfügung, also bis zum Projektionszeitpunkt t=5. Daher werden sie auch nur bis t=5 als Handlungsalternativen in das Modell aufgenommen. Offene Futures-Positionen können modellmäßig somit nur innerhalb dieses Zeitraums bestehen. Nach t=5 wird das Zeitraster des APM-Modells so weitmaschig, daß Zinsterminkontrakte ab

---

8 Hierunter ist z.B. ein nicht kontinuierlicher Verlauf mit starken Brüchen zu verstehen.

9 Vgl. hierzu und zum folgenden Meyer zu Selhausen, H. (Strategien, 1991), S. 139

t=6 modellmäßig nicht mehr mit hinreichender Genauigkeit erfaßt werden können.[10]

Zum anderen stellen diese Kontrakte Instrumente zum kurzfristigen Ausgleich von Zinsbindungsinkongruenzen, die quasi als Residualgrößen aus dem traditionellen, bilanzwirksamen Geschäft verbleiben, dar. Die Verwendung zur Gestaltung einer längerfristigen Struktur des Anlage- und Finanzierungsprogramms scheidet aus. Eine Einbeziehung dieser Handlungsalternativen auch für zeitlich weit entfernte Projektionszeitpunkte erscheint somit wenig sinnvoll.

4.2 Integration der Zinsterminkontrakte in das APM-Modell

Bevor die Formulierung der Modellrelationen erfolgen kann, sind zuvor die hierfür nötigen Hilfs- und Entscheidungsvariablen sowie weitere Modellparameter, insbesondere die Ergebnisbeitrags-Koeffizienten, zu spezifizieren.

4.2.1 Festlegung von Modellvariablen und -parametern

Bei der im folgenden vorzunehmenden Festlegung der Modellkomponenten wird im Rahmen der Definition der Entscheidungsvariablen eine inhaltliche Beschreibung des durch die jeweilige Größe repräsentierten Sachverhalts vorgenommen, während die Diskussion der Parameterschätzungen insbesondere die Möglichkeiten zur Quantifizierung der Ergebnisbeitrags-Koeffizienten beinhaltet.

---

10 Vgl. hierzu auch die Ausführungen in Abschnitt 4.2.1, insbesondere S. 159 ff.

4.2.1.1 Entscheidungs- und Hilfsvariablen

Zusätzlich zu den Variablen des Bilanzgeschäfts[11] werden Entscheidungsvariablen, die die Handlungsalternativen des bilanzneutralen Zinsänderungsrisiko-Managements mit Hilfe der Zinsterminkontrakte repräsentieren, in das Modell aufgenommen. Es sind zunächst die grundsätzlich möglichen Transaktionen festzulegen, bevor die eigentliche Entwicklung und Definition der zur Abbildung von Futures-Transaktionen heranzuziehenden Entscheidungs- und Hilfsvariablen vorgenommen werden kann.

Transaktionen in Terminkontrakten sind hinsichtlich zweier Aspekte differenziert zu betrachten. Zum einen ist zu unterscheiden, ob es sich um einen Kauf oder um einen Verkauf eines Kontrakts handelt. Zum anderen sind Transaktionen, die dem Eingehen bzw. Eröffnen einer Position dienen, anders zu beurteilen als solche, die eine offene Position verringern bzw. glattstellen, da im Modell ausschließlich das Schließen einer Position und nicht deren Eröffnung[12] als tatsächlich erfolgswirksam gewertet wird.[13] Es ergeben sich somit vier mögliche Typen von Transaktionen:

(1) Kauf eines Kontrakts, um eine offene Long-Position einzugehen.
(2) Verkauf eines Kontrakts, um eine offene Short-Position einzugehen.

---

11 Zur Struktur dieser Variablen vgl. z.B. Meyer zu Selhausen, H. (Optimization, 1977), S. 121 f.

12 Das Eingehen bzw. Aufrechterhalten einer Position ist dagegen liquiditätswirksam; vgl. hierzu die Ausführungen in Abschnitt 3.3.5, S. 142 ff.

13 Vgl. hierzu ausführlich die Ausführungen in Abschnitt 4.2.1.2, S. 165 ff.

(3) Kauf eines Kontrakts, um eine offene Short-Position zu schließen.
(4) Verkauf eines Kontrakts, um eine offene Long-Position zu schließen.

Diese grundsätzlichen Handlungsalternativen sind innerhalb des Modells durch Entscheidungsvariablen zu erfassen, deren Werte dann die Anzahl an Kontrakten im Rahmen der jeweiligen Transaktion repräsentieren. Die Variablen entsprechen dem zum jeweiligen Projektionszeitpunkt abgeschlossenem Neugeschäft in Zinsterminkontrakten, gemessen durch die Anzahl der Kontrakte.

Um jedoch alle Konsequenzen, die aus den Zinstermingeschäften resultieren, abbilden zu können, sind weitere Variablen heranzuziehen. Eine in t=1 durchgeführte Transaktion, beispielsweise der Kauf von Kontrakten (Neugeschäft), führt zu einer Veränderung des Bestandes an Terminkontrakten. Eine aus t=1 resultierende offene Position ist in t=2 als Altgeschäft zu bezeichnen. Die Variablen, die zur Abbildung der Entwicklung dieses Altgeschäfts im Zeitablauf herangezogen werden, sind im Gegensatz zu den Variablen des Neugeschäfts keine echten Entscheidungsvariablen, sondern Residualgrößen und somit Hilfsvariablen.

Um die Ergebniswirkung einer Transaktion erfassen zu können, muß bekannt sein, zu welchem Zeitpunkt die zu schließende Position eröffnet worden ist.[14] Aus diesem Grund ist die Entwicklung der offenen Positionen im Zeitablauf getrennt nach den Ursprungszeitpunkten, aus denen die Bestände jeweils resultieren, fortzuschreiben. Variablen des Altgeschäfts führen somit zwei Zeitindizes, von denen der erste den Ursprungszeitpunkt

14 Vgl. hierzu Abschnitt 4.2.1.2, S. 165 ff.

und der zweite den aktuellen Projektionszeitpunkt kennzeichnet. Dabei muß der Zeitindex des Ursprungszeitpunkts immer kleiner sein als der des Index des aktuellen Projektionszeitpunktes.

Die Variablen des Neugeschäfts sind ebenso durch zwei Zeitindizes zu kennzeichnen, wobei der zweite wiederum den aktuellen Projektionszeitpunkt angibt. Der andere Zeitindex ermöglicht hier jedoch die Unterscheidung, ob eine Transaktion dem Öffnen oder dem Schließen einer offenen Position dient. Inhaltlich kann die Bedeutung dieses Index so interpretiert werden, daß durch ihn der zeitliche Bezug einer Transaktion gekennzeichnet wird. Er korrespondiert insofern mit dem Index des Ursprungszeitpunkts bei Variablen des Altgeschäfts, als ein Neugeschäft dem Schließen derjenigen offenen Position dient, deren Ursprungszeitpunkt dem Wert des Bezugszeitpunkt-Index enspricht. Sind dagegen Bezugszeitpunkt-Index und aktueller Projektionszeitpunkt identisch, so handelt es sich um ein Neugeschäft, welches dem Eingehen einer offenen Position dient, da der Wert der entsprechenden Altgeschäftsvariable zwangsläufig null ist. Es gilt also immer, daß der Wert des Bezugszeitpunkts-Index kleiner oder gleich dem des Index des aktuellen Projektionszeitpunkts sein muß.

Die Verbindungen zwischen den einzelnen Hilfs- und Entscheidungsvariablen ist jeweils mit Hilfe geeigneter projektionszeitpunktbezogener und intertemporaler Nebenbedingungen[15] sicherzustellen. Abbildung 22 (S. 154) stellt die Zusammenhänge exemplarisch anhand eines Ta-

---

15 Diese werden in den Abschnitten 4.2.2.1 und 4.2.2.2, S. 175 ff. detailliert vorgestellt.

bleaus[16] für mögliches Neugeschäft und Entwicklung der offenen Positionen in einem Kontrakt dar, dessen Restlaufzeit im Planungszeitpunkt (t=0) ein halbes Jahr[17] beträgt.

Monate i t	0 0	1 1	3 2	6 3	9 4
0	Start- volumen	$Alt_{0,1}$ $Neu_{0,1}$	$Alt_{0,2}$ $Neu_{0,2}$	$Alt_{0,3}$ $Neu_{0,3}$	0
1		$Neu_{1,1}$	$Alt_{1,2}$ $Neu_{1,2}$	$Alt_{1,3}$ $Neu_{1,3}$	0
2			$Neu_{2,2}$	$Alt_{2,3}$ $Neu_{2,3}$	0
3				0	0
Summe	OP_0	OP_1	OP_2	0	0

Abb. 22: Fortschreibung einer offenen Futures-Position mittels Variablen des Neu- und Altgeschäfts

$Alt_{i,t}$: Offene Position, die im Zeitpunkt i eingegangen wurde, zum Zeitpunkt t ($i < t$)

$Neu_{i,t}$: Transaktion, die im Zeitpunkt t mit Bezug zu Zeitpunkt i vorgenommen wird ($i \leq t$)

$i = t$: Eingehen einer offenen Position
$i < t$: Schließen einer offenen Position, die im Zeitpunkt i eingegangen wurde

OP_t: Gesamte offene Position im Zeitpunkt t

i: Index des Bezugs- bzw. Ursprungszeitpunkts
t: Index des aktuellen Projektionszeitpunkts

---

16 Diese Darstellungsform wurde an die für das existierende APM-Modell übliche angelehnt; vgl. dazu auch Meyer zu Selhausen, H. (Koordination, 1988), S. 568

17 Dies entspricht einer Laufzeit bis zum Projektionszeitpunkt t=3.

Auf eine Differenzierung nach Long- und Short-Positionen bzw. nach Kauf und Verkauf von Kontrakten wird zunächst noch verzichtet. Die Spalten innerhalb des Tableaus repräsentieren die zum jeweiligen Projektionszeitpunkt t aktuellen Alt- und Neugeschäftsvolumina sowie als Summe die gesamte offene Position. Die Zeilen stellen dagegen in Verbindung mit den möglichen Neugeschäftsvariablen die Entwicklung der einzelnen, aus unterschiedlichen Zeitpunkten i resultierenden Altgeschäftspositionen dar.

Dabei sind die Neugeschäftsvariablen, die dem Schließen einer Position dienen, immer den korrespondierenden Altgeschäftsvariablen zugeordnet. Die jeweiligen Variablen-Paare stehen im Tableau direkt untereinander. Neugeschäft zum Eingehen einer Position ist nicht an etwaiges Altgeschäft gebunden und daher auch im Tableau seperat aufgeführt.

Die Zusammenhänge seien im folgenden beispielhaft anhand eines Ausschnittes des Tableaus erläutert:

Ein Startvolumen, das zu Beginn des Planungshorizontes (i=0; t=0) bereits vorhanden ist, wird in t=1 zu einer offenen Altgeschäftsposition, deren Ursprungszeitpunkt i=0 ist. In t=1 kann nun eine Transaktion durchgeführt werden, welche diese offene Position verringert oder schließt. Der Index des Bezugszeitpunkts der entsprechenden Neugeschäftsvariablen ist somit ebenfalls i=0. Das daraus resultierende, für t=2 gültige Volumen der offenen Position, deren Ursprung in i=0 liegt, wird durch die Altgeschäftsvariable $Alt_{0,2}$ dargestellt und ergibt sich als Differenz von $Alt_{0,1}$ und $Neu_{0,1}$. Entsprechend wird die Fortschreibung aller Altgeschäftsvariablen vorgenommen.

Die Integration desjenigen Neugeschäfts, welches das Eröffnen einer neuen Position zur Folge hat, erfolgt analog. Wird beispielsweise in t=1 entsprechendes Neugeschäft durchgeführt ($Neu_{1,1}$), so wird dies in vollem Umfang in t=2 zu Altgeschäft, das aus i=1 resultiert ($Alt_{1,2}$). Im Projektionszeitpunkt, der dem Liefermonat des Kontrakts entspricht, ist das Eingehen einer neuen Position nicht zulässig, da im Modellzusammenhang die Erfüllung durch Lieferung ausgeschlossen wird.[18] Daher sind zu diesem Zeitpunkt alle offenen Positionen glattzustellen; die gesamte offene Position muß null sein.

Da - wie oben dargelegt - Kauf und Verkauf von Futures und damit auch offene Kauf- und Verkaufspositionen getrennt zu betrachten sind,[19] werden pro Kontrakttyp und Liefermonat jeweils zwei dieser Variablen-Tableaus benötigt: Ein Tableau, das die Entwicklung offener Short-Positionen abbildet, und ein Tableau, welches die Entwicklung offener Long-Positionen abbildet. Die Zusammenhänge der Variablen entsprechen den bereits anhand des allgemeinen Schemas zur Fortschreibung von Fu-

---

18 Vgl. zur Begründung auch die Ausführungen in Abschnitt 3.3.3, S. 122 ff. Der Eilausschuß der DTB kann darüberhinaus in besonderen Fällen den Ausschluß der Lieferung anordnen; vgl. § 25 der Börsenordnung der Deutschen Terminbörse.

19 Eine Formulierung der Modellzusammenhänge ohne diese explizite Unterscheidung erscheint zwar zunächst möglich und wurde ebenfalls getestet; vgl. hierzu Anhang IV, S. 248 ff. Diese Variante wirkt anfänglich im Hinblick auf die Anzahl der Modellelemente sinnvoll, da die Zahl der Entscheidungsvariablen geringer ist. Allerdings bedingt ein solches Vorgehen die Verwendung einer Vielzahl von Hilfsvariablen, um die projektionszeitpunktbezogenen und intertemporalen Relationen zwischen den Entscheidungsvariablen zu gewährleisten. Bei der gegebenen Problemstruktur erweist sich die Formulierung letztendlich sogar als fehlerhaft. Daher mußte diese Variante verworfen werden.

tures-Position erläuterten, wobei nunmehr Neugeschäft differenziert nach Kauf und Verkauf von Kontrakten zu erfassen ist.

Es gilt:

$Kauf_{i,t}$..Anzahl gekaufter Kontrakte im Zeitpunkt t mit Bezug zu Zeitpunkt i ($i \leq t$)

i = t: Eingehen einer offenen Kaufposition
i < t: Schließen einer offenen Verkaufsposition, die aus i resultiert

$Verk_{i,t}$..Anzahl verkaufter Kontrakte im Zeitpunkt t mit Bezug zu Zeitpunkt i ($i \leq t$)

i = t: Eingehen einer offenen Verkaufsposition
i < t: Schließen einer offenen Kaufposition, die aus i resultiert

$AltL_{i,t}$..offene Kaufposition (Long-Position) zum Zeitpunkt t, die aus i resultiert

$AltS_{i,t}$..offene Verkaufsposition (Short-Position) zum Zeitpunkt t, die aus i resultiert

OLP_t.....gesamte offene Kaufposition in t

OSP_t.....gesamte offene Verkaufsposition in t

Monate i t	0 0	1 1	3 2	6 3	9 4
0	$AltL_{0,0}$	$AltL_{0,1}$ $Verk_{0,1}$	$AltL_{0,2}$ $Verk_{0,2}$	$AltL_{0,3}$ $Verk_{0,3}$	0
1		$Kauf_{1,1}$	$AltL_{1,2}$ $Verk_{1,2}$	$AltL_{1,3}$ $Verk_{1,3}$	0
2			$Kauf_{2,2}$	$AltL_{2,3}$ $Verk_{2,3}$	0
3				0	0
Summe	OLP_0	OLP_1	OLP_2	0	0

Abb. 23: Variablen für die Fortschreibung einer offenen Long-Position

Es ergeben sich für einen Beispielskontrakt, dessen Restlaufzeit im Planungszeitpunkt (t=0) 6 Monate beträgt, die in Abbildung 23 (S. 157) und 24 dargestellten Tableaus.

Monate i t	0 0	1 1	3 2	6 3	9 4
0	$AltS_{0,0}$	$AltS_{0,1}$ $Kauf_{0,1}$	$AltS_{0,2}$ $Kauf_{0,2}$	$AltS_{0,3}$ $Kauf_{0,3}$	0
1		$Verk_{1,1}$	$AltS_{1,2}$ $Kauf_{1,2}$	$AltS_{1,3}$ $Kauf_{1,3}$	0
2			$Verk_{2,2}$	$AltS_{2,3}$ $Kauf_{2,3}$	0
3				0	0
Summe	OSP_0	OSP_1	OSP_2	0	0

Abb. 24: Variablen für die Fortschreibung einer offenen Short-Position

Die Dimension aller Futures-Variablen ist immer Anzahl an Kontrakten. Somit dürfen diese Entscheidungs- und Hilfsvariablen aufgrund ihrer inhaltlichen Bedeutung in der Optimallösung nur nichtnegative, ganzzahlige Werte annehmen, da der Erwerb von beispielsweise 0,5 Kontrakten nicht möglich ist. Sie wären also im Modell korrekterweise als sogenannte Integer-Variablen zu definieren.[20] Da der zur Verfügung stehende Optimierungsalgorithmus jedoch nur in der Lage ist, Probleme mit einer kleinen Zahl von Integer-Variablen zu bewältigen, muß

20 Vgl. zu den Möglichkeiten der ganzzahligen Optimierung z.B. Brink, A. (Optimierung, 1992), S. 27 ff. sowie insbesondere zum exponentiellen Wachstum des Schwierigkeitsgrades der Problemlösung in Abhängigkeit von der Variablenzahl Hillier, F., Lieberman, G.J. (Einführung, 1988), S. 384 f.

hier eine gewisse Ungenauigkeit in Kauf genommen werden. Dadurch, daß das Modell zunächst ohne die Ganzzahligkeitsbedingungen gelöst wird und etwaige nicht ganzzahlige Werte für Futures-Variablen gerundet werden, können Fehler auftreten.[21] Zum einen ist dann nicht mehr gewährleistet, daß die Lösung zulässig ist, d.h. durch die Rundung können Restriktionsgrenzen verletzt werden. Zum anderen besteht die Gefahr, daß die modifizierte Lösung nicht optimal ist. Obwohl diese beiden Probleme im Rahmen eines Modells mit der vorliegenden Anzahl an Modellelementen und -relationen nicht gelöst werden können, ist die Vorgehensweise dennoch zu vertreten, da die ermittelten Optimallösungen in der betrachteten Bank keinesfalls exakt umgesetzt werden, sondern lediglich als Anhaltspunkte dienen.

Nachdem nunmehr die zur Integration der Zinsterminkontrakte in das APM-Modell heranzuziehenden Variablen grundsätzlich festgelegt wurden, sind diese im Hinblick auf die in der Realität gegebene Situation weiter zu spezifizieren. Tatsächlich werden von den drei zu integrierenden Terminkontrakttypen zu jedem Zeitpunkt jeweils drei Kontrakte mit unterschiedlichen Fälligkeitsterminen gehandelt.[22] Die Kontrakte werden in Abhängigkeit vom entsprechenden Termin auch als März-, Juni-, September- bzw. Dezember-Kontrakt bezeichnet und unterscheiden sich durch ihre Restlaufzeit.[23]

---

21 Vgl. hierzu Hillier, F., Lieberman, G.J. (Einführung, 1988), S. 386 f.

22 Vgl. hierzu auch die Kontraktspezifikationen in Anhang II, S. 237 ff.

23 Da die maximale Restlaufzeit eines Kontrakts 9 Monate beträgt, werden zu keiner Zeit alle vier Kontrakte gehandelt.

Monate t	1 1	3 2	6 3	9 4	12 5
März- Kontrakte	PE PS	PS	PE	PE PS	PS
RLZ	2	0	9	6	3
Juni- Kontrakte	PE PS	PE PS	PS	PE	PS
RLZ	5	3	0	9	6
Sept.- Kontrakte	PE	PE PS	PE PS	PS	NZ
RLZ	8	6	3	0	-
Dez.- Kontrakte	NH	PE	PE PS	PE PS	PS
RLZ	-	9	6	3	0

Abb. 25: Darstellung zulässiger Transaktionen in Termin-Kontrakten in Abhängigkeit von Liefermonaten und Restlaufzeiten (RLZ in Monaten) eines Kontrakts

PE: Eingehen einer Position
PS: Schließen einer Position, falls vorhanden
NZ: Nicht zulässig
NH: Nicht gehandelt

Abbildung 25 zeigt im Jahresüberblick die in der Realität möglichen und im Modellzusammenhang zulässigen Transaktionen für die einzelnen Kontrakte für den Fall, daß der Planungszeitpunkt (t=0) der 31.12 eines Jahres ist.[24] Dabei wird weder nach Kontrakttyp noch nach Kauf und Verkauf differenziert, da die dargestellten Tatbestände für Long- und Short-Positionen in allen drei Kontrakttypen gleichermaßen gelten.

Der Projektionszeitpunkt t=1 nimmt innerhalb des Zeitrasters des Modells insofern eine Sonderstellung ein, als hier der sonst innerhalb des ersten Jahres des Betrachtungszeitraums gegebene Quartalsrhythmus unterbrochen ist. Die daraus resultierenden Restlaufzeiten der Kontrakte von 2, 5 oder 8 Monaten verursachen Probleme bei der Bewertung der einzelnen Kontrakte.[25] Unterstellt man jedoch, daß Neugeschäft im Projektionszeitpunkt t=1 im Gegensatz zu allen folgenden Projektionszeitpunkten,[26] zu Beginn der Periode vorgenommen wird, so ergeben sich annähernd die für die Modellstruktur benötigten Restlaufzeiten von 3, 6 oder 9 Monaten.

---

24 Die Betrachtungszeitpunkte berücksichtigen die Liefermonate und korrespondieren mit den Projektionszeitpunkten t = 1, 2, 3, 4, 5 des vorliegenden Modells zum Aktiv-Passiv-Management. Die Tatsache, daß das Eingehen von offenen Positionen zum Projektionszeitpunkt t=5 nicht zulässig ist, resultiert daraus, daß Zinstermingeschäfte im Modell nur während des ersten Jahres des Planungshorizonts erlaubt sind; vgl. hierzu auch Abschnitt 4.1.2, S. 149 f.

25 Zur Berechnung der Erfolgsbeiträge würden in diesem Fall Geldmarktsätze für Zeiträume wie z.B. 5 Monate benötigt, die im vorliegenden Zinsstrukturmodell nicht berücksichtigt sind; vgl. hierzu ausführlich Abschnitt 5.1.2, insbesondere S. 204 f.

26 Es wird für t=2, 3 und 4 bei der Ermittlung der Restlaufzeiten von der Fiktion ausgegangen, daß Neugeschäft gegen Ende der mit einem Projektionszeitpunkt verbundenen Periode durchgeführt wird.

Obiges Schema ist jedoch auch mit der gedanklich für t=1 vorgenommenen Anpassung so nur gültig, wenn die Planung am 31. Dezember eines Jahres vorgenommen wird, da dann die Projektionszeitpunkte exakt mit den Lieferterminen der Kontrakte übereinstimmen. Eine entsprechend gute zeitliche Synchronisierung des Modells mit der Realität kann nur gewährleistet werden, wenn als Zeitpunkt der Planung (t=0) das Ende eines Quartals gewählt wird. Entspricht t=0 einem anderen Zeitpunkt, so stimmen zum einen Projektionszeitpunkte und Liefertermine der Kontrakte nicht überein. Zum anderen treten aufgrund der sich dann zu den einzelnen Projektionszeitpunkten ergebenden Restlaufzeiten der Terminkontrakte wiederum Schwierigkeiten bei der Ermittlung der Erfolgsbeiträge einzelner Futures-Transaktionen auf. Die Abbildungen 26 und 27 (S. 163) verdeutlichen diese Zusammenhänge für unterschiedliche Planungszeitpunkte.

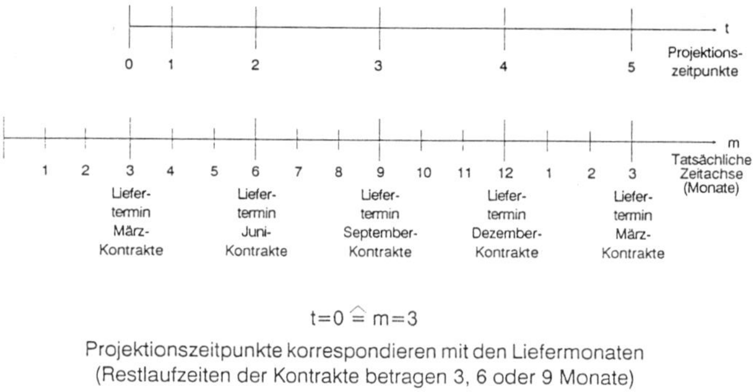

Abb. 26: Zusammenhang zwischen Planungszeitpunkt und Lieferterminen der Kontrakte: Synchronität von Modell und Realität

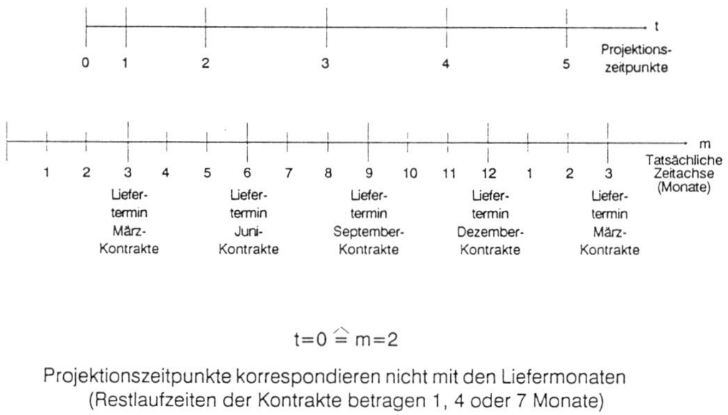

Abb. 27: Zusammenhang zwischen Planungszeitpunkt und Lieferterminen der Kontrakte: Asynchronität von Modell und Realität

Es ist somit festzuhalten, daß das APMZ-Modell nur dann sinnvoll einzusetzen ist, wenn als Planungszeitpunkt das Ende eines Quartals herangezogen wird.

Abschließend seien die Futures-Variablen mit ihren innerhalb des Modells verwendeten Bezeichnungen[27] aufgeführt. Es gelten folgende Konventionen, die aus technischen Gründen zu beachten sind:

- Ein Variablenname darf aus maximal 8 alpha-numerischen Zeichen bestehen.

---

27 Im Rahmen der Herleitung der Variablen wurden mnemotechnische Bezeichnungen gewählt; dies kann im Modellzusammenhang aufgrund der Konventionen für Variablennamen nur bedingt beibehalten werden.

- Die ersten beiden Zeichen kennzeichnen den grundsätzlichen Typ einer Position, wobei für die Terminkontrakte die Buchstabenkombination FU verwendet wird.

- Das letzte Zeichen ist numerisch und gibt den Projektionszeitpunkt t an.

- Das vorletzte Zeichen ist ebenfalls numerisch und kennzeichnet einen zweiten Zeitindex (hier: Index des Ursprungs- bzw. Bezugszeitpunkts i; bei Variablen, die die gesamte offene Long- bzw. Shortposition eines Zeitpunkts repräsentieren entfällt dieser Index, da sich diese aus Einzelpositionen mit unterschiedlichen Ursprungszeitpunkten zusammensetzen).

Die verbleibenden Zeichen werden dazu verwendet, eine Position näher zu spezifizieren. Es wird wie folgt weiter differenziert.

(1) Art des zugrundeliegenden Geschäfts, charakterisiert durch eine weitere zweistellige Buchstabenkombination XX, wobei gilt:

    NK...Neugeschäft, Kauf eines Kontrakts
    NV...Neugeschäft, Verkauf eines Kontrakts
    AL...Altgeschäft, Long-Position
    AS...Altgeschäft, Short-Position
    OL...Gesamte offene Long-Position
    OS...Gesamte offene Short-Position

(2) Kontrakttyp, charakterisiert durch eine kontraktspezifische Ziffer k, wobei gilt:

    1....Bundesanleihe-Kontrakt
    2....Bundesobligationen-Kontrakt
    3....3-Monats-Euro-DM-Kontrakt

(3) Fälligkeit des Kontrakts, ausgedrückt durch die Restlaufzeit r in Monaten ($r \in \{0, 3, 6, 9\}$).

Die Interpretation der allgemeinen Form der Variablenbezeichnung "FU XX k r i t"[28] soll anhand von drei Beispielen abschließend nochmals veranschaulicht werden:

- Die Variable "FU AS 1 6 2 3" repräsentiert eine Shortposition in Bund-Future-Kontrakten, die eine Restlaufzeit von 6 Monaten hat und aus t=2 resultiert, zum Zeitpunkt t=3.
- Die Variable "FU NK 1 6 2 3" repräsentiert den Kauf von Bund-Future-Kontrakten, deren Restlaufzeit 6 Monate beträgt und deren Bezugszeitpunkt t=2 ist,[29] zum Zeitpunkt t=3.
- Die Variable "FU OL 3 3 _ 4" repräsentiert die gesamte offene Long-Position in 3-Monats-Euro-DM-Kontrakten, deren Restlaufzeit 3 Monate beträgt, zum Zeitpunkt t=4.

Das folgende Kapitel befaßt sich mit der Ableitung der Ergebnisbeitrags-Koeffizienten der nunmehr konkretisierten Entscheidungsvariablen, behandelt also die Quantifizierung der Ertragswirkung der Futures-Transaktionen.

4.2.1.2 Ergebnisbeitrags-Koeffizienten

Die Ableitung der Ergebnisbeitrags-Koeffizienten für die Entscheidungsvariablen des bilanzneutralen Geschäfts erfolgt auf Basis der oben diskutierten Bewertungsansätze für Finanzterminkontrakte.[30] Vorzunehmen

---

28 Die Leerstellen zwischen den einzelnen Bestandteilen der Bezeichnung dienen lediglich der Übersichtlichkeit; sie entfallen im Modell.

29 Die Transaktion dient also dem Schließen der oben beispielhaft definierten Position "FU AS 1 6 2 3".

30 Vgl. hierzu und zum folgenden auch die Ausführungen in Abschnitt 3.3.4, S. 129 ff.

ist dies auf der Basis des oben bereits angesprochenen Zinsstrukturmodells[31], das ausgehend von den Zinserwartungen von Experten die Eckzinssätze für drei Zinsszenarien berechnet.[32]

Generell ist anzumerken, daß die Ergebnisbeiträge aus Transaktionen mit Terminkontrakten zeitlich erst mit dem Schließen der Positionen verrechnet werden[33] und sich somit auch die Ergebnisbeitrags-Koeffizienten nur auf solche Transaktionen beziehen dürfen, die das Glattstellen von offenen Positionen beinhalten. Da bei den Variablen des Neugeschäfts eine Differenzierung nach dem Zweck einer Futures-Transaktion (Eröffnen oder Glattstellen einer Position) nicht explizit vorgenommen wurde, sind zunächst diejenigen Transaktionen zu ermitteln, die eine offene Position verringern bzw. schliessen. Dabei ist über den Zeitpunkt der Entstehung des entsprechenden Altgeschäfts die Verbindung zu diesen Variablen herzustellen, da sich der Ergebnisbeitrag allgemein aus der Differenz der Kurse zum Zeitpunkt des Eingehens und des Glattstellens ergibt.

Dieser Zusammenhang gilt unabhängig davon, ob es sich um solche Futures handelt, denen ein Geldmarktinstrument zu Grunde liegt, oder um solche, die auf Wertpapieren basieren. Lediglich bei der Prognose der Kurse in Abhängigkeit vom Zinsszenarios ist diese Unterschei-

---

31 Vgl. Abschnitt 4.1.1, S. 147 ff.

32 Die Darstellung der Bewertungsprinzipien erfolgt ohne explizite Berücksichtigung der Szenarien, da die Vorgehensweise für die drei Szenarien identisch ist.

33 Die Modellierung lehnt sich somit an das Realisationsprinzip an und abstrahiert damit vom Mark-to-Market-Prinzip; vgl. dazu die Ausführungen in Abschnitt 3.3.5, S. 142 ff.

dung von Bedeutung. Es soll nun zunächst das <u>allgemeine Prinzip</u> für die Ermittlung der Ergebnisbeitrags-Koeffizienten erläutert werden, bevor anschließend auf die kontraktbezogene Kursschätzung eingegangen wird.

Monate i t	0 0	1 1	3 2	6 3	9 4
0	UK_0	UK_0 AK_1	UK_0 AK_2	UK_0 AK_3	0 0
1		AK_1	UK_1 AK_2	UK_1 AK_3	0 0
2			AK_2	UK_2 AK_3	0 0
3				0	0

Abb. 28: Tableau der Kurse der Alt- und Neugeschäftsvariablen

UK_i: Ursprungskurs einer Position, die im Zeitpunkt i eingegangen wurde

AK_t: Aktueller Kurs eines Kontrakts im Zeitpunkt t

Analog zur Fortschreibung der Positionen sind Tableaus zu erstellen, die den Variablen die jeweils korrespondierenden Kurswerte zuordnen. Dabei werden alle Variablen, die offene Altgeschäfts-Positionen kennzeichnen, mit dem Kurs bewertet, zu dem sie zum Zeitpunkt i eingegangen wurden.[34] Dieser Kurs wird im folgenden als Ursprungskurs (UK_i) bezeichnet. Den Neugeschäftsvariablen ist dagegen der zum Projektionszeitpunkt aktuelle

---

34 Ein gegebenenfalls vorhandenes Startvolumen, welches sich aus Kontrakten zusammensetzt, die aus unterschiedlichen Zeitpunkten ($i \leq 0$) resultieren, ist näherungsweise mit einem mit den Anteilen der jeweiligen Kontrakte am Gesamtvolumen gewichteten Durchschnitts-Ursprungskurs zu bewerten.

Kurs (AK_t)[35] zuzuordenen. Es ergibt sich somit unter Fortführung des Beispiels aus Abschnitt 4.2.1.1 das in Abbildung 28 (S. 167) dargestellte Tableau.

Die Ergebnisbeitrags-Koeffizienten der Entscheidungsvariablen, die das Glattstellen einer Position repräsentieren ($i < t$), ergeben sich dann als Differenz des aktuellen Kurses der Neugeschäfts-Position und des Ursprungskurses derjenigen Altgeschäfts-Position, die durch die Transaktion glattgestellt wird, und geben zunächst den Kursunterschied in DM an. Dabei wird abhängig davon, ob die jeweilige Transaktion einen Kauf oder einen Verkauf repräsentiert, entweder der aktuelle Kurs oder der Ursprungskurs als Subtrahend verwendet.[36]

Die Ergebnisbeitrags-Tableaus ergeben sich somit wie folgt.

Monate i t	0 0	1 1	3 2	6 3	9 4
0		UK_0-AK_1	UK_0-AK_2	UK_0-AK_3	0
1			UK_1-AK_2	UK_1-AK_3	0
2				UK_2-AK_3	0
3				0	0

Abb. 29: Tableau der Ergebnisbeitrags-Koeffizienten der Variablen, die den Kauf eines Kontrakts zum Schließen einer offenen Short-Position repräsentieren ($EK_{i,t}$; $i < t$)

---

35 Es sei betont, daß es sich hierbei trotz der Bezeichnung um Kurse handelt, die auf Zinserwartungen beruhen.

36 Die Gültigkeit dieses Konzepts wird im Anschluß an die theoretische Darstellung anhand einer Beispielrechnung verdeutlicht.

Monate i t	0 0	1 1	3 2	6 3	9 4
0		AK_1-UK_0	AK_2-UK_0	AK_3-UK_0	0
1			AK_2-UK_1	AK_3-UK_1	0
2				AK_3-UK_2	0
3				0	0

Abb. 30: Tableau der Ergebnisbeitrags-Koeffizienten der Variablen, die den Verkauf eines Kontrakts zum Schließen einer offenen Long-Position repräsentieren ($EV_{i,t}$; $i < t$)

Der gesamte Ergebnisbeitrag (EB_t) aus einem Kontrakt in DM ergibt sich somit für einen Projektionszeitpunkt t aus der Anzahl der Kontrakte, die zum Glattstellen einer offenen Position eingesetzt werden, dem gesamten Tickwert (100 * DM 25,--) der Position[37] sowie der entsprechenden Kursdifferenz wie folgt:

$$EB_t = \sum_{i=0}^{t-1} 2.500 * (Kauf_{i,t} * EK_{i,t} + Verk_{i,t} * EV_{i,t}) \quad \text{für alle } t \quad (4.2.1.2 - 1)$$

Die Gültigkeit dieser Formulierungen sei abschließend anhand zweier einfacher Beispiele[38] dargestellt, wobei jeweils 7 Kontrakte das Neugeschäft darstellen. Die Er-

37 Diese Größe gilt für alle betrachteten Kontrakte; vgl. hierzu die Spezifikationen der Kontrakte im Anhang II, S. 237 ff..

38 Der Nominalwert der Kontrakte ist hier nicht berücksichtigt, da dies für die Veranschaulichung des Prinzips nicht nötig ist.

gebniswirkung in der Betrachtungsperiode (t=2) differiert jedoch in Abhängigkeit der jeweils zugrundegelegten Ausgangssituation.

(1) Schließen einer offenen Kaufposition durch Verkauf von Kontrakten, wobei:
$AltL_{1,2} = 10$ $UK_1 = 90$
$Verk_{1,2} = 7$ $AK_2 = 95$
Der Ergebnisbeitrag für t=2 ermittelt sich zu
$EB_2 = 7 * (95 - 90) = 7 * 5 = 35$

(2) Schließen einer offenen Verkaufsposition durch Kauf von Kontrakten, wobei:
$AltS_{1,2} = 10$ $UK_1 = 95$
$Kauf_{1,2} = 7$ $AK_2 = 90$
Der Ergebnisbeitrag für t=2 ermittelt sich zu
$EB_2 = 7 * (95 - 90) = 7 * 5 = 35$

Nach der Darstellung der allgemeinen Prinzipien wird im folgenden die Kursprognose für die einzelnen Terminkontrakte erläutert.

Wie bereits diskutiert[39] erfolgt die Bewertung des Drei-Monats-Euro-DM-Kontrakts mittels der Forward-Forward-Rate (FFR). Ebenso stützt sich die Kursprognose auf diesen Terminsatz, wobei aufgrund der Definition des Euro-DM-Kontrakts lediglich derjenige heranzuziehen ist, der einem zukünftigen Drei-Monats-Zeitraum repräsentiert. Für beliebige Restlaufzeiten r eines Kontrakts gilt:

$$EURO\_AK_{r,t} = 100 - FFR_{r,90,t} * 100 \qquad (4.2.1.2 - 2)$$

---

39 Vgl. hierzu und zum folgenden die Ausführungen in Abschnitt 3.3.4.1, S. 130 ff.

mit:

$$FFR_{r,90,t} = \left[\frac{1 + (i_{r+90,t} * \frac{r + 90}{360})}{1 + (i_{r,t} * \frac{r}{360})} - 1 \right] * \frac{360}{90}$$

(4.2.1.2 - 3)

wobei:

$EURO\_AK_{r,t}$...Aktueller Kurs eines Drei-Monats-Euro-DM-Kontrakts mit einer Restlaufzeit von r Tagen zum Zeitpunkt t

$FFR_{r,90,t}$....Forward-Forward-Rate für einen Zeitraum von 90 Tagen, der in r Tagen beginnt, zum Zeitpunkt t

$i_{r,t}$.........Zinssatz für r-Tage-Geld zum Zeitpunkt t (Prognosewert)

Die Ermittlung der Ergebnisse aus Transaktionen mit den Bond-Future-Kontrakten beruht dagegen auf den erwarteten Kursen für die jeweils zugrundeliegenden Basisobjekte.[40] Somit ist die Ergebnisermittlung bei den Bond-Future-Kontrakten zweistufig durchzuführen:

(1) Prognose der Wertpapierkurse

(2) Ermittlung der Futures-Kurse als Basis der Ergebnisbeitrags-Koeffizienten

Durch das vorliegende Zinsstrukturmodell werden allerdings keine Kursprognosen für Wertpapiere vorgenommen. Als Ergebnisse stehen jedoch die erwarteten Umlaufrenditen zur Verfügung. Aufgrund des engen Zusammenhangs zwischen dem Kurs eines festverzinslichen Wertpapiers

---

40 Vgl. zur Herleitung des entsprechenden Ansatzes die Ausführungen in Abschnitt 3.3.4.2, S. 135 ff.

und seiner Rendite[41], der sich wie in Abbildung 31 skizziert darstellen läßt, kann bei der Kursprognose von der Rendite des Basispapiers ausgegangen werden.

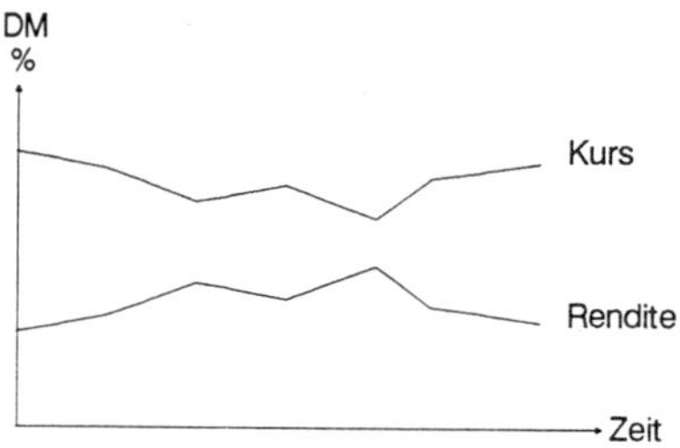

Abb. 31: Zusammenhang zwischen Kurs und Rendite eines festverzinslichen Wertpapiers

Quelle: In Anlehnung an Uszczapowski, I. (Futures, 1991), S. 214

Durch Auflösen der Renditegleichung

$$\text{Rendite} = \text{Nominalzins} + \frac{\text{Nennwert} - \text{Kurs}}{\text{Laufzeit}} * \frac{100}{\text{Kurs}}$$

nach dem Kurswert des Wertpapiers ergibt sich die Möglichkeit der Kursprognose in Abhängigkeit von der Rendite wie folgt:

$$\text{Kurs} = \frac{\text{Nennwert}}{\text{Laufzeit (Rendite - Nominalzins)} + 100} * 100$$

41 Da die Rendite eines Wertpapiers bei gegebener Nominalverzinsung und Nennwert nur von Kurs und Laufzeit abhängt, kann sie anstelle des Kurses herangezogen werden; siehe Faustformel zur Berechnung der Rendite; vgl. z.B. Büschgen, H.E. (Lexikon, 1989), S. 575

Führt man nun diese Gleichung zur Kursprognose (KK_t) des Basisobjektes mit der in Abschnitt 3.3.4.2 dargestellten Bewertungsfunktion für Bond-Termin-Kontrakte zusammen, so ergibt sich die Kursprognose für beliebige Zeitpunkte t in Abhängigkeit von der Restlaufzeit r eines Kontrakts wie folgt:

$$BOND\_AK_{r,t} = KK_t * [1 + (i_{r,t} - rk_t) * \frac{r}{360}] \qquad (4.2.1.2 - 4)$$

wobei:

$BOND\_AK_{r,t}$...Aktueller Kurs eines Renten-Terminkontrakts mit einer Restlaufzeit von r zum Zeitpunkt t

KK_t..........Kurs des Basis-Wertpapiers zum Zeitpunkt t

$i_{r,t}$.........Zinssatz für r-Tage-Geld zum Zeitpunkt t

rk_t..........Rendite des Basis-Wertpapiers (Kassaposition) zum Zeitpunkt t

Die zur Ermittlung der Ergebnisse aus den Terminkontrakt-Transaktionen benötigten Inputdaten, die jeweils für die relevanten Projektionszeitpunkte und alle Zinsszenarien zur Verfügung stehen müssen, sind somit:

- Geldmarktsatz für 90 Tage,
- Geldmarktsätze für die möglichen Restlaufzeiten der Terminkontrakte (3, 6 und 9 Monate),
- Geldmarktsätze für die möglichen Restlaufzeiten der Terminkontrakte + 90 Tage,[42]
- Rendite der lieferbaren Bundesobligationen sowie
- Rendite der lieferbaren Bundesanleihen.

---

42 Diese Sätze werden zur Ermittlung der FFR benötigt.

Soweit diese Größen nicht bereits in das Zinsstrukturmodell integriert sind, ist eine entsprechende Ergänzung vorzunehmen. In den Abschnitten 5.1.2 sowie 5.2.1.1 wird die Generierung der Inputdaten im Detail dargestellt.

4.2.2 Formulierung der Restriktionen

Die Formulierung der Restriktionen, die für die Integration der Zinsterminkontrakte in das Modell zum Aktiv-Passiv-Management erforderlich sind, wird getrennt nach deren inhaltlicher Bedeutung vorgenommen, wobei zunächst die oben bereits angesprochenen projektionszeitpunktbezogenen und intertemporalen Relationen formuliert werden, die die Grundstruktur der Termingeschäftstransaktionen determinieren.

Durch die Integration der neuen, bilanzneutralen Handlungsalternativen kann sich zudem die Notwendigkeit ergeben, die diesbezüglichen Handlungsspielräume durch Festlegung geeigneter Obergrenzen für offene Positionen in Terminkontrakten einzuschränken. In Abschnitt 4.2.2.3 werden solche bestandsbegrenzende Restriktionen formuliert, die als freiwillige risikobegrenzende, also geschäftspolitische Einschränkung des Handlungsspielraums interpretiert werden können.

Abschließend wird dann kurz die Notwendigkeit der Integration der neuen Entscheidungsvariablen in weitere zwingend zu formulierende, insbesondere rechtliche Nebenbedingungen erörtert. Es handelt sich hierbei i.d.R. um im derzeit eingesetzten Modell bereits vorhandene Restriktionen.

4.2.2.1 Projektionszeitpunktbezogene Restriktionen

Die Klasse der im folgenden darzustellenden Restriktionen dient der Formulierung des Zusammenhangs zwischen den einzelnen Hilfs- und Entscheidungsvariablen eines Projektionszeitpunktes. Sie stellen somit die Verbindung zwischen Alt- und Neugeschäft sowie gesamter offener Position zu jedem Projektionszeitpunkt her.

Die gesamte offene Position in einem Projektionszeitpunkt ergibt sich als Summe der einzelnen Alt- und Neugeschäftspositionen und ist unabhängig vom Ursprungs- bzw. Bezugszeitpunkt i der Einzelpositionen. Dabei wird eine offene Long-Position durch den Kauf von Kontrakten erhöht und durch den Verkauf von Kontrakten verringert; eine offene Short-Position vergrößert sich dagegen durch Verkauf und vermindert sich durch Kauf. Es gilt:[43]

$$OLP_t = \sum_{i=0}^{t} (AltL_{i,t} + Kauf_{i,t} - Verk_{i,t})$$

bzw.

$$OLP_t - \sum_{i=0}^{t} (AltL_{i,t} + Kauf_{i,t} - Verk_{i,t}) = 0$$

für alle t

(4.2.2.1 - 1)

---

43 Es wird jeweils zunächst die sich aufgrund der inhaltlichen Interpretation ergebende Formulierung dargestellt. Die alternative Formulierung entspricht dann der Normalform einer Relation innerhalb eines linearen Optimierungsprogramms. Vgl. dazu z.B. Gal, T. (Optimierung, 1991), S. 61 ff.

$$OSP_t = \sum_{i=0}^{t} (AltS_{i,t} + Verk_{i,t} - Kauf_{i,t})$$

bzw.

$$OSP_t - \sum_{i=0}^{t} (AltS_{i,t} + Verk_{i,t} - Kauf_{i,t}) = 0$$

für alle t
(4.2.2.1 - 2)

Es ist darüberhinaus sicherzustellen, daß Neugeschäft, welches dem Glattstellen einer offenen Altgeschäftsposition dient, die Höhe dieser korrespondierenden Position nicht übersteigt. Diese Forderung ergibt sich bereits aus der Definition bzw. inhaltlichen Bedeutung von Schließungsgeschäften ($i < t$). Diese dürfen somit maximal in Höhe der jeweils vorhandenen offenen Position durchgeführt werden. Entsprechende Nebenbedingungen sind seperat für jeden Ursprungs- bzw. Bezugszeitpunkt i zu formulieren:

$Kauf_{i,t} \leq AltS_{i,t}$
bzw.
$AltS_{i,t} - Kauf_{i,t} \geq 0$ für alle i, t; $i < t$
(4.2.2.1 - 3)

$Verk_{i,t} \leq AltL_{i,t}$
bzw.
$AltL_{i,t} - Verk_{i,t} \geq 0$ für alle i, t; $i < t$
(4.2.2.1 - 4)

Neugeschäft, das das Eingehen einer Position repräsentiert ($i = t$), ist ex definitione von keiner Altgeschäftsposition abhängig und somit insoweit unbeschränkt zuzulassen, als keine anderen Restriktionen bindend wirken.

Schließlich ist im Liefermonat eines Kontraktes sicherzustellen, daß die gesamte noch offene Position glattgestellt wird:[44]

$OLP_t = 0$ für alle t = Liefermonat

$OSP_t = 0$ für alle t = Liefermonat

Die Einhaltung dieser Bedingungen kann dadurch gewährleistet werden, daß die Volumina der Schließungsgeschäfte im Liefermonat den vorhandenen offenen Altgeschäftspositionen entsprechen müssen, also die Restriktionen *4.2.2.1 - 3* und *4.2.2.1 - 4* für alle i, t = Liefermonat, als Gleichungen formuliert werden:

$Kauf_{i,t} = AltS_{i,t}$

bzw.

$AltS_{i,t} - Kauf_{i,t} = 0$ für alle i, t = Liefermonat; $i < t$

(4.2.2.1 - 5)

$Verk_{i,t} = AltL_{i,t}$

bzw.

$AltL_{i,t} - Verk_{i,t} = 0$ für alle i, t = Liefermonat; $i < t$

(4.2.2.1 - 6)

---

44 Effektive Erfüllung eines Kontrakts ist im Modellzusammenhang ausgeschlossen.

4.2.2.2 Intertemporale Restriktionen

Intertemporale Restriktionen stellen die Fortschreibung von Variablen zwischen den einzelnen Projektionszeitpunkten sicher, dienen also insbesondere auch der Abbildung des Übergangs von Neugeschäft eines Projektionszeitpunkts in Altgeschäft des folgenden Projektionszeitpunkts. Sie werden auch als Link-Bedingungen bezeichnet.

Somit sind als Relationen zwischen zwei Betrachtungszeitpunkten die Bestandsfortschreibungen der einzelnen offenen Altgeschäftspositionen zu formulieren. Der Periodenanfangsbestand an Altgeschäft setzt sich zusammen aus dem Altbestand, der zu Beginn der Vorperiode vorhanden war, und dem Neugeschäft der Vorperiode. Es gelten die folgenden Zusammenhänge:

$$AltS_{i,t} = AltS_{i,t-1} - Kauf_{i,t-1} + Verk_{i,t-1}$$
bzw.
$$AltS_{i,t} - AltS_{i,t-1} + Kauf_{i,t-1} - Verk_{i,t-1} = 0$$
für alle i, t; i < t

(4.2.2.2 - 1)

$$AltL_{i,t} = AltL_{i,t-1} - Verk_{i,t-1} + Kauf_{i,t-1}$$
bzw.
$$AltL_{i,t} - AltL_{i,t-1} + Verk_{i,t-1} - Kauf_{i,t-1} = 0$$
für alle i, t; i < t

(4.2.2.2 - 2)

Diese Formulierung erlaubt es, mit Hilfe einer Gleichung sowohl den Abschmelzungsprozeß darzustellen, der eintritt, wenn eine bestehende Altgeschäftsposition durch ein Schließungsgeschäft verringert wird ($- Verk_{i,t-1}$ bzw. $- Kauf_{i,t-1}$), als auch den Aufbau einer neuen offenen Position abzubilden ($+ Kauf_{i,t-1}$ bzw.

+ $Verk_{i,t-1}$). Es gilt grundsätzlich, daß in Abhängigkeit der Altgeschäftsposition jeweils nur eine der beiden möglichen Neugeschäftskomponenten einen Wert ungleich null annehmen kann. Dies wird in Verbindung mit den projektionszeitpunktbezogenen Restriktionen[45] dadurch sichergestellt, daß jeder Peridenanfangsbestand, dessen Ursprungszeitpunkt dem aktuellen Projektionszeitpunkt entspricht ($Alt_{i,i}$), ex definitione immer gleich null ist.

Die Wirkungsweise der Relation sei abschließend für beide Fälle anhand einfacher Beispiele für offene Long-Positionen dargestellt. Zu Beginn der Periode t=2 besteht eine Altgeschäftsposition, die aus der Periode i=1 resultiert, in Höhe von 5 Kontrakten. In t=2 werden die folgenden Transaktionen durchgeführt:

$$Verk_{1,2} = 5$$
$$Kauf_{2,2} = 10$$

Die Anfangsbestände der Periode t=3 $AltL_{1,3}$ und $AltL_{2,3}$ ergeben sich wie folgt:

$$AltL_{1,3} = AltL_{1,2} - Verk_{1,2} = 5 - 5 = 0$$
$$AltL_{2,3} = AltL_{2,2} + Kauf_{2,2} = 0 + 10 = 10$$

4.2.2.3 Risikobegrenzende, geschäftspolitische Restriktionen

Die Intention, die mit der Integration der Zinsterminkontrakte in das APM-Modell verfolgt wird, besteht in erster Linie darin, das Instrumentarium zur Steuerung des Zinsänderungsrisikos zu erweitern. *Booth, Bessler*

---

45 Vgl. hierzu Abschnitt 4.2.2.1, S. 175 ff.

und *Foote*[46] beobachteten jedoch im Rahmen einer explorativen Studie zur Integration von Futures in ein Modell, daß Zinstermingeschäfte - sofern diese nicht explizit durch Restriktionen beschränkt wurden - in einem so großen Umfang auch zum Zweck der Ertragssteigerung (Trading) durchgeführt wurden, daß sich daraus sogar zusätzliche Risiken ergeben können. Es besteht also die Möglichkeit, daß durch das Modell Lösungen berechnet werden, die bilanzunwirksames Geschäft in einem Ausmaß beinhalten, welches von den Entscheidungsträgern des Kreditinstituts nicht akzeptiert werden kann. Aus diesem Grund wird im folgenden erörtert, wie gegebenenfalls eine inhaltlich begründete Begrenzung des maximalen Volumens von offenen Futures-Positionen vorgenommen werden kann.

Einen Maßstab zur Festlegung der maximalen Höhe einer offenen Terminkontraktposition stellt das <u>Ausmaß der korrespondierenden Inkongruenz aus dem bilanzwirksamen Geschäft</u> dar. Aus der Forderung, daß die Verwendung der innovativen Instrumente ausschließlich zur Risikominderung eingesetzt werden sollen, kann abgeleitet werden, daß durch das Eingehen einer offenen Futures-Position ein zinsänderungsrisikobehafteter aktivischer bzw. passivischer Überhang geschlossen bzw. verkleinert werden soll. Die Verwendung von Terminkontrakten zur Eröffnung einer Zinsänderungschance - und damit zur reinen Ertragssteigerung - ist dann jedoch ausgeschlossen.

Es ergibt sich somit als mögliche obere Begrenzung für eine offene Position in einem bestimmten Kontrakt die Höhe des jeweils entsprechenden Überhangs aus der Ablaufbilanz. Die Formulierung einer Restriktion, die

---

46 Vgl. hierzu Booth, G.G., Bessler, W., Foote, W. (Managing, 1989), S. 309 ff.

diesen Zusammenhang abbildet, wird im folgenden näher erläutert.

Ergibt die Analyse des Handlungsbedarfs für einen Projektionszeitpunkt beispielsweise im Restlaufzeitbereich von drei Monaten einen aktivischen Überhang in Höhe von DM 10 Mio., der zu schließen ist, so muß gewährleistet werden, daß die Futures-Position diesen Betrag nicht übersteigt. Das Eingehen einer Terminposition, welche über dieses Volumen hinausgeht, würde letztendlich einen unerwünschten neuen, in diesem Fall passivischen, Überhang zur Folge haben.

Zu beachten ist in diesem Zusammenhang darüberhinaus auch die Tatsache, daß sich die beiden betrachteten Werpapier-Terminkontrakte auf einen Nominalwert von DM 250.000 beziehen, während dem 3-Monats-Kontrakt ein Nominalwert von DM 1.000.000 zugrundeliegt. Somit ergeben sich die Maximalwerte für die Variablen, die die Anzahl der Kontrakte der gesamten offenen Position repräsentieren, durch Division des nichtgedeckten Volumens in der betreffenden Restlaufzeitschicht durch den jeweiligen Nominalwert.[47] Für obiges Beispiel beläuft sich die maximale Zahl der Kontrakte damit auf 10 Stück.

Die allgemeine Form der zur Sicherstellung dieser Zusammenhänge benötigten Restriktionen lautet dann wie folgt:

---

47 Die Obergrenze wird somit in Höhe der Hedge-Ratio für einen sogenannten naiven Hedge festgesetzt; vgl. hierzu z.B. Köpf, G. (Futures, 1989), S. 37. Auf eine Rundung der dabei möglicherweise auftretenden gebrochenen Werte wird verzichtet; vgl. zur Begründung die Ausführungen zum Wesen der Entscheidungsvariablen in Abschnitt 4.2.1.1, S. 158 f.

$$OLP_t * NW \leq FZÜ\_A_t$$

bzw.

$$OLP_t - \frac{FZÜ\_A_t}{NW} \leq 0$$

für alle t

(4.2.2.3 - 1)

$$OSP_t * NW \leq FZÜ\_P_t$$

bzw.

$$OLP_t - \frac{FZÜ\_P_t}{NW} \leq 0$$

für alle t

(4.2.2.3 - 2)

wobei:

$FZÜ\_A_t$...Aktivischer Festzinsüberhang in der betrachteten Zinsbindungsschicht in t

$FZÜ\_P_t$...Passivischer Festzinsüberhang in der betrachteten Zinsbindungsschicht in t

NW.......Nennwert des betrachteten Terminkontrakts

Eine andere Möglichkeit der inhaltlich begründeten Beschränkung des Einsatzes von Zinsterminkontrakten besteht in einer Begrenzung in Abhängigkeit vom Abschreibungsbedarf auf festverzinsliche Wertpapiere. In diesem Fall sind Restriktionen zu formulieren, die gewährleisten, daß das Ergebnis aus den Futures-Transaktionen die prognostizierten Abschreibungen auf aktivische Wertpapierbestände[48] gerade deckt bzw. zumindest zu einem geforderten Prozentsatz kompensiert. Diese Variante erscheint insbesondere für diejenigen Futures-Kontrakte geeignet, deren Basisobjekt ein Bond ist, also für Kon-

48 Entsprechende Prognosewerte, die den gesamten Abschreibungsbedarf je Projektionszeitpunkt ermitteln, sind in das vorliegende APM-Modell integriert.

trakte des Typs lang- und mittelfristiger Bund-Future, da deren Konstruktion eben gerade auf die Sicherung gegebener Wertpapierkurse für die Dauer der Restlaufzeit des Termingeschäfts abzielt.

Die Modellierung eines entsprechenden Zusammenhangs kann gemäß folgenden, allgemeinen Relationen vorgenommen werden:

$EBB_t \geq DA * WPABGE_t$

bzw.

$EBB_t - DA * WPABGE_t \geq 0$

für alle t

(4.2.2.3 - 3)

wobei:

EBB_t......Ergebnisbeitrag aus Transaktionen mit Bundfuture-Kontrakten in t

DA........Zu deckender Anteil der gesamten Abschreibungsbedarfs ($0 \leq DA \leq 1$)

$WPABGE_t$...Abschreibungsbedarf auf Wertpapiere in t

Die Wirkungsweise der bisher dargelegten Zusammenhänge wurde anhand eines einfachen Beispiels mittels eines Testmodells überprüft. Die Beispielsdaten sowie die Modellformulierung und die entsprechenden Ergebnisse der Optimierungsläufe sind im Anhang dokumentiert.[49]

4.2.2.4 Sonstige Restriktionen

Als sonstige Restriktionen werden im folgenden solche Klassen von Nebenbedingungen diskutiert, die entweder
- rechtliche Normen oder
- bankpolitische Tatbestände

abbilden.

---

49 Vgl. Anhang V, S. 256 ff.

Bezüglich der rechtlichen Rahmenbedingungen eines Kreditinstituts besteht kein Anpassungsbedarf aufgrund der zusätzlichen Entscheidungsvariablen. Die Grundsätze I und Ia in ihrer Fassung vom 17. Mai 1990 beziehen zwar grundsätzlich bilanzneutrale Instrumente mit ein, die im Modell verwendeten Terminkontrakte fallen jedoch nicht unter die jeweiligen Regelungen. So sind im Rahmen der Forderung der Eigenkapitalunterlegung von Risikoaktiva eines Kreditinstituts gemäß Grundsatz I solche Termingeschäfte, "deren Erfüllung von einer Börseneinrichtung geschuldet oder gewährleistet wird"[50], nicht zu berücksichtigen.

Durch die Bestimmungen des Grundsatzes Ia[51] werden nur solche Zinsgeschäftspositionen begrenzt, die risikoerhöhend wirken. Eine solche Wirkung liegt dann nicht vor, wenn eine Termingeschäftsposition zur sofortigen Absicherung einzelner Festzinsposten gemäß Festzinsübersicht dient. Ein entsprechender Zusammenhang wurde jedoch auch im Rahmen des APM-Modells gefordert und kann mittels geeigneter Nebenbedingungen sichergestellt werden.

Eine Erfassung der im Modell verwendeten Zinsterminkontrakte im Rahmen der Grundsätz erübrigt sich also zum einen aufgrund der Tatsache, daß der Vertragspartner eine Börseneinrichtung ist, und zum anderen in Anbe-

---

50 Abs. 10, Ziffer 4 Grundsatz I KWG

51 Vgl. hierzu insbesondere Abs. 2 Ziffer 2 sowie Absatz 6 Grundsatz Ia KWG

tracht des Einsatzes zum Schließen offener Festzinspositionen.[52]

Als Tatbestand, der zur Beschreibung der Geschäftstätigkeit eines Kreditinstituts zwingend erforderlich ist, ist neben der Bilanzgleichung, die ex definitione durch den Einsatz bilanzunwirksamer Instrumente nicht betroffen ist, die Aufrechterhaltung der Zahlungsfähigkeit zu nennen. Wie oben bereits erörtert[53] ist die Liquiditätswirkung des Eingehens von Terminpositionen zwar relativ gering, die damit verbundenen Zahlungen können jedoch bei der Modellierung berücksichtigt werden. Allerdings sind hier wiederum vereinfachende Annahmen zu treffen, da im Rahmen des Modells nicht alle zur exakten Berechnung der jeweiligen Margins[54] - insbesondere der Variation Margins - notwendigen Informationen vorliegen. Aus diesem Grund wird innerhalb des Modells nur der jeweils erste Einschuß als liquiditätswirksam erfaßt.

Das vorliegende Modell zum Aktiv-Passiv-Management folgt einem strukturellen Liquiditätskonzept,[55] welches auf der Bodensatz-Theorie basiert und Liquiditätsrisiko

---

52 Werden allerdings Modelläufe durchgeführt, bei denen das Eingehen von Futures-Positionen unbeschränkt zulässig ist (vgl. hierzu die Ausführungen in Abschnitt 4.2.2.3, S. 179 f.), kann die Formulierung einer Restriktion, die die Bestimmungen des Grundsatzes Ia abbildet, notwendig werden. Eine entsprechende Nebenbedingung existiert im vorliegenden Modell derzeit noch nicht.

53 Vgl. hierzu auch die Ausführungen in Abschnitt 3.3.1.2, S. 107 ff.

54 Vgl. zur Erläuterung der Margins die Ausführungen in Abschnitt 3.3.5, S. 142 ff.

55 Vgl. hierzu und zum folgenden im Detail Meyer zu Selhausen, H. (Optimization, 1977), S. 123 ff.

und -vorsorge statisch erfaßt. Dabei wird mit Hilfe geeigneter Restriktionen für Primär-, Sekundär- und Tertiärliquidität sichergestellt, daß die entsprechende Liquiditätsreserve jeweils den Liquiditätsbedarf zumindest deckt. Eine Erfassung von Zahlungsströmen findet somit nicht statt.

Die Integration des Liquiditätsbedarfs, der durch Zinstermingeschäfte bedingt wird, in dieses Konzept erfolgt, indem der Bedarf an Primärliquidität für alle Projektionszeitpunkte, zu denen Neugeschäft in Futures zulässig ist, um die jeweils zu erbringenden Initial Margins erhöht wird. Zu berücksichtigen sind nur die Neugeschäftsvolumina, die dem Eingehen einer Position dienen, nicht jedoch diejenigen, die eine bestehende offene Position verringern. Dadurch wird der Tatsache Rechnung getragen, daß die Ermittlung der Margins durch die Terminbörse in Abhängigkeit von der jeweiligen Risikoposition vorgenommen wird.

Es ergibt sich somit derzeit aufgrund der Integration der Terminkontrakte nur im Bereich der Liquiditätssicherung ein Anpassungsbedarf bei bestehenden Restriktionen.[56]

---

56 Dies gilt zumindest für den Zeitpunkt der Untersuchung. Im Zuge der Rechtsharmonisierung im Rahmen des Europäischen Binnenmarktes sind jedoch Änderungen im KWG zu erwarten, die einen Anpassungsbedarf des Modells bezüglich der Legal-Restriktionen bedingen. Vgl. hierzu z.B. Schulte-Mattler, H. (Kapitaladäquanz-Richtlinie, 1992), S. 461 ff.

4.3 Modellierung der Zielsetzung

Ein Ansatz zur Modellierung einer linearen[57] Zielfunktion, die die Generierung robuster Anlage- und Finanzierungsentscheidungen gewährleistet, wurde von *Meyer zu Selhausen*[58] für das APM-Modell formuliert und implementiert. Im folgenden soll nach einer kurzen Darstellung dieses Konzepts eine alternative Möglichkeit der Umsetzung, die auf den Prinzipien des Goal Programming basiert,[59] vorgestellt und diskutiert werden. Abschließend sind die beiden Konzeptionen einer kritischen Würdigung zu unterziehen.

4.3.1 Stückweise linearisierte Nutzenfunktion

Das von *Meyer zu Selhausen* herangezogene Grundprinzip der Ermittlung einer Folge von robusten Anlage- und Finanzierungsprogrammenn kann verbal[60] mit der Anweisung umschrieben werden, diejenige Folge von Zinsgeschäfts-

---

57 Ein Modell wird dann als linear bezeichnet, wenn die Entscheidungsvariablen in den Relationen ausschließlich mittels linearer Transformationen verknüpft sind.

58 Vgl. hierzu und zum folgenden Meyer zu Selhausen, H. (Strategien, 1991), S. 140 ff.

59 Die Klasse der Entscheidungskriterien, die auf diesem Prinzip beruhen, haben sich im Rahmen der Tests zur Evaluierung der Güte robuster und flexibler Steuerungsgrößen als überlegen erwiesen; vgl. hierzu die Ausführungen in Abschnitt 3.2.4, S. 93 ff.

60 Vgl. zur formalen und graphischen Darstellung Meyer zu Selhausen, H. (Strategien, 1991), S. 140 ff.

programmen zu wählen, deren erwarteter Nutzenbeitrag maximal ist.[61]

Der Nutzenbeitrag über den gesamten Planungshorizont ergibt sich als Summe der mit der jeweiligen Periodenlänge gewichteten Nutzenbeiträge der einzelnen Zinsgeschäftsprogramme jedes Projektionsintervalls. Die Ermittlung eines solchen Nutzenbeitrags sei im folgenden exemplarisch für einen Betrachtungszeitraum beschrieben. Im Gesamtmodell liegt für jeden der insgesamt 9 Projektionszeitpunkte eine entsprechende Modellierung vor.

Ausgangspunkt der Nutzenbestimmung ist die Überlegung, daß das Periodenergebnis, und damit ceteris paribus auch der Zinsüberschuß, für ein Kreditinstitut einen abnehmenden Grenznutzen aufweist. Nutzenfunktionen, die zur Modellierung entsprechender Zusammenhänge herangezogen werden können, weisen keinen linearen Verlauf auf. Da dies jedoch im Rahmen eines linearen Optimierungskalküls erforderlich ist, wird eine stückweise Linearisierung vorgenommen. Zu diesem Zweck muß der Entscheidungsträger die folgenden Größen spezifizieren, durch die die Dringlichkeit - und damit der Nutzen - einer marginalen Steigerung des Zinsüberschusses für unterschiedliche Intervalle bezüglich der absoluten Werte des Zinsüberschusses zum Ausdruck gebracht werden:

- Festlegung der Sprungstellen der Nutzenfunktion, also Vornahme einer Intervalleinteilung bezüglich des Zinsüberschusses. Diese Sprungstellen charakterisie-

61 Die Zulässigkeit einer Folge von Zinsgeschäftsprogrammen wird durch intertemporale Nebenbedingungen gewährleistet, auf deren Ausgestaltung hier nicht näher eingegangen wird.

ren Zinsüberschußwerte, nach deren Überschreitung der Nutzenzuwachs einer weiteren Zinsüberschußsteigerung geringer wird. Es werden jeweils drei solcher Größen festgelegt, beispielsweise das Ergebnis der Vorperiode, ein Wert der ein gutes, und einer, der ein sehr gutes Ergebnis repräsentiert.

- Festlegung der jeweiligen Steigung der Nutzenfunktion in den Intervallen, also des Grenznutzens. In der Regel wird der Grenznutzen einer Zinsüberschußsteigerung über die dritte Intervallgrenze hinaus gegen null gehen, da diese bereits ein sehr gutes Ergebnis darstellt.

Die Wirkungsweise der so aufgebauten Zielfunktion verhindert, daß die Zinsgeschäftsplanung für einen Projektionszeitpunkt so erfolgt, daß für ein Zinsszenario ein sehr hoher Zinsüberschuß realisiert werden kann, während dieser für die anderen Szenarien den ersten Schwellenwert nicht überschreitet. Der Algorithmus versucht vielmehr, für alle drei Zinsszenarien ein in etwa gleichwertiges Ergebnis zu erzielen, um so den Erwartungswert des Nutzens für den Projektionszeitpunkt zu maximieren. Es wird so eine Folge von 9 Zinsgeschäftsprogrammen generiert, die hinsichtlich der Zinsszenarien als robust zu bezeichnen sind.

4.3.2 Goal Programming-Ansatz

Bei mehrfachen Zielsetzungen wird als Modellierungstechnik häufig das sogenannte Goal Programming[62] herangezogen. Dieses Konzept erscheint sehr gut geeignet, um konkurrierende Zielsetzungen in ein Optimierungskalkül

---

62 Zu Würdigung und Verwendung dieses Konzepts vgl. auch die Ausführungen in Abschnitt 2.3.2.3, S. 42

umzusetzen. Zudem kann der Algorithmus in linearer Form formuliert werden, was im Hinblick auf den technologischen Input[63] notwendig ist.

Die Darstellung der Grundprinzipien des Goal Programming erfolgt zunächst losgelöst vom eigentlich zu entwickelnden Modell, um die Struktur anhand eines einfachen Problems zu verdeutlichen.

4.3.2.1 Grundprinzipien des Goal Programming

Der Grundgedanke des Goal Programming[64] besteht darin, mehrere Zielvorstellungen zu einem umfassenden Kriterium zusammenzufassen. Zu diesem Zweck muß für jedes Ziel ein Anspruchsniveau (Goal) definiert werden, wobei das Gesamtkriterium dann aus der Summe der (gewichteten) Abweichungen von den einzelnen Anspruchsniveaus besteht, welche zu minimieren ist. Denkbar sind hierbei sowohl einseitige (untere bzw. obere) als auch zweiseitige (Bandbreiten-) Goals. Für die Verletzungen der Zielvorgaben können dabei jeweils unterschiedlich hohe "Penalties" (Strafpunkte) definiert werden, um eine differenzierte Gewichtung der einzelnen Zielsetzungen zu gewährleisten.

Zur Modellierung eines entsprechenden Ansatzes wird neben der eigentlichen Zielfunktion, die lediglich die Minimierung der Abweichungssumme repräsentiert, für jedes der zu integrierenden Ziele eine definitorische

---

63 Vgl. hierzu die Ausführungen in Abschnitt 3.1.1, S. 51 ff.

64 Vgl. hierzu und zum folgenden Hillier, F., Lieberman, G.J. (Einführung, 1988), S. 229 ff.

Gleichung[65] sowie mehrere Hilfsvariable benötigt. Die Hilfsvariablen[66] dienen dazu, die Linearität des Modells sicherzustellen, indem die Abweichungskomponenten der einzelnen Zielsetzungen jeweils in einen positiven und einen negativen Beitrag aufgespalten werden. Die Werte dieser Abweichungskomponenten sind größer oder gleich Null, so daß die Formalrestriktion der Nichtnegativität von Entscheidungsvariablen erfüllt ist.

Die allgemeine Form der Zielfunktion sowie der Definitionsgleichungen ergibt sich für den Fall, daß die absoluten Abweichungen zu minimieren sind, wie folgt:

$$\text{Min } Z = \sum_{k=1}^{n} g_k \, (a_k^+ + a_k^-)$$

mit:

$$a_k = a_k^+ - a_k^-$$

$$a_k = z_k - G_k$$

bzw.

$$z_k - (a_k^+ - a_k^-) - G_k = 0$$

---

65 *Hillier/Lieberman* sprechen in diesem Zusammenhang von Zielfunktionen; vgl. Hillier, F., Lieberman, G.J. (Einführung, 1988), S. 229. Um eine genauere Abgrenzung zu erzielen, werden diese Relationen im folgenden jedoch als definitorische bzw. strukturelle Gleichungen bezeichnet.

66 Vgl. zu den Hilfsvariablen auch Hillier, F., Lieberman, G.J. (Einführung, 1988), S. 225 ff.

und:

$$z_k = f_k(x_{kl}, y_k)$$

$$a_k^+ , a_k^- \geq 0$$

(4.3.2.1 - 1)

wobei:

Z......Zielkriterium (Summe der absoluten Abweichungen)
g_k.....Gewichtung der k-ten Zielsetzung
a_k.....Abweichung der k-ten Zielsetzung vom entsprechenden Anspruchsniveau
a_k^+.....Positive Abweichung der k-ten Zielsetzung vom entsprechenden Anspruchsniveau ($a_k^+ > 0$)
a_k^-.....Negative Abweichung der k-ten Zielsetzung vom entsprechenden Anspruchsniveau ($a_k^- > 0$)
G_k.....Anspruchsniveau (Goal) für die k-te Zielsetzung
z_k.....Wert der k-ten Zielsetzung
f_k.....Funktionalzusammenhang der k-ten Zielsetzung
x_{kl}....Entscheidungsvariable l der k-ten Zielsetzung
y_k.....Umweltbedingungen der k-ten Zielsetzung
k......Index der einzelnen Zielsetzungen ($k = 1,...,n$)
l......Index der Entscheidungsvariablen

Sollen lediglich positive bzw. negative Abweichungen, also entweder ein Über- oder ein Unterschreiten des Anspruchsniveaus, minimiert werden, so ist die Zielfunktion dahingehend zu modifizieren, daß jeweils lediglich eine der Abweichungskomponenten a_k^+ bzw. a_k^- an die Stelle der Summe tritt.

Ein einfaches Beispiel soll diese Zusammenhänge erläutern. Angenommen ein Unternehmen strebt zwei Zielsetzungen an: Zum einen die Erzielung eines Gewinns, der einen Schwellenwert von 1000 Einheiten (Goal 1, Unterschreiten unerwünscht) nicht unterschreiten soll, und zum anderen einen Abbau von Überstunden, wobei ein Niveau von 500 Einheiten (Goal 2, absolute Abweichung unerwünscht) angestrebt wird. Es stehen zwei Handlungsalternativen zur Verfügung, aus denen die folgenden Werte bezüglich der Zielsetzungen resultieren:

	Alternative 1	Alternative 2
Gewinn	950	1200
Überstunden	475	600

Unter der Voraussetzung, daß die beiden Goals gleichgewichtig sind, ergeben sich die Zielfunktionswerte aus der Summe der negativen Gewinnabweichung und der absoluten Überstundenabweichung zu

- Alternative 1: 50 + 25 = 75 sowie
- Alternative 2: 0 + 100 = 100,

womit Alternative 1 vorzuziehen wäre.

Die oben beschriebene Grundstruktur des Goal Programming soll nunmehr im folgenden so formuliert werden, daß sie im Rahmen des Modells zum Aktiv-Passiv-Management zur Generierung von robusten und flexiblen Zinsgeschäftsprogrammen eingesetzt werden kann.

4.3.2.2 Formulierung der Zielfunktion gemäß Goal Programming-Ansatz

Analog zur Darstellung der Relationen des allgemeinen Goal Programming-Ansatzes in Abschnitt 4.3.2.1 wird zunächst die eigentliche Zielfunktion entwickelt, um im Anschluß daran die zur Definition der Goals bzw. Anspruchsniveaus notwendigen Gleichungen abzuleiten.

Die Zielsetzung[67] der Generierung von Anlage- und Finanzierungsprogrammen, die den Kriterien Robustheit und Flexibilität genügen, läßt sich verbal wie folgt umschreiben:
Wähle diejenige der zulässigen Handlungsalternativen, die zum einen den Erwartungswert von Zinsüberschuß und Ergebnis aus Zinstermingeschäften (modifizierter Zinsüberschuß) maximiert und zum anderen gewährleistet, daß der modifizierte Zinsüberschuß sowohl von t zu t+1 als auch bezüglich eines Projektionszeitpunktes unabhängig von der Realisation eines bestimmten Zinsszenarios auf einem möglichst konstanten Niveau gehalten wird.

Um dies zu erreichen, werden <u>zwei Anspruchsniveaus</u> bzw. Goals festgelegt.

(1) Erwartungswert des modifizierten Zinsüberschusses (MZÜ) im Periodenvergleich (AW^{PER}):
Der Erwartungswert des modifizierten Zinsüberschusses soll das Ergebnis der Vorperiode nicht unterschreiten, d.h. die erwartete negative Abweichung von $E(MZÜ_t)$ von $E(MZÜ_{t-1})$ ist zu minimieren.

(2) Mögliche Realisationen des modifizierten Zinsüberschusses im Zinsszenarienvergleich (AW^{SZE}):
Der modifizierte Zinsüberschuß, der sich bei Realisation eines bestimmten Zinsszenarios erzielen läßt, soll ein bestimmtes Mindestniveau ($G^{ZÜ}$) nicht unterschreiten; d.h. die Summe der negativen Abweichungen der szenarioabhängigen, möglichen Realisationen des modifizierten Zinsüberschusses von $G^{ZÜ}$ ist zu minimieren.

---

67 Zur Diskussion und Ableitung der Zielkriterien im Rahmen des Aktiv-Passiv-Managements vgl. die Ausführungen in Abschnitt 3.1.2, S. 55 ff.

Führt man nun diese beiden Abweichungsziele mit dem Zinsüberschußziel zusammen, dann ist eine Handlungsalternative umso besser zu bewerten, je höher der erwartete Zinsüberschuß und je geringer die Verfehlungen der Anspruchsniveaus sind. Als Entscheidungskriterium ergibt sich somit der Erwartungswert des Zinsüberschusses abzüglich der Summe der negativen Abweichungen von den Anspruchsniveaus, wobei die Komponenten dieses Terms unterschiedlich gewichtet werden können. Die Differenz, die im folgenden als MZÜ|AW bezeichnet wird, ist zu maximieren:

$$\text{Max } MZÜ|AW = [g^{ZÜ}\ E(MZÜ) - (g^{PER}\ AW^{PER-} + g^{SZE}\ AW^{SZE-})]$$

(4.3.2.2 - 1)

mit:

Erwartungswert des modifizierten Zinsüberschusses

$$E(MZÜ) = \sum_{t=1}^{9} \sum_{m=1}^{3} q_m \left[\sum_{n=1}^{K} (A_{n,t} * a_{n,t,m}) - \sum_{j=1}^{M} (P_{j,t} * p_{j,t,m}) + EKG_{t,m} \right]$$

(4.3.2.2 - 2)

Abweichung Periodenvergleich

$$AW^{PER-} = \sum_{t=0}^{8} AW_t^{PER-}$$

$$AW_t^{PER-} = AW_t^{PER+} - AW_t^{PER}$$

$$AW_t^{PER} = E(MZÜ_t) - E(MZÜ_{t-1})$$

$$AW_t^{PER+} , AW_t^{PER-} \geq 0$$

(4.3.2.2 - 3)

Abweichung Szenarienvergleich

$$AW^{SZE-} = \sum_{t=1}^{9} AW_t^{SZE-}$$

$$AW_t^{SZE-} = AW_t^{SZE+} - AW_t^{SZE}$$

$$AW_t^{SZE} = \sum_{m=1}^{3} MZÜ_{t,m} - G^{ZÜ}$$

$$AW_t^{SZE+} , AW_t^{SZE-} \geq 0$$

(4.3.2.2 - 4)

wobei:

$g^{ZÜ}$.......Gewichtung des Zinsüberschuß-Ziels

g^{PER}......Gewichtung des Perioden-Abweichungsziels

g^{SZE}......Gewichtung des Szenarien-Abweichungsziels

AW_t^{PER}.....Abweichung vom periodenbezogenen Anspruchs niveau zum Zeitpunkt t (gesamt)
+ positive Abweichung
- negative Abweichung

AW_t^{SZE}.....Abweichung vom szenariobezogenen Anspruchs niveau zum Zeitpunkt t (gesamt)
+ positive Abweichung
- negative Abweichung

$A_{n,t}$.......Volumen der aktivischen Bilanzposition n zum Zeitpunkt t

$a_{n,t,m}$.....Zinssatz der aktivischen Bilanzposition n zum Zeitpunkt t bei Szenario m

$P_{j,t}$.......Volumen der passivischen Bilanzposition j zum Zeitpunkt t

$p_{j,t,m}$.....Zinssatz der passivischen Bilanzposition j zum Zeitpunkt t bei Szenario m

$EKG_{t,m}$.....Ergebnisbeitrag aus Kursgewinnen/ -verlusten zum Zeitpunkt t bei Szenario m

$G^{ZÜ}$.......Anspruchsniveau bezüglich des modifizierten Zinsüberschusses

q_m........Eintrittswahrscheinlichkeit des m-ten Zinsszenarios
$(\sum_{m=1}^{3} q_m = 1)$

n..........Index der Anlagealternativen (n = 1, ..., K)

j..........Index der Finanzierungsalternativen (j = 1, ..., M)

Zu den Gewichtungskoeffizienten der Zielfunktion ist anzumerken, daß deren Validierung sinnvollerweise nur durch einen Entscheidungsträger des betrachteten Kreditinstituts im Rahmen der Implementierung des APMZ-Modells vorgenommen werden kann.[68] Generell sollte jedoch hierbei der Tatsache Rechnung getragen werden, daß ohne explizite Gewichtung der Zielsetzungen der Einfluß der Abweichungen aus dem Szenarienvergleich unverhältnismäßig groß ist. Dies resultiert daraus, daß pro Periode bezüglich dieses Goals maximal drei Abweichungskomponenten in die Berechnung eingehen. Dagegen ergibt sich pro Projektionszeitpunkt maximal eine periodenbezogene Abweichung.

Die somit formulierte Entscheidungsregel besteht aus einer Vielzahl an Einzelrelationen, wobei der Forderung nach Linearität des Optimierungskalküls entsprochen wird.

4.3.3 Würdigung der alternativen Konzeptionen

Im folgenden sollen die oben vorgestellten Modellierungs-Konzeptionen für die Zielfunktion anhand ausgewählter Kriterien kritisch gewürdigt werden.

Beide Ansätze erlauben die Generierung robuster Anlage- und Finanzierungsprogramme mittels linearer Relationen. Um die Linearität des Modells zu gewährleisten, sind jedoch Strukturen von unterschiedlicher Komplexität notwendig. In dieser Hinsicht erscheint das Konzept der stückweise linearisierten Nutzenfunktion dem des Goalprogramming überlegen.

Als Nachteil des Goal Programming wird im allgemeinen die Problematik der Festlegung der Anspruchsniveaus genannt. Dies ist zwar nicht von der Hand zu weisen. Im

---

68 Vgl. zur Problematik der Bestimmung von Zielgewichten auch Nitzsch, R. v., Weber, M. (Bestimmung, 1991), S. 971 ff.

Rahmen der vorliegenden Konzeption besteht die korrespondierende Fragestellung allerdings in der Ermittlung der Sprungstellen sowie der Steigungen der Zielfunktion, mit Hilfe derer der Modellanwender seine Nutzenfunktionen spezifiziert. Beide Aspekte sind somit letztendlich Ausdruck des Anspruchsniveaus und damit auch der Risikoneigung des Entscheidungsträgers.[69]

Andererseits erscheint eine Formulierung mit flexibler Gewichtung der einzelnen Zielkomponenten geeignet, um einem Anwender ein vergleichsweise einfach anzupassendes Modell zur Verfügung zu stellen.[70] Dieses Argument verliert allerdings in Anbetracht der Dimension der Anwendung im Rahmen des Aktiv-Passiv-Managements an Bedeutung, da dieses System ausschließlich durch einen Betreuer angewandt werden kann und nicht durch die Entscheidungsträger selbst.

Der wohl bedeutendste materielle Unterschied zwischen beiden Konzeptionen ist die Tatsache, daß die Formulierung mittels Zielabweichungen im Gegensatz zur stückweise linearisierten Nutzenfunktion in der Lage ist, Chancen und Risiken differenziert zu behandeln. Dies erfolgt durch die ausschließliche Verwendung der negativen Abweichungskomponenten in der Zielfunktion, wodurch positive Abweichungen innerhalb eines Projekti-

---

69 Dies gilt in dem Sinn, daß eine Steigerung des Zinsüberschusses ceteris paribus immer mit einem erhöhten Risiko einhergeht, ebenso für die von *Meyer zu Selhausen* herangezogene Zielfunktion, auch wenn er betont, daß die Nutzenfunktion keine Risikonutzenfunktion i.e.S. ist; vgl. Meyer zu Selhausen, H. (Strategien, 1991), S. 141

70 Dies wird insbesondere im Rahmen des sogenannten Interactive Goal Programming deutlich; vgl. dazu z.B. Nijkamp, P., Spronk, J. (Results, 1980), S. 279 oder auch Spronk, J. (Goal, 1981), S. 101 ff.

onszeitraums, also z.B. die mögliche Realisation einer Zinsänderungschance, zumindest neutral bewertet werden.

Zudem berücksichtigt der von *Meyer zu Selhausen* konzipierte Ansatz die Gleichmäßigkeit des Ergebnisverlaufs von einer Periode zur nächsten insofern nicht, als durch die Summierung der erwarteten Nutzenbeiträge kompensatorische Effekte auftreten können.[71] Der Goal Programming-Ansatz integriert die Forderung eines kontinuierlichen Ergebnisausweises im Zeitablauf dagegen explizit.

Es ist somit festzuhalten, daß mit beiden Ansätzen sowohl Vor- als auch Nachteile verbunden sind. Aufgrund der Prioritäten des betrachteten Kreditinstituts, für welches die Integration der Zinstermingeschäfte absoluten Vorrang hat, wird zunächst auf eine Implementierung der Goal Programming-Zielfunktion verzichtet.

---

71 Vgl. Meyer zu Selhausen, H. (Strategien, 1991), S. 143

5. Implementierung und Kontrolle des APMZ-Modells

Im folgenden Kapitel werden zunächst die zur Integration der Zinsterminkontrakte vorgenommenen Modifikationen des vorhandenen APM-Modells beschrieben. Die Ausführungen beschränken sich dabei auf die Darstellung der Einbeziehung eines Future-Kontraktes mit einem bestimmten Lieferzeitpunkt. Aufgrund der Markttiefe[1] wurde hierfür ein Bund-Future ausgewählt, der zum Planungszeitpunkt die maximal mögliche Restlaufzeit von 9 Monaten aufweist. Die Implementierung weiterer Kontrakte kann analog vollzogen werden.

Im Anschluß an die Darstellung der notwendigen Anpassungsmaßnahmen werden die Ergebnisse verschiedener Optimierungsläufe mit dem nunmehr um einen Zinsterminkontrakt erweiterten Modell beschrieben und interpretiert. Abschließend erfolgt eine kritische Würdigung des Zielerreichungsgrades - auch im Hinblick auf die ursprünglich an das zu konzipierende Modell gestellten Anforderungen[2] - sowie ein Ausblick auf die sich daraus ergebende weitere Vorgehensweise zur Vervollständigung des Umstellungsprozesses des Modells.

5.1 Modifikationen gegenüber dem APM-Modell

Bevor die programmtechnische Umsetzung der Modifikationen des APM-Modells beschrieben werden kann, ist zunächst nochmals detailliert auf die Intention und die inhaltliche Bedeutung der vorzunehmenden Integration der Zinsterminkontrakte einzugehen, weil sich daraus

---

1 Vgl. hierzu auch die Ausführungen in Abschnitt 3.3.2, S. 111 ff.

2 Vgl. hierzu die Ausführungen in den Abschnitten 3.1.1 und 3.1.2, S. 51 ff.

auch die durchzuführenden programmtechnischen Änderungen ergeben.

5.1.1 Inhaltliche Interpretation der Modifikationen

In Absprache mit dem betrachteten Kreditinstitut sollen die Zinsterminkontrakte nur zum Hedging eingesetzt werden.[3] Deshalb werden die Ergebnisbeiträge auch nicht in die stückweise linearisierte Zielfunktion eingestellt, sondern in Form von Restriktionen gemäß der in Abschnitt 4.2.2.3 vorgestellten Konzeption[4] so integriert, daß die Ergebnisbeiträge aus den Futures-Transaktionen den Abschreibungsbedarf auf den Bestand an festverzinslichen Wertpapieren kompensieren sollen.

Zugrundegelegt wird hierbei ein Erwartungswertkonzept auf der Basis der Eintrittswahrscheinlichkeiten der drei Zinsszenarien, d.h. der Erwartungswert der Ergebnisbeiträge aus Zinsterminkontrakten soll zu jedem Projektionszeitpunkt, für den Transaktionen in Futures definiert sind,[5] den Erwartungswert der gesamten Abschreibungen auf festverzinsliche Wertpapiere übersteigen. Um dies zu gewährleisten, ist für jeden Projektionszeitpunkt eine entsprechende Hedging-Nebenbedingung zu formulieren.

Da die Transaktionen mit Zinsterminkontrakten bei der gewählten Art der Integration in das Modell keinen wei-

---

3 Vgl. auch Abschnitt 4.3.3, S. 200

4 Vgl. hierzu insbesondere die Ausführungen auf S. 182 ff.

5 Es handelt sich um die Projektionszeitpunkte 1, 2, 3 und 4, also einen Prognosehorizont von einem Jahr. Vgl. zur Begründung die Ausführungen in Abschnitt 4.1.2, S. 149 ff.

teren Restriktionen unterliegen, würde dieses Vorgehen zu einer im Hinblick auf die Kontraktzahl unbegrenzten Formulierung des Optimierungsproblems führen, welche für den Algorithmus nicht eindeutig zu lösen ist.[6] Dies kann durch Einbeziehung derjenigen Futures-Variablen in die Zielfunktion, die das Eingehen einer Position repräsentieren, verhindert werden, indem diesen Variablen ein infinitesimal kleiner, negativer Zielfunktionskoeffizient[7] zugewiesen wird. Dadurch wird der Algorithmus veranlaßt, nur die gemäß Hedging-Restriktion notwendigen Transaktionen durchzuführen, da jeder weitere Kontrakt den Optimalwert des Entscheidungskriteriums verringern würde.

Eine kritische Würdigung der vorgestellten Konzeption erfolgt im Anschluß an die Darstellung der edv-technischen Umsetzung und die Interpretation der Ergebnisse von Testläufen des APMZ-Modells.[8]

5.1.2 Programmtechnische Umsetzung der Modifikationen

Bevor auf die Änderungen eingegangen wird, soll zunächst kurz die Hard- und Softwareumgebung des Modells dargestellt werden.

Das Modell ist auf einem Großrechner der Firma IBM implementiert, in dessen Job-Control-Language auch die

---

6 Man spricht in diesem Fall von einem unbeschränkten LP bzw. von unbounded solutions; es gibt unendlich viele Lösungen. Vgl. hierzu z.B. Stepan, A., Fischer, E.O. (Optimierung, 1992), S. 106

7 Durch die Wahl eines sehr kleinen Werts wird das tatsächliche Ergebnis im Optimum nicht wesentlich verfälscht.

8 Die um den Future-Kontrakt erweiterte Modellvariante wird im folgenden als APMZ-Modell bezeichnet.

Steuerung des Ablaufes der Modellrechnungen[9] vorgenommen wird. Für die Optimierung selbst steht das Software-Paket "Mathematical Programming System Extended / 370" (MPSX/370) zur Verfügung; die Programme zur Aufbereitung des Dateninputs und der Ergebnisse sind in Fortran 66 geschrieben.

Die aus der oben erläuterten Konzeption resultierenden <u>programmtechnischen Modifikationen</u> und Erweiterungen des ursprünglichen APM-Modells können wie folgt beschrieben werden:

(1) Anpassung der Ermittlung der Abschreibungen auf Wertpapiere an das Erwartungswertkonzept (bisher wird dieser Wert ausschließlich für ein Zinsszenario, das sogenannte Hochzins-Szenario, berechnet);

(2) Erweiterung der Struktur der Input-Matrix für den Optimizer um die Variablen des Bund-Future-Kontrakts und die entsprechenden projektionszeitpunktbezogenen, intertemporalen und risikobegrenzenden Restriktionen (die modifizierte Matrix des APMZ-Modells besteht aus 2774 Zeilen, welche die Gleichungen repräsentieren, und 7016 Spalten, wovon 4242 Entscheidungsvariable und 2774 Slack-Variable darstellen);

(3) Erweiterung des Zinsstrukturmodells zur Berechnung von Schätzwerten für Geldmarktsätze, die zur Pro-

---

9 Es handelt sich hierbei grob um die Generierung der Inputdaten, die Aktualisierung der Matrix, die das Optimierungsproblem repräsentiert (Update der Koeffizienten der Variablen), die eigentliche Optimierung sowie die Aufbereitung der Ergebnisdaten; vgl. hierzu auch die Ausführungen in Abschnitt 2.2.2.2, S. 26 ff., insbesondere Abb. 6.

gnose der Kurse des Zinsterminkontrakts benötigt werden, über alle drei Zinsszenarien[10] sowie

(4) Programmierung einer Funktion zur Ermittlung der Ergebnisbeitrags-Koeffizienten der Transaktionen in dem Bund-Future-Kontrakt und Integration derselben in das Programm zum Aufdatieren der Koeffizienten der Variablen.

Auf eine detaillierte Darstellung der einzelnen, geänderten Programmteile muß aus Gründen der Vertraulichkeit verzichtet werden; im Anhang sind jedoch zum einen die Variablen und Restriktionen des Bund-Future-Kontrakts (Anhang VI, S. 264) und zum anderen die FORTRAN-Function zur Berechnung der Ergebnisbeitrags-Koeffizienten (Anhang VII, S. 267)[11] dokumentiert.

5.2 Auswertung von Testläufen des APMZ-Modells

Die den folgenden Ausführungen zugrundeliegenden Modellrechnungen basieren auf historischen Echtdaten des betrachteten Kreditinstituts. Zur Wahrung der Diskre-

---

10 Das vorliegende Zinsstrukturmodell stellt die folgenden, für die Bewertung des Bund-Future-Kontrakts relevanten Eckzinssätze (vgl. hierzu Abschnitt 4.2.1.2, S. 165 ff.) zur Verfügung: Umlaufrendite für Anleihen mit einer Restlaufzeit von 10 Jahren, welche als Näherungswert für die Rendite der Basiswertpapiere herangezogen wird, sowie 3- und 6-Monats-Geldmarktsätze.
Die Berechnung des zudem benötigten 9-Monats-Satzes erfolgt durch Interpolation aus dem 6-Monats- und dem ebenfalls gegebenen 12-Monats-Satz. Eine kritische Würdigung dieser Vorgehensweise wird im Rahmen der Abschnitte 5.2.1.1 und 5.2.1.2, S. 209 ff. anhand der für die Testläufe vorliegenden Echtdaten vorgenommen.

11 Eine Erläuterung dieser Function erfolgt in Abschnitt 5.2.1.1, S. 209 ff. anhand der für die Testläufe herangezogenen Daten.

tion sind daher alle Volumensangaben durch Lineartransformationen so verfälscht, daß zwar die absoluten Werte der Variablen nicht der Realität entsprechen - und somit keinen Rückschluß auf das betrachtete Institut zulassen -, die Vergleichbarkeit der verschiedenen Testläufe untereinander aber gewährleistet ist.

Bevor jedoch in Abschnitt 5.2.2 die Ergebnisse unterschiedlicher Modellrechnungen dargestellt und erörtert werden, sollen zunächst kurz die modellrelevanten Umweltparameter, also insbesondere die zum Planungszeitpunkt vorliegenden Zinserwartungen und die daraus abzuleitenden Ergebnisbeitrags-Koeffizienten für den Zinsterminkontrakt, skizziert werden.

5.2.1 Darstellung der den Modellrechnungen zugrundeliegenden Umweltparameter

Der Zeitpunkt der Planung t=0 ist der 30. September eines nicht näher zu spezifizierenden Jahres. Somit ergibt sich für die Projektionszeitpunkte, für die die Variablen des Zinsterminkontrakts definiert sind, die in Abbildung 32 dargestellte Struktur.

Projektions-zeitpunkt t	Kalenderdatum
1	31. Oktober d.J.
2	31. Dezember d.J.
3	31. März d.n.J.
4	30. Juni d.n.J.

Abb. 32: Projektionszeitpunkte der Modellrechnungen

Diese Struktur ist mit den Lieferterminen der Zinsterminkontrakte kompatibel[12] und impliziert, daß es sich bei dem in das Modell integrierten Bund-Future, der zu t=0 eine Restlaufzeit von 9 Monaten aufweist, um einen sogenannten Juni-Kontrakt handelt.

Die der Ermittlung der Erwartungswerte der Ergebnisbeitrags-Koeffizienten des Kontrakts zugrundeliegenden Zinsszenarien sind in den Abbildungen 33 und 34 (S. 208) exemplarisch anhand der Umlaufrendite für Anleihen mit einer Restlaufzeit von 10 Jahren und des 6-Monats-Geldmarktsatzes dargestellt.

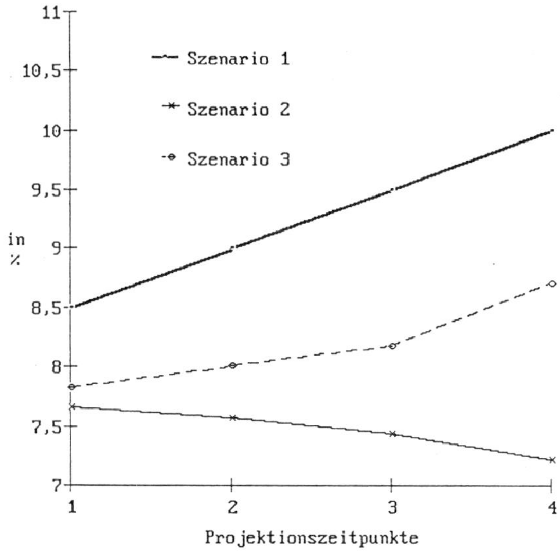

Abb. 33: Entwicklung der Umlaufrendite für Anleihen mit einer Restlaufzeit von 10 Jahren für drei Zinsszenarien

---

12 Zur Erörterung der Abstimmung von Projektionszeitpunkten und Lieferterminen der Zinsterminkontrakte vgl. auch die Ausführungen in Abschnitt 4.2.1.1, S. 160 ff.

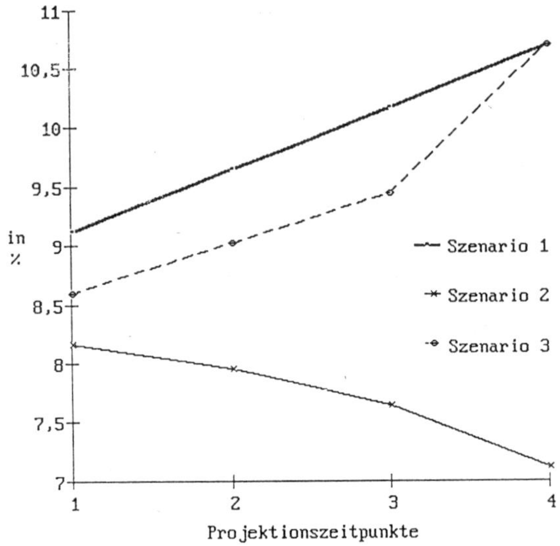

Abb. 34: Entwicklung des 6-Monats-Geldmarktsatzes für drei Zinsszenarien

Die Werte sowie graphische Darstellungen aller Zinssätze, die für die Bewertung des Bund-Future-Kontrakts relevant sind, können dem Anhang Nr. VIII, S. 269 ff. entnommen werden. Verbal lassen sich die drei Szenarien wie folgt beschreiben.

- <u>Szenario 1</u> repräsentiert eine Zinswelt mit inverser Zinsstruktur, in der die Zinsen auf einem vergleichsweise hohem Niveau kontinuierlich ansteigen.
- <u>Szenario 2</u> entspricht ebenfalls einer inversen Zinsstruktur mit steigendem Zinsniveau. Allerdings steigen die Zinssätze hier zunächst moderat, bevor sich die Zinserhöhung ab Projektionszeitpunkt 3 beschleu-

nigt. Somit weist dieses Szenario einen diskontinuierlichen Anstieg der Zinssätze auf.

- Szenario 3 repräsentiert im Gegensatz zu den beiden erstgenannten Zinswelten ein sinkendes Zinsniveau. Die zu Beginn noch inverse Zinsstruktur verflacht und nähert sich im Projektionszeitpunkt 4 dem Übergang zu einer normalen Zinsstruktur an.

Im folgenden Abschnitt wird die Ermittlung der Ergebnisbeitrags-Koeffizienten für Glattstellungstransaktionen in dem Bund-Future-Kontrakt in Abhängigkeit vom Zinsszenario dargestellt.

5.2.1.1 Ermittlung der Ergebnisbeitrags-Koeffizienten für Bund-Future-Transaktionen

Die Berechnung der Ergebnisbeitrags-Koeffizienten für Bund-Future-Transaktionen wird exemplarisch anhand eines Koeffizienten für das erste Zinsszenario erläutert, da die Vorgehensweise grundsätzlich für alle Variablen und Szenarien identisch ist.[13] Der Koeffizient der Beispiels-Variablen FUNK1612, die die Glattstellung einer offenen Short-Position aus dem Ursprungszeitpunkt 1 im Projektionszeitpunkt 2 repräsentiert, kann gemäß der in Abschnitt 4.2.1.2 abgeleiteten und in der Fortran-Function umgesetzten Bewertungsvorschrift (vgl. Anhang VII, S. 267 ff.) schrittweise wie folgt ermittelt werden.[14]

---

13 Eine kritische Betrachtung der hierzu notwendigerweise heranzuziehenden Näherungs- und Durchschnittswerte erfolgt im Rahmen einer Sensitivitätsanalyse in Abschnitt 5.2.1.2, S. 213 ff.

14 Die hier exemplarisch im Detail vorgestellte Ermittlung wurde lediglich auf zwei Nachkommastellen genau durchgeführt; aus diesem Grund ergeben sich Differenzen zu den in Abb. 35, S. 210 dargestellten Werten, die auf wesentlich genaueren Berechnungen basieren.

1.1 Prognose des Kurses der lieferbaren Anleihen in t=1

Vorgehensweise und Dateninput:
Ermittlung des Kurses mittels der Renditegleichung für festverzinsliche Wertpapiere (vgl. Abschnitt 4.2.1.2, S. 171 f.).
Die Restlaufzeit der lieferbaren Anleihen wird mit 9,25 Jahren, also dem Mittel aus den Grenzen der zulässigen Restlaufzeiten von 8,5 und 10 Jahren, angenähert. Als Nominalverzinsung wird der Durchschnittswert der Nominalzinssätze der in t=0, also dem Planungszeitpunkt, tatsächlich lieferbaren Anleihen verwendet, hier 6,63 %. Als Rendite der lieferbaren Anleihen wird die im Zinsstrukturmodell zur Verfügung stehende Umlaufrendite für Festverzinsliche mit einer Restlaufzeit von 10 Jahren herangezogen; der Wert für Projektionszeitpunkt 1 bei Szenario 1 beträgt 8,5 %.

Berechnung:

$$\frac{100}{9{,}25\ (8{,}50 - 6{,}63) + 100} * 100 = 85{,}59$$

1.2 Prognose des Kurses des Bund-Futures zu t=1

Vorgehensweise und Dateninput:
Berechnung auf Basis des Nettofinanzierungskosten-Ansatzes (vgl. Abschnitt 3.3.4.2, S. 135 ff.).
Neben dem unter 1.1 ermittelten Kassakurs und der Rendite der lieferbaren Anleihen wird der im Zinsstrukturmodell vorliegende Geldmarktsatz für die Dauer der Restlaufzeit des Bund-Future-Kontrakts benötigt. Die Restlaufzeit in t=1 beträgt neun Mo-

nate, somit ist der 9-Monats-Satz heranzuziehen, dessen Wert sich für Projektionszeitpunkt 1 bei Szenario 1 auf 9,19 % beläuft.

Berechnung:

85,59 * (1 + (0,0919 - 0,085) * (9/12)) = 86,04

2.1 Prognose des Kurses der lieferbaren Anleihen zu t=2

Vorgehensweise und Dateninput:

Analog zu 1.1, wobei sich der Wert der Umlaufrendite für Festverzinsliche mit einer Restlaufzeit von 10 Jahren in t=2 auf 9 % beläuft.

Berechnung:

$$\frac{100}{9{,}25\ (9{,}00 - 6{,}63) + 100} * 100 = 82{,}42$$

2.2 Prognose des Kurses des Bund-Futures zu t=2

Vorgehensweise und Dateninput:

Analog zu 1.2, wobei die Restlaufzeit des Kontrakts nunmehr 6 Monate beträgt; der entsprechende Geldmarktsatz beläuft sich in t=2 auf 9,65 %.

Berechnung:

82,42 * (1 + (0,0965 - 0,085) * (6/12)) = 82,69

3.1 Berechnung der Kursdifferenz der Futureskurse

Vorgehensweise und Dateninput:

Ermittlung der Differenz zwischen den berechneten Kursen des Bund-Futures in t=1 (1.2) und t=2 (2.2). Dabei erfolgt das Schließen der Short-Position durch einen Kauf in t=2. Somit ist der Futures-Kurs für t=2 als Subtrahend heranzuziehen (vgl. Abschnitt 4.2.1.2, S. 168 f.).

Berechnung:
86,04 - 82,69 = 3,35

3.2 Umrechnung der Kursdifferenz in den Ergebnisbeitrag pro gekauften Kontrakt [Mio DM]

Vorgehensweise und Dateninput:
Die oben ermittelte Kursdifferenz ist zunächst in den Tickwert (vgl. Abschnitt 4.2.1.2, S. 169) und anschließend in die im Modell gebräuchliche Einheit Millionen DM umzurechnen.

Berechnung:
3,35 * 2.500 / 1.000.000 = 0,008375

In analoger Weise lassen sich die Koeffizienten aller Variablen der Typen FUNK1rit und FUNV1rit (i<t) berechnen. Abbildung 35 (S. 213) zeigt die vollständige Liste der Ergebnisbeitrags-Koeffizienten für die drei Zinsszenarien.

Da sich die Zinsen in den vorliegenden Zinsszenarien grundsätzlich in einer Richtung entwickeln (stetig steigend oder fallend), bringt jeweils das Schließen einer gleich zu Beginn in t=1 eingegangenen offenen (Short- oder Long-) Position zum Ende der Restlaufzeit des Kontrakts in t=4 den höchsten Ergebnisbeitrag.

Inwieweit die Güte der Berechnung der Ergebnisbeitrags-Koeffizienten durch die Verwendung der zahlreichen Durchschnitts- und Näherungswerte beeinträchtigt wird, ist Gegenstand der folgenden Sensitivitätsanalyse.

Variable	Ergebnisbeitrags-Koeffizienten Szenario 1	Szenario 2	Szenario 3
FUNK1612	0,008522	-0,000971	0,003488
FUNV1612	-0,008522	0,000971	-0,003488
FUNK1313	0,016410	-0,003167	0,007120
FUNV1313	-0,016410	0,003167	-0,007120
FUNK1323	0,007889	-0,002196	0,003633
FUNV1323	-0,007889	0,002196	-0,003633
FUNK1014	0,023648	-0,007612	0,016697
FUNV1014	-0,023648	0,007612	-0,016697
FUNK1024	0,015126	-0,006642	0,013209
FUNV1024	-0,015126	0,006642	-0,013209
FUNK1034	0,007237	-0,004445	0,009576
FUNV1034	-0,007237	0,004445	-0,009576

Abb. 35: Ergebnisbeitrags-Koeffizienten der Variablen des Bund-Future-Kontrakts [in Mio DM] für drei Zinsszenarien

5.2.1.2 Sensitivitätsanalyse für die Ermittlung der ErgebnisbeitragsKoeffizienten

Der Grundgedanke einer Sensitivitätsanalyse[15] besteht darin, die Auswirkung einer Veränderung von Modellparametern auf die optimale Lösung eines Linearen Programms zu eruieren, um so diejenigen Bestimmungsfaktoren des Modells herauszufinden, die einen großen Einfluß auf die Optimalwerte der Entscheidungsvariablen ausüben. Die Parameter, auf deren Veränderung die Lösung empfindlich reagiert, sind dann mit der größtmöglichen Genauigkeit und Sorgfalt zu prognostizieren, um korrekte Modellergebnisse zu erhalten.

15 Vgl. hierzu und zum folgenden Hillier, F., Lieberman, G.J. (Einführung, 1988), S. 146

Da davon ausgegangen werden kann, daß die Ergebnisbeitrags-Koeffizienten zu den für die Integration der Zinsterminkontrakte wesentlichen Modellparametern zu zählen sind, wird nunmehr eine den eigentlichen Optimierungsläufen vorgelagerte Sensitivitätsanalyse durchgeführt. Mit Hilfe dieser Untersuchung soll überprüft werden, welche der Inputdaten, die zur Berechnung der Koeffizienten herangezogen werden, einen großen Einfluß auf deren Werte haben.

Folgende Größen sind hinsichtlich ihrer Bedeutung zu untersuchen, da sie als Schätz- bzw. Näherungswerte in die Prognose des Ergebnisbeitrags eingehen:
- Restlaufzeit der lieferbaren Anleihen,
- Nominalverzinsung der lieferbaren Anleihen sowie
- Umlaufrendite der Anleihen und Geldmarktsätze.

Die mittels Variation der entsprechenden Werte (jeweils ceteris paribus) vorgenommene Analyse ergab, daß der Ergebnisbeitrag relativ unempfindlich auf eine Veränderung der Restlaufzeit der lieferbaren Anleihen reagiert.[16] Insofern erscheint hier die Verwendung des Durchschnittswerts zulässig.

Dagegen wirken sich Variationen bei Zinssätzen (Nominalverzinsung, Umlaufrendite und Geldmarktsätze) erwartungsgemäß vergleichsweise stark auf die Ermittlung der Koeffizienten aus.[17] Als besonders sensibel hat sich

---

16 Eine 1 %ige Variation der durchschnittlichen Restlaufzeit hat im Mittel 0,7 %ige Änderungen der Werte der Ergebnisbeitrags-Koeffizienten zur Folge.

17 So bedingen 1 %ige Variationen der durchschnittlichen Nominalverzinsung der lieferbaren Anleihen bzw. der Geldmarktsätze Veränderungen bei den Werten der Ergebnisbeitrags-Koeffizienten, die regelmäßig im Bereich von 1 bis 2 % liegen.

die Umlaufrendite der lieferbaren Anleihen herausgestellt,[18] was insofern zu erklären ist, als diese Größe sowohl in die Prognose der Kassakurse als auch in die der Futureskurse eingeht.

Während etwaige Prognosefehler bei den zukünftigen Zinserwartungen, also in Bezug auf die Umlaufrendite und die Geldmarktsätze, durch die im Modell implementierte Szenario-Technik zumindest teilweise abgefangen werden, geht die durchschnittliche Nominalverzinsung der lieferbaren Anleihen als deterministischer Parameter in die Berechnung ein.

Um Verfälschungen der Ergebnisbeitrags-Koeffizienten zu vermeiden, sind somit insbesondere zwei Parameter mit der größtmöglichen Genauigkeit zu ermitteln. Es handelt sich zum einen um die Umlaufrendite der lieferbaren Anleihen, die aufgrund der festgestellten hohen Sensitivität von großer Bedeutung ist, und zum anderen um die durchschnittliche Nominalverzinsung der lieferbaren Anleihen, da diese im Gegensatz zu allen anderen Parametern eine deterministische Größe darstellt.

5.2.2 Analyse der Ergebnisse von Optimierungsläufen des APMZ-Modells

Zur Überprüfung des APMZ-Modells wurden vier unterschiedliche Optimierungsläufe durchgeführt, die sich in Bezug auf die Eintrittswahrscheinlichkeiten der drei Zinsszenarien unterscheiden. Daraus resultieren differierende Werte für den Erwartungswert des Abschreibungsbedarfs auf festverzinsliche Wertpapiere, welche

---

18 Eine 1 %ige Variation der Umlaufrendite der lieferbaren Anleihen führte im Extremfall zu Änderungen einzelner Ergebnisbeitrags-Koeffizienten, die etwa 15 % betragen.

unterschiedliche Hedging-Bedarfe und somit alternative Transaktionen in dem Bund-Future-Kontrakt zur Folge haben.

Die den einzelnen Optimierungsläufen jeweils zugrundegelegten Eintrittswahrscheinlichkeiten sind in Abbildung 36 im Überblick dargestellt. Die Interpretation und Analyse der Optimalwerte der Variablen des Bund-Future-Kontrakts erfolgt zunächst allgemein, d.h. ohne explizite Berücksichtigung der unterschiedlichen Optimierungsläufe, bevor im Sinne der hervorhebenden Argumentation auf einzelne Besonderheiten in Abhängigkeit von der den Läufen jeweils zugrundeliegenden Zinswelt eingegangen wird.

Lauf Nr.	Eintrittswahrscheinlichkeit Szenario 1	Szenario 2	Szenario 3
1	1,00	0,00	0,00
2	0,00	1,00	0,00
3	0,00	0,00	1,00
4	0,33	0,33	0,34

Abb. 36: Eintrittswahrscheinlichkeiten der drei Zinsszenarien für vier Optimierungsläufe

Grundsätzlich ist es aufgrund der erwarteten kontinuierlichen Zinsentwicklungen optimal, in t=1 eine offene Position einzugehen und diese bis zum Liefertermin des Kontrakts sukzessive durch Schließungstransaktionen abzubauen. Dieses Ergebnis konnte nach der Ermittlung der Ergebnisbeitrags-Koeffizienten bereits erwartet werden[19] und wird durch die Abbildungen 37 bis 40 (S. 217 f.) für die einzelnen Optimierungsläufe dokumentiert.[20]

Die Lösungen erscheinen insofern plausibel, als für diejenigen Läufe, denen die Erwartung eines steigenden Zinsniveaus zugrundeliegt (Läufe Nr. 1, 3 und 4[21]), jeweils Short-Positionen eingegangen werden. Dagegen wird in Lauf Nr. 2, dessen Umweltparameter ein fallendes Zinsniveau implizieren, eine Long-Position eröffnet.

Monate i t	1 1	3 2	6 3	9 4
1	FUNV1911 **967**	FUAS1612 **967** FUNK1612 **768**	FUAS1313 **199** FUNK1313 **127**	FUAS1014 **72** FUNK1014 **72**
2		FUNV1622 **0**	FUAS1323 **0** FUNK1323 **0**	FUAS1024 **0** FUNK1024 **0**
3			FUNV1333 **0**	FUAS1034 **0** FUNK1034 **0**
Summe	FUOS191 **967**	FUOS162 **199**	FUOS133 **72**	FUOS104 **0**

Abb. 37: Optimale Kontraktzahl aus Lauf Nr. 1

---

19 Vgl. hierzu Abschnitt 5.2.1.1, S. 212 f.

20 Die Darstellungsform orientiert sich an den bereits zur Herleitung der Variablen verwendeten Tableaus; die Werte im Optimum sind jeweils durch Fettdruck hervorgehoben.

21 Lauf Nr. 4 basiert wie oben dargestellt auf mehrwertigen Zinserwartungen mit einer Gewichtung der Zinsszenarien, die zu 60 % ein steigendes und nur zu 30 % ein sinkendes Zinsniveau impliziert.

Monate i t	1 1	3 2	6 3	9 4
1	FUNK1911 **98**	FUAL1612 **98** FUNV1612 **63**	FUAL1313 **35** FUNV1313 **28**	FUAL1014 **7** FUNV1014 **7**
2		FUNK1622 **0**	FUAL1323 **0** FUNV1323 **0**	FUAL1024 **0** FUNV1024 **0**
3			FUNK1333 **0**	FUAL1034 **0** FUNV1034 **0**
Summe	FUOL191 **98**	FUOL162 **35**	FUOL133 **7**	FUOL104 **0**

Abb. 38: Optimale Kontraktzahl aus Lauf Nr. 2

Monate i t	1 1	3 2	6 3	9 4
1	FUNV1911 **679**	FUAS1612 **679** FUNK1612 **363**	FUAS1313 **316** FUNK1313 **127**	FUAS1014 **189** FUNK1014 **189**
2		FUNV1622 **0**	FUAS1323 **0** FUNK1323 **0**	FUAS1024 **0** FUNK1024 **0**
3			FUNV1333 **0**	FUAS1034 **0** FUNK1034 **0**
Summe	FUOS191 **679**	FUOS162 **316**	FUOS133 **189**	FUOS104 **0**

Abb. 39: Optimale Kontraktzahl aus Lauf Nr. 3

Monate i t	1 1	3 2	6 3	9 4
1	FUNV1911 **932**	FUAS1612 **932** FUNK1612 **390**	FUAS1313 **542** FUNK1313 **181**	FUAS1014 **361** FUNK1014 **361**
2		FUNV1622 **0**	FUAS1323 **0** FUNK1323 **0**	FUAS1024 **0** FUNK1024 **0**
3			FUNV1333 **0**	FUAS1034 **0** FUNK1034 **0**
Summe	FUOS191 **932**	FUOS162 **542**	FUOS133 **361**	FUOS104 **0**

Abb. 40: Optimale Kontraktzahl aus Lauf Nr. 4

Die jeweilige Anzahl an Bund-Future-Kontrakten, die aufgrund der Hedging-Restriktion je Projektionszeitpunkt zum Glattstellen offener Positionen heranzuziehen ist (vgl. Abbildung 41, S. 220), wird zum einen durch die Höhe des Wertpapierbestands bzw. den daraus resultierenden Erwartungswert des Abschreibungsbedarfs und zum anderen durch die Ergebnisbeitrags-Koeffizienten determiniert.

Die Abbildungen 42 bis 45 (S. 221 ff.) verdeutlichen den Zusammenhang zwischen Wertpapierbestand und Glattstellungstransaktionen in Bund-Futures für die einzelnen Testläufe, wobei nicht nicht nach Kauf bzw. Verkauf von Kontrakten differenziert wird.[22]

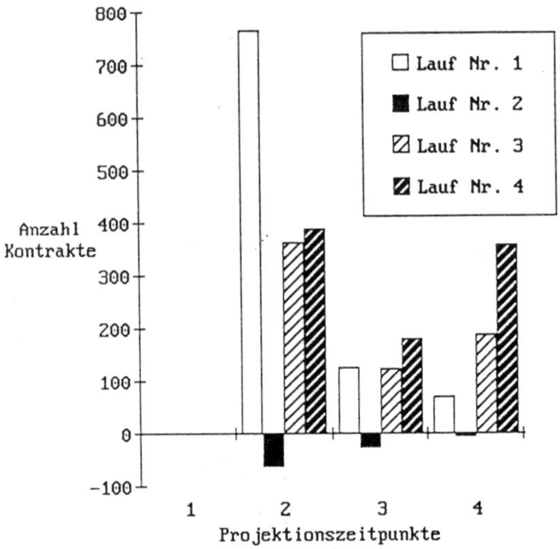

Abb. 41: Vergleich der Glattstellungstransaktionen in Bund-Future-Kontrakten je Projektionszeitpunkt (Läufe Nr. 1 bis 4)

Da dem Optimierungslauf 1 ein deterministisches Szenario mit kontinuierlich steigendem Zinsniveau zugrundeliegt (Zinsszenario 1, vgl. hierzu Anhang VIII, S. 269), ergibt sich zunächst (t=2) ein sehr hoher Ab-

22 Dabei bezieht sich jeweils die linke Ordinatenachse auf den Wertpapierbestand in Mio DM. Auf der rechten Koordinatenachse sind der Abschreibungsbedarf in TDM sowie die Anzahl an Bund-Future-Kontrakten, die zum Schließen einer offenen Position verwendet werden, abgetragen.

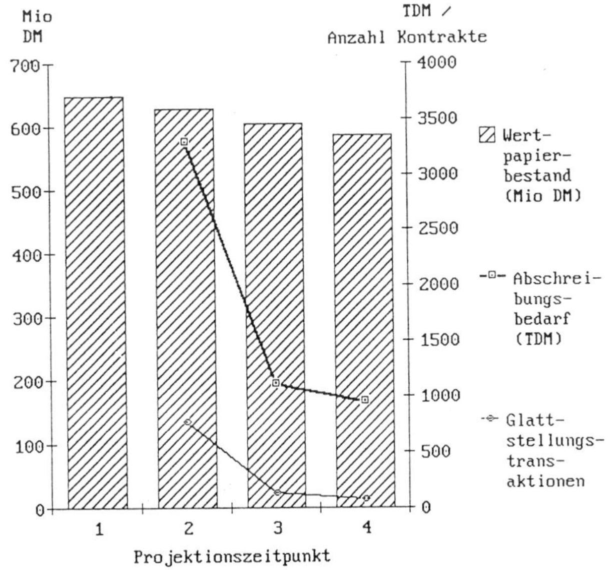

Abb. 42: Zusammenhang zwischen Wertpapierbestand, Abschreibungsbedarf und Glattstellungstransaktionen in Bund-Futures je Projektionszeitpunkt (Lauf Nr. 1; deterministische Zinserwartung, Szenario 1)

schreibungsbedarf auf den Altbestand an Wertpapieren.[23] Daraus resultiert ein hoher Hedging-Bedarf, der durch eine Glattstellungstransaktion mit einem Volumen von über 700 Kontrakten gedeckt wird. Zu den Projektionszeitpunkten t=3 und t=4 nehmen die Höhe des Abschreibungsbedarfs und somit auch das Volumen der Futures-Transaktionen ab. Dabei verringert sich die Anzahl der zum Hedging benötigten Terminkontrakte überproportional, da die Ergebnisbeitrags-Koeffizienten gegen t=4 größer werden.

---

23 Eine genaue Analyse von Höhe und Verlauf des Wertpapierbestands kann hier nicht vorgenommen werden, da diese nur aus dem Gesamtmodellzusammenhang heraus zu erklären sind, was jedoch nicht Gegenstand dieser Untersuchung sein soll.

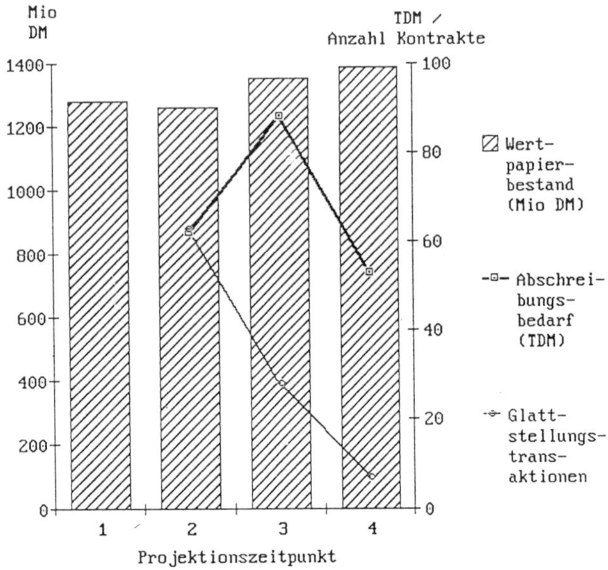

Abb. 43: Zusammenhang zwischen Wertpapierbestand, Abschreibungsbedarf und Glattstellungstransaktionen in Bund-Futures je Projektionszeitpunkt (Lauf Nr. 2; deterministische Zinserwartung, Szenario 2)

Der <u>2. Optimierungslauf</u> basiert auf der Erwartung eines fallenden Zinsniveaus. Zugrundegelegt wurde hier das zweite Zinsszenario als deterministische Prognose (vgl. hierzu Anhang VIII, S. 270). Der Abschreibungsbedarf ist - verglichen mit dem ersten Lauf - trotz eines weitaus höheren Wertpapierbestandes aufgrund der sinkenden Zinsen geringer. Deshalb werden auch wesentlich weniger Transaktionen in Futures benötigt, um die Hedging-Restriktion zu erfüllen. Auch bei diesem Lauf gilt wiederum, daß die Entwicklungen des Abschreibungsvolumens und der Zinsterminkontrakt-Transaktionen aufgrund der gegen t=4 steigenden Ergebnisbeitrags-Koeffizienten nicht parallel verlaufen. Mit zunehmenden Ergebnisbeitrags-Koeffizienten werden immer weniger Glattstellungs-Transaktionen benötigt, um ein bestimmtes Hedging-Volumen abzudecken.

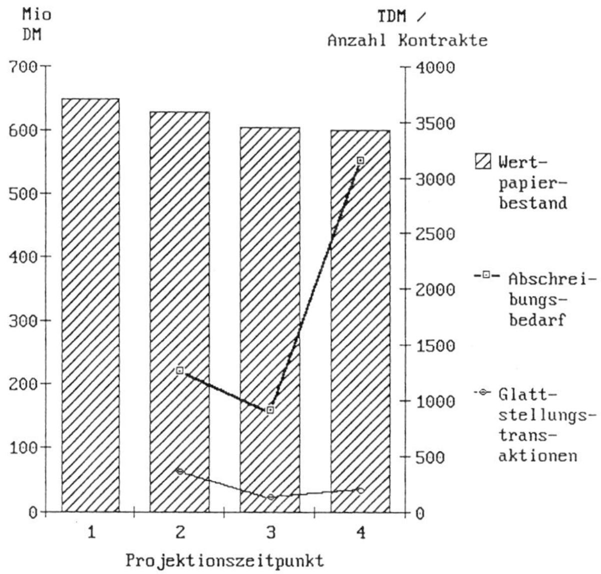

Abb. 44: Zusammenhang zwischen Wertpapierbestand, Abschreibungsbedarf und Glattstellungstransaktionen in Bund-Futures je Projektionszeitpunkt (Lauf Nr. 3; deterministische Zinserwartung, Szenario 3)

Die Ergebnisse des <u>3. Optimierungslaufes</u> unterscheiden sich insbesondere in Bezug auf den Zeitpunkt des Anfalls des Abschreibungsbedarfs von denjenigen des Laufs Nr. 1, was durch die Struktur der zugrundeliegenden Zinserwartungen zu erklären ist. Basis des Laufs Nr. 3 ist Zinsszenario 3 (vgl. hierzu Anhang VIII, S. 271), welches durch eine Beschleunigung des Zinsanstiegs ab t=3 gekennzeichnet ist. Daraus resultiert ein sehr hoher Abschreibungsbedarf in t=4, während der Abschreibungsbedarf in t=1 vergleichsweise geringer ist. Die zum Hedging notwendigen Transaktionen in Zinsterminkontrakten sind allerdings in t=1 umfangreicher als in t=4, da die Ergebnisbeitrags-Koeffizienten zu Beginn der Laufzeit der Kontrakte noch sehr gering sind.

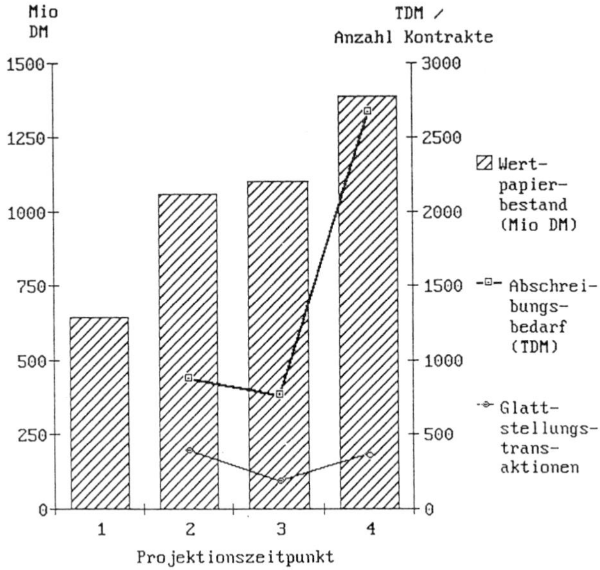

Abb. 45: Zusammenhang zwischen Wertpapierbestand, Abschreibungsbedarf und Glattstellungstransaktionen in Bund-Futures je Projektionszeitpunkt (Lauf Nr. 4; mehrwertige Zinserwartung)

Bei der Interpretation der Ergebnisse des <u>4. Optimierungslaufes</u> ist zu berücksichtigen, daß dieser - im Gegensatz zu den vorherigen Testläufen - auf mehrwertigen Zinserwartungen basiert. Aufgrund der unsicheren Zinserwartung wird der Bestand an festverzinslichen Wertpapieren sukzessive erhöht, wodurch sich entsprechend hohe Erwartungswerte für die Abschreibungen, die denjenigen des Laufs Nr. 3 ähneln, ergeben. Zum Hedgen müssen hier jedoch vergleichsweise mehr Zinsterminkontrakte herangezogen werden, da die erwarteten Ergebnisbeiträge aufgrund der Gewichtung der Zinsszenarien (33 % Eintrittswahrscheinlichkeit für Szenario 2, welches ein steigendes Zinsniveau darstellt) zwangsläufig geringer sind.

Die Testläufe haben zum einen gezeigt, daß die formale Struktur der Integration der Zinsterminkontrakte zu plausiblen Lösungen führt. Zum anderen wurde deutlich, wie die Zinserwartungen den Abschreibungsbedarf und damit auch die zum Hedging notwendigen Transaktionen in Zinsterminkontrakten beeinflussen.

Nachdem somit ein Zinsterminkontrakt in das APMZ-Modell integriert wurde, ist die gewählte Vorgehensweise, insbesondere im Hinblick auf deren materielle Bedeutung, einer kritischen Würdigung zu unterziehen.

5.3 Kritische Würdigung des APMZ-Modells

Im folgenden werden neben dem durch die Integration des Bund-Futures erzielten wesentlichen Fortschritt insbesondere die noch nicht zufriedenstellend gelösten Aspekte aufgezeigt.[24] Dabei wird auch auf die Anforderungen, die bei der Konzeption des Entscheidungsunterstützungsinstruments gestellt wurden, Bezug genommen. Ein Ausblick auf die weiteren Schritte, die geeignet bzw. notwendig sind, um das APMZ-Modell im Hinblick auf die

---

24 Die Kritik bezieht sich hier auf die tatsächlich implementierte und getestete Variante des Modells, nicht jedoch auf die konzeptionellen Überlegungen der Kapitel 3 und 4.

erkannten Problemfelder zu verbessern, schließt sich in Abschnitt 5.4 an.

Die Integration der Zinsterminkontrakte auf die geschilderte Art und Weise erlaubt es, eine Schwäche des ursprünglichen APM-Modells zu mindern. Diese besteht darin, daß im Rahmen des Wertpapiergeschäfts bisher ausschließlich eine sogenannte Buy-and-hold-Strategie zur Anwendung kommt. Das APM-Modell ist also nicht in der Lage, Empfehlungen dahingehend zu generieren, zu welchem Zeitpunkt Wertpapiere vorfällig zu verkaufen sind. Hier wird durch das APMZ-Modell insofern ein Beitrag geleistet, als der Verkauf eines Terminkontrakts letztendlich den Verkauf des Basiswertpapiers zu einem zukünftigen Zeitpunkt, nämlich dem Liefertermin des Kontrakts, impliziert. Allerdings kann dies nur als Rahmenempfehlung hinsichtlich des zu veräußernden Volumens interpretiert werden, da so selbstverständlich keinerlei Aussagen über die Vorteilhaftigkeit des Verkaufs einzelner, wohldefinierter Wertpapiere aus dem Portefeuille des Instituts abzuleiten sind.

Ein wesentlicher Kritikpunkt an dem APMZ-Modell liegt darin begründet, daß hier die Fiktion besteht, ein Wertpapierportefeuille, das sich aus den verschiedensten festverzinslichen Papieren mit differierenden Restlaufzeiten zusammensetzt, könnte mit einem Zinsterminkontrakt gehedgt werden. Im Modellkontext wird insofern ein sehr hohes Basisrisiko[25] eingegangen, als eine unterschiedliche Entwicklung der Kurse von Kassa- und Futures-Position umso wahrscheinlicher ist, je mehr sich die Wertpapiere des Kassa-Portefeuilles von dem dem Zinsterminkontrakt zugrundeliegenden Basisobjekt unterscheiden. Somit wird auch der ursprünglichen Forderung, daß mit der Integration des bilanzneutralen Aktiv-Passiv-Managements keine zusätzlichen Risiken verbunden sein sollen,[26] nicht vollständig entsprochen. Die durch das Modell vorgeschlagenen Hedging-Transaktionen dürfen auch deshalb nur als grobe Anhaltspunkte interpretiert werden, weil die Prognose der Ergebniswirkung von Schließungsgeschäften nicht als gesichert bezeichnet werden kann. Es darf somit keinesfalls davon ausgegangen werden, daß das Wertpapierportefeuille durch die Bund-Future-Kontrakte im Sinne eines perfect hedge völlig gegen das Zinsänderungsrisiko immunisiert wäre.

Zu berücksichtigen ist auch, daß mögliche Verluste aus einer Transaktion in Zinsterminkontrakten durch Kursgewinne auf den korrespondierenden Kassamärkten, also bei den entsprechenden Wertpapierbeständen, kompensiert werden. Innerhalb des Modells wird zwar analog zur Variablen "Abschreibungen auf Wertpapiere" der Wert einer Variablen "Kursreserven bei Wertpapieren" berechnet.

---

25 Als Basisrisiko wird die aus einer nicht parallel verlaufenden Kursentwicklung resultierende Veränderung der Preisdifferenz zwischen Kassa- und Futures-Titel bzw. die damit verbundene Gefahr, daß sich Gewinn und Verlust auf Kassa- und Terminmarkt nicht wie angestrebt ausgleichen, bezeichnet; vgl. hierzu z.B. Eller, R. (Glossar, 1992), S. 299. Von Bedeutung ist hierfür insbesondere die im Gegensatz zur Carry-Basis nicht kalkulierbare Value-Basis; vgl. Büschgen, H.E. (Lexikon, 1989), S. 89

26 Vgl. hierzu die Ausführungen in Abschnitt 3.3.2.1, S. 111 ff.

Der tatsächliche Erfolg wird jedoch im Modellzusammenhang insofern nicht realisiert, als weder Zuschreibungen vorgenommen werden noch außerordentlicher Ertrag durch einen Verkauf der Papiere vereinnahmt wird.

Nicht realisiert ist außerdem die explizite und vollständige Integration des Zinsänderungsrisikos in die Zielfunktion des APM-Modells. Die Transaktionen in Zinsterminkontrakten üben so auch keinerlei Einfluß auf das bilanzielle Anlage- und Finanzierungsprogramm aus, da weder die Gewinne und Verluste aus Futures-Geschäften noch die Abschreibungen bzw. Kursgewinne aus Wertpapierbeständen in die Berechnung des Nutzenerwartungswerts eingehen. Die Volumina der Zinsterminkontrakte werden im Rahmen der Optimierung entsprechend der folgenden Kausalkette festgelegt:

- Planung des Wertpapiergeschäfts in Abhängigkeit des zu erwartenden Zinsüberschusses,
- Berechnung des Abschreibungsbedarfs bei gegebenen Beständen,
- Festlegung der zum Hedging benötigten Futures-Variablen.

Dies entspricht einer sukzessiven Planung. Im Sinne der Evaluierung solcher Anlage- und Finanzierungsprogramme, die im Hinblick auf Ertrag und Zinsänderungsrisiko als robust und flexibel zu bezeichnen sind, ist jedoch eine simultane Festlegung sowohl der bilanziellen als auch der bilanzneutralen Handlungsalternativen zu fordern.

Im folgenden Abschnitt werden diejenigen Schritte aufgezeigt, die im Rahmen der Implementierung des APMZ-Modells durchgeführt werden können, so daß aufbauend auf die bereits realisierte Basisstruktur die oben erörterten Kritikpunkte abgeschwächt werden können.

5.4 Ausblick und Fazit

Der Maßnahmenkatalog, der zur Beseitigung der Mängel vorgeschlagen wird, ist so strukturiert, daß zunächst diejenigen Schritte aufgezeigt werden, die als wesentlich für die Güte des Modells erachtet werden. Die einzelnen Maßnahmen werden somit in der Reihenfolge ihrer Priorität erörtert.

(1) Basisrisiko

Das Problem des durch die vorliegende Modellierung induzierten, hohen Basisrisikos kann mit Hilfe der Integration weiterer Typen von Zinsterminkontrakten zumindest abgeschwächt werden. Insbesondere der Bobl-Future kann hier einen Beitrag leisten, da innerhalb des Modells sowohl die Wertpapiervolumina als auch der Abschreibungsbedarf bzw. die Kursreserven getrennt für zwei Laufzeitbereiche ermittelt werden. Es handelt sich hierbei um die Bereiche "bis unter 4 Jahre" und "4 Jahre und länger". Somit liegt zwar keine exakt übereinstimmende Zuordnung zu den Restlaufzeiten der Basispapiere des Bund- (8,5 - 10 Jahre) und des Bobl-Futures (3,5 - 5 Jahre) vor. Dennoch ist davon auszugehen, daß ein Zuwachs an Genauigkeit zu erzielen ist, wenn für jeden Projektionszeitpunkt zwei Hedging-Relationen so implementiert werden, daß der erwartete Abschreibungsbedarf auf Wertpapiere mit einer Restlaufzeit von bis zu unter 4 Jahren durch das Ergebnis aus Bobl-Future-Transaktionen und derjenige auf Bestände mit einer Restlaufzeit von 4 Jahren und länger durch Bund-Futures zu decken sind.

Ein Beispiel, welches auf den Daten des Optimierungslaufes Nr. 4 beruht, mag dies veranschaulichen: Abbildung 46 stellt die Wertpapierbestände und den Erwartungswert des Abschreibungsbedarfs getrennt für die beiden Laufzeitbereiche gegenüber.

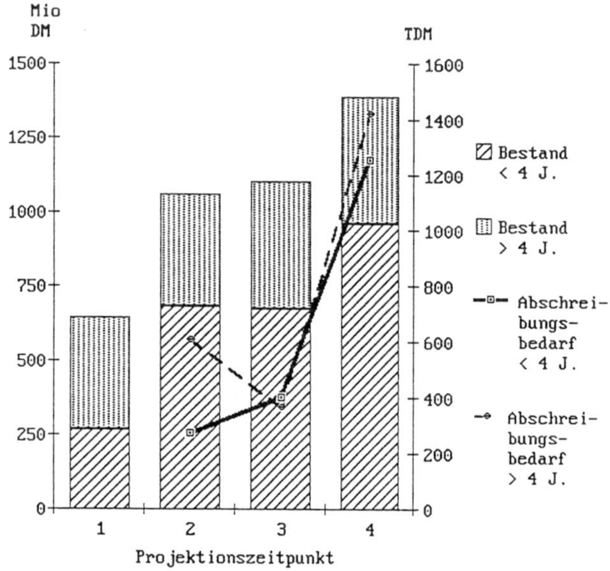

Abb. 46: Wertpapierbestände und Abschreibungsbedarf getrennt nach Laufzeitbereichen (Lauf Nr. 4)

Es wird deutlich, daß die Bestände und somit auch die Erwartungswerte des Abschreibungsbedarfs keineswegs homogen sind, wobei die jeweiligen Anteile der Laufzeitbereiche an den Gesamtvolumina zudem im Zeitablauf schwanken. Die Integration des Bobl-Futures ist problemlos möglich, da die Struktur der Variablen des Bund-Futures analog herangezogen werden kann. Entsprechendes gilt für die Anpassung der Hedging-Relationen.

(2) Zielfunktion

Eine Modifikation der Zielfunktion dergestalt, daß die Ergebnisbeiträge aus Futures-Transaktionen sowie die Abschreibungen bzw. Kursreserven berücksichtigt werden, kann zum einen das Problem der sukzessiven Planung des Anlage- und Finanzierungsprogramms lösen. Zum anderen ermöglicht dies die vollständige Erfassung der Konsequenzen von Transaktionen in Zinsterminkontrakten.

Dabei erscheint es sekundär, ob dies mit Hilfe des Goal Programming-Ansatzes oder im Rahmen der stückweise linearisierten Nutzenfunktion erfolgt.[27] Grundsätzlich bietet sich hier die Einführung einer additiven Komponente, die das Ergebnis aus erwarteten Kursentwicklungen (Erwartungswert des Ergebnisbeitrags der Futures abzüglich Erwartungswert der gesamten Abschreibungen auf Wertpapiere zuzüglich Erwartungswert der Kursreserven) repräsentiert, an.[28] Inwieweit sich dann der Einfluß der bilanzneutralen Handlungsalternativen auf die Gestaltung der Bilanzpositionen auswirkt, und ob gegebenenfalls zusätzliche Restriktionen zu integrieren sind,[29] ist im Rahmen von Testläufen mit der so erweiterten Zielfunktion zu ermitteln.

---

27 Zur Darstellung des Goal Programming-Konzepts vgl. die Ausführungen in Abschnitt 4.3.2.2, S. 193 ff. Die Konzeption der stückweise linearisierten Nutzenfunktion wird in Abschnitt 4.3.1, S. 187 ff. beschrieben.

28 Dies hat allerdings zur Folge, daß zumindest in einem Teilbereich des Modells das ursprünglich zugrundeliegende Zinsüberschußkonzept aufgegeben wird, da die additive Zielfunktionskomponente eindeutig einen Marktwertcharakter aufweist. Vgl. zur Diskussion der beiden Ansätze auch die Ausführungen in Abschnitt 2.3.2.2, S. 37 ff.

29 Vgl. hierzu die Ausführungen in Abschnitt 4.2.2.3, S. 179 ff.

(3) Lieferzeitpunkte

Inwiefern eine wesentliche Verbesserung der Güte der Ergebnisse des Modells dadurch zu erzielen ist, daß für die integrierten Zinsterminkontrakt-Typen weitere Lieferzeitpunkte herangezogen werden, ist theoretisch nicht eindeutig zu klären. Der Unterschied zwischen den Kontrakten mit differierenden Lieferterminen besteht ausschließlich in der Restlaufzeit, wodurch sich voneinander abweichende Ergebnisbeitrags-Koeffizienten je Projektionszeitpunkt ergeben. Da das prognostizierte Ergebnis aus den Transaktionen maßgeblich für die Volumina ist, sind hier zwar durchaus interessante Effekte bei der Wahl der zum Hedging heranzuziehenden Kontrakte zu erwarteten. Deren tatsächliche Aussagekraft hängt jedoch in hohem Maße von der Genauigkeit der Koeffizienten-Ermittlung ab.

(4) Liquiditätswirkung

Die noch nicht durchgeführte Anpassung der Modellierung der Liquiditätsrestriktion[30] erscheint in Anbetracht der Futures-Volumina zwar insofern nicht vordringlich, als von dieser Nebenbedingungen mit größter Wahrscheinlichkeit keine einschränkenden Wirkungen zu erwarten sind. Sie dient jedoch der Vervollständigung der Abbildung der Konsequenzen von Transaktionen in Zinsterminkontrakten.

Zumindest die Durchführung der zwei erstgenannten Maßnahmen erscheint notwendig, damit das Modell den ursprünglich gestellten Anforderungen genügt und ein tatsächlich verbessertes Instrument der Entscheidungsunterstützung für das Aktiv-Passiv-Management darstellt. Inwieweit die durch das APMZ-Modell generierten

---

30 Vgl. hierzu die Ausführungen in Abschnitt 4.2.2.4, S. 183 ff.

Handlungsempfehlungen zumindest als Anregungen und Hinweise angenommen und diskutiert werden, hängt wesentlich von der Akzeptanz bei den zuständigen Entscheidungsträgern des betrachteten Instituts ab.[31] Eine Interpretation und Analyse der Modellösungen muß in jedem Fall erfolgen,[32] da kein Entscheidungsunterstützungsinstrument alle Unwägbarkeiten der wirtschaftlichen Entwicklung berücksichtigen kann, auch wenn möglicherweise diesbezügliche Sicherheit suggeriert wird. Es ist jedoch davon auszugehen, daß das APMZ-Modell zumindest einen gewissen Beitrag im Hinblick auf ein verbessertes Management des Zinsänderungsrisikos auf Gesamtbankebene leisten kann.

---

31 Um die Akzeptanz bereits im Vorfeld zu fördern, wurde die Entwicklung in engem Kontakt mit den betroffenen Organisationseinheiten durchgeführt.

32 Vgl. hierzu auch Baecker, D. (Risiko, 1992), S. 247

VERZEICHNIS DER ANHÄNGE Seite

Anhang I: Struktur des linearen Testmodells zur Überprüfung alternativer Kombinationen von Ertrags- und Risiko-Zielen

Grundstruktur:

Betrachtet werden zwei Zeitpunkte, wobei in t=2 Unsicherheit bezüglich der Zinssätze vorliegt. Diese wird durch drei Zinsszenarien mit verschiedenen Eintrittswahrscheinlichkeiten modelliert. Der Zinsüberschuß, der als Ertragskriterium herangezogen wird, ergibt sich aus der Differenz der mit den entsprechenden Zinssätzen multiplizierten Werte der Aktiva und der ebenso mit den jeweiligen Zinssätzen multiplizierten Werte der Passiva.

Entscheidungs- und Hilfsvariable:

Aktiva:	Passiva:
- Forderungen an Kreditinstitute	- Verbindlichkeiten gegenüber Kreditinstituten
- Kredite an Kunden	- Sichteinlagen
- Wertpapiere	- Spareinlagen
	- Eigenkapital

Die Variablen sind jeweils hinsichtlich der Zeit indiziert; das Eigenkapital ist auf 10 Einheiten fixiert[1].

1 Diese Fixierung ist erforderlich, da das Modell sonst keine endlichen Lösungen berechnen kann.

Restriktionen:

- Bilanzgleichung
- Begrenzung der Summe der Aktiva auf maximal das 18-fache des Eigenkapitals
- Begrenzung der Wertpapierposition auf maximal das 0,8-fache der Spareinlagen
- Begrenzung der Erhöhung einer Bilanzposition von t=1 zu t=2 auf maximal das 1,5-fache des Ausgangswerts
- Begrenzung der Verringerung einer Bilanzposition von t=1 zu t=2 auf maximal das 0,9-fache des Ausgangswerts

Anhang II: Kontraktspezifikationen der DM-bezogenen, börsengehandelten Zinsterminkontrakte und Optionen auf Futures

Kontraktspezifikation des Langfristigen Bund-Futures	
Basiswert[2]	Idealtypische Bundesanleihe mit einer Nominalverzinsung von 6% und einer Restlaufzeit von 8½ bis 10 Jahren
Börse	DTB, LIFFE
Kontraktwert	250.000 DM Nominalwert
Notierung	in % vom Nennwert, auf 2 Dezimalstellen genau
Minimale Kursveränderung	Tickgröße: 0,01 % Tickwert: 25 DM
Maximale Laufzeit	9 Monate
Liefermonate	März, Juni, September, Dezember
Liefertag	10. Kalendertag des Liefermonats
Letzter Handelstag	2 Börsentage vor Liefertag
Erfüllung	Physische Lieferung von Bundesanleihen mit einer Restlaufzeit von 8½ bis 10 Jahren

Quelle: In Anlehnung an Wittenberg, J.H. (Terminbörse, 1991), S. 216

---

2 Die DTB beabsichtigt eine Änderung der Kontraktspezifikation dahingehend, daß zukünftig auch Emissionen der Treuhandanstalt lieferbar sein werden. Diese Regelung soll erstmals für den März-Kontrakt 1993 gelten. Vgl. hierzu o.V. (Treuhandpapiere, 1992), S. 641

Kontraktspezifikation des Mittelfristigen Bund-Futures (Bobl-Future)	
Basiswert[3]	Idealtypische Schuldverschreibung des Bundes mit einer Nominalverzinsung von 6% und einer Restlaufzeit von 3½ bis 5 Jahren und einem Mindestemissionsvolumen von 4 Mrd. DM
Börse	DTB
Kontraktwert	250.000 DM Nominalwert
Notierung	in % vom Nennwert, auf 2 Dezimalstellen genau
Minimale Kursveränderung	Tickgröße: 0,01 % Tickwert: 25 DM
Maximale Laufzeit	9 Monate
Liefermonate	März, Juni, September, Dezember
Liefertag	10. Kalendertag des Liefermonats
Letzter Handelstag	2 Börsentage vor Liefertag
Erfüllung	Physische Lieferung von Bundesobligationen und Bundesschatzanweisungen mit einer Restlaufzeit von 3½ bis 5 Jahren und einem Mindestemissionsvolumen von 4 Mrd. DM

Quelle: In Anlehnung an o.V. (Kontraktspezifikationen, 1991), S. 32

---

3 Die DTB beabsichtigt eine Änderung der Kontraktspezifikation dahingehend, daß zukünftig auch Emissionen der Treuhandanstalt lieferbar sein werden. Diese Regelung soll erstmals für den März-Kontrakt 1993 gelten. Vgl. hierzu o.V. (Treuhandpapiere, 1992), S. 641

Kontraktspezifikation des Drei-Monats-Euro-DM-Zinsterminkontrakts	
Basiswert	3-Monats-Euro-DM-Zinssatz (Terminzinssatz)
Börse	LIFFE, MATIF
Kontraktwert	1.000.000 DM
Notierung	100 minus Zinssatz
Minimale Kursveränderung	Tickgröße: 0,0025 % Tickwert: 25 DM
Maximale Laufzeit	9 Monate
Liefermonate	März, Juni, September, Dezember
Liefertag	3. Mittwoch des Liefermonats
Letzter Handelstag	2 Börsentage vor Liefertag
Erfüllung	Cash-Settlement (Barausgleich)

Quelle: In Anlehnung an Dresdner Bank AG (Hrsg.) (Instrumente, 1989), S. 30

Kontraktspezifikation der Option auf den langfristigen Bund-Future	
Basisobjekt	Langfristiger Bund-Future (Call: Long; Put: Short)[4]
Börse	DTB, LIFFE
Kontraktwert	1 Terminkontrakt (DM 250.000 Nominalwert)
Basispreise	Bei Neuauflage jeweils 9 Basispreise
Basispreisschritte	0,50 DM
Notierung	Mehrfaches von 0,01
Minimale Kursveränderung	Tickgröße: 0,01 % Tickwert: 25 DM
Maximale Laufzeit	9 Monate
Optionstyp	Amerikanische Option[5]
Verfalltag	18.00 Uhr am letzten Handelstag
Letzter Handelstag	6 Börsentage vor dem ersten Tag des Liefermonats des langfristigen Bund-Futures
Erfüllung	Abtretung eines Terminkontrakts für den Liefermonat zum Basispreis

Quelle: In Anlehnung an LIFFE (Hrsg.) (Option, o.J.), S. 7

---

4 Vgl. zur Erläuterung der entsprechenden Positionen die Ausführungen in Abschnitt 3.3.3, S. 122 ff.

5 Beim amerikanischen Optionstyp ist die Ausübung zu jedem Zeitpunkt bis zum Verfallstag möglich, im Gegensatz dazu kann eine europäische Option nur zu einem Zeitpunkt, dem Ausübungs- und Verfallstag, ausgeübt werden, vgl. z.B. Miller, R. (Risk, 1988), S. 237.

Kontraktspezifikation der Option auf den mittelfristigen Bund-Future (Option auf den Bobl-Future)	
Basisobjekt	Mittelfristiger Bund-Future (Call: Long; Put: Short)
Börse	DTB
Kontraktwert	1 Terminkontrakt (DM 250.000 Nominalwert)
Basispreise	Bei Neuauflage jeweils 9 Basispreise
Basispreisschritte	0,50 DM
Notierung	Mehrfaches von 0,01
Minimale Kursveränderung	Tickgröße: 0,01 % Tickwert: 25 DM
Maximale Laufzeit	9 Monate
Optionstyp	Amerikanische Option
Verfalltag	Auf den letzten Handelstag folgender Börsentag
Letzter Handelstag	6 Börsentage vor dem ersten Tag des Liefermonats des mittelfristigen Bund-Futures
Erfüllung	Abtretung eines Terminkontrakts für den Liefermonat zum Basispreis

Quelle: In Anlehnung an Rettberg, U., Zwätz, D. (Lexikon, 1992), S. 216 f.

Kontraktspezifikation der Option auf den 3-Monats-Euro-DM-Future	
Basisobjekt	3-Monats-Euro-DM-Future (Call: Long; Put: Short)
Börse	LIFFE, MATIF
Kontraktwert	1 Terminkontrakt (DM 1 Mio. Nominalwert)
Basispreise	Bei Neuauflage jeweils 9 Basispreise
Basispreisschritte	0,25 DM
Notierung	Mehrfaches von 0,01
Minimale Kursveränderung	Tickgröße: 0,01 % Tickwert: 25 DM
Maximale Laufzeit	9 Monate
Optionstyp	Amerikanische Option
Verfalltag	17.00 Uhr am letzten Handelstag
Letzter Handelstag	Letzter Handelstag des 3-Monats-Euro-DM-Kontrakts
Erfüllung	Abtretung eines Terminkontrakts für den Liefermonat zum Basispreis

Quelle: In Anlehnung an Basil Blackwell Ltd. (Hrsg.), (Handbook, 1991), S. 367

Anhang III: Grundstruktur und Problematik der Integration von Optionen auf Zinsterminkontrakte in das Modell zum Aktiv-Passiv-Management

Voraussetzung:

Die folgenden Ausführungen gelten nur unter der Prämisse, daß ein für die Ermittlung der Optionspreise geeigneter Bewertungsansatz vorliegt, der die im Modellzusammenhang unerläßliche Prognose zukünftiger Prämien ermöglicht.

Grundannahme:

Die grundsätzliche Möglichkeit eines Kreditinstituts, auch die Position des Stillhalters in Optionen einzunehmen, ist im Rahmen des Modells zur Entscheidungsunterstützung des Aktiv-Passiv-Managements ausgeschlossen, da beim Management des Zinsänderungsrisikos insbesondere das dem Inhaber einer Option zustehende Recht zur Ausübung von Interesse ist.[6]

---

6 Dies gilt umso mehr, als mit den Zinsterminkontrakten bereits ein Instrument zum Management des Zinsänderungsrisikos zur Verfügung gestellt wird, das bei Erwerb zwangsläufig eine Verpflichtung beinhaltet.

Zu modellierende Handlungsalternativen (Entscheidungs- und Hilfsvariable):

Betrachtet man nur einen Optionstyp, wie beispielsweise die Option auf den Bund-Future, so ergeben sich vier grundsätzlich mögliche Arten von Transaktionen:

- Erwerb einer Kaufoption (Call)
- Erwerb einer Verkaufsoption (Put)
- Ausüben einer Kaufoption, falls vorhanden
- Ausüben einer Verkaufsoption, falls vorhanden

Jede der Transaktionen ist zudem für jeweils unterschiedliche Basispreise und Verfallstage, also Restlaufzeiten, möglich. All diese Handlungsalternativen sind durch Entscheidungsvariable zu erfassen. Insgesamt werden somit je Optionstyp bei Betrachtung nur jeweils eines Basispreises 12 Entscheidungsvariable[7] pro Projektionszeitpunkt benötigt, um alle möglichen Transaktionen abzubilden. Da in der Regel von jeder Option Kontrakte für im Durchschnitt 10 unterschiedliche Basispreise gehandelt werden, verzehnfacht sich die Zahl der heranzuziehenden Variablen.

Die aus den Transaktionen resultierenden Bestände in Optionskontrakten müssen darüberhinaus zu jedem Betrachtungszeitpunkt getrennt für alle möglichen Basispreise und Verfallstage durch Hilfsvariable fortgeschrieben werden.

---

7 Die Anzahl ergibt sich durch Multiplikation der Zahl der grundsätzlich möglichen Transaktionen (4) mit den jeweils pro Zeitpunkt gehandelten unterschiedlichen Verfallstagen (3).

Zu formulierende Auswirkungen möglicher Transaktionen (Restriktionen und Zielfunktionsbeiträge):

Im folgenden werden nur die Relationen verbal erläutert, die zwingend notwendig sind, um die Auswirkungen etwaiger Transaktionen in Optionen zu erfassen. Im wesentlichen handelt es sich hierbei zum einen um die Fortschreibung der Bestände und zum anderen um die Ermittlung der Ergebniswirkung.

Zu formulieren sind folgende, rein volumensmäßige Zusammenhänge:

- Der Erwerb von Optionen führt zu einer Erhöhung des entsprechenden Bestandes an Optionen.
- Die Ausübung von Optionen ist nur dann zulässig, wenn ein entsprechender Bestand vorhanden ist.
- Die Ausübung einer Option verringert den entsprechenden Bestand an Optionen.

Die Ergebniswirkungen von Transaktionen in Optionen stellen sich wie folgt dar:

- Der Erwerb von Optionen hat einen negativen Ergebnisbeitrag in Höhe der jeweiligen Prämie zur Folge.
- Wenn man unterstellt, daß die Futures-Position, die aus der Ausübung einer Option resultiert, sofort wieder glattgestellt wird, ergibt sich der Erfolgsbeitrag allgemein aus der Differenz des aktuellen Futures-Kurses und des der Option zugrundeliegenden Basispreises. Die Ausübung einer Call-Option führt zu einem positiven Ergebnisbeitrag, falls der Kurs des Futures höher ist als der Basispreis, die Ausübung eines Puts dagegen dann, wenn der Kurs des Futures niedriger ist, als der Basispreis.

Zur Problematik der Generierung realistischer Inputdaten:

Nachdem die Grundstrukturen der Modellierung von Optionskontrakten aufgezeigt wurden, wird im folgenden auf die Notwendigkeit, restriktive Annahmen zu treffen, eingegangen. Die Problematik liegt dabei nicht in der Formulierung der Modellelemente und -relationen, auch wenn diese - wie gezeigt wurde - relativ umfangreich ist, sondern in der Generierung realistischer Inputdaten.

Neben der Ermittlung der Optionsprämien[8] erscheint insbesondere die Prognose zukünftig gehandelter Basispreise zum einen unabdingbar und für die Güte der Modellergebnisse essentiell, zum anderen jedoch nur mittels eines weiteren Hilfsmodells möglich. Ein entsprechendes Prognosemodell, das auf den zukünftigen Kursen der Zinsterminkontrakte basieren müßte, wäre dem eigentlichen Optimierungsmodell vorzuschalten. Zu beachten ist hierbei, daß auch die Kurse der Zinsterminkontrakte in Abhängigkeit von den Zinserwartungen nur näherungsweise ermittelt werden können. Die Durchführbarkeit einer tatsächlich fundierten Prognose für zukünftig gehandelte Basispreise ist also anzuzweifeln. Selbst wenn dies gelingt, erscheint es zumindest fraglich, ob die Verbesserung der Ergebnisse des APM-Modells durch die Integration von Optionen auf Zinsterminkontrakte den Aufwand der Erstellung eines derartigen Prognosemodells rechtfertigt.

---

8 Vgl. zur nicht abschließend gelösten Problematik der Bewertung von Optionen auf Zinsterminkontrakte auch die Ausführungen im Text, Abschnitt 3.3.2.2, S. 121 f., insbesondere FN 191.

Ohne eine solche Prognose zukünftig gehandelter Basispreise können Optionen nur unter der restriktiven Annahme in das Modell integriert werden, daß der Erwerb ausschließlich zu t=0, also dem Planungszeitpunkt, zu dem die notwendigen Informationen gesichert vorliegen, möglich ist. Die Handlungsalternativen des Modells werden dadurch jedoch so eingeschränkt, daß bestenfalls eine marginale Verbesserung der Entscheidungsunterstützung zu erwarten wäre.

Auf die Integration der Optionen auf Zinsterminkontrakte in das APM-Modell wird somit aufgrund des nicht gesicherten informatorischen Inputs verzichtet.

Anhang IV: Alternativer und letztlich nicht erfolgreicher Versuch zur Formulierung der Modellelemente für die Integration der Zinsterminkontrakte

Die im folgenden dargestellte, alternative Formulierung der Modellelemente entspricht bezüglich der Grundstruktur der Relationen der zu implementierenden Modellierung.[9] Der Unterschied besteht darin, daß hier bei den Entscheidungsvariablen des Neugeschäfts und den Hilfsvariablen, die das Altgeschäft repräsentieren, nicht explizit nach Kauf und Verkauf bzw. Long- und Short-Positionen differenziert wird. Diese Unterscheidung ergibt sich implizit aus den Vorzeichen der Werte der Variablen, wobei positive Werte einem Kauf bzw. einer Long-Position und negative Werte einem Verkauf bzw. einer Short-Position entsprechen. Es gilt für diese Variablen somit keine Nichtnegativitätsbedingung.

Dagegen sind die gesamten offenen Positionen weiterhin mit Hilfe von nichtnegativen Variablen getrennt nach Long- und Shortpositionen zu erfassen. Dies ist erforderlich, da ansonsten der zulässige Wertebereich der zur Formulierung einzelner Restriktionen heranzuziehen-

---

9 Aus diesem Grund sind die Zusammenhänge im folgenden nur dann näher erläutert, wenn sich gegenüber den bereits dargelegten Relationen Änderungen ergeben; ansonsten gelten die Ausführungen im Text, Abschnitte 4.2.1 ff., S. 148 ff. Die Reihenfolge der Darstellung der Restriktionen orientiert sich nicht an derjenigen der oben genannten Darstellung. Es werden hier zunächst die Zusammenhänge wiedergegeben, die sich wenig von der alternativen Formulierung unterscheiden, um dann auf die tatsächlich differierenden und neuen Aspekte einzugehen.

den Abweichungsvariablen[10] nicht begrenzt werden kann.[11]

Entscheidungs- und Hilfsvariable:

Monate i t	0 0	1 1	3 2	6 3	9 4
0	Start- volumen	$Alt_{0,1}$ $Neu_{0,1}$	$Alt_{0,2}$ $Neu_{0,2}$	$Alt_{0,3}$ $Neu_{0,3}$	0
1		$Neu_{1,1}$	$Alt_{1,2}$ $Neu_{1,2}$	$Alt_{1,3}$ $Neu_{1,3}$	0
2			$Neu_{2,2}$	$Alt_{2,3}$ $Neu_{2,3}$	0
3				0	0
Summe	OLP_0 OSP_0	OLP_1 OSP_1	OLP_2 OSP_2	OLP_3 OSP_3	0 0

Fortschreibung einer offenen Futures-Position mittels Variablen des Neu- und Altgeschäfts

$Alt_{i,t}$: Offene Position, die im Zeitpunkt i eingegangen wurde, zum Zeitpunkt t ($i < t$)

$Neu_{i,t}$: Transaktion, die im Zeitpunkt t mit Bezug zu Zeitpunkt i vorgenommen wird ($i \leq t$)

$i = t$: Eingehen einer offenen Position
$i < t$: Schließen einer offenen Position

OLP_t: Gesamte offene Long-Position im Zeitpunkt t

OSP_t: Gesamte offene Short-Position im Zeitpunkt t

---

10 Abweichungsvariable dienen der Darstellung freier Variablen mit Hilfe zweier nichtnegativer Hilfsvariable. Vgl. zu Einführung und Notwendigkeit dieser Abweichungsvariablen auch Abschnitt 4.3.2.1, S. 187 ff.

11 Vgl. zur Begründung auch die Ausführungen im Anschluß an die Darstellung der Ermittlung der gesamten offenen Positionen.

Es gilt:

$Neu_{i,t} > 0$ entspricht dem Kauf eines Kontrakts,
$Neu_{i,t} < 0$ entspricht dem Verkauf eines Kontrakts,
$Alt_{i,t} > 0$ entspricht einer offenen Kaufposition (Long-Position),
$Alt_{i,t} < 0$ entspricht einer offenen Verkaufsposition (Short-Position),

Bestandsfortschreibung:

$$Alt_{i,t+1} = Alt_{i,t} + Neu_{i,t} \qquad \text{für alle } i, t$$

bzw.

$$Alt_{i,t+1} - Alt_{i,t} - Neu_{i,t} = 0 \qquad \text{für alle } i, t$$

Begrenzung der gesamten offenen Position in Abhängigkeit des offenen Festzinsüberhangs:

$$(OLP_t * NW) - FZÜ\_A_t \leq 0$$

$$(OSP_t * NW) - FZÜ\_P_t \leq 0$$

Glattstellen der offenen Positionen im Liefermonat:

$$OLP_t = 0 \qquad \text{für alle } i, t = \text{Liefermonat}$$

$$OSP_t = 0 \qquad \text{für alle } i, t = \text{Liefermonat}$$

Einführung der nichtnegativen Abweichungsvariablen:

Zur Ermittlung der gesamten offenen Long- und Short-Positionen in einem Projektionszeitpunkt und zur Begrenzung von Neugeschäft, welches dem Glattstellen einer offenen Altgeschäftsposition dient, ist nun eine Fallunterscheidung danach nötig, ob es sich bei den einzelnen Altgeschäftspositionen um Long- (Variablenwerte > 0) oder um Short-Positionen (Variablenwerte < 0) handelt bzw. ob die Werte der Neugeschäftsvariablen Verkäufe (Variablenwerte < 0) oder Käufe (Variablenwerte > 0) von Kontrakten repräsentieren.

Die Notwendigkeit sei anhand der Begrenzung der Neugeschäfte zum Glattstellen offener Positionen kurz erläutert. Ohne eine differenzierte Betrachtung von positiven bzw. negativen Werten der Variablen lautet die entsprechende Restriktion wie folgt: Neu ≤ Alt. Diese Ungleichung ist jedoch nicht geeignet, die zulässigen Werte der freien Neugeschäftsvariablen sinnvoll zu begrenzen. Ist der Wert der Altgeschäftsposition beispielsweise -10 (Short-Position), so erlaubt die Relation Neugeschäft im Wertbereich von -∞ bis -10. Tatsächlich sind diese jedoch nur in Höhe von 0 bis maximal +10 zulässig, da eine offene Short-Position gegebenenfalls durch Kauf glattzustellen ist.

Aus diesem Grund sind für die entsprechenden freien Variablen nichtnegative Abweichungsvariablen[12] wie folgt zu definieren:

$$Alt_{i,t} = Alt_{i,t}^{+} + Alt_{i,t}^{-}$$

Mit:

$$Alt_{i,t}^{+} = \begin{cases} + Alt_{i,t} & \text{falls } Alt_{i,t} > 0 \\ 0 & \text{falls } Alt_{i,t} \le 0 \end{cases}$$

12 Zur detaillierten Erläuterung dieser Vorgehensweise vgl. Ausführungen und Literaturhinweise im Text, Abschnitt 4.3.2.1, S. 187 ff.

$$Alt_{i,t}^- = \begin{cases} - Alt_{i,t} & \text{falls } Alt_{i,t} < 0 \\ 0 & \text{falls } Alt_{i,t} \geq 0 \end{cases}$$

$Alt_{i,t}^+, Alt_{i,t}^- \geq 0$

Sowie:

$Neu_{i,t} = Neu_{i,t}^+ + Neu_{i,t}^-$

Mit:

$$Neu_{i,t}^+ = \begin{cases} + Neu_{i,t} & \text{falls } Neu_{i,t} > 0 \\ 0 & \text{falls } Neu_{i,t} \leq 0 \end{cases}$$

$$Neu_{i,t}^- = \begin{cases} - Neu_{i,t} & \text{falls } Neu_{i,t} < 0 \\ 0 & \text{falls } Neu_{i,t} \geq 0 \end{cases}$$

$Neu_{i,t}^+, Neu_{i,t}^- \geq 0$

Unter Verwendung dieser Variablen ist die Formulierung der oben angesprochenen Zusammenhänge möglich.

Begrenzung der Transaktionen zur Schließung offener Positionen:

$Alt_{i,t}^+ - Neu_{i,t}^- \geq 0$ für alle i, t; i < t

und

$Alt_{i,t}^- - Neu_{i,t}^+ \geq 0$ für alle i, t; i < t

Ermittlung der gesamten offenen Position:

$$OLP_t = \sum_{i=0}^{t} (Alt^{+}_{i,t} + Neu^{+}_{i,t} - Neu^{-}_{i,t}) \qquad \text{für alle } t$$

$$OSP_t = \sum_{i=0}^{t} (Alt^{-}_{i,t} + Neu^{-}_{i,t} - Neu^{+}_{i,t}) \qquad \text{für alle } t$$

Bei der Verwendung dieser positiven und negativen Abweichungsvariablen ist allerdings zu beachten, daß eine freie Variable nicht in zwei Abweichungskomponenten aufgespaltet wird, deren Werte gleichzeitig ungleich null sind.[13] Eine entsprechende unzulässige Darstellung eines Variablenwerts von beispielsweise -10 durch Werte der entsprechenden Abweichungsvariablen von z.B. -20 und +10 ist somit im Modellzusammenhang auszuschließen.

Eine in oben angesprochener Weise unzulässige Darstellung der freien Variablen kann nur dann verhindert werden, wenn die entsprechenden Abweichungsvariablen Bestandteil der Zielfunktion sind. Dies gilt im Falle der Maximierung jedoch nur der Voraussetzung, daß die Summe der Koeffizienten der positiven und negativen Abweichungsvariablen kleiner als Null ist.[14]

---

13 Vgl. zu dieser Problematik auch Hillier, F., Lieberman, G.J. (Einführung, 1988), S. 227

14 *Hillier/Liebermann* fordern fälschlicherweise, daß die Summe der Koeffizienten kleiner **oder gleich** Null sein muß; vgl. Hillier, F., Lieberman, G.J. (Einführung, 1988), S. 227. Diese Bedingung reicht jedoch nicht aus, um den Zielfunktionswert zu beschränken (vgl. auch die Erläuterungen anhand des im Text herangezogenen Beispiels). Entsprechend muß die Bedingung bei Maximierung dahingehend korrigiert werden, daß dann die Summe der Koeffizienten größer Null sein muß; auch hier führt die Gleichheitsbedingung zu unbeschränkten Werten.

Ein Beispiel soll dies verdeutlichen:
Im Rahmen einer Maximierung habe die positive Abweichungskomponente einen Zielfunktionskoeffizienten von 5, der Zielfunktionskoeffizient der negativen Abweichungskomponente sei -6. Nur die zulässige Darstellung eines Variablenwerts (z.B. 10 = 10 + 0) führt dann zu einem im Sinne der Zielfunktion optimalen Ergebnis; jede unzulässige Kombination von Abweichungsvariablen (z.B. 10 = 20 + (-10)) hat dagegen einen geringeren Zielfunktionswert zur Folge und wird so durch den Algorithmus verworfen:

Zulässige Variante:
(10 * 5) + (0 * (-6)) = 50 → Maximum
Unzulässig Variante:
(20 * 5) + ((-10) * (-6)) = 40 → Suboptimal

Addieren sich die Koeffizienten der Abweichungsvariablen dagegen zu Null (z.B. 5 + (-5) = 0), so ist die Problemformulierung unbeschränkt:

Zulässige Variante:
(10 * 5) + (0 * (-5)) = 50 → Maximum (nicht eindeutig)
Unzulässig Variante:
(20 * 5) + ((-10) * (-5)) = 50 → Maximum (nicht eindeutig)

Im Rahmen des vorliegenden Problems stellt diese Bedingung die Grenze der Umsetzung der Formulierung mit Hilfe der Abweichungsvariablen dar. Zum einen sind die Variablen des Altgeschäfts nicht inhaltlich begründet in die Zielfunktion einzubeziehen, da von diesen keine Ergebniswirkung ausgeht. Zum anderen ist für die Zielfunktionskoeffizienten der Neugeschäftsvariablen die oben dargestellte Bedingung nicht gültig, da sich diese immer zu Null addieren:

Ergebnisbeitrag eines Projektionszeitpunkts:

$$EB_t = \sum_{i=0}^{t-1} 2.500 * [Neu^{+}_{i,t} * (UK_i - AK_t) +$$

$$[Neu^{-}_{i,t} * (AK_t - UK_i)] \quad \text{für alle } t$$

Es gilt immer:

$$(UK_i - AK_t) - (AK_t - UK_i) = 0 \quad \text{für alle } i, t$$

Fazit:

Die Notwendigkeit der Einführung der Abweichungsvariablen hat - wie gezeigt wurde - zur Folge, daß die ursprünglich sehr kompakt erscheinende Modellierung der Zinstermingeschäfte mit Hilfe von freien Variablen in ihrer Gesamtheit letztendlich nicht lösbar ist. Aus diesem Grund mußte der dargestellte Ansatz zugunsten der im Text ausführlich erläuterten Vorgehensweise verworfen werden.

Anhang V: Lineares Testmodell zur Überprüfung der zur Integration von Zinsterminkontrakten formulierten Relationen

Beispielsdaten:

Um die Wirkungsweise der Modellelemente und -relationen überprüfen zu können, wird ein kleines Demonstrationsbeispiel gewählt, dessen Optimalwerte auch ohne Rechnerunterstützung einfach zu ermitteln sind.

Modelliert wird ein Zinsterminkontrakt mit einem Nennwert von 1, dessen Restlaufzeit ein halbes Jahr beträgt. Somit sind die Projektionszeitpunkte t = 1, 2, 3 zu betrachten. Der Kursverlauf des Kontrakts sowie die Überhänge aus dem bilanziellen Geschäft seien wie folgt prognostiziert:

t	1	2	3
Kurs	90	95	92
FZÜ_A	10	0	0
FZÜ_P	0	3	0

Somit ergeben sich die Ergebnisbeitrags-Koeffizienten[15] $EK_{i,t}$ und $EV_{i,t}$ für die relevanten Ursprungszeitpunkte i=1,2 und Projektionszeitpunkte t=2,3 zu:

$EK_{1,2} = 90 - 95 = -5$ $\quad EV_{1,2} = 95 - 90 = 5$

$EK_{1,3} = 90 - 92 = -2$ $\quad EV_{1,3} = 92 - 90 = 2$

$EK_{2,3} = 95 - 92 = 3$ $\quad EV_{2,3} = 92 - 95 = -3$

15 Auf eine Berücksichtigung von Tickgröße und Nominalwert der Kontrakte wird hier verzichtet.

Optimierung des Ergebnisbeitrags:

Offensichtlich ist es optimal, in t=1 eine Long-Position in der maximal zulässigen Höhe von 10 einzugehen, diese in t=2 mit einem Ergebnisbeitrag von 5 zu schließen und zudem eine offene Short-Position in der zulässigen Höhe von 3 einzugehen, welche in t=3 mit einem Ergebnisbeitrag von 3 glattzustellen ist.

Die entsprechenden Tableaus für die Variablenfortschreibung ergeben sich für ein Startvolumen von 0 unter Berücksichtigung der gegebenen Daten wie im folgenden dargestellt. Die sich im Optimum ergebenden Werte der Variablen sind jeweils unter den betreffenden symbolischen Variablennamen angeführt und durch Fettdruck hervorgehoben.

Fortschreibung der offenen Long-Position

Monate i t	0 0	1 1	3 2	6 3
0	$AltL_{0,0}$ **0**	$AltL_{0,1}$ **0** $Verk_{0,1}$ **0**	$AltL_{0,2}$ **0** $Verk_{0,2}$ **0**	$AltL_{0,3}$ **0** $Verk_{0,3}$ **0**
1		$Kauf_{1,1}$ **10**	$AltL_{1,2}$ **10** $Verk_{1,2}$ **10**	$AltL_{1,3}$ **0** $Verk_{1,3}$ **0**
2			$Kauf_{2,2}$ **0**	$AltL_{2,3}$ **0** $Verk_{2,3}$ **0**
3				**0**
Summe	OLP_0 **0**	OLP_1 **10**	OLP_2 **0**	OLP_3 **0**

Fortschreibung der offenen Short-Position

Monate i t	0 0	1 1	3 2	6 3
0	$AltS_{0,0}$ 0	$AltS_{0,1}$ 0 $Kauf_{0,1}$ 0	$AltS_{0,2}$ 0 $Kauf_{0,2}$ 0	$AltS_{0,3}$ 0 $Kauf_{0,3}$ 0
1		$Verk_{1,1}$ 0	$AltS_{1,2}$ 0 $Kauf_{1,2}$ 0	$AltS_{1,3}$ 0 $Kauf_{1,3}$ 0
2			$Verk_{2,2}$ 3	$AltS_{2,3}$ 3 $Kauf_{2,3}$ 3
3				0
Summe	OSP_0 0	OSP_1 0	OSP_2 3	OSP_3 0

Das optimale Gesamtergebnis beläuft sich für dieses Beispiel auf 10 * 5 + 3 * 3 = 59.

Modellformulierung und -berechnung:

Das oben intuitiv gelöste Problem wird nunmehr als lineares Optimierungsmodell formuliert, dessen Lösung mittels eines PC-Programms[16] berechnet wird. Dazu werden 38 Variable sowie 32 Nebenbedingungen benötigt. Die

---

16 Es handelt sich hierbei um das Programm MILP88 - Version 7.11, Mixed-Integer Linear Programming der Firma Eastern Software Products, Inc.

Gleichungen sind im folgenden dargestellt[17]; auf eine Abbildung der Inputmatrix wurde dagegen verzichtet, da deren Aussagewert gering ist.

OBJECTIVE: MAX VARIABLES: 38
CONSTRAINTS: 32 SLACKS: 12

RETURN	5*v12+2*v13+3*k23	***Zielfunktion***
Y.1	-as00+as01=0	
Y.2	k01-as01+as02=0	***Y.1 - Y.12:***
Y.3	k02-as02+as03=0	*Fortschreibung*
Y.4	-v11+as12=0	*der Bestände*
Y.5	k12-as12+as13=0	
Y.6	-v22+as23=0	
Y.7	-al00+al01=0	
Y.8	v01-al01+al02=0	
Y.9	v02-al02+al03=0	
Y.10	-k11+al12=0	
Y.11	v12-al12+al13=0	
Y.12	-k22+al23=0	
Y.13	-k01+as01>=0	***Y.13 - Y.24:***
Y.14	-k02+as02>=0	*Begrenzung von*
Y.15	-k03+as03>=0	*Glattstel-*
Y.16	-k12+as12>=0	*lungstrans-*
Y.17	-k13+as13>=0	*aktionen*
Y.18	-k23+as23>=0	*auf die Höhe*
Y.19	-v01+al01>=0	*der offenen*
Y.20	-v02+al02>=0	*Position*
Y.21	-v03+al03>=0	
Y.22	-v12+al12>=0	
Y.23	-v13+al13>=0	
Y.24	-v23+al23>=0	

---

17 Die Bezeichnungen der Variablen sind Kurzformen der im Text des 4. Kapitels verwendeten; dabei gilt:
k... = Kauf, v... = Verk, a... = Alt, o... = OP,
...l = Long, ...s = Short

Y.25 - Y.32
Ermittlung der Gesamtposition

Y.25 -al00+ol0=0
Y.26 v01-k11-al01+ol1=0
Y.27 v02+v12-k22-al02-al12+ol2=0
Y.28 v03+v13+v23-al03-al13-al23+ol3=0
Y.29 -as00+os0=0
Y.30 -v11+k01-as01+os1=0
Y.31 -v22+k02+k12-as02-as12+os2=0
Y.32 k03+k13+k23-as03-as13-as23+os3=0

Es gelten zudem Nichtnegativitätsbedingungen für alle Variablen sowie die unten aufgeführten Upper-Bounds. Diese begrenzen zum einen die Höhe der gesamten offenen Long- und Shortpositionen für jeden Projektionszeitpunkt (Bound Nr. 1 - 8) und setzen zum anderen die Werte der Startvolumina auf null (Bound Nr. 9 und 10).

1) 0>=ol0
2) 10>=ol1
3) 0>=ol2
4) 0>=ol3
5) 0>=os0
6) 0>=os1
7) 3>=os2
8) 0>=os3
9) 0>=al00
10) 0>=as00

Die dem intuitiv ermittelten Ergebnis entsprechende Lösung des Problems ergibt sich gemäß dem folgenden Output des Programms, wobei auf die Abbildung der Opportunitätskosten und der Slackvariablen verzichtet wurde, da das Beispiel lediglich der Überprüfung der Modellierung dient (Variablen, deren Werte im Optimum durch die Bounds begrenzt werden, sind in der Status-Spalte mit * gekennzeichnet; Werte von Entscheidungsvariablen, die in der Optimallösung ungleich null sind, werden durch Fettdruck hervorgehoben):

SOLUTION IS MAXIMUM RETURN 59.00
PRIMAL PROBLEM SOLUTION

VARIABLE	STATUS	VALUE	LOWER	UPPER	RETURN
v01	BASIS	.00	.00	NONE	.00
v02	NONBASIS	.00	.00	NONE	.00
v03	NONBASIS	.00	.00	NONE	.00
v11	BASIS	.00	.00	NONE	.00
v12	**BASIS**	**10.00**	**.00**	**NONE**	**5.00**
v13	BASIS	.00	.00	NONE	2.00
v22	**BASIS**	**3.00**	**.00**	**NONE**	**.00**
v23	NONBASIS	.00	.00	NONE	.00
k01	NONBASIS	.00	.00	NONE	.00
k02	NONBASIS	.00	.00	NONE	.00
k03	NONBASIS	.00	.00	NONE	.00
k11	**BASIS**	**10.00**	**.00**	**NONE**	**.00**
k12	NONBASIS	.00	.00	NONE	.00
k13	NONBASIS	.00	.00	NONE	.00
k22	BASIS	.00	.00	NONE	.00
k23	**BASIS**	**3.00**	**.00**	**NONE**	**3.00**
al00	NONBASIS	.00	.00	.00	.00
al01	NONBASIS	.00	.00	NONE	.00
al02	NONBASIS	.00	.00	NONE	.00
al03	BASIS	.00	.00	NONE	.00
al12	BASIS	10.00	.00	NONE	.00
al13	NONBASIS	.00	.00	NONE	.00
al23	BASIS	.00	.00	NONE	.00
as00	*NONBASIS	.00	.00	.00	.00
as01	BASIS	.00	.00	NONE	.00
as02	BASIS	.00	.00	NONE	.00
as03	BASIS	.00	.00	NONE	.00
as12	BASIS	.00	.00	NONE	.00
as13	BASIS	.00	.00	NONE	.00
as23	BASIS	3.00	.00	NONE	.00
ol0	BASIS	.00	.00	.00	.00
ol1	*NONBASIS	10.00	.00	10.00	.00
ol2	*NONBASIS	.00	.00	.00	.00
ol3	NONBASIS	.00	.00	.00	.00
os0	BASIS	.00	.00	.00	.00
os1	*NONBASIS	.00	.00	.00	.00
os2	*NONBASIS	3.00	.00	3.00	.00
os3	NONBASIS	.00	.00	.00	.00

Die mit Hilfe des Modells berechnete Lösung stimmt mit der intuitiv ermittelten überein. Dies kann als Indiz dafür herangezogen werden, daß die Modellelemente und -relationen geeignet sind, die im Rahmen dieses Beispiels vorzunehmenden Transaktionen in Terminkontrakten korrekt zu erfassen.

Lösung eines alternativen Problems:

Der oben herangezogene Datensatz impliziert jeweils das Öffnen einer Position, die im nächsten Projektionszeitpunkt wieder zu schließen ist. Um zu überprüfen, ob das Modell auch in der Lage ist, eine Situation korrekt zu erfassen, in der eine offene Position über mehrere Projektionszeitpunkte zu halten ist, wurden die Daten wie folgt variiert:

t	1	2	3
Kurs	90	95	97
FZÜ_A	10	20	0
FZÜ_P	0	0	0

Offensichtlich ist es nunmehr optimal, in t=1 eine Long-Position in Höhe von 10 einzugehen, diese in t=2 um weitere 10 Kontrakte zu erhöhen und in t=3 zu schließen. Der maximale Ergebnisbeitrag beläuft sich dann auf

$$10 * (- 90 + 97) + 10 * (- 95 + 97) = 90.$$

Wie die unten dargestellte Lösung zeigt, berechnet das Modell auch diese Lösung korrekt.

SOLUTION IS MAXIMUM RETURN 90.00
PRIMAL PROBLEM SOLUTION

VARIABLE	STATUS	VALUE	LOWER	UPPER	RETURN
v01	BASIS	.00	.00	NONE	.00
v02	NONBASIS	.00	.00	NONE	.00
v03	NONBASIS	.00	.00	NONE	.00
v11	NONBASIS	.00	.00	NONE	.00
v12	NONBASIS	.00	.00	NONE	5.00
v13	**BASIS**	**10.00**	**.00**	**NONE**	**7.00**
v22	NONBASIS	.00	.00	NONE	.00
v23	**BASIS**	**10.00**	**.00**	**NONE**	**2.00**
k01	NONBASIS	.00	.00	NONE	.00
k02	NONBASIS	.00	.00	NONE	.00
k03	NONBASIS	.00	.00	NONE	.00
k11	**BASIS**	**10.00**	**.00**	**NONE**	**.00**
k12	NONBASIS	.00	.00	NONE	.00
k13	NONBASIS	.00	.00	NONE	.00
k22	**BASIS**	**10.00**	**.00**	**NONE**	**.00**
k23	NONBASIS	.00	.00	NONE	.00
al00	*NONBASIS	.00	.00	.00	.00
al01	BASIS	.00	.00	NONE	.00
al02	BASIS	.00	.00	NONE	.00
al03	BASIS	.00	.00	NONE	.00
al12	BASIS	10.00	.00	NONE	.00
al13	BASIS	10.00	.00	NONE	.00
al23	BASIS	10.00	.00	NONE	.00
as00	NONBASIS	.00	.00	.00	.00
as01	NONBASIS	.00	.00	NONE	.00
as02	NONBASIS	.00	.00	NONE	.00
as03	NONBASIS	.00	.00	NONE	.00
as12	NONBASIS	.00	.00	NONE	.00
as13	NONBASIS	.00	.00	NONE	.00
as23	NONBASIS	.00	.00	NONE	.00
ol0	BASIS	.00	.00	.00	.00
ol1	*NONBASIS	10.00	.00	10.00	.00
ol2	*NONBASIS	20.00	.00	20.00	.00
ol3	NONBASIS	.00	.00	.00	.00
os0	BASIS	.00	.00	.00	.00
os1	BASIS	.00	.00	.00	.00
os2	BASIS	.00	.00	.00	.00
os3	BASIS	.00	.00	.00	.00

Es ist somit davon auszugehen, daß die in Kapitel 4 definierten Variablen und Gleichungen alle möglichen Transaktionen in Terminkontrakten korrekt wiedergeben.

Anhang VI: Variablen und Restriktionen zur Integration eines Bund-Future-Kontrakts (Restlaufzeit zu t=0: 9 Monate)

Voraussetzung: Startvolumen = 0

Variable Neugeschäft	*Altgeschäft*	*Offene Position*
t=1		
FU NK 3911		FU OL 39 1
FU NV 3911		FU OS 39 1
t=2		
FU NK 3612	FU AL 3612	FU OL 36 2
FU NK 3622	FU AS 3612	FU OS 36 2
FU NV 3612		
FU NV 3622		
t=3		
FU NK 3313	FU AL 3313	FU OL 33 3
FU NK 3323	FU AL 3323	FU OS 33 3
FU NK 3333		
FU NV 3313	FU AS 3313	
FU NV 3323	FU AS 3323	
FU NV 3333		
t=4		
FU NK 3014	FU AL 3014	
FU NK 3024	FU AL 3024	
FU NK 3034	FU AL 3034	
FU NV 3014	FU AS 3014	
FU NV 3024	FU AS 3024	
FU NV 3034	FU AS 3034	

Projektionszeitpunktbezogene und intertemporale Restriktionen:

Bezeichnungen

FU1 L 0t *FU1 S 0t*	*Ermittlung der gesamten offene Positionen*
FU2i L 0t *FU2i S 0t*	*Beschränkung Schließungsgeschäfte auf vorhandene offene Position (für alle i)*
FU3i L 0t *FU3i S 0t*	*Fortschreibung Altgeschäftspositionen*

t=1

FU1 L 01	- FU NK 3911 + FU OL 39 1 = 0
FU1 S 01	- FU NV 3911 + FU OS 39 1 = 0

t=2

FU1 L 02	- FU NK 3622 + FU NV 3612 - FU AL 3612 + FU OL 36 2 = 0
FU1 S 02	+ FU NK 3612 - FU NV 3622 - FU AS 3612 + FU OS 36 2 = 0
FU21 L 02	- FU NV 3612 + FU AL 3612 ≥ 0
FU21 S 02	- FU NK 3612 + FU AS 3612 ≥ 0
FU31 L 02	- FU NK 3911 + FU AL 3612 = 0
FU31 S 02	- FU NV 3911 + FU AS 3612 = 0

t=3

FU1 L 03	- FU NK 3333 + FU NV 3313 + FU NV 3323 - FU AL 3313 - FU AL 3323 + FU OL 33 3 = 0
FU1 S 03	+ FU NK 3313 + FU NK 3323 - FU NV 3333 - FU AS 3313 - FU AS 3323 + FU OS 33 3 = 0
FU21 L 03	- FU NV 3313 + FU AL 3313 ≥ 0
FU22 L 03	- FU NV 3323 + FU AL 3323 ≥ 0
FU21 S 03	- FU NK 3313 + FU AS 3313 ≥ 0
FU22 S 03	- FU NK 3323 + FU AS 3323 ≥ 0

FU31 L 03 + FU NV 3612 - FU AL 3612 + FU AL 3313 = 0
FU32 L 03 - FU NK 3622 + FU AL 3323 = 0

FU31 S 03 + FU NK 3612 - FU AS 3612 + FU AS 3313 = 0
FU32 S 03 - FU NV 3622 + FU AS 3323 = 0

t=4

FU21 L 04 - FU NV 3014 + FU AL 3014 = 0
FU22 L 04 - FU NV 3024 + FU AL 3024 = 0
FU23 L 04 - FU NV 3034 + FU AL 3034 = 0

FU21 S 04 - FU NK 3014 + FU AS 3014 = 0
FU22 S 04 - FU NK 3024 + FU AS 3024 = 0
FU23 S 04 - FU NK 3034 + FU AS 3034 = 0

FU31 L 04 + FU NV 3313 - FU AL 3313 + FU AL 3014 = 0
FU32 L 04 + FU NV 3323 - FU AL 3323 + FU AL 3024 = 0
FU33 L 04 - FU NK 3333 + FU AL 3034 = 0

FU31 S 04 + FU NK 3313 - FU AS 3313 + FU AS 3014 = 0
FU32 S 04 + FU NK 3323 - FU AS 3323 + FU AS 3024 = 0
FU33 S 04 - FU NV 3333 + FU AS 3034 = 0

Ergebnisbeiträge:

t=2

FU NK 3612 (UK 1 - AK 2) +

FU NV 3612 (AK 2 - UK 1)

t=3

FU NK 3313 (UK 1 - AK 3) + FU NK 3323 (UK 2 - AK 3) +

FU NV 3313 (AK 3 - UK 1) + FU NV 3323 (AK 3 - UK 2) +

t=4

FU NK 3014 (UK 1 - AK 4) + FU NK 3024 (UK 2 - AK 4) +
FU NK 3034 (UK 3 - AK 4) +

FU NV 3014 (AK 4 - UK 1) + FU NV 3024 (AK 4 - UK 2) +
FU NV 3034 (AK 4 - UK 3)

Anhang VII: Function zur Ermittlung des Ergebnisbeitrags-Koeffizienten einer Glattstellungstransaktion in Bund-Future-Kontrakten

```
      FUNCTION ERGFU1 (M1, M2, M2RLZ, KVPAR)
C     FUNCTION ZUR ERMITTLUNG DES ERWARTUNGSWERTS DER
C     ERGEBNISBEITRÄGE EINER FUTURESTRANSAKTION IN BUND-
C     FUTURES IN MIO DM
C
C     M1    = URSPRUNGSZEITPUNKT DER OFFENEN POSITION
C     M2    = AKTUELLER PROJEKTIONSZEITPUNKT
C     M1RLZ = RESTLAUFZEIT DES KONTRAKTS ZU ZEIT M1 IN
C             MONATEN
C     M2RLZ = RESTLAUFZEIT DES KONTRAKTS ZU ZEIT M2 IN
C             MONATEN
C     KVPAR = PARAMETER (1 = KAUF / 2 = VERKAUF)
C     DNZ   = DURCHSCHNITTLICHE NOMINALVERZINSUNG DER
C             LIEFERBAREN ANLEIHEN
C     KKM1  = KASSAKURS DER ANLEIHEN ZU ZEIT M1
C     KKM2  = KASSAKURS DER ANLEIHEN ZU ZEIT M2
C     FKM1  = FUTURESKURS ZU ZEIT M1
C     FKM2  = FUTURESKURS ZU ZEIT M2
C     GMSM1 = GELDMARKTSATZ ZUR BEWERTUNG DES FUTURES ZU
C             ZEIT M1
C     GMSM2 = GELDMARKTSATZ ZUR BEWERTUNG DES FUTURES ZU
C             ZEIT M2
C     J     = INDEX DER ZINSSZENARIEN
C     EB()  = ERGEBNISBEITRAG IN ABHAENGIGKEIT VOM
C             SZENARIO
C     ZIN() = ZINSSATZ IN ABHAENGIGKEIT VON RESTLAUFZEIT,
C             SZENARIO UND PROJEKTIONSZEITPUNKT
C     PKTZSC() = EINTRITTSWAHRSCHEINLICHKEIT EINES
C                SZENARIOS
C
      REAL  KKM1, KKM2
      COMMON/B3/ZIN(30,3,10), MPSDSS, PKTZSC(9,3),
     *      NRZSCW, ZI(30,9)
      DIMENSION EB(3)
C
      DNZ = 6.63
C
C     AUFRUFFEHLERANALYSE
C
      IF (M2 .LE. M1) GOTO 10
      IF (M2RLZ .NE. 0 .AND. M2RLZ .NE. 3 .AND.
     * M2RLZ .NE. 6) GOTO 10
      IF (KVPAR .NE. 1 .AND. KVPAR .NE. 2) GOTO 10
      GOTO 20
```

```
10   WRITE (6,15)
15   FORMAT (1X,'* FCT - ERGFU1 - AUFRUF FEHLERHAFT *')
     ERGFU1 = 1
     RETURN
20   CONTINUE
     DO 30 J = 1, 3
C
C    BERECHNUNG DER KASSAKURSE FÜR DIE ZEITPUNKTE
C    M1 UND M2
C
     KKM1 = 10000./(9.25*(ZIN(8,J,M1)*100-DNZ)+100)
     KKM2 = 10000./(9.25*(ZIN(8,J,M2)*100-DNZ)+100)
C
C    BESTIMMUNG DER ZUR BEWERTUNG RELEVANTEN
C    GELDMARKTSAETZE IN ABHAENGIGKEIT VON M2 UND M2RLZ
C
     IF (M2RLZ .EQ. 6) GMSM2 = ZIN(17,J,M2)
     IF (M2RLZ .EQ. 3) GMSM2 = ZIN(12,J,M2)
     IF (M2RLZ .EQ. 0) GMSM2 = 0.
C
C    BESTIMMUNG DER RESTLAUFZEIT DES KONTRAKTS IN M1
C
     M1RLZ = M2RLZ + 3 * (M2 - M1)
C
C    BESTIMMUNG DER ZUR BEWERTUNG RELEVANTEN
C    GELDMARKTSAETZE IN ABHAENGIGKEIT VON M1 UND M1RLZ
C
     IF (M1RLZ .EQ. 9) GMSM1 = ZIN(16,J,M1)
     IF (M1RLZ .EQ. 6) GMSM1 = ZIN(17,J,M1)
     IF (M1RLZ .EQ. 3) GMSM1 = ZIN(12,J,M1)
C
C    BERECHNUNG DER FUTURESKURSE IN ABHAENGIGKEIT VON M1
C    M2, M1RLZ UND M2RLZ
C
     FKM1 = KKM1 * (1 + (GMSM1 - ZIN(8,J,M1)) * M1RLZ/12
     FKM2 = KKM2 * (1 + (GMSM2 - ZIN(8,J,M2)) * M2RLZ/12
C
C    BERECHNUNG DES ERGEBNISBEITRAGS BEI SCHLIEßUNG
C    DURCH KAUF BZW. VERKAUF
C
     IF (KVPAR .EQ. 1) EB(J) = (FKM1 - FKM2) * 2500.
     IF (KVPAR .EQ. 2) EB(J) = (FKM2 - FKM1) * 2500.
30   CONTINUE
C
C    BERECHNUNG DES ERWARTUNGSWERTS DES ERGEBNISBEITRAGS
C
     ERGFU1 = (PKTZSC(M2,1)*EB(1) + (PKTZSC(M2,2)*EB(2)
   *          + PKTZSC(M2,3)*EB(3)) / 1000000.
     RETURN
     END
```

Anhang VIII: Darstellung der für die Ermittlung der Ergebnisbeitrags-Koeffizienten einer Glattstellungstransaktion in Bund-Future-Kontrakten relevanten Zinssätze für drei Zinsszenarien

Szenario 1

Wertetabelle (in %):

Zinssatz	Projektionszeitpunkt			
	1	2	3	4
Umlaufrendite Festverzinsliche (10 J.)	8,50	9,00	9,50	10,00
3-Monats-Satz	9,05	9,55	10,05	10,55
6-Monats-Satz	9,12	9,65	10,17	10,70
9-Monats-Satz	9,19	9,75	10,29	10,85

Grafik:

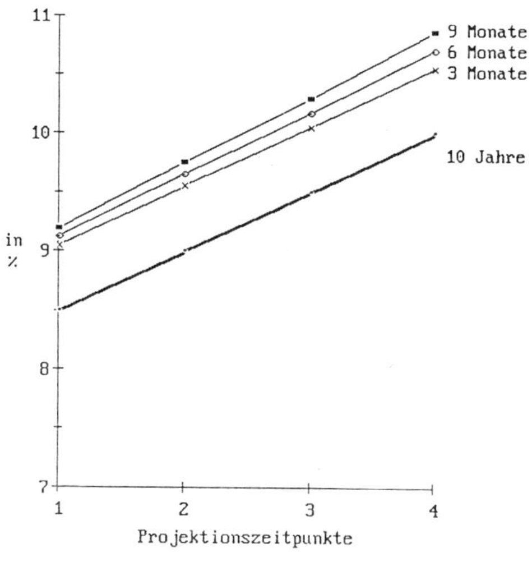

Szenario 2

Wertetabelle (in %):

Zinssatz	Projektionszeitpunkt			
	1	2	3	4
Umlaufrendite Festverzinsliche (10 J.)	7,65	7,57	7,44	7,22
3-Monats-Satz	8,00	7,80	7,50	7,00
6-Monats-Satz	8,17	7,96	7,65	7,12
9-Monats-Satz	8,35	8,13	7,80	7,24

Grafik:

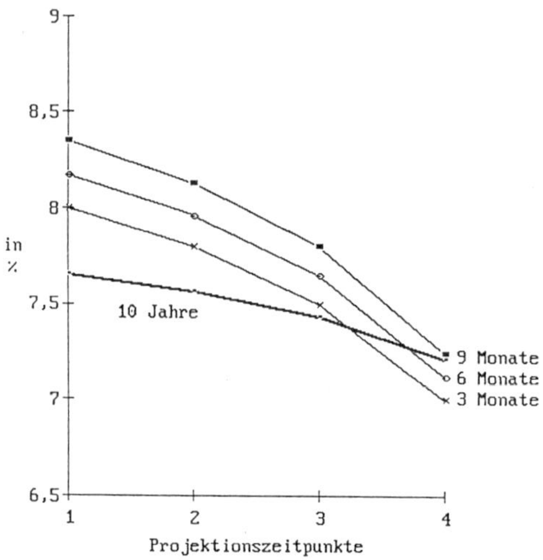

Szenario 3

Wertetabelle (in %):

Zinssatz	Projektionszeitpunkt 1	2	3	4
Umlaufrendite Festverzinsliche (10 J.)	7,83	8,01	8,18	8,71
3-Monats-Satz	8,55	8,95	9,35	10,55
6-Monats-Satz	8,59	9,02	9,44	10,70
9-Monats-Satz	8,64	9,08	9,52	10,85

Grafik:

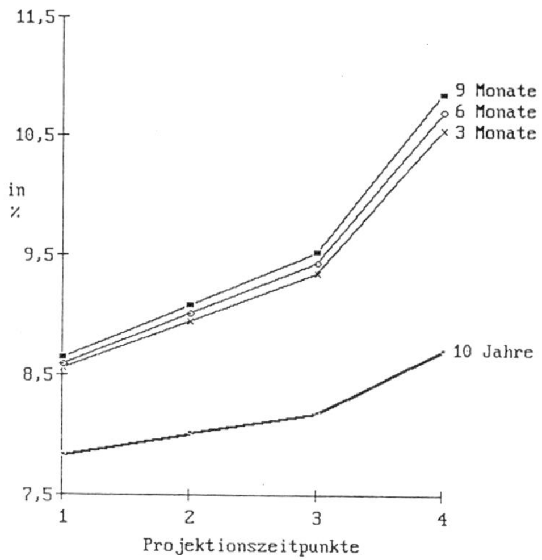

LITERATURVERZEICHNIS

Abels, P., Virgin, G. (Bilanzstruktur, 1978)

Bilanzstruktur und Zinsänderungsrisiko. Ein EDV-Planungsprogramm zur Steuerung und Kontrolle der Zinsspanne aufgrund fest- und variabelverzinslicher Ausleihungen bzw. Refinanzierungsmittel, in: Betriebswirtschaftliche Blätter, 27. Jg., Heft 6 1978, S. 249 - 254

Aeberli, R.W. (Ausserbilanzgeschäfte, 1989)

Risikopolitische Analyse der Ausserbilanzgeschäfte unter besonderer Berücksichtigung der Eigenmittelunterlegung, Bd. 119 der Bankwirtschaftlichen Forschung, hrsg. v. Kilgus, E., Schuster, L., Bern, Stuttgart 1989

Altenhain, T., Hölscher, R. (Bilanzstruktur, 1988)

Bilanzstruktur-Management, in: Bankinformation, Heft 5 1988, S. 41 - 52

Androsch, H. (Securitization, 1987)

Securitization aus der Sicht der Banken, in: Bühler, W., Feuchtmüller, W., Vogel, M. (Hrsg.), Securitization. Der Trend zum Wertpapier, Bd. 17 der Schriftenreihe des Instituts für Kredit- und Versicherungswirtschaft, Wien 1987, S. 23 - 36

Arnold, W., Schulte-Mattler, H. (Grundsatz I, 1990)

KWG-Grundsatz I novelliert, in: Die Bank, Heft 8, August 1990, S. 432 - 437

Baecker, D. (Risiko, 1992)

Operation Risiko: Struktur - Entscheidungen - Strategie, in: Die Bank, Heft 5 1992, S. 244 - 253

Baetge, J. (Systemtheorie, 1974)

Betriebswirtschaftliche Systemtheorie. Regelungstheoretische Planungs-Überwachungsmodelle für Produktion, Lagerung und Absatz, Opladen 1974

Bäuerle, P. (Entscheidungsmodelle, 1989)

Zur Problematik der Konstruktion praktikabler Entscheidungsmodelle, in: Zeitschrift für Betriebswirtschaft, Heft 2 1989, S. 175 - 192

Bangert, M. (Banken, 1987)

Zinsrisiko-Management in Banken, Bd. 13 der Schriftenreihe des Instituts für Kredit- und Finanzwirtschaft, hrsg. v. Süchting, J., Wiesbaden 1987

Bank for International Settlement (Hrsg.) (Innovations, 1986)

Recent Innovations in International Banking, Basel 1986

Bank of England (Hrsg.) (Bulletin, 1990)

Quarterly Bulletin, May 1990, Vol. 30, No. 2, London 1990

Barth, H. (Risiken, 1984)

Financial Futures: Neue Risiken für die Kreditinstitute?,
in: Kredit und Kapital, 17. Jg. 1984, S. 120 - 145

Basil Blackwell Ltd. (Hrsg.) (Handbook, 1991)

The 1991 Handbook of World Stock and Commodity Exchanges, o.O. 1991

Bauer, C. (Risikomaße, 1991)

Volatilitäten und Betafaktoren - geeignete Risikomaße?,
in: Die Bank, Heft 3, März 1991, S. 172 - 175

Baumann, W.S. (Analysis, 1967)

Scientific Investment Analysis - Science or Fiction?,
in: Financial Analyst Journal, Jan. - Feb. 1967, S. 93 - 97

Bayerische Landesbank Girozentrale (Hrsg.) (Futures, 1990)

Futures an der Deutschen Terminbörse. Broschüre für den Privatkunden, o.O. 1990

Bedoni, M. (Simulation, 1987)

Strategies simulation in an aggregate bank model,
in: European Journal of Operational Research, Vol. 30, No. 1 1987, S. 24 - 29

Behrens, C.-U. (Zinsswaps, 1989)

Wann lohnen sich Zinsswap-Geschäfte?,
in: Zeitschrift für das gesamte Kreditwesen, 42. Jg., Heft 5 1989, S. 201 - 206

Benke, H., Flesch, H.R., Piaskowski, F. (Steuerung, 1989)

Steuerung des Zinsänderungsrisikos, in: Die Bank, Heft 8, August 1989, S. 431 - 438

Benner, W. (Bankbetriebslehre, 1978)

Der liquiditätsmäßig-finanzielle Bereich (LFB) als Gegenstand der wissenschaftlichen Bankbetriebslehre, in: Deppe, H.-D. (Hrsg.), Bankbetriebliches Lesebuch, Stuttgart 1978, S. 341 - 390

Berger, A.N., Kuester King, K., O'Brien, J.M. (Limitations, 1991)

The limitations of market value accounting and a more realistic alternative, in: Journal of Banking and Finance, 15. Jg. 1991, S. 753 - 783

Berger, M. (Hedging, 1990)

Hedging. Effiziente Kursabsicherung festverzinslicher Wertpapiere mit Finanzterminkontrakten, Wiesbaden 1990

Bessler, W. (Zinsrisikomanagement, 1989)

Zinsrisikomanagement in Kreditinstituten, Bd. 2 der Schriftenreihe des Instituts für Geld- und Kapitalverkehr der Universität Hamburg, hrsg. v. Schmidt, H., Wiesbaden 1989

Bester, D. (Kontrolle, 1986)

Aufsichtsrechtliche Kontrolle internationaler Bankkonzerne. Möglichkeiten und Grenzen aus Sicht der deutschen Bankenaufsicht, Bergisch Gladbach, Köln 1986

BHF-Bank (Hrsg.) (Bericht, 1990)

Bericht über das Geschäftsjahr 1990, Frankfurt/M. 1990

Bieg, H., Rübel, M. (Bewertung, 1988)

Ausweis und Bewertung von Devisen- und Zinstermingeschäften in Bankbilanzen - Teil I, in: Kredit und Kapital, 21. Jg. 1988, S. 253 - 277

Bindert, D. (Case Study, 1988)

The Asset and Liability Management Process at Deutsche Bank: A Case Study,
in: Wilson, J.S.G. (Hrsg.), Managing Bank Assets and Liabilities, Euromoney Publications, London 1988, S. 127 - 149

Binkowski, P., Beeck, H. (Finanzinnovationen, 1989)

Finanzinnovationen, Wirtschaft - Finanzen - Innovationen, Bd. 1, Bonn 1989

Bitner, J.W., Goddard, R.A. (Management, 1992)

Successful bank asset/liability management. A guide to the future beyond gap, John Wiley & Sons, Inc., New York et al. 1992

Bitz, M. (Strukturierung, 1977)

Strukturierung ökonomischer Entscheidungsmodelle, Wiesbaden 1977

Booth, G.G. (Bank, 1972)

Programming Bank Portfolios Under Uncertainty: An Extension,
in: Journal of Bank Research, Park Ridge, Ill., Winter 1972, S. 28 - 40

Booth, G.G., Bessler, W. (Goal, 1989)

Goal Programming Models for Managing Interest-Rate Risk,
in: OMEGA - International Journal of Management Science, Pergamon Press, Vol. 17, No. 1 1989, S. 81 - 89

Booth, G.G., Bessler, W., Foote, W. (Managing, 1989)

Managing interest-rate risk in banking institutions,
in: European Journal of Operational Research, Vol. 32, No. 41 1989, S. 302 - 313

Brammertz, W., Burger, W. (Duration, 1990)

Duration im Asset & Liability Management,
in: Die Bank, Heft 6, Juni 1990, S. 323 - 328

Brammertz, W., Spillmann, M. (Zinselastizität, 1991)

Zinselastizität: Ein unstabiles Maß,
in: Die Bank, Heft 7, Juli 1991, S. 386 - 390

Brink, A. (Optimierung, 1992)

Ganzzahlige Optimierung,
in: wisu. das Wirtschaftsstudium. Zeitschrift für Ausbildung, Examen und Weiterbildung, 21. Jg., Heft 1 1992, S. 27 - 30

Brodt, A.I. (Portfolio, 1979)

A Multi-period Portfolio Theory Model for Commercial Bank Management,
in: Elton, E.J., Gruber, M.J. (Hrsg.), Portfolio Theory, 25 Years After, Essays in Honor of Harry Markowitz, Vol. 11 of TIMS. Studies in the Management Siences, hrsg. v. Machol, R.E., Amsterdam, New York, Oxford, 1979, S. 197 - 213

Brodt, A.I. (International, 1984)

International Bank Asset and Liability Management,
in: Journal of Bank Research, Park Ridge, Ill., Summer 1984, S. 82 - 94

Bühler, W. (Anlagestrategien, 1983)

Anlagestrategien zur Begrenzung des Zinsänderungsrisikos von Portefeuilles aus festverzinslichen Titeln,
in: Gessner, P., Schneider, D., Zink, A. (Hrsg.), Kapitalanlageplanung mit Hilfe der Finanzierungstheorie bei Versicherungen und Bausparkassen, Wiesbaden 1983, S. 82 - 137

Bühler, W. (Bewertung, 1991)

Die Bewertung der DTB-Option auf den Bund-Future: Ein schwieriges Problem?,
in: DTB Dialog, 2. Jg., Heft 2 1991, S. 2 - 4 sowie S. 22 - 23

Bühler, W., Herzog, W. (Duration I, 1989)

Die Duration - eine geeignete Kennzahl für die Steuerung von Zinsänderungsrisiken in Kreditinstituten? (Teil I),
in: Kredit und Kapital, 22. Jg. 1989, S. 403 - 428

Bühler, W., Herzog, W. (Duration II, 1989)

Die Duration - eine geeignete Kennzahl für die Steuerung von Zinsänderungsrisiken in Kreditinstituten? (Teil II),
in: Kredit und Kapital, 22. Jg. 1989, S. 524 - 564

Büschgen, H.E. (Lexikon, 1989)

Das kleine Börsen-Lexikon, 18. akt., Aufl., Düsseldorf 1989

Büschgen, H.E. (Risikomanagement, 1992)

Risikomanagement als Prüfstein im Wettbewerb, in: Betriebswirtschaftliche Blätter, 41. Jg., Heft 2 1992, S. 80 - 90

Büschgen, H.E. (Überblick, 1988)

Finanzinnovationen - Ein Überblick, in: Gutowski, A. (Hrsg.), Neue Instrumente an den Finanzmärkten: Geldpolitische und bankenaufsichtliche Aspekte, Bd. 170 der Schriften des Vereins für Socialpolitik, Gesellschaft für Wirtschafts- und Sozialwissenschaften, Berlin 1988, S. 9 - 42

Büschgen, H.E. (Zinstermingeschäfte, 1988)

Zinstermingeschäfte. Instrumente und Verfahren zur Risikoabsicherung an Finanzmärkten, Frankfurt/M. 1988

Buhr, R., Hansel, A. (Treasury, 1991)

Risikosteuerung im Treasury-Bereich, in: Lüthje, B. (Hrsg.), Risikomanagement in Banken - Konzeptionen und Steuerungssysteme -, Bd. 13 der Berichte und Analysen des Verbandes öffentlicher Banken, Bonn 1991, S. 157 - 173

Bußmann, J. (Zinsänderungsrisikomaße, 1989)

Tests verschiedener Zinsänderungsrisikomaße mit Daten des deutschen Rentenmarktes, in: Zeitschrift für Betriebswirtschaft, 59. Jg., Heft 7 1989, S. 747 - 765

Carstensen, M. (Gesamtbanksteuerung, 1987)

Ertrags- und risikoorientierte Gesamtbanksteuerung unter Berücksichtigung der Finanzinnovationen, in: Krümmel, H.-J., Rudolph, B. (Hrsg.), Bankmanagement für neue Märkte, Frankfurt/M. 1987, S. 131 - 139

Charnes, A., Cooper, W.W. (Goal, 1977)

Goal programming and multiple objective optimizations, in: European Journal of Operational Research, Vol. 1, No. 1, January 1977, S. 39 - 54

Chen, A.H.Y. (Portfolio, 1978)

Optimal Bank Portfolio Management,
in: Eilon, S., Fowkes, T.R. (Hrsg.), Applications of Management Science in Banking and Finance, Westmead, Farnborough, Hampshire 1978, S. 137 - 148

Coenenberg, A.G. (Jahresabschluß, 1991)

Jahresabschluß und Jahresabschlußanalyse. Betriebswirtschaftliche, handels- und steuerrechtliche Grundlagen, 12., Überarb. Aufl., Landsberg, 1991

Cohen, K.J., Hammer, F.S. (Approach, 1966)

Operations Research: A New Approach to Bank Decision Making,
in: Cohen, K.J., Hammer, F.S. (Hrsg.), Analytical Methods in Banking, Homewood, Ill. 1966, S. 4 - 23

Cohen, K.J., Hammer, F.S. (Models, 1984)

Linear Programming Models For Optimal Bank Dynamic Balance Sheet Management,
in: Naylor, T.H., Thomas, C. (Hrsg.), Optimization Models for Strategic Planning, North-Holland 1984, S. 25 - 44

Cohen, K.J., Maier, S.F., Vander Weide, J.H. (Science, 1981)

Recent Developments in Management Science in Banking,
in: Management Science, Vol. 27, No. 10 1981, S. 1097 - 1119

Cohen, K.J., Thore, S. (Uncertainty, 1970)

Programming bank portfolios under uncertainty,
in: Journal of Bank Research, Park Ridge, Ill., Spring 1970, S. 42 - 61

Consbruch, J., Möller, A., Bähre, I.L., Schneider, M. (Hrsg.) (Kreditwesengesetz, 1991)

Kreditwesengesetz mit verwandten und zugehörigen Vorschriften, München, Stand: August 1991

Cordero, R. (Markt, 1987)

Der Financial Futures Markt, 2. Aufl., Bern, Stuttgart 1987

Deutsche Bundesbank (Hrsg.) (Bankenstatistik, 1991)

Statistische Beihefte zu den Monatsberichten der Deutschen Bundesbank, Reihe 1, Bankenstatistik, Nr. 11 November, Frankfurt/M. 1991

Deutsche Bundesbank (Hrsg.) (Finanzierungsrechnung, 1990)

Zahlenübersichten und methodische Erläuterungen zur gesamtwirtschaftlichen Finanzierungsrechnung der Deutschen Bundesbank 1960 bis 1987, Sonderdrucke der Deutschen Bundesbank, Nr. 4, 6. Aufl., Frankfurt/M. 1990

Deutsche Bundesbank (Hrsg.) (Finanzierungsrechnung, 1991)

Ergebnisse der gesamtwirtschaftlichen Finanzierungsrechnung der Deutschen Bundesbank 1981 bis 1990. Ergänzungslieferung, Sonderdrucke der Deutschen Bundesbank, Nr. 4, Frankfurt/M. 1991

Deutsche Bundesbank (Hrsg.) (Wertpapierstatistik 1991)

Statistische Beihefte zu den Monatsberichten der Deutschen Bundesbank, Reihe 2, Wertpapierstatistik, Nr. 12 Dezember, Frankfurt/M. 1991

Dew, J.K. (Risk, 1986)

Managing Interest-Rate Risk on Both Sides of the Balance Sheet: Use of Futures by Financial Institutions,
in: Kaufman, P.J. (Hrsg.), The Concise Handbook of Futures Markets, New York et al. 1986, 11. Kapitel, S. 11.1 - 11.11

Dinkelbach, W. (Planung, 1989)

Flexible Planung,
in: Szyperski, N., Winand, U. (Hrsg.), Handwörterbuch der Planung, Bd. 9 der Enzyklopädie der Betriebswirtschaftslehre, Stuttgart 1989, Sp. 507 - 512

Dormanns, A. (Grundsatz Ia, 1990)

Grundsatz Ia gemäß KWG neu gefaßt,
in: Die Bank, Heft 7, Juli 1990, S. 372 - 375

Dresdner Bank AG (Hrsg.) (Instrumente, 1989)

Zinsmanagement - Instrumente, 2. Aufl., Frankfurt/M. 1989

DTB (Hrsg.) (Bund-Future, 1991)

Bund-Future, 2., überarb. Aufl., Frankfurt/M. 1991

Eilenberger, G. (Bank, 1990)

Bankbetriebswirtschaftslehre, 4., erg. Aufl., München, Wien 1990

Eilon, S., Fowkes, T.R. (Science, 1978)

Management Science in Banking and Finance, in: Eilon, S., Fowkes, T.R. (Hrsg.), Applications of Management Science in Banking and Finance, Westmead, Farnborough, Hampshire 1978, S. 1 - 24

Eisele, D. (Bilanzstrukturmanagement, 1985)

Bilanzstrukturmanagement und Ressourcenverteilung im internationalen Bankkonzern, in: DBW Die Betriebswirtschaft, 45. Jg., Heft 2 1985, S. 121 - 137

Eller, R. (Glossar, 1992)

Glossar zum Risikomanagement (Teil 2), in: Sparkasse, 109. Jg., Heft 6 1992, S. 299 - 303

Eller, R., Kempfle, W. (Duration, 1989)

Die Finanzkennzahl »Duration« in der Anlageberatung, in: Die Bank, Heft 12, Dezember 1989, S. 675 - 679

Engmann, H.R. (Risikosteuerung, 1991)

Konzept einer konzernübergreifenden Risikosteuerung, in: Lüthje, B. (Hrsg.), Risikomanagement in Banken - Konzeptionen und Steuerungssysteme -, Bd. 13 der Berichte und Analysen des Verbandes öffentlicher Banken, Bonn 1991, S. 7 - 15

Everitt, P., Ziemba, W.T. (Programs, 1979)

Two Period Stochastic Programs with Simple Recourse, in: Operations Research, Vol. 27, No. 3, May - June, Baltimore 1979, S. 485 - 502

Figlewski, S. (Hedging, 1986)

Hedging with Financial Futures for Institutional Investors. From Theory to Practice, Ballinger Publishing Company, Cambridge, Mass. 1986

Fischer, O. (Analyse, 1987)

Externe Analyse der Aktienbank - Erfolgsrechnungen, in: Krumnow, J., Metz, M. (Hrsg.), Rechnungswesen im Dienste der Bankpolitik, Stuttgart 1987, S. 25 - 37

Fitzgerald, M.D. (Pricing, 1990)

Pricing and Hedging with Financial Futures
in: Göppl, H., Bühler, W., Rosen, R. v. (Hrsg.), Optionen und Futures, Frankfurt/M. 1990, S. 113 - 139

Fong, H.G., Vasicek, O.A. (Strategy, 1984)

A risk minimizing strategy for portfolio immunization,
in: Elton, E.J., Gruber, M.J. (Hrsg.), The Journal of Finance, Vol. 39 1984, S. 1541 - 1546

Franke, G. (Kontrakte, 1990)

Grundlagen der Options- und Futures-Kontrakte,
in: Göppl, H., Bühler, W., Rosen, R. v. (Hrsg.), Optionen und Futures, Frankfurt/M. 1990, S. 43 - 63

Friggemann, P. (Management, 1990)

PC-gestütztes Zinsspannen-Management,
in: Betriebswirtschaftliche Blätter, 39. Jg., Heft 5 1990, S. 211 - 215

Friggemann, P., Neumann, M. (Bilanzsimulation, 1988)

STRABIS - Strategische Bilanzsimulation,
in: Betriebswirtschaftliche Blätter, 37. Jg., Heft 11 1988, S. 526 - 531

Gal, T. (Optimierung, 1991)

Lineare Optimierung,
in: Gal, T. (Hrsg.), Grundlagen des Operations Research, Bd. 1, 3., durchgesehene Aufl., Berlin et al. 1991, S. 56 - 254

Geigant, F., Sobotka, D., Westphal, H.M. (Volkswirtschaft, 1983)

Lexikon der Volkswirtschaft, 4., überarb. Aufl., Landsberg/Lech 1983

Gerhardt, W. (Securitisation, 1987)

Securitisation: Die guten Risiken in die Depots der Anleger, die schlechten in die Kreditportefeuilles der Banken?,
in: vbo-information, Nr. 4 1987, S. 80 - 98

Gilbert, D. (Tools, 1988)

The Tools of Interest Rate Risk Management,
in: Wilson, J.S.G. (Hrsg.), Managing Bank Assets and Liabilities, Euromoney Publications, London 1988, S. 205 - 236

Giokas, D., Vassiloglou, M. (Model, 1991)

A goal programming model for bank assets and liabilities management,
in: European Journal of Operational Research,
Vol. 50 1991, S. 48 - 60

Gramlich, D., Walz, H. (Instrumente, 1991)

Duration und Zinselastizität als Instrumente des Zinsrisiko-Managements,
in: WiSt-Wirtschaftswissenschaftliches Studium,
Heft 7 1991, S. 327 - 332

Grommek, W. (Steuerung, 1989)

Die Beurteilung und Steuerung von Zinsänderungsrisiken,
in: Betriebswirtschaftliche Blätter, 38. Jg.,
Heft 11 1989, S. 508 - 510

Grubmann, N. (Simulation, 1987)

BESMOD: A strategic balance sheet simulation model,
in: European Journal of Operational Research,
Vol. 30, No. 1 1987, S. 30 - 34

Grützemacher, T. (Preisrisiken, 1989)

Bewertung und bilanzielle Erfassung der Preisrisiken ausgewählter Finanzinnovationen. Dargestellt am Beispiel der Behandlung der Aktiensoptionsgeschäfte und der Interest Rate-Futures in der Rechnungslegung von Aktienbanken, Bd. 70 der Hochschulschriften zur Betriebswirtschaftslehre, München 1989

Haake, M. (Bewertung, 1991)

Regelmäßige Bewertung notwendig,
in: Betriebswirtschaftliche Blätter, Heft 7 1991,
S. 319 - 323

Halvax, G. (Risikokontrolle, 1989)

Grundsätzliche Erfordernisse im internen Kontrollsystem als Voraussetzung einer wirksamen Risikokontrolle bei neuen Finanzinstrumenten,
in: Österreichisches Bankarchiv, Heft 12 1989,
S. 1147 - 1159

Hammer, F.S. (Science, 1969)

Management Science in Banking,
in: Jessup, P.F. (Hrsg.), Innovations in Bank Management. Selected Readings, New York et al.
1969, S. 285 - 292

Hanssmann, F. (Betriebswirtschaftslehre, 1990)

Quantitative Betriebswirtschaftslehre, 3. überarb. Aufl., München, Wien 1990

Hanssmann, F. (Systemforschung, 1987)

Einführung in die Systemforschung, 3., völlig überarb. Aufl., München, Wien 1987

Hanssmann, F. (Planung, 1989)

Robuste Planung,
in: Szyperski, N., Winand, U. (Hrsg.), Handwörterbuch der Planung, Bd. 9 der Enzyklopädie der Betriebswirtschaftslehre, Stuttgart 1989, Sp. 1758 - 1763

Hartung, J., Elpelt, B., Klösener, K.-H. (Statistik, 1987)

Statistik. Lehr- und Handbuch der angewandten Statistik mit zahlreichen, vollständig durchgerechneten Beispielen, 6., durchgesehene u. erg. Aufl., München, Wien 1987

Hasenkamp, K.P. (Zinsrisiken, 1982)

Zinsrisiken in Bankbilanzen - Probleme der Information, Steuerung und Ergebnisbeeinflussung im Jahresabschluß,
in: Becker, W.D., Falk, R. (Hrsg.), Materialien zum Zinsrisiko, Bd. 9 der Schriften des Verbandes öffentlicher Banken, Göttingen 1982, S. 84 - 120

Hax, H., Hartmann-Wendels, T., Hinten, P. v. (Finanzierungstheorie, 1988)

Moderne Entwicklung der Finanzierungstheorie,
in: Christians, F.W. (Hrsg.), Finanzierungshandbuch, 2., völlig überarb. u. erw. Aufl., Wiesbaden 1988

Heitmüller, H.-M. (Bilanzstrukturmanagement, 1991)

Bilanzstrukturmanagement und Erfolgssteuerung,
in: Sparkasse, 108. Jg., Heft 6 1991, S. 246 - 250

Hergert, V. (Duration, 1992)

Einsatzmöglichkeiten der Duration,
in: Der langfristige Kredit, Heft 9 1992, S. 305 - 310

Herrmann, H.-J. (Planung, 1991)

Modellgestützte Planung in Unternehmen. Entwicklung eines Rahmenkonzepts, Wiesbaden 1991

Herzog, W. (Zinsänderungsrisiken, 1990)

Zinsänderungsrisiken in Kreditinstituten. Eine Analyse unterschiedlicher Steuerungskonzepte auf der Grundlage eines Simulationsmodells, Wiesbaden 1990

Hicks, J.R. (Value, 1946)

Value and Capital. An Inquiry into some Fundamental Principles of Economic Theory, 2nd edition, Oxford University Press, London 1946

Hielscher, U. (Asset, 1991)

Asset Allocation,
in: Kredit und Kapital, Heft 2 1991, S. 254 - 270

Hillier, F., Lieberman, G.J. (Einführung, 1988)

Operations Research. Einführung, 4. Aufl., München, Wien 1988

Hölscher, R. (Risikokosten, 1987)

Risikokosten-Management in Kreditinstituten. Ein integratives Modell zur Messung und ertragsorientierten Steuerung der bankbetrieblichen Erfolgsrisiken, Bd. 36 der Schriftenreihe des Instituts für Kreditwesen der Westfälischen Wilhelms-Universität Münster, hrsg. v. Schierenbeck, H., Frankfurt/M. 1987

Hölscher, R. (Risikomessung, 1988)

Risikomessung und Risikodeckung in Kreditinstituten,
in: Schierenbeck, H. (Hrsg.), ifk nachrichten aus dem Institut für Kreditwesen der Universität Münster, Heft 34, Wintersemester 1987/88, S. 48 - 65

Hofmann -Werther, M. (Treasury, 1989)

Treasury,
in: Zeitschrift für das gesamte Kreditwesen, 42. Jg., Heft 17 1989, S. 804 - 810

Hooven, E. v. (Zukunft, 1989)

Aufbruch des Privatkundengeschäfts in eine neue Zukunft,
in: bank und markt + technik, Zeitschrift für Unternehmensführung, Marketing und Organisation, Heft 5 1989, S. 5 - 11

Hubbes, H.H. (Caps, 1987)

Pricing of Caps and Floors - A Simplified Approach,
in: Kredit und Kapital, Heft 1 1987, S. 1 - 21

Hudis, J.A., Thomas, L.R., Schiebler, K. (Terminkontrakte, 1988)

Bundesanleihe-Terminkontrakte. Eine Einführung, London 1988

Humphreys, G. (Derivatives, 1992)

Learning to love Derivatives,
in: Euromoney, March 1992, S. 91 - 92

Jacob, A.-F. (Geschäftsfeld, 1992)

Risiko-Management als Geschäftsfeld,
in: Betriebswirtschaftliche Blätter, 41. Jg., Heft 2 1992, S. 105 - 110

Jacob, H.-R., Villiez, C. v., Westphal, E. (Erfolgs-Management, 1992)

Erfolgs-Management zwischen Risiko und Chance,
in: Die Bank, Heft 2, Februar 1992, S. 101 - 106

Janschek, O., Treitler, C. (Arbitrage, 1985)

Arbitrage,
in: Bühler, W., Feuchtmüller, W., Vogel, M. (Hrsg.), Financial Futures, Bd. 11 der Schriftenreihe des Instituts für Kredit- und Versicherungswirtschaft, Wien 1985, S. 96 - 120

Jeanneau, S. (Futures, 1989)

A survey of interest rate futures,
in: Bank of England (Hrsg.), Quarterly Bulletin, No. 8 1989, S. 388 - 398

Jones, F.J. (Futures, 1986)

The Development of the Financial Futures Markets,
in: Kaufman, P.J. (Hrsg.), The Concise Handbook of Futures Markets, New York et al. 1986, 10. Kapitel, S. 10.1 - 10.49

Keppler, M. (Portfolio, 1991)

Portfolio-Theorie: Zweifelhafte Annahmen, suboptimale Ergebnisse,
in: Die Bank, Heft 7, Juli 1991, S. 382 - 385

Keppler, M. (Volatilität, 1990)

Risiko ist nicht gleich Volatilität,
in: Die Bank, Heft 11, November 1990, S. 610 - 614

Kern, W. (Operations Research, 1971)

Operations Research. Eine Einführung in die Optimierungs-Rechnung, 4. Aufl., Stuttgart 1971

Kern, W. (Zeit, 1992)

Die Zeit als Dimension betriebswirtschaftlichen Denkens und Handelns,
in: DBW Die Betriebswirtschaft, 52. Jg., Heft 1 1992, S. 41 - 58

Kirsch, W. (Entscheidungen, 1971)

Entscheidungsprozesse III. Entscheidungen in Organisationen, Wiesbaden 1971

Kirschner, W. (Zinsfutures, 1992)

Alternatives Preisfaktorensystem erhöht Attraktivität der DTB-Zinsfutures,
in: Die Bank, Heft 7, Juli 1992, S. 387 - 391

Klerx, K. (Zinselastizitätsbilanz, 1989)

Von der Zinsbindungsbilanz zur Zinselastizitätsbilanz,
in: bank und markt + technik, Zeitschrift für Unternehmensführung, Marketing und Organisation, Heft 9 1989, S. 28 - 29

Köllhofer, D. (Gewinnplanung, 1987)

Gewinnplanung und strategische Erfolgsfaktoren,
in: Scheidl, K. (Hrsg.), Gewinnplanung in Kreditinstituten. Neuere Ansätze der Erfolgsteuerung, Frankfurt/M. 1987, S. 101 - 126

Köpf, G. (Futures, 1989)

Anwendungsmöglichkeiten von Renten-Futures im Risikomanagement,
in: Uszczapowski, I. (Red.), Optionen und Futures: Auftrieb für den Finanzplatz Deutschland durch die DTB?, Frankfurt/M. 1989, S. 35 - 41

Körner, F., Moessmer, M. (Hedging, 1985)

Hedging,
in: Bühler, W., Feuchtmüller, W., Vogel, M. (Hrsg.), Financial Futures, Bd. 11 der Schriftenreihe des Instituts für Kredit- und Versicherungswirtschaft, Wien 1985, S. 127 - 155

Koerner, U. (Risikomanagement, 1989)
Organisatorische Ausgestaltung des Risikomanagements im Bankbetrieb,
in: Die Bank, Heft 9, September 1989, S. 493 - 501

Kolbeck, R. (Planung, 1971)
Bankbetriebliche Planung. Planungsmöglichkeiten bei Kreditbanken, Sparkassen und Kreditgenossenschaften, Bd. 11 der Schriftenreihe für Kreditwirtschaft und Finanzierung, hrsg. v. Hagenmüller, K.F., Wiesbaden 1971

Korhonen, A. (Model, 1987)
A dynamic bank portfolio planning model with multiple scenarios, multiple goals and changing priorities,
in: European Journal of Operational Research, Vol. 30, No. 1 1987, S. 13 - 23

Kotz, H.-H., Braun, U. (Zinsstruktur, 1991)
Zinsstruktur und Aktiv-Passiv-Steuerung: Der Prognoseteil,
in: Sparkasse, 108. Jg., Heft 12 1991, S. 556 - 561

Krüger, G. (Programm, 1992)
Bilanzstrukturmanagement als PC-Programm,
in: Betriebswirtschaftliche Blätter, 41. Jg., Heft 5 1992, S. 280 - 285

Krümmel, H.-J. (Strukturnormen, 1987),
Neue Finanzierungsformen und aufsichtsrechtliche Strukturnormen,
in: Schierenbeck, H. (Hrsg.), Neuere Entwicklungen auf den Finanzmärkten, Frankfurt/M. 1987, S. 39 - 76

Krumnow, J. (Controlling, 1989)
Controlling im Off-Blance-Sheet-Geschäft,
in: Krümmel, H.-J., Rudolph, B. (Hrsg.), Finanzintermediation und Risikomanagement. Produktentwicklung, Steuerungstechniken und Marktstrategien auf den internationalen Finanzmärkten, Frankfurt/M. 1989, S. 135 - 157

Kruschwitz, L., Schöbel, R. (Duration I, 1986)

Duration: Grundlagen und Anwendungen eines einfachen Risikomaßes zur Beurteilung festverzinslicher Wertpapiere (Teil I), in: wisu. das Wirtschaftsstudium. Zeitschrift für Ausbildung, Examen und Weiterbildung, 15. Jg., Heft 11 1986, S. 550 - 554

Kruschwitz, L., Schöbel, R. (Duration II, 1986)

Duration: Grundlagen und Anwendungen eines einfachen Risikomaßes zur Beurteilung festverzinslicher Wertpapiere (Teil II), in: wisu. das Wirtschaftsstudium. Zeitschrift für Ausbildung, Examen und Weiterbildung, 15. Jg., Heft 12 1986, S. 603 - 608

Kugler, A. (Analyse, 1985)

Konzeptionelle Ansätze zur Analyse und Gestaltung von Zinsänderungsrisiken in Kreditinstituten, in: Europäische Hochschulschriften, Reihe 5 Volks- und Betriebswirtschaft, Bd. 595, Frankfurt/M. et al. 1985

Kupsch, P. (Risiken, 1975)

Risiken als Gegenstand der Unternehmungspolitik, in: WiSt-Wirtschaftswissenschaftliches Studium, 4. Jg., Heft 4 1975, S. 153 - 159

Kusy, M.I., Ziemba, W.T. (Model, 1986)

A Bank Asset and Liability Management Model, in: Operations Research, Vol. 34, No. 3 1986, S. 356 - 376

Langen, D. (Management, 1989)

Strategic Bank Asset Liability Management. A Multi-Objective Decision Model and Decision Support System for Strategic Bank Asset Liability Management, Bd. 980 der Europäischen Hochschulschriften, Reihe 5 Volks- und Betriebswirtschaft, Frankfurt/M. et al. 1989

Lassak, G. (Swaps, 1988)

Zins- und Währungsswaps, Bd. 1 der Schriftenreihe des SGZ BANK, Südwestdeutsche Genossenschafts-Zentralbank AG, hrsg. v. Förderverein "Finanzwirtschaft und Banken" an der Universität Karlsruhe e.V., Frankfurt/M. 1988

Leichsenring, H. (Führungsinformationssysteme, 1990)

Führungsinformationssysteme in Banken. Notwendigkeit, Konzeption und strategische Bedeutung, Bd. 25 der OIKOS Studien zur Ökonomie, hrsg. v. Hess, S.M., Wiesbaden 1990

Lewis, M.K. (Regulation, 1988)

Off-Blance Sheet Activity and its Regulation, in: Wilson, J.S.G. (Hrsg.), Managing Bank Assets and Liabilities, Euromoney Publications, London 1988, S. 161 - 204

LIFFE (Hrsg.) (Bund, 1988)

Bund. Bundesanleihe-Terminkontrakte, London 1988

LIFFE (Hrsg.) (Option, o.J.)

Bund. Terminkontrakt und Option auf Bundesanleihen, London o.J.

Macaulay, F.R. (Interest Rates, 1938)

Some Theoretical Problems suggested by the Movements of Interest Rates, Bond Yields and Stock Prices in the United States Since 1856, New York 1938

Mag, W. (Risiko, 1981)

Risiko und Ungewißheit, in: Albers, W., et al. (Hrsg.), Handwörterbuch der Wirtschaftswissenschaft, Bd. 6, Stuttgart et al. 1981, S. 478 - 495

Maier, A. (Forward, 1988)

Forward Rate Agreements, in: Sparkasse, 105. Jg., Heft 10 1988, S. 475 - 476

Maier, A. (Swaptions, 1988)

Swaptions, in: WiSt-Wirtschaftswissenschaftliches Studium, 17. Jg., Heft 8 1988, S. 415 - 417

Markowitz, H.M. (Portfolio, 1959)

Portfolio Selection. Efficient Diversification of Investments, New York 1959

Marusev, A.W. (Marktzinsmodell, 1990)

Das Marktzinsmodell in der bankbetrieblichen Einzelgeschäftskalkulation, Bd. 40 der Schriftenreihe des Instituts für Kreditwesen der Westfälischen Wilhelms-Universität Münster, hrsg. v. Schierenbeck, H., Frankfurt/M. 1990

Mayer, H., Strienz, R. (Zinsspanne, 1991)

Abhängigkeit von Zinsspanne und Zinsniveau, in: Betriebswirtschaftliche Blätter, 40. Jg., Heft 10 1991, S. 487 - 491

McClure, R.H., Miller, R.E. (Application, 1979)

The Application of Operations Research in Commercial Banking Companies, in: Interfaces, Vol. 9, No. 2 1979, S. 24 - 29

Meinecke, H.-D. (Steuerung, 1988)

Zinsänderungsrisiko und bilanzunwirksame Geschäfte. Überlegungen zur Steuerung der Zinsposition von Banken, in: Finanz-Berater, Beilage Nr. 12 zu Der Betriebs-Berater, Heft 26 1988, S. 10 - 18

Meinz, T. (Bedeutung, 1987)

Die Bedeutung rentenmarktbezogener Finanzinnovationen für das Asset-Liability-Management von Kreditinstituten, in: Rudolph, B. (Hrsg.), Kapitalmarktanalyse. Institutionen, Instrumente und Anlagestrategien, Frankfurt/M. 1987, S. 113 - 129

Menrad, S., Hegedüs, J., Streib, H. (Risiken, 1991)

Die Berücksichtigung der Risiken von Finanzterminkontrakten bei der bankaufsichtsrechtlichen Begrenzung des Risikopotentials von Kreditinstituten, in: DBW Die Betriebswirtschaft, 51. Jg., Heft 1 1991, S. 49 - 63

Menzel, F.W. (Risikomanagement, 1987)

Risikomanagement mit Zinsterminkontrakten, in: Krümmel, H.-J., Rudolph, B. (Hrsg.), Bankmanagement für neue Märkte, Frankfurt/M. 1987, S. 153 - 165

Meyer, C. (Bankbilanz, 1986)

Die Bankbilanz als finanzielles Führungsinstrument unter besonderer Berücksichtigung aufsichtsrechtlicher Bestimmungen im In- und Ausland, Bern, Stuttgart 1986

Meyer zu Selhausen, H. (Bank-Controlling, 1992)

Informationssysteme für das Bank-Controlling, in: Spremann, C., Zur, E. (Hrsg.), Controlling. Grundlagen - Informationssysteme - Anwendungen, Wiesbaden 1992, S. 229 - 260

Meyer zu Selhausen, H. (Erfolgsposition, 1989)

Informationssysteme zur Stärkung der strategischen Erfolgsposition, in: Die Bank, Heft 2, Februar 1989, S. 80 - 89

Meyer zu Selhausen, H. (Koordination, 1988)

Erfassung und Steuerung des Zinsänderungsrisikos einer Bank mit Hilfe eines Modells der Aktiv-Passiv-Koordination, in: Kredit und Kapital, Heft 4 1988, S. 556 - 591

Meyer zu Selhausen, H. (Kreditbank, 1971)

Ein Operations-Research-Modell zur Optimalplanung von Aktiv- und Passivgeschäft in der Kreditbank, in: Blätter für Genossenschaftswesen, 117. Jg., Nr. 8 1971, S. 125 - 134

Meyer zu Selhausen, H. (Operations Research, 1990)

Operations Research in Kreditinstituten, in: Schierenbeck, H. (Hrsg.), Bank- und Versicherungslexikon, München, Wien 1990, S. 500 - 507

Meyer zu Selhausen, H. (Optimalplanung, 1970)

Die Optimalplanung von Kapitalbeschaffung und Kapitalverwendung einer Kreditbank mit den Methoden der Unternehmensforschung, Bd. 14 der Bankwirtschaftlichen Sonderveröffentlichungen des Instituts für Bankwirtschaft und Bankrecht an der Universität zu Köln, hrsg. v. Büschgen, H.E. et al., Köln 1970

Meyer zu Selhausen, H. (Optimierungsverfahren, erscheint demnächst)

in: Wittmann, W. (+), Kern, W., Köhler, R., Küpper, H.-U., Wysocki, K. v. (Hrsg.), Handwörterbuch der Betriebswirtschaft, 5. Aufl., erscheint demnächst

Meyer zu Selhausen, H. (Optimization, 1977)

Commercial Bank Balance Sheet Optimization. A decision model approach,
in: Journal of Banking and Finance, No. 1 1977, S. 119 - 142

Meyer zu Selhausen, H. (Strategien, 1991)

Ermittlung robuster Strategien für die Steuerung des Zinsrisikos einer Universalbank,
in: Zeitschrift für Bankrecht und Bankwirtschaft, 3. Jg., Heft 3 1991, S. 137 - 146

Meyer zu Selhausen, H. (Verwirklichung, 1972)

Gedanken zur praktischen Verwirklichung eines Planungssystems für das Aktiv- und Passivgeschäft einer Filialbank,
in: Blätter für Genossenschaftswesen, 118. Jg., Nr. 6 1972, S. 81 - 100

Meyer zu Selhausen, H. (Zinsrisikomanagement, 1990)

Buchbesprechung zu Wolfgang Bessler: Zinsrisikomanagement in Kreditinstituten,
in: Zeitschrift für Bankrecht und Bankwirtschaft, 2. Jg., Heft 2 1990, S. 97 - 100

Milde, H. (Risiko, 1992)

Über Risiko und Risikotheorie,
in: Österreichisches Bankarchiv, Heft 4 1992, S. 314 - 319

Miller, M.H. (Equilibrium, 1989)

Equilibrium Relations between Cash Markets and Future Markets,
in: Uszczapowski, I. (Red.), Optionen und Futures: Auftrieb für den Finanzplatz Deutschland durch die DTB?, Frankfurt/M. 1989, S. 52 - 60

Miller, R. (Risk, 1988)

Risk Control for Banks: The Use of Financial Futures and Options,
in: Wilson, J.S.G. (Hrsg.), Managing Bank Assets and Liabilties, Euromoney Publications, London 1988, S. 237 - 247

Morris, C.S. (Futures, 1989)

Managing Interest Rate Risk with Interest Rate Futures,
in: Federal Reserve Bank of Kansas City (Hrsg.), Economic Review, March 1989, S. 3 - 20

Morris, C.S., Merfeld, T.J. (Risk, 1988)

New Methods for Savings and Loans to Hedge Interest Rate Risk,
in: Federal Reserve Bank of Kansas City (Hrsg.), Economic Review, March 1988, S. 3 - 15

Müller, H.-U., Schum, R. (Risiken, 1989)

Chancen und Risiken im Festzinsbereich - ein Modell zum Zinsspannenmanagement,
in: bank und markt + technik, Zeitschrift für Unternehmensführung, Marketing und Organisation, Heft 3 1989, S. 7 - 13

Müller-Merbach, H. (Research, 1973)

Operations Research. Methoden und Modelle der Optimalplanung, 3., durchgesehene Aufl., München 1973

Müller-Merbach, H. (Systemansätze, 1992)

Vier Arten von Systemansätzen, dargestellt in Lehrgesprächen,
in: Zeitschrift für Betriebswirtschaft, 62. Jg., Heft 8 1992, S. 853 - 876

Nabben, S. (Swaps, 1990)

Financial Swaps. Instrument des Bilanzstrukturmanagements in Banken, Bd. 6 der Schriftenreihe für Kreditwirtschaft und Finanzierung, hrsg. v. Hagenmüller, K.F., Engels, W., Kolbeck, R., Wiesbaden 1990

Nachbaur -Sturm, G., Pollak, N. (Grundbegriffe, 1985)

Grundbegriffe des Termingeschäfts,
in: Bühler, W., Feuchtmüller, W., Vogel, M. (Hrsg.), Financial Futures, Bd. 11 der Schriftenreihe des Instituts für Kredit- und Versicherungswirtschaft, Wien 1985, S. 23 - 46

Niestrath, C., Wagner, M. (Optimierung, 1990)

Optimierung der Aktivseite einer Sparkassenbilanz mit Hilfe der linearen Programmierung,
in: Betriebswirtschaftliche Blätter, 39. Jg., Heft 5 1990, S. 216 - 221

Nijkamp, P., Spronk, J. (Results, 1980)

Interactive Multiple Goal Proramming: An Evaluation and some Results,
in: Fandel, G., Gal, T. (Hrsg.), Multiple Criteria Decision Making. Theory and Application, Berlin 1980, S. 278 - 293

Nitzsch, R. v., Weber, M. (Bestimmung, 1991)

Bandbreiten-Effekte bei der Bestimmung von Zielgewichten,
in: zfbf, Schmalenbachs Zeitschrift für betriebswirtschaftliche Forschung, 43. Jg., Heft 11 1991, S. 971 - 986

Oberman, R.F.M.L. (Zinsrisikopotential, 1990)

Zinsrisikopotential. Kennziffer zur Quantifizierung des Zinsrisikos von Zinsswaps, -futures und -optionen, Frankfurt/M. 1990

Olson, R.L., Simonson, D.G. (Gap, 1982)

Gap Management and Market Rate Sensitivity in Banks,
in: Journal of Bank Research, Park Ridge, Ill., Spring 1982, S. 53 - 58

o.V. (Balance, 1980)

Balance sheet management, Introduction,
in: Cohen, K.J., Gibson, S.E. (Hrsg.), Management Science in Banking, 2nd edition, Boston, New York 1980, S. 165 - 168

o.V. (Börsenordnung, 1991)

DTB: Geänderte Börsenordnung und Clearing-Bedingungen,
in: Zeitschrift für Bankrecht und Bankwirtschaft, 3. Jg., Heft 4 1991, S. 277 - 295

o.V. (Ertragslage, 1990)

Die Ertragslage der deutschen Kreditinstitute im Jahre 1989,
in: Monatsberichte der Deutschen Bundesbank, 42. Jg., August 1990, S. 15 - 33

o.V. (Ertragslage, 1991)

Die Ertragslage der deutschen Kreditinstitute im Jahre 1990,
in: Monatsberichte der Deutschen Bundesbank, 43. Jg., August 1991, S. 15 - 31

o.V. (Ertragslage, 1992)

Die Ertragslage der westdeutschen Kreditinstitute im Jahre 1991,
in: Monatsberichte der Deutschen Bundesbank, 44. Jg., August 1992, S. 30 - 47

o.V. (Exkursion, 1991)
Exkursion: Zentralbereich "Aktiv-Passiv-Steuerung" der Hypo-Bank, München,
in: Meyer zu Selhausen, H. (Hrsg.), Bericht aus dem Seminar für Bankwirtschaft der Universität München, Sommersemester 1991, S. 96 - 97

o.V. (Finanzinstrumente, 1987)
Neue, nicht bilanzwirksame Finanzinstrumente und ihre Bedeutung für die Kreditinstitute in der Bundesrepublik,
in: Monatsberichte der Deutschen Bundesbank, 39. Jg., April 1987, S. 23 - 27

o.V. (Grundsätze, 1990)
Die neuen Grundsätze I und Ia über das Eigenkapital der Kreditinstitute,
in: Monatsberichte der Deutschen Bundesbank, 42. Jg., August 1990, S. 39 - 46

o.V. (Helaba, 1989)
Helaba bekommt "Zins-Kopfstand" zu spüren,
in: Süddeutsche Zeitung, Nr. 214 vom 18.09.1989, S. 26

o.V. (Innovationen, 1986)
Innovationen im internationalen Bankgeschäft,
in: Monatsberichte der Deutschen Bundesbank, 38. Jg., April 1986, S. 25 - 35

o.V. (Kontraktspezifikationen, 1991)
Kurzfassung der Kontraktspezifikationen,
in: DTB Dialog, 2. Jg., Heft 2 1991, S. 32

o.V. (Sicherheitsleistungen, 1989)
Sicherheitsleistungen bei Optionen und Futures. Effiziente Risikokontrolle gewährleistet Vertragserfüllung,
in: DTB Journal, Heft 2, April 1989, S. 6

o.V. (Statistik, 1992)
Statistik: Deutsche Terminbörse 1991,
in: Zeitschrift für das gesamte Kreditwesen, 45. Jg., Heft 2 1992, S. 76

o.V. (Strukturen, 1992)
Im EG-Binnenmarkt dürften sich die Strukturen gewaltig verändern,
in: Handelsblatt Nr. 102 vom 27.5.1992, S. 15

o.V. (Treuhandpapiere, 1992)
Bund- und Bobl-Future mit Treuhandpapieren,
in: Zeitschrift für das gesamte Kreditwesen,
45. Jg., Heft 14 1992, S. 641

o.V. (Vermögensbildung, 1991)
Vermögensbildung und ihre Finanzierung in der Bundesrepublik Deutschland im Jahre 1990,
in: Monatsberichte der Deutschen Bundesbank,
43. Jg., Mai 1991, S. 14 - 22

o.V. (Zinsentwicklung, 1983)
Die Zinsentwicklung seit 1978,
in: Monatsberichte der Deutschen Bundesbank,
35. Jg., Januar 1983, S. 14 - 26

o.V. (Zinsstruktur, 1991)
Zinsentwicklung und Zinsstruktur seit Anfang der achtziger Jahre,
in: Monatsberichte der Deutschen Bundesbank,
43. Jg., Juli 1991, S. 31 - 42

Pfingsten, A. (Zinselastizitäten, 1989)
Zinsänderungsrisiken bei variablen Zinselastizitäten,
in: bank und markt + technik, Zeitschrift für Unternehmensführung, Marketing und Organisation,
Heft 6 1989, S. 33 - 34

Priewasser, E. (Implementierung, 1977)
Die Implementierung von bankbetrieblichen Planungs- und Entscheidungsmodellen,
in: Müller-Merbach, H. (Hrsg.), Quantitative Ansätze in der Betriebswirtschaftslehre. Bericht von der wissenschaftlichen Tagung des Verbandes der Hochschullehrer e.V. 1.-3.Juni 1977 in Darmstadt,
Darmstadt 1977, S. 301 - 314

Prisman, E.Z., Shores, M.R. (Duration, 1988)
Duration Measures for Specific Term Structure Estimations and Applications to Bond Portfolio Immunization,
in: Journal of Banking and Finance, No. 12 1988,
S. 493 - 504

Redington, F.M. (Valuations, 1952)

Review of the Principles of Life-Office Valuations, in: Journal of the Institute of Actuaries, Vol. 78, No. 350, Cambridge University Press, London 1952, S. 286 - 340

Remmers, J. (Probleme, 1985)

Probleme der Erfassung und Steuerung des Zinsänderungsrisikos mit Hilfe des bankbetrieblichen Rechnungswesens, in: Kolbeck, R. (Hrsg.), Risikovorsorge. Das Rechnungswesen als Informationsinstrument zur Steuerung und Kontrolle bankbetrieblicher Risiken, Frankfurt/M. 1985, S. 61 - 85

Rettberg, U., Zwätz, D. (Lexikon, 1992)

Das kleine Terminhandels-Lexikon, Düsseldorf 1992

Robinson, R.S. (BANKMOD, 1980)

BANKMOD: An Interactive Simulation Aid for Bank Financial Planning, in: Cohen, K.J., Gibson, S.E. (Hrsg.), Management Science in Banking, 2nd edition, Boston, New York 1980, S. 129 - 139

Rolfes, B. (Ansätze, 1985)

Ansätze zur Steuerung von Zinsänderungsrisiken, in: Kredit und Kapital, 18. Jg., 1985, S. 529 - 552

Rolfes, B. (Banken, 1988)

Das Zinsänderungsrisiko bei Banken, in: wisu. das Wirtschaftsstudium. Zeitschrift für Ausbildung, Examen und Weiterbildung, 17. Jg., Heft 7 1988, S. 400 - 407

Rolfes, B. (Gestaltung, 1992)

Aktive Bilanzstruktursteuerung und Gestaltung der Elastizitätsbilanz, in: vbo-information, Nr. 1 1992, S. 4 - 19

Rolfes, B. (Methoden, 1990)

Neue Methoden des Aktiv-/Passiv-Managements in Banken, in: vbo-informationen, Nr.4 1990, S. 89 - 102

Rolfes, B. (Steuerung, 1985)

Die Steuerung von Zinsänderungsrisiken in Kreditinstituten, Bd. 29 der Schriftenreihe des Instituts für Kreditwesen der Westfälischen Wilhelms-Universität Münster, hrsg. v. Schierenbeck, H., Frankfurt/M. 1985

Rolfes, B., Bellmann, K., Napp, U. (Darstellung, 1988)

Darstellung und Beurteilung von Zinsänderungsrisiken,
in: bank und markt + technik, Zeitschrift für Unternehmensführung, Marketing und Organisation, Heft 12 1988, S. 12 - 16

Rolfes, B., Bergfried, H. (Geschäftsstruktur, 1988)

Die zinsänderungsoptimale Geschäftsstruktur einer Bank,
in: Österreichisches Bankarchiv, Heft 4 1988, S. 329 - 343

Rolfes, B., Schierenbeck, H. (Marktwert, 1992)

Der Marktwert variabel verzinslicher Bankgeschäfte,
in: Die Bank, Heft 7, Juli 1992, S. 403 - 412

Rolfes, B., Schwanitz, J. (Stabilität, 1992)

Die »Stabilität« von Zinselastizitäten,
in: Die Bank, Heft 6 1992, S. 334 - 337

Rothacker, H. (Treasury, 1991)

Treasury Management einer Bank in den 90er Jahren,
in: Die Bank, Heft 4, April 1991, S. 191 - 197

Royer, M.H. (Simulation, 1980)

Simulation at Banque de Bruxelles,
in: Cohen, K.J., Gibson, S.E. (Hrsg.), Management Science in Banking, 2nd edition, Boston, New York 1980, S. 119 - 128

Rudolph, B. (Innovationen, 1987)

Innovationen zur Steuerung und Begrenzung bankbetrieblicher Risiken,
in: Krümmel, H.-J., Rudolph, B. (Hrsg.), Bankmanagement für neue Märkte, Frankfurt/M. 1987, S. 19 - 45

Rudolph, B. (Kontrollrechnungen, 1981)

Planungs- und Kontrollrechnungen,
in: Göppl, H., Henn, R. (Hrsg.), Geld, Banken und Versicherungen, Königstein/Ts. 1981, S. 539 - 554

Rudolph, B. (Strategie, 1979)

Zinsänderungsrisiken und die Strategie der durchschnittlichen Selbstliquidationsperiode, in: Kredit und Kapital, 12. Jg., Heft 2 1979, S. 81 - 206

Rudolph, B., Wondrak, B. (Modelle, 1985)

Modelle zur Planung von Zinsänderungsrisiken und Zinsänderungschancen, Frankfurt/M. 1985

Samuelson, P.A. (Banking, 1945)

The Effect of Interest Rate Increases on the Banking System, in: The American Economic Review, Vol. 35 1945, S. 16 - 27

Schäfer, R. (Geldmarkt, 1990)

Der Zusammenhang zwischen inländischem und Euro-DM-Geldmarkt, in: WiSt-Wirtschaftswissenschaftliches Studium, Heft 9 1990, S. 467 - 469

Scheffler, W. (Entscheidungen, 1992)

Grundsätze zur Bewältigung von komplexen betrieblichen Entscheidungen, in: WiSt-Wirtschaftswissenschaftliches Studium, Heft 5 1992, S. 241 - 246

Schierenbeck, H. (Bankmanagement, 1991)

Ertragsorientiertes Bankmanagement. Betriebswirtschaftliche Grundlagen des Controlling in Kreditinstituten, 3., vollst. neubearb. u. erw. Aufl., Wiesbaden 1991

Schierenbeck, H. (Bilanzstruktur, 1984)

Bilanzstrukturmanagement in Kreditinstituten, in: Schierenbeck, H., Wielens, H. (Hrsg.), Bilanzstrukturmanagement in Kreditinstituten, Frankfurt/M. 1984, S. 9 - 28

Schierenbeck, H. (Einbindung, 1991)

Einbindung des Managements von Eigenanlagen in Controlling-Systeme, in: Bankinformation, Heft 8 1991, S. 30 - 33

Schierenbeck, H. (Modell, 1987)

Modellanalytische Bilanzstrukturoptimierung, in: Kredit und Kapital, 20. Jg., Heft 4 1987, S. 496 - 521

Schlenzka, P.F. (Kontrolle, 1984)

Asset/Liability Management zur Kontrolle von Zinsänderungsrisiken,
in: Schierenbeck, H., Wielens, H. (Hrsg.), Bilanzstrukturmanagement in Kreditinstituten, Frankfurt/M. 1984, S. 73 - 83

Schmidt, H. (Marktzinsrisiken, 1982)

Wege zur Erittlung und Beurteilung der Marktzinsrisiken von Banken,
in: Becker, W.D., Falk, R. (Hrsg.), Materialien zum Zinsrisiko, Schriften des Verbandes öffentlicher Banken, Göttingen 1982, S. 33 - 68

Schneeweiß, C., Kühn, M. (Flexibilität, 1990)

Zur Definition und gegenseitigen Abgrenzung der Begriffe Flexibilität, Elastizität und Robustheit,
in: zfbf, Schmalenbachs Zeitschrift für betriebswirtschaftliche Forschung, 42. Jg., Heft 5 1990, S. 378 - 395

Schneeweiß, H. (Risiko, 1967)

Entscheidungskriterien bei Risiko, Berlin, Heidelberg, New York 1967

Schneider, G. (Planung, 1970)

Zur Planung von Bankportefeuilleentscheidungen, Frankfurt/M. 1970

Schneider-Gädicke, K.-H. (Wertpapiergeschäft, 1984)

Die Bedeutung des Wertpapiergeschäfts für die Bilanzstrukturpolitik,
in: Schierenbeck, H., Wielens, H. (Hrsg.), Bilanzstrukturmanagement in Kreditinstituten, Frankfurt/M. 1984, S. 103 - 117

Scholz, W. (Steuerung, 1984)

Die Steuerung von Zinsänderungsrisiken und ihre Berücksichtigung im Jahresabschluß der Kreditinstitute,
in: Schierenbeck, H., Wielens, H. (Hrsg.), Bilanzstrukturmanagement in Kreditinstituten, Frankfurt/M. 1984, S. 119 - 136

Scholz, W. (Zinsänderungsrisiken, 1982)
Zinsänderungsrisiken im Jahresabschluß der Kreditinstitute,
in: Becker, W.D., Falk, R. (Hrsg.), Materialien zum Zinsrisiko, Schriften des Verbandes öffentlicher Banken, Göttingen 1982, S. 7 - 32

Schulte-Mattler, H. (Kapitaladäquanz-Richtlinie, 1992)
Kapitaladäquanz-Richtlinie schafft einheitliche Aufsichtsregeln,
in: Die Bank, Heft 8, August 1992, S. 460 - 467

Schwarzer, O. (Dynamik, 1989)
Die deutschen Börsen haben eine ungeheure Dynamik entwickelt. Interview mit dem Geschäftsführer der Arbeitsgemeinschaft Deutscher Börsen, Rüdiger von Rosen,
in: Süddeutsche Zeitung, Nr. 240 vom 18.10.1989, S. 34

Schwarzer, O. (Ertrag, 1992)
Ertrag mit Risiko erkauft. Bei den Banken stecken hinter den glänzenden Zahlen oftmals beträchtliche Probleme,
in: Süddeutsche Zeitung, Nr. 44 vom 22./23.02.1992, S. 33

Selbach, R. (Risiko, 1987)
Risiko und Risikopolitik bei Kreditgenossenschaften, Bd. 17 der Schriften zum Genossenschaftswesen und zur Öffentlichen Wirtschaft, hrsg. v. Engelhardt, W.W., Thiemeyer, T., Berlin 1987

Sharpe, W.F. (Model, 1966)
A simplified Model for Portfolio Analysis,
in: Cohen, K.J., Hammer, F.S. (Hrsg.), Analytical Methods in Banking, Homewood, Ill. 1966, S. 282 - 297

Sieben, G., Schildbach, T. (Entscheidungstheorie, 1990)
Betriebswirtschaftliche Entscheidungstheorie, 3., überarb. u. erw. Aufl., Düsseldorf 1990

Siegel, B., Degener, R. (Steuerung I, 1988)
Neuere Überlegungen zur Steuerung von Zinsänderungsrisiken I,
in: Zeitschrift für das gesamte Kreditwesen, 41. Jg., Heft 19 1988, S. 900 - 906

Siegel, B., Degener, R. (Steuerung II, 1988)

Neuere Überlegungen zur Steuerung von Zinsänderungsrisiken II,
in: Zeitschrift für das gesamte Kreditwesen, 41. Jg., Heft 20 1988, S. 946 - 952

Simon, H.A. (Entscheidung, 1977)

Theorien der Entscheidung in den Wirtschafts- und Verhaltenswissenschaften,
in: Witte, E., Thimm, A. L. (Hrsg.), Entscheidungstheorie. Texte und Analysen, Wiesbaden 1977, S. 82 - 108

Simonson, D.G., Hempel, G.H. (Gap, 1982)

Improving Gap Management for Controlling Interest Rate Risk,
in: Journal of Bank Research, Summer 1982, S. 109 - 115

Spronk, J. (Goal, 1981)

Interactive Multiple Goal Programming. Applications to Financial Planning, Boston, The Hague, London 1981

Spronk, J., Zambruno, G.M. (Portfolio, 1981)

A Multiple-Criteria Approach to Portfolio Selection,
in: Göppl, H., Henn, R. (Hrsg.), Geld, Banken und Versicherungen, Königstein/Ts. 1981, S. 451 - 459

Stadtsparkasse München (Hrsg.) (Geschäftsbericht, 1990)

Geschäftsbericht 1990, München 1990

Stepan, A., Fischer, E.O. (Optimierung, 1992)

Betriebswirtschaftliche Optimierung. Einführung in die quantitative Betriebswirtschaftslehre, 3., erw. und überarb. Aufl., München, Wien 1992

Strobl, J. (Zinsänderungsrisiken, 1989)

Zinsänderungsrisiken in Kreditinstituten,
in: Bühler, W. (Hrsg.), Schriftenreihe des Instituts für Kreditwirtschaft, Bd. 25, Wien 1989

Süchting, J. (Bankmanagement, 1992)

Bankmanagement, 3., vollst. überarb. u. erw. Aufl., Stuttgart 1992

Szyperski, N., Winand, U. (Entscheidungstheorie, 1974)
Entscheidungstheorie. Eine Einführung unter besonderer Berücksichtigung spieltheoretischer Konzepte, Stuttgart 1974

Thomas, J.M. (Futures, 1984)
The Use of Financial Futures in the Asset and Liability Management Process,
in: Rothstein, N.H., Little, J.M. (Hrsg.), The Handbook of Financial Futures. A Guide for Investors and Professional Financial Managers, New York et al. 1984, S. 187 - 190

Toevs, A.L., Haney, W.C. (Models, 1986)
Measuring and Managing Interest Rate Risk: A Guide to Asset/Liability Models Used in Banks and Thrifts,
in: Platt, R.B. (Hrsg.), Controlling Interest Rate Risk. New Techniques and Applications for Money Management, New York et al. 1986, S. 256 - 350

Uhlir, H. (Futures, 1992)
Financial Futures im Brennpunkt. Teil II: Zins-Futures,
in: Österreichisches Bankarchiv, Heft 5 1992, S. 435 - 441

Uszczapowski, I. (Futures, 1991)
Optionen und Futures verstehen. Grundlagen und neuere Entwicklungen, München 1991

Walkup, D.W., Wets, R.J.B. (Programs, 1967)
Stochastic Programs with Recourse,
in: SIAM Journal on applied Mathematics, Vol. 15, No. 5, September 1967, S. 1299 - 1314

Walkup, D.W., Wets, R.J.B. (Special, 1970)
Stochastic Programs with Recourse: Special Forms,
in: Kuhn, H.W. (Hrsg.), Proceedings of the Princeton Symposium on Mathematical Programming, Princeton 1970, S. 139 - 161

Weil, R.L. (Duration, 1973)
Macaulay's Duration: An Appreciation,
in: The Journal of Business, Vol. 46 1973, S. 589 - 592

Westdeutsche Landesbank Girozentrale (Hrsg.) (Bund Future, o.J.)

Zinsterminkontrakte - Bund Future -, Düsseldorf o.J.

Wets, R. (Uncertainty, 1966)

Programming under Uncertainty: The Complete Program,
in: Zeitschrift für Wahrscheinlichkeitstheorie und verwandte Gebiete, Heft 4 1966, S. 316 - 339

Wild, K.-D. (Simulation, 1987)

Dynamische Optimierung der Zinsbindungsstruktur von Bankbilanzen mittels Simulation, Frankfurt/M. et al. 1987

Wild, K.-D. (Zinsänderungsrisiken, 1992)

Zinsänderungsrisiken besser steuern,
in: Betriebswirtschaftliche Blätter, 41. Jg., Heft 1 1992, S. 45 - 48

Wilhelm, J. (Arbitragefreiheit, 1981)

Zum Verhältnis von Capital Asset Pricing Model, Arbitrage Pricing Theory und Bedingungen der Arbitragefreiheit von Finanzmärkten,
in: zfbf, Schmalenbachs Zeitschrift für betriebswirtschaftliche Forschung, 33. Jg., Heft 10 1981, S. 891 - 905

Wilhelm, J. (Zinsänderungsrisiko, 1992)

Fristigkeitsstruktur und Zinsänderungsrisiko - Vorüberlegungen zu einer Markowitz-Theorie des Bond-Portfolio-Management,
in: zfbf, Schmalenbachs Zeitschrift für betriebswirtschaftliche Forschung, 44. Jg., Heft 3 1992, S. 209 - 246

Wilson, J.S.G. (Definitions, 1988)

Asset & Liabilities Management - Definitions, Origins & Development,
in: Wilson, J.S.G. (Hrsg.), Managing Bank Assets and Liabilities, Euromoney Publications, London 1988, S. 1 - 5

Wilson, J.S.G. (Summary, 1988)

Bank Management of Assets and Liabilities. Summary,
in: Wilson, J.S.G. (Hrsg.), Managing Bank Assets and Liabilities, Euromoney Publications, London 1988, S. 263 - 287

Witte, T. (Simulationstheorie, 1973)

Simulationstheorie und ihre Anwendung auf betriebliche Systeme, Bd. 3 der Beiträge zur industriellen Unternehmensforschung, hrsg. v. Adam, D., Wiesbaden 1973

Wittenberg, J.H. (Terminbörse, 1991)

Erfolgreich spekulieren an der Deutschen Terminbörse, 2., überarb. u. erw. Aufl., Freiburg i.Br. 1991

Wörner, E. (Zinsrisiko, 1988)

Termingeschäfte als Instrumente des Zinsrisiko-Managements, Frankfurt/M. et al. 1988

Wondrak, B. (Steuerung, 1986)

Zur Steuerung des Zinsänderungsrisikos in Kreditinstituten,
in: Kredit und Kapital, 19. Jg., Heft 3 1986, S. 401 - 416

Zahn, H.E. (Handlexikon, 1991)

Handlexikon zu Futures, Optionen und innovativen Finanzinstrumenten, Frankfurt/M. 1991

Zugehör, G. (Verbindung, 1989)

Verbindung von Option und Zinsswap: Die Swapoption, in: Die Bank, Heft 6, Juni 1989, S. 323 - 328

STICHWORTVERZEICHNIS

Birgit Leonhardt-Weber
Die Entwicklung der Qualitätsmerkmale im Verkehr
Eine Analyse vor dem Hintergrund der technischen, wirtschaftlichen und gesellschaftlichen Entwicklung
1990, Band 80, 498 Seiten, Manuskriptdruck, Paperback, DM 73,80, ISBN 3 88259 766 6

Raimund Schirmeister
Theorie finanzmathematischer Investitionsrechnungen bei unvollkommenem Kapitalmarkt
1990, Band 81, 380 Seiten, Manuskriptdruck, Paperback, DM 56,80, ISBN 3 88259 767 4

Ewald Scherm
Unternehmerische Arbeitsmarktforschung
Informatorische Grundlagen, Konzeption und Grenzen
1990, Band 82, 216 Seiten, Manuskriptdruck, Paperback, DM 42,80, ISBN 3-88259-773-9

Mathias Klöpper
Mischfinanzierung und Kofinanzierung als Instrumente der Auftragsfinanzierung im industriellen Anlagegeschäft
Eine Analyse aus der Sicht des Deutschen Anlagenexporteurs
1990, Band 83, 319 Seiten, Manuskriptdruck, Paperback, DM 36,80, ISBN 3-88259-772-0

Matthias Mungenast
Grenzen merkmalsorientierter Einstufungsverfahren und ihre mögliche Überwindung durch zielorientierte Leistungsbeurteilungsverfahren
1990, Band 84, 328 Seiten, Manuskriptdruck, Paperback, DM 46,80, ISBN 3-88259-794-1

Hans-Ulrich Sachenbacher
Prospektive Lebensdauerkalkulation von Kundenverbindungen in Kreditinstituten
Ein anwendungsorientiertes, empirisch fundiertes Konzept für das Privatkundengeschäft unter Berücksichtigung der Konsequenzen im Marketing und Controlling
1991, Band 85, 287 Seiten, Manuskriptdruck, Paperback, DM 39,80, ISBN 3-88259-810-7

Andreas Küspert
Bildung und Bewertung strategischer Geschäftsfelder im Privatkundengeschäft einer Universalbank
1991, Band 86, 370 Seiten, Manuskriptdruck, Paperback, DM 54,80, ISBN 3-88259-811-5

Lothar M. Scherer
Die Erschließung des Handwerksmarktes für Bürotechnologien
dargestellt am Beispiel des kooperativen Weiterbildungskonzeptes "Büro im Handwerk"
1991, Band 87, 304 Seiten, Manuskriptdruck, Paperback, DM 54,80, ISBN 3-88259-819-0

Klaus-Dieter Horn
Strafbare Werbung, Erscheinungsformen und Gegenstrategien im ökonomischen Kontext
1991, Band 88, 192 Seiten, Manuskriptdruck, Paperback, DM 34,80, ISBN 3-88259-825-5

Heike Gerpott
F&E und Produktion
Theoretische und empirische Analysen zu Schnittstellenproblemen im Innovationsprozeß unter besonderer Berücksichtigung personalwirtschaftlicher Aspekte
1991, Band 89, 294 Seiten, Manuskriptdruck, Paperback, DM 42,80, ISBN 3-88259-837-9

Rüdiger Salat
Innovative Mediennutzung
1991, Band 90, 230 Seiten, Manuskriptdruck, Paperback, DM 41,80, ISBN 3-88259-848-4

Bernd Fakesch
Führung durch Mitarbeiterbeteiligung
Ein Konzept zur Steigerung der Mitarbeitermotivation
1991, Band 91, 309 Seiten, Manuskriptdruck, Paperback, DM 54,80, ISBN 3-88259-856-5

VVF

Wolfgang Stegmaier
Ursachen für die Überlastung der Finanzgerichte und Vorschläge zu ihrer Beseitigung
1993, Band 105, 228 Seiten, Manuskriptdruck, Paperback, DM 44,80, ISBN 3-88259-979-0

Helmut Konjetzky
Risikoanalyse kombinierter Optionspositionen
1993, Band 107, 311 Seiten, Manuskriptdruck, Paperback, DM 62,80, ISBN 3-88259-996-0

Fritz Koob
Die Wirkung des Bauplanungsrechts auf die Entwicklung des deutschen Handels
1993, Band 108, 349 Seiten, Manuskriptdruck, Paperback, DM 67,80, ISBN 3-88259-997-9

VVF

»Stell dir vor, hier zu leben«, sagte seine Mutter und lehnte den Kopf an die Schulter seines Vaters.

Sein Vater rieb ihr das Kreuz. »Barbecues mit den Nachbarn, Kartenspielen am See und dabei Bier trinken.«

»Shoppen bei Walmart.« Seine Mutter kicherte.

Ray lächelte und nahm ihre Worte für bare Münze. Für ihn klang das alles wundervoll. Dachten seine Eltern darüber nach? Die Vorstellung, in diese Stadt nach Hause zu kommen, in diesem Supper Club zu essen und jedes Jahr an dieser Tanzveranstaltung teilzunehmen, fühlte sich richtig für ihn an. Die Dells waren die perfekte Kombination für ihn.

Ray überließ seine Eltern sich selbst und dem Abend, verließ die Veranda und schlenderte um den Supper Club herum auf den riesigen, unregelmäßig geformten Parkplatz. Er war im Laufe der Jahre immer in der Richtung erweitert worden, in der es am leichtesten gewesen war, Bäume zu fällen und einen einigermaßen ebenen Untergrund zu schaffen. Hierbei waren kleine Gassen entstanden, in denen die Teenager ihre Autos parken konnten und die ihnen eine abgedunkelte Privatsphäre boten. In einer dieser Gassen illuminierte das Deckenlicht eines Autos die dunklen Schatten von zwei Gestalten. Ray stand zu weit entfernt, um die einzelnen Worte zu verstehen, doch der Ton war unverkennbar. Sie stritten. Wütende und bittende Töne hallten von den Bäumen wider. Ein junger Mann, der sein Sakko zusammengeknüllt in der Hand hielt, tauchte aus der Dunkelheit auf und hastete von dem Wagen weg, dessen Deckenlicht nun erloschen war. Ray trat zur Seite, um ihn vorbeizulassen, wobei ihm auffiel, dass sein Hemd noch aufgeknöpft und seine Krawatte nirgendwo zu sehen war und dass die Schnürsenkel seiner Schuhe fröhlich

Ray ging zur Bar, er wollte auch seinen Drink nachfüllen. Die Menge – eine Mischung aus jungen Leuten, Familien und Rentnern – wirbelte durcheinander, Gruppen von Teenagern in strahlend bunten Kleidern stibitzten neben einer Runde grauhaariger Männer, die sich über die alten Zeiten austauschten, Drinks von der Bar. Ray war begeistert. Der Abend hatte mit einem Abendessen und einer stillen Auktion begonnen, gefolgt von Drinks und Tanz. Bald würde die Musik aufhören zu spielen, und ein paar Preise würden verteilt werden, alle im Namen der Gemeinde – die zusammengekommen war, um mit der Abschiedsgala das Ende der geschäftigen Sommersaison zu feiern.

Er nippte an seinem Scotch und überlegte, wohin er als Nächstes gehen wollte. Er sollte seine Mutter suchen und ihr ihren Drink bringen. Ein schmaler Korridor führte um den Saal herum; das Servicepersonal nutzte ihn, um sich durch das Restaurant zu bewegen, ohne sich um die Tische herumschlängeln zu müssen. Er ging fast bis zu seinen Eltern, die neben einem der Westfenster Hof hielten, in denen vor Stunden die Sonne untergegangen war.

Als er seine Schwester mit ernster Miene direkt auf sich zukommen sah, verschwand er in dem Korridor. Bis auf eine junge Frau, die ihm den Rücken zuwandte, war er leer. Sie hatte dunkle Locken, in denen kleine Glassteine funkelten. Ihren Körper umspielte ein rotoranges Kleid, unter dem dazu passende Schuhe herausguckten. Sie sprach mit sich selbst – obwohl er ihr Gesicht nicht sah, hörte er sie.

»Ich gehe da raus. Ich bin bereit. Ich will das.« Sie zeigte in die Leere vor sich. »Und du. Wirst. Mir. Nicht. Folgen. Es ist mir egal, was Mom sagt.«

Ray trat näher, eine clevere Erwiderung bereits auf den Lippen, und stellte sich ihren überraschten Gesichtsausdruck vor, wenn ihr klar wurde, dass er mitgehört hatte. Wie würde sie aussehen? Braune Augen? Grüne? Vielleicht Grübchen? Sie würden darüber lachen. Er würde ihr einen Drink ausgeben, auf den ein Tanz folgen würde.

Lucy unterbrach seine Gedanken. »Sie ist nicht dein Typ.«

Er drehte sich herum. »Woher willst du das wissen?«, fragte Ray.

»Weil sie höchstens siebzehn ist. Und mit dem Fußballhelden der Stadt zusammen. Wie gesagt. Nicht dein Typ.«

Uh, siebzehn. Er hätte es besser wissen müssen. Es gab nicht viele Gäste in seinem Alter – die meisten waren auf dem College wie er und nicht hier.

Er sah über die Schulter, um noch einen letzten Blick auf das Mädchen zu erhaschen, aber sie war weg.

»Mutter fragt nach ihrem Drink.«

»Bin schon auf dem Weg.«

»Du solltest dich besser beeilen, jemand hat sie mit Beschlag belegt.« Lucy zeigte zum Rand der Tanzfläche. Seine Mutter winkte ihn zu sich.

»Ray, da bist du ja.« Seine Mutter griff mit einer Hand nach dem Scotch und mit der anderen nach seinem Ellenbogen, ihr Griff war so fest, dass es eines Aufstands bedurft hätte zu entkommen. Sie war eine Meisterin der unausgesprochenen Befehle, und diesen verstand er ohne Weiteres. Zwei Frauen standen ihnen gegenüber, eine ältere mit silbernen Haaren und großen funkelnden Diamanten an Hals und Ohren, die wie das Studio 54 leuchteten, wenn sich das Licht in ihnen brach, und eine jüngere, blondere Version von ihr mit eisigen Augen und hochmütigem Blick. »Das sind Madam Hendricks und ihre Enkelin Erika. Sie macht dieses Jahr ihren Abschluss an der Highschool.«

Seine Mutter drückte seinen Ellenbogen, bis er di ausstreckte, Madam Hendricks laschen Händeruck er und nach Erikas Hand griff. Ihr fester Griff währte län nötig, bis er ihr in die Augen sah, die eine noch aggres Botschaft übermittelten. Den restlichen Abend sollte e same, dunkle Ecken wohl besser meiden.

»Was für ein schönes Lied, um dazu zu tanzen«, s Madam Hendricks und neigte den Kopf zu Erika hin. Ray nicht darauf herein.

Seine Mutter kniff ihn. Nur Jahre des Trainings befähig ihn, nicht zu reagieren.

»Es tut mir leid, wenn ich Ihnen meine Mutter entführe muss, aber mein Vater hat nach ihr gefragt. Bitte entschuld gen Sie uns.« Ray führte seine Mutter auf die andere Seite de Raums in der Hoffnung, dass sein Vater dort irgendwo war.

Sobald sie außer Hörweite waren, zischte seine Mutter in sein Ohr: »Das hat ja Ewigkeiten gedauert. Was für eine grauenhafte Familie. Halt dich von denen fern.«

Das dürfte kein Problem sein. Sie fanden seinen Vater auf der Terrasse, wo er sich eine Zigarette gönnte. Seine Mutter legte ihm den Arm um den Rücken, griff nach der Zigarette, nahm einen langen Zug und drückte sie in einem der Aschenbecher aus. Ray setzte sich auf einen der Adirondack-Stühle in der Nähe.

Weiße, glitzernde Lichter hingen an jedem Geländer und jeder Dachverkleidung und tauchten alles in ein weiches Licht. Seine Mutter flüsterte seinem Vater etwas ins Ohr, während sie sich zu der Musik bewegten, die durch die offenen Fenster kam, und sich anlächelten. Er hatte sie nie glücklicher gesehen. Sein Vater hatte seine Smokingjacke ausgezogen und seine Fliege gelockert. Seine Mutter kickte ihre Schuhe weg.

hinter seinen rennenden Füßen her schleiften. Der junge Mann mied Rays Blick.

Ray beobachtete den dunklen Raum vor sich, und wenige Minuten später tauchte eine zweite Silhouette auf. Die Gestalt trug ein langes Kleid und ging auf Zehenspitzen über den Kiesparkplatz, setzte vorsichtig einen Schritt vor den anderen, als ginge sie über heiße Kohlen. In der Dunkelheit und auf die Entfernung konnte er nicht sehen, in was für einer Verfassung sie war, nur dass sie die Arme fest um den Körper geschlungen hatte. Als sie kurz in das Licht von einer der Straßenlaternen trat, sah er, dass ihr Kleid rotorange war. Sie wischte sich mit einer Hand durch das Gesicht. Es war das Mädchen von vorhin.

Er ging den Weg hinunter auf sie zu, um ihr eine Mitfahrgelegenheit oder seine Begleitung anzubieten.

»Ray, es ist Zeit.« Lucy hatte ihn gefunden.

»Noch einen Moment, ich muss gerade etwas checken.«

»Sie warten schon zehn Minuten. Sobald die Preisübergabe vorbei ist, können wir hier weg.« Ihre Stimme deutete an, dass diese Veranstaltung bereits vor Stunden das Verfallsdatum überschritten hatte. Ray sah ein letztes Mal zu dem Mädchen hinüber, dann folgte er Lucy nach drinnen.

Es hatte klick! gemacht, als er sie mit Bobby im *Otter Club* gesehen hatte. Sabrina war das Mädchen in dem rotorangen Kleid. Derselbe Ort, dieselben Leute, dreizehn Jahre später. Er hatte immer noch Schuldgefühle, dass er ihr an dem Abend nicht geholfen hatte – und dieses Mal würde er sich nicht von Familienerwartungen abhalten lassen, selbst wenn er ihr gerade dabei half, ihre Flucht zu finanzieren. Wenn es ihn interessieren würde, was seine Eltern wollten, stände die Asche seines Urgroßvaters noch immer in dem Regal in New York und nicht in seinem Arbeitszimmer, und er würde nicht durch die Stadt rennen in der Hoffnung, jemanden zu finden, der ihm helfen konnte. Als er in die kühle Bücherei trat, steuerte er sofort auf die Auskunftstheke zu. Zehn Minuten später trat er mit einem Stapel Bücher mit alten Zeitungsfotos und historischen Informationen über die Stadt wieder hinaus ins Sonnenlicht. Er würde weitersuchen, bis er die Identität des geheimnisvollen Mädchens auf dem Bild geklärt hatte. Dieses Mal würde er sichergehen, das Richtige zu tun. Wenn er Sabrina half, aus den Dells wegzukommen, würde er sein Mädchen zwar nicht bekommen, doch er sollte verdammt sein, wenn Nummer eins nicht endlich mit seinem Mädchen vereint wurde.

zweiundzwanzig

Gilt das noch mit morgen Abend?«, fragte Sabrina. Ihre Kopfhörer bohrten sich in ihre Ohren, während sie versuchte, es sich im Bett gemütlich zu machen und das Kissen so zurechtzuschieben, dass um ihr Ohr herum ein freier Raum entstand.

»Ich werde es mir auf keinen Fall entgehen lassen, Bälle in Löcher zu schlagen«, sagte Ray.

Sabrina schnaubte. »Es könnte regnen, und die Bälle könnten glitschig sein.«

»Wenn du es behutsam angehst, rollen die Bälle genau dorthin, wohin du sie haben willst.«

»Solange keine anderen Bälle in den Löchern sind.«

Ray unterdrückte ein Lachen. Sie telefonierten bereits seit einer Stunde – er erledigte Papierkram in seinem Büro im *Otter Club*, und sie steckte unter ihrer Bettdecke. Es war der zweite Abend in Folge, an dem sie ihren Tag damit beendeten, miteinander zu reden, von einem Moment auf den anderen ohne jeden Grund das Thema zu wechseln, wenn irgendetwas ihr Interesse weckte.

»Magst du Bücher?«, fragte Ray.

»Unbedingt. Jeder, der so introvertiert ist wie ich, liest gern.«

»Ich war mir nicht sicher – du könntest auch auf Videospiele oder auf düstere französische Filme abfahren.«

»Liest du auch gern?«, fragte Sabrina.

»Ja. Ein bisschen von allem, aber am liebsten Fantasy – verwegene epische Abenteuer voller Magie mit Drachen und Elfen.«

»Warum überrascht mich das nicht, großer Kerkermeister?«

»Ich schätze, du liest angesagte, wichtige Bücher über die Existenzangst mittelalter Menschen in den Vorstädten.«

»Total daneben. Ein paar Sachbücher für die Arbeit, aber ansonsten Geschichten, bei denen ich in eine andere Welt eintauchen kann. Ich liebe Bücher, die mir zeigen, dass ich nicht alleine bin.«

»Das unterscheidet sich nicht so sehr von meiner Lektüre.«

»Erzähl mir von einem Buch, das dir gefallen hat. Vielleicht lese ich es.«

Ray setzte zu einer langen Beschreibung einer seiner Lieblingsfantasyserien über einen Monsterjäger und seinen Schützling an. Seine weiche, tiefe Stimme hatte eine beruhigende Wirkung auf sie. Sie schlief halb, als er mehrmals ihren Namen wiederholte.

»Sabrina? Sabrina?«

»Entschuldigung. Ich bin abgedriftet. Deine Stimme …«

»Meine Stimme hat dich eingeschläfert?«

»Irgendwie schon, aber das ist ein Kompliment. Dir zuzuhören … das ist besser als eine Massage. Du solltest Geld dafür nehmen.«

»Willst du mir sagen, dass ich dein Gehirn massiere?«, fragte Ray mit deutlich tieferer Stimme.

Sabrina kicherte. »Nicht, wenn du dich darüber lustig machst.« Sie rollte sich auf den Rücken. »Aber es stimmt, deine Stimme funktioniert besser als ein Beruhigungsmittel.

Kannst du mich nicht den ganzen Tag begleiten und mir immer etwas ins Ohr flüstern, wenn ich gestresst bin?«

»Ich habe ja sonst nichts zu tun«, erwiderte er. Im Hintergrund hörte sie gedämpfte Stimmen, dann sprach Ray leise mit jemandem. »Sabrina, ich muss auflegen. Ich werde an der Bar gebraucht. Ich freue mich darauf, morgen mit dir Bälle in Löcher zu schlagen.«

Sabrina lachte. »Gute Nacht.«

Er schwieg kurz, dann sagte er leise: »Stell dir vor, dass ich weiter mit dir rede. Schlaf gut.«

Die Leitung war tot, doch seine tiefe Stimme kribbelte noch in ihrem Nacken. Sabrina ließ das Kribbeln sich ausbreiten wie die Kräuselwellen von einem Kieselstein, der in einen Teich geworfen wurde. Als die Wellen ihre Finger und Zehen erreichten, schlief sie.

*

Sabrina setzte eine Gruppe Passagiere ab und drehte bei bei der Garage, wo sie Norman parken und ihr Mittagessen im Schatten der Bäume einnehmen konnte, ohne dass jemand sie störte. Sie holte ihr knuspriges Erdnussbutter-Honig-Croissant aus der Box und biss hinein, während sie darüber nachdachte, was sie für das Bewerbungsgespräch einpacken sollte.

»P.S., komm runter.«

Sabrina verschluckte sich fast an ihrem Sandwich. Was wollte Erika jetzt?

»Was ist los?«

»Komm runter von dem Duck. Ich rufe nicht zu dir hoch.«

Einen kurzen Moment fantasierte Sabrina davon, Norman

anzuwerfen und Erika über den Haufen zu fahren, doch dann würde sie ihren Job verlieren und die Polizei eingeschaltet werden. Dafür sprach, dass das Staatsgefängnis nicht in den Dells war. Dagegen, dass sie ihre Freiheit liebte. Also lieber kein Mord heute.

»Einen Moment.«

Da keine Leiter in ihrer Nähe war, musste sie einen Meter fünfzig tief auf den Boden springen und würde später eine Leiter herüberrollen müssen, um wieder hochzukommen. Erika wusste das alles. Die Stiefmutter von Aschenputtel wäre eine barmherzige Chefin gegen sie.

Sabrina entschied sich für die Erika abgewandte Seite, sie sollte nicht Zeugin ihres peinlichen Abstiegs werden. Sie setzte sich an den Rand, sodass ihre Füße an der Seite hinunterbaumelten, und sprang in den weichen Matsch. Ihre Füße sanken ein paar Zentimeter tief ein, und sie kippte nach vorn. Sie schaffte es zwar, sich abzustützen, sodass ihre Sachen nicht schmutzig wurden, doch Hände und Füße waren völlig eingedreckt. Sie zupfte ein paar verwelkte Blätter und Zweige von sich ab und wischte das Schlimmste mit einem alten Tuch aus ihrer Tasche ab. Dann sah sie Erika an, die mit einer Bewegung, die etwas Militärisches an sich hatte, durch ihr Handy scrollte. Sie hatte eine Hand in die Hüfte gestemmt, als wäre Sabrina diejenige, die das hier so schwierig machte.

»Beeil dich das nächste Mal, ich habe zu tun.«

Sabrina machte sich nicht die Mühe zu antworten, es hatte keinen Sinn.

»Ich habe dich für Samstag auf den Plan gesetzt.«

»An den Samstagen habe ich frei.«

»Ich brauche dich auf der Arbeit.« Sie drehte sich um,

wobei ihr Haar um sie herumwirbelte. Dann blieb sie stehen und drehte sich noch einmal um. »Und mach dich sauber. Das ist widerwärtig, so eingesaut, wie du bist.«

Sabrina konnte nur die Augen zukneifen, als Erika davonmarschierte. Sie hätte gern geglaubt, dass Erika nicht bewusst war, wie bösartig sie war, doch Sabrina war nicht naiv. Jede Interaktion, zu der Erika sich mit Sabrina herabließ, war beabsichtigt und sorgfältig geplant, um das Höchstmaß an Gehässigkeit hineinzupacken. Ihre Therapeutin in D.C. hatte viele Theorien zu Erikas Familienleben und ihrer Kindheit, doch Sabrina zog es vor, sie einfach als rachsüchtige Hexe zu sehen.

Als sie sich den Matsch abgewaschen und jemanden gefunden hatte, der ihr mit der Leiter helfen konnte, und wieder zurück in Norman geklettert war, war Sabrina fix und fertig und so wütend, dass sie mittags ihren Teller nicht aufessen konnte. Sie konnte sich auf keinen Fall heute Abend mit Ray treffen wie verabredet.

Schaffe es heute Abend nicht. Der grauenvollste Tag überhaupt. Muss auch Samstag arbeiten.

Sie wartete ein paar Sekunden, um zu sehen, ob er antwortete, aber es kam nichts. Dann scrollte sie durch die Nachrichten-App auf ihrem Handy. Eine UFO-Sichtung über Reno, eine Teufelsaustreibung in Alabama und ein YouTuber, der gestorben war, während er seine Besteigung des Fuji filmte. Das half nicht. Die letzten fünf Minuten ihrer Mittagspause verbrachte sie damit, tief in den Bauch hinein zu atmen, wobei ihre Angst sich um eine 6,5 herum bewegte. Jeder Muskel war angespannt. Träume von einer heißen Dusche, Ibuprofen und absoluter Ruhe halfen ihr, Normans Motor anzuwerfen und den Rest des Tages anzugehen. Die einzige Möglichkeit, ihn durchzustehen, war die, sich hineinzustürzen.

*

Noch eine Tour, und sie konnte nach Hause gehen und auf ihrem Bett zusammenbrechen. Noch eine.

Sabrina fuhr Norman an die Rampe, schaltete auf Parken und öffnete die Kette an der Backbordseite, sodass die Passagiere aussteigen konnten. Als der letzte von Bord war, schloss sie die Kette wieder und öffnete die auf der Steuerbordseite, wobei sie endlich den Blick hob, um die neuen Passagiere zu begrüßen, doch es war nur einer.

Ray.

»Was?«, sagte sie.

Er reichte ihr zwanzig Zettel, zwanzig Tickets. Er hatte die ganze Tour gekauft. Zwanzig kleine Freiheitsflaggen.

»Ich könnte dich umarmen!« Sabrina strahlte.

»Ich nehme dein Angebot an.« Er warf einen Blick hinter sich. Erika war aus ihrem Büro gekommen und beobachtete sie. »Lass uns etwas daraus machen«, flüsterte er.

Seine Arme hüllten sie ein wie eine warme Decke, und sie hätte vor Erleichterung an seiner Schulter weinen können. Die ganze Spannung, die sich über die letzten sechs Stunden in ihren Rückenmuskeln angesammelt hatte, lockerte sich so weit, dass sie wahrscheinlich ihre Zehen hätte berühren können, ohne sich einen Muskel zu zerren.

»Äh, willst du die Tour machen?«, fragte Sabrina.

»Ich habe für eine Tour bezahlt, also erwarte ich auch eine.«

Sabrina lächelte und legte ihr Headset und den Akkusatz

auf den Sitz hinter sich. Sie würde beides nicht brauchen. »Vergiss nicht, deinem Tourguide ein Trinkgeld zu geben.«

Sie klappte den Klappsitz neben ihrem herunter und klopfte darauf. »Ihr VIP-Sitz, Sir.«

Sie nahmen ihre Plätze ein, und Sabrina fuhr los.

»Was machst du hier?«

»Ich habe deine SMS bekommen. Ich dachte, das hier gefällt dir besser als ein Boot voller Touristen.«

»Duck.«

Ray nickte. »Duck?«

»Norman wird mürrisch, wenn du ihn Boot nennst.«

»Norman! Muss ich mir Sorgen wegen eines eifersüchtigen Freunds machen?«

»Wir führen eine offene Beziehung.«

Ray lachte, und sein Lachen wärmte Sabrina von Kopf bis Fuß.

»Ich habe auch etwas zu essen mitgebracht.« Er hielt eine Box mit gehobeltem Käse und dünn geschnittener Sommerwurst und eine ungeöffnete Packung Ritz Cracker hoch. »Weißt du, dass du außerhalb Europas nur in Wisconsin einen Abschluss in der Herstellung von Käse machen kannst?«

»Nein, aber es ist gut zu wissen, dass ich noch Chancen habe, wenn ich mich beruflich neu orientieren muss.«

Sabrina liebte die beiläufigen Informationen, mit denen er sie fütterte.

Während sie fuhren und sich das Essen schmecken ließen, zeigte sie ihm die interessanteren Sehenswürdigkeiten, wobei sie die entsetzlichen Wortspiele wegließ und auf die übliche Singsangstimme der Touristenführerin verzichtete. Sie waren Freunde, die einander auf Sehenswürdigkeiten aufmerksam machten. Alles, was noch fehlte, war ein eiskaltes Bier.

»Ich kann nicht glauben, dass du die ganzen Tickets gekauft hast«, sagte Sabrina.

»Ich habe auf dem Gruppenrabatt bestanden.«

»Erika sah ziemlich sauer aus.«

»Hat sie dir den Tag vermiest?«

»Tut sie das nicht immer? Wenn sie nicht so gut bezahlen würde …« Sabrinas Stimme verlor sich, sie wollte die gemeinsame Zeit nicht damit verderben, über ihre Probleme zu sprechen. Sie zeigte zu einem Gebäude auf einer Klippe hoch. »Da ist der *Otter Club*.«

»Ich frage mich, ob ich dich mal vorbeifahren gesehen habe.«

»Wahrscheinlich. Ich komme hier mehrmals täglich vorbei. Nächstes Mal hupe ich.«

»Mach das. Das wird unser Ding, so wie Carol Burnett am Ende jeder Show an ihrem Ohr zieht.«

»Wer ist Carol Burnett?«

»Das hast du jetzt nicht gesagt. So viel älter als du bin ich auch wieder nicht«, sagte Ray.

Ein Lächeln löste Sabrinas verwirrten Gesichtsausdruck ab. »Ich habe doch nur Spaß gemacht. Ich weiß, wer sie ist. Meine Mutter hatte früher die ganze Show zu Hause auf VHS.«

Ray lachte.

Die restliche Fahrt war entspannend. Er fragte nach Norman, dem Fluss und ihrem Job und interessierte sich für die Sachen, von denen sie den Gruppen für gewöhnlich nichts erzählte – wie von den berüchtigten Partys der Wasserskifahrer und ihrer Lieblingsfelsformation, die wie ein Klavier geformt war.

Statt zurück zum Dock zu fahren, brachte sie Norman zu dem Parkplatz, wo sie am Ende des Tages parkten, und ein

Mechaniker rollte eine Treppe heran, über die sie aussteigen konnten. Ray wartete, während sie die Endkontrolle machte und sich ausstempelte, und brachte sie zu ihrem Auto. Erwartete er, dass sie doch noch ausgingen, wie sie es ursprünglich geplant hatten? Sie war ziemlich erledigt, allerdings besser drauf.

»Ich brauche trotzdem etwas Schlaf.«

»Natürlich.« Er wartete auf irgendeine Reaktion, von der sie nicht wusste, wie sie aussehen sollte.

»Danke. Du hättest das nicht tun müssen, aber ich bin mir sicher, dass es auf Erika Eindruck gemacht hat.«

»Ich habe das nicht wegen Erika getan.«

Sabrina schluckte. »Warum denn dann?«

»Du hast gesagt, dass du einen schlechten Tag hattest. Ich wollte ihn besser machen.«

»Das hast du.« Sie stellte sich auf die Zehenspitzen und drückte ihre Lippen auf seine Wange. »Danke, Ray Jasper.«

*

Bevor sie ins Bett ging, packte Sabrina alles für ihren Trip nach D.C. zusammen. Es war nicht viel: Klamotten zum Wechseln für den Fall einer Katastrophe, ihren Computer, das Ladegerät, ihr Schminkset mit allem, was sie brauchte, um Haare und Gesicht nachzubessern, eine Zahnbürste und Zahnpasta. All das passte in ihre Computertasche.

Sie griff nach ihrem Buch, um vor dem Schlafen noch etwas zu lesen, als ihr Handy ein Pling von sich gab. Es war Ray, der ihr einen Anhang schickte.

Vielleicht hast du ja Lust auf eine Gute-Nacht-Geschichte.

Sie klickte die angefügte Tondatei an und hörte Ray zu, der ihr mit verschiedenen Stimmen *Wo die wilden Kerle wohnen* vorlas. Sie stöpselte ihre Kopfhörer ein, schaltete das Licht aus und hörte ihm zu, wie er grollte und knurrte wie ein wilder Kerl, ein Geräusch, das sie tief in ihrer Brust spürte. Es überwältigte sie; sie hatte noch nie jemanden kennengelernt, dessen Aufmerksamkeiten so zu ihren Bedürfnissen passten. Charles hatte ihr zwar gelegentlich Blumen geschenkt, aber nicht einmal darüber nachgedacht, ob sie ihr gefielen – und das hatten sie nicht. Sie verwelkten so schnell, es war Geldverschwendung. Sabrina zog Nachhaltigkeit vor. Wie eine Gute-Nacht-Geschichte, die sie sich jeden Abend anhören konnte.

Als sie zu Ende war, hörte sie sie noch einmal, und dann noch einmal, sie ging jedes Mal mehr in der Geschichte auf, lag in ihrem Bett und entspannte sich mit Rays Stimme in ihrem Ohr, bis sie einschlief.

23

dreiundzwanzig

Es war fast sechsunddreißig Stunden her, seit Sabrina das letzte Mal richtig geschlafen hatte – die zwanzig Minuten, die sie im Flieger gedöst hatte, nicht mitgezählt.

Nachdem sie sich gestern auf der Arbeit krankgemeldet hatte, war sie zu ihrem Vorstellungsgespräch – das großartig gelaufen war – nach Washington D.C. geflogen: Es waren noch vier andere Kandidaten da gewesen. Nach dem Gespräch, einem verspäteten Flug und einer Umleitung über Denver war sie um fünf Uhr morgens wieder in Madison gelandet. Genug Zeit um nach Hause zu fahren, sich mit Koffein vollzupumpen, schnell zu duschen und zur Arbeit zu fahren.

Während sie sich wie benommen und mit verschleiertem Blick durch den Tag hangelte, schien der Boden sich unter ihren Füßen zu bewegen, wenn sie stillstand, fast als wäre sie betrunken.

Sie konnte an nichts anderes denken als an ihr Bett, in das sie in weniger als zwei Stunden fallen würde. Jeder Muskel surrte vor aufgestauter Angst, und ein dumpfes Pochen drohte ihren Kopf zum Implodieren zu bringen, als sie für die letzte Tour zu der Rampe fuhr – einer Fahrt im Dämmerlicht. An einem guten Tag hätte sie ihre Rede mit sprühenden Vampirwitzen gespickt, doch heute würde es nur das absolute

Minimum geben. Sie würde auf die Highlights hinweisen, die Fragen beantworten und in Rekordzeit zurück sein. Es war ihr egal, ob sie Trinkgelder bekam oder nicht, sie hatte bereits geplant, den üblichen Erpressungsstopp auszulassen.

Nachdem der letzte Passagier von Bord gegangen war, machte sie noch einen schnellen Kontrollgang und hob den herumliegenden Müll auf. Harry saß in der letzten Reihe und summte vor sich hin – zumindest benahm er sich. Sabrina nahm an, er verstand mehr, als er zu erkennen gab – ein gutes Zeichen, dass er bald in der Lage sein würde zu verbalisieren, was er wollte. Je länger er herumhing, desto wahrscheinlicher würde Ray ihr Geheimnis entdecken.

»Kommt, Mädchen, gehen wir an Bord und lassen uns volllaufen!« Erikas Stimme hämmerte in Sabrinas Kopf.

Nein, bitte nicht. Lass sie nicht mein Duck meinen.

Erika kletterte an Bord von Norman, mit lockigen Haaren und herausgeputzt, als wollte sie die Hauptrolle in einer Dokusoap über die Real Housewives der Dells übernehmen, gefolgt von einer kleinen Armee von Klonen, die Luftballons in Penisform, eine Kühlbox und Einkaufstaschen mit glutenfreien, fettfreien und faden veganen Snacks mit sich herumschleppten. Erika trug ein funkelndes Diadem und ein eng anliegendes weißes T-Shirt, auf dem in Strasssteinen BRAUT stand.

Ihr Junggesellinnenabschied.

Die Mädchen drängten heran und schwärmten aus. Eine hatte einen kleinen tragbaren Lautsprecher bei sich, aus dem Ariana Grande plärrte, eine andere livestreamte von ihrem Handy. Es gab nur einen Grund für Erika, die Party auf Sabrinas Duck zu veranstalten, und der war einzig und allein der, sie zu quälen. Nichts machte so viel Spaß, wie eine Angestellte zu schikanieren.

War Sabrina in der Hölle? War ihr Flugzeug letzte Nacht abgestürzt und dieser ganze Tag Teil ihrer ewigen Qual? Wusste man, wenn man tot und in der Hölle war? Gab es eine Einweisung, bevor die Qual begann, oder wurde man direkt hineingeworfen? Gab es ein letztes Fest mit all deinen Lieblingsspeisen, die das Fälligkeitsdatum seit ein paar Tagen überschritten hatten – drei Tage alte Pizza, die auf einem Tisch in einem Verbindungshaus übrig geblieben war, geschmolzenes Eis und durchgebratene Rib-Eye-Steaks?

All das war dem vorzuziehen, was Sabrina erwartete.

Sie wartete neben dem Kapitänsstuhl, während Erika den Mittelgang entlangschlenderte, als würde das Duck ihr gehören, was es ja auch tat. Sabrinas Haut kribbelte, als säße sie auf einem Ameisenhaufen.

»Ist das nicht wunderbar? Du darfst meine Partygesellschaft fahren«, sagte Erika. Sie musterte Sabrina von Kopf bis Fuß, analysierte jeden Makel, um ihn sich zur späteren Verwendung gegen sie einzuprägen. Sie musste nicht lange suchen – Sabrina sah richtig fertig aus. »Du hättest dich noch mal krankmelden sollen.« Erika betonte das Wort »krank«. Sie wusste, dass Sabrina gelogen hatte. Wie immer war es am besten, nicht auf das einzugehen, was Erika sagte, sonst saß man in der Falle.

»Was willst du? Von mir. Von der Tour.« Die Worte kamen nicht richtig heraus, was nur noch zu Erikas Vergnügen beitrug. Sie wusste, dass sie alle Macht hatte.

»Wir wollen die Tour.«

»Soll ich nicht lieber etwas herumfahren? Ich kann auch direkt zum Lake Delton fahren und auf dem See herumkreuzen.«

»Auf keinen Fall. Wir wollen die volle Tour mit all deinen netten, lustigen Geschichten. Stimmt's, Mädels?«

Ihr Gefolge gab in diversen Tonlagen einen Schlachtruf von sich, bei dem sich jeder Nerv in Sabrinas bereits steifem Nacken noch mehr anspannte.

»Natürlich«, sagte Sabrina. Sie machte sich nicht die Mühe, zu lächeln oder erfreut auszusehen. Es kostete sie ihre ganze Selbstbeherrschung, nicht in Tränen auszubrechen oder zu schreien oder über Bord in den entgegenkommenden Verkehr zu springen. Ein Krankenhausaufenthalt klang verlockend. Wie hatte ihr Leben nur zu einer solchen Hölle werden können, dass eine krankenhauswürdige Verletzung die bessere Option war?

Die ganze Situation schrie nach Katastrophe. Sie zog ihr Headset an und startete Norman.

Sie schaffte das.

Sie schaffte das.

Ich denke, ich kann das.

Ich denke, ich kann das.

Ich denke, ich kann das.

Sabrina atmete tief durch, drehte den Schlüssel im Zündschloss, fuhr langsam vom Dock weg und setzte zu ihrer Rede an. »Willkommen an Bord von Norman, einem Duck aus dem Zweiten Weltkrieg …«

Sie redete weiter, obwohl bis auf Erika keine der Frauen zuhörte. Erika saß auf der Steuerbordseite in der ersten Reihe. Sabrina konnte aus dem Augenwinkel sehen, wie sie eine Skinnygirl Margarita mit einem penisförmigen Strohhalm trank, der aus einem dreißig Zentimeter hohen, penisförmigen Becher guckte. Diese Damen hatten wirklich Klasse.

»Wir können dich nicht hören«, sagte Erika.

Natürlich hörten sie sie nicht, denn Klon Nummer elf hatte den Bluetooth-Lautsprecher auf volle Lautstärke gedreht. Selbst die Stimme Gottes dürfte Schwierigkeiten haben, mit diesem Lärm zu konkurrieren, aber sie musste es wenigstens versuchen. Sie griff nach den Headset-Kontrollen, die an ihrem Gürtel befestigt waren, und drehte die Lautstärke so stark auf wie möglich. In dem großen Spiegel hinter ihrem Kopf, mit dem sie für gewöhnlich ihre Passagiere im Auge behielt, konnte sie sehen, wie die Klone missmutig guckten.

Als sie an einer Reihe von Steinskulpturen vorbeikamen, fuhr Sabrina mit ihren Standardwitzen fort. Dann schwieg sie einen Moment. Die meisten Besucher der Touren gaben an dieser Stelle einen anerkennenden Laut von sich, doch die Mädchen tranken weiter, und Erika starrte weiter. Hatte sie sich ihren Junggesellinnenabschied wirklich so vorgestellt?

»Wenn euch meine Witze nicht gefallen, wird das ein langer Trip.«

Erikas böses Grinsen ließ ihr Gesicht leuchten wie eine von Satan geschnitzte Kürbislaterne.

Sabrina rezitierte weiter ihren Text, die Partygäste tanzten und tranken weiter – niemand saß – und Erika starrte weiter. Harry schien das Tanzen zu gefallen, er bewegte den Kopf zu der nervtötenden Popmusik hin und her. Bei jeder anderen Gruppe hätte sie gelacht und es nicht erwarten können, ihrer Mutter und Molly davon zu erzählen, doch heute spannte jeder Muskel in ihrem Körper an, während aus der Übelkeit ein Erbrechen zu werden drohte. Irgendetwas sagte Sabrina, dass sie den heutigen Tag nicht unbeschadet überstehen würde.

Als sie sich dem Wisconsin River näherten, leierte sie die nächsten Sätze herunter. »Da liegt er, der Pazifische Ozean. Gar nicht so beeindruckend, was? Es kann ruckeln, wenn wir hineinfahren, also haltet euch mit der linken Hand am Sitz vor euch fest und mit der rechten … die Nase zu.«

Als sie mit dem Duck ins Wasser fuhr, drückte sie den Fuß kräftiger aufs Gaspedal als sonst, sodass die Tanzenden ins Stolpern gerieten und ein paar der Mädchen auf die Sitze fielen und sich die beeindruckenden Klamotten mit ihren Drinks bekleckerten.

Ihre Lippen zuckten kurz, während sie die kleine Rache genoss. Vielleicht war sie doch nicht ganz so machtlos.

»Erika.« Ein Günstling näherte sich der Königin. »Diesen Chip musst du probieren. Auf der Tüte steht, dass jeder Chip nur anderthalb Kalorien hat, ich könnte also hundert davon essen, und das wären nur« – sie brauchte viel zu lange, um diese simple Matheaufgabe zu bewältigen – »noch unter zweihundert Kalorien.«

»Du hast Glück, dass dein Vater Geld hat, Cindy.«

Cindy lächelte, dann runzelte sie die Stirn, während sie überlegte, ob Erikas Bemerkung ein Kompliment oder eine Beleidigung gewesen war. Ihr Lächeln kehrte zurück. Sie war zu dem falschen Ergebnis gekommen.

Schließlich langweilte sich Erika und gesellte sich zu den anderen, tanzte mit ihren Freundinnen und trank Shots von aromatisiertem Wodka, dessen Farben ein dreijähriges Mädchen zum Quietschen gebracht hätten. In einer der Zubereitungen war sogar Glitzer. Sabrina gab es auf, noch etwas zu sagen, und fuhr schweigend weiter. Das hier war nicht grauenhaft. Vielleicht würde es sogar gut gehen. Sie hatte Erika überlebt, indem sie sich nicht auf ihr Niveau hinabbegeben hatte, wie Ray gesagt hatte. Vielleicht hatte er recht, und sie hatte mehr Kontrolle, als sie dachte.

Geschickt steuerte Sabrina das Duck aus dem Wisconsin

River heraus, über den Highway 12, und mit einem kaum wahrnehmbaren Ruckeln, als sie die Räder einzog und den Bootsmotor anwarf, in den Lake Delton.

Hätte die Musik nicht auf ihren Kopf eingehämmert, hätte es sogar angenehm sein können. Das Boot glitt durch das Wasser des Sees, die Luft war warm, ohne feucht zu sein, und die Sonne hing über den Bäumen und verwandelte das Licht von einem strahlenden Orange in ein gedämpftes Rosa. Vielleicht würde alles gut gehen. Sie erlaubte es sich zu entspannen und fuhr im Leerlauf am Ufer entlang, beäugte die großen Häuser, die in den letzten zehn Jahren aus dem Boden geschossen waren. Schnellboote und Pontons kreuzten auf dem See, und ihre Wellen schlugen gegen die Seiten des Ducks.

Doch dann ging alles schief.

Die Musik verstummte, und Erika kletterte auf den eingeklappten Sitz neben ihr – sie musste sich ein wenig zusammenkauern, um mit dem Kopf nicht gegen das Dach zu stoßen, sodass sie zusätzlich zu ihrem Schwips auch noch unsicher stand.

»Erika, komm da runter. Du kannst leicht das Gleichgewicht verlieren.«

Eine Welle schlug gegen die Seite des Ducks, und Erika schwankte auf ihren hohen Absätzen, bevor sie wieder sicher stand. Sabrinas Herzschlag beschleunigte und eine Hitzewelle schoss durch ihren Körper, Schweißtropfen bildeten sich auf Stirn und Rücken.

»Du hast mir nicht zu sagen, was ich zu tun und zu lassen habe.« Erika stand aufrecht und sah auf ihre Untertanen hinab, die ehrfürchtig zu ihr aufblickten. Genau in diesem Moment tauchte Harry vor Sabrina auf – vielleicht weil er nicht länger von Tanz und Musik abgelenkt war. Sein Kopf guckte wie eine riesige Wackeldackelfigur aus dem Armaturenbrett des Ducks.

»Fra cay. Fra cay.«

Gleichzeitig setzte Erika zu ihrer Rede an. Sabrina bewegte die Finger, die durch das zu feste Umklammern des Steuerrads langsam taub wurden.

»Ladies, ich danke euch, dass ihr an diesem ganz besonderen Tag alle gekommen seid, um mit mir meine Heirat mit meinem langjährigen Verlobten Rob zu feiern.« Wann hatte sie angefangen, Bobby Rob zu nennen? »Wie ihr alle wisst, sind wir seit der Highschool zusammen, seit er seiner früheren grauenhaften Freundin den Laufpass gegeben hat.« Erika sah Sabrina direkt an. »Was ihr vielleicht nicht wisst, ist, dass diese grauenhafte Freundin hier an Bord ist. Stimmt's, P.S.?«

O Gott, was tat sie da? Plötzlich war ihr Erikas Plan klar. Sabrina schnappte nach Luft, doch sie bekam keine. Da war keine Luft. Sie schnappte noch einmal, jetzt bekam sie Luft. *Einatmen. Ausatmen.* Erika nutzte ihren Junggesellinnenabschied, um Sabrina öffentlich vor ihren Freundinnen zu demütigen – die ganzen Jahre des Terrors während der Schulzeit hatten ihr nicht gereicht.

Konzentrier dich auf den Job. Ignorier sie. Einatmen. Ausatmen.

»Rob hat mir vor ein paar Wochen gestanden, dass er Sabrina im *Otter Club* getroffen und sie sich an ihn rangeschmissen hat. Dass sie unbedingt wieder mit ihrem einzigen richtigen Freund zusammenkommen wollte …« Das stimmte so nicht – aber Erika wusste nichts von Charles. »… dabei hat er sie damals nur gedatet, weil ich ihm das gesagt hatte.«

Stimmte das? Oder erfand Erika die Geschichte gerade neu, um alles noch schlimmer zu machen? Sabrina wischte sich den Schweiß von der Stirn. Harry schrie auf sie ein, seine Arme stachen aus dem Armaturenbrett, als wollte er nach dem Steuerrad greifen und es herumdrehen. War das Ganze wirklich bloß ein abgekartetes Spiel gewesen? Und sie war prompt darauf hereingefallen. Hatte ihm gesagt, dass sie ihn liebte, allein auf einem Parkplatz in einem Auto mit beschlagenen Scheiben. Die Abschiedsgala. Alle wussten davon. Sabrina hätte sich übergeben können oder weinen oder vielleicht auch schreien. Sie spürte die Flutwelle auf sich zukommen, tiefes Atmen würde sie nicht retten. Die Zeit war begrenzt, bis die Welle sie hinunterzog.

Sie musste sich auf fünf Dinge konzentrieren, die sie sah. Wasser, Skier, Wolken, Häuser, Harry.

Auf vier Dinge, die sie fühlte. Steuerrad. Norman. Schweiß. Ihr Herzklopfen.

Einatmen.

Ausatmen.

Es funktionierte nicht.

»Hör auf«, sagte Sabrina zu Harry, wobei sie zu flüstern versuchte. Wenn sie eine Sache stoppen konnte, konnte sie vielleicht die nahende Flutwelle aufhalten, doch Erika entging nichts.

»Was hast du gesagt?«, fragte Erika und kniff die Augen zusammen. Sie schwankte ein wenig, als die Wellen eines vorbeifahrenden Boots Normans Bug trafen.

»Nichts.«

»Stimmt, P.S. Du. Redest nicht. Mit mir.« Ihre versteckte Feindseligkeit trat nun offen zutage. »Rob hat mir gesagt, dass du ihn geküsst hast.« Die Klone hielten schockiert die Luft an, obwohl Sabrina sicher war, dass sie das bereits wussten und das alles Teil dieser sorgfältig geplanten Inszenierung war. Eine von ihnen, die hinten stand, hielt ihre Kamera hoch, um alles live zu filmen. »Wie kannst du es wagen, auch nur zu versuchen, mir meinen Verlobten auszuspannen? Als wenn du das überhaupt könntest.«

Sabrina öffnete den Mund, um sich zu verteidigen, brachte aber kein Wort heraus. Selbst wenn sie Beweise hätte, dass dieser schreckliche Kuss von Bobby ausgegangen war, würde Erika ihr nicht glauben. Wahrscheinlich hatte er sich abgewiesen gefühlt und beschlossen, dass das die beste Möglichkeit war, seinen Arsch zu retten. Wie kam sie aus dieser Sache heraus, ohne dass es sie den Job kostete? Sie brauchte das Geld, um aus dieser Stadt wegzukommen, von diesen Leuten.

Tränen sammelten sich an ihren Wimpern. Lange würde sie nicht mehr durchhalten.

Dann ging alles sehr schnell. Sie war sich nicht einmal sicher, wer oder was der Auslöser war. Harry griff gleichzeitig mit Sabrina – die instinktiv reagierte – nach dem Steuer und riss es nach links, um der Welle eines vorbeifahrenden Boots auszuweichen. Vielleicht war es Harrys zusätzliche Kraft, vielleicht war sie es auch allein, jedenfalls machte das Boot eine scharfe Drehung nach links, und Erika verlor das Gleichgewicht und ging über Bord. Nach einem schmerzhaft klingenden Aufprall schoss ein Wasserschwall in einem Bogen aus feinen, funkelnden Geschossen über die Reling. Die Klone brachen in einen Schreichor aus, ein Jaulen, das über den ganzen See widerhallte.

Eine Welle der Befriedigung erfasste Sabrina, dann übernahm der Instinkt. Sie schaltete den Motor aus, griff nach dem Rettungsring – einem platten weißen Viereck mit Griffen und einem Seil daran – und beugte sich über den Klappsitz, um zu sehen, wo Erika war. Ihr Kopf tauchte gerade aus dem Wasser auf, das Diadem saß schief auf den platt gedrückten Locken. Harry war nirgendwo zu sehen.

Sie warf Erika den Rettungsring zu und zog sie zum Heck des Ducks, wo Sabrina die stumme und wütende Junggesellin an Deck zog. Die Party war zu Ende, das Schweigen schlimmer als die laute Musik. Jetzt hämmerte in ihrem Kopf bloß noch die Vene an ihrer Schläfe, zusammen mit dem Gedanken, wie schlimm es wohl werden würde, wenn sie zurück zu der Rampe kamen. Allein die Freude, Erika so triefnass zu sehen, gab ihr die Kraft weiterzufahren.

24

vierundzwanzig

Die Fahrt zurück zu den Büros der Real Dells Ducky Tours verlief bis auf ein paar geflüsterte Bemerkungen schweigend, doch mit jeder Minute näherte sich das unvermeidliche Ende. Sabrina kämpfte unablässig gegen die Panikwellen an. Sie kannte das. Sie würde überleben.

Drei Dinge, die sie riechen konnte. Diesel. Einen toten Fisch. Verschüttete Margarita.

Zwei Dinge, die sie hören konnte. Normans Motor. Ihren Herzschlag.

Steh einfach diese Sekunde durch. Und jetzt steh diese Sekunde durch.

Ihren Job war sie los. Damit würde sie sich morgen auseinandersetzen.

Steh einfach die nächste Sekunde durch.

Mit zitternden Händen steuerte sie Norman zu der Rampe. Am Pier wartete Erikas Mutter mit durchgedrücktem Rücken und geschürzten korallenroten Lippen. Hinter ihr stand Ray. Warum war er hier? Es reichte doch auch so an Zeugen für ihre Demütigung.

Während die Klone ausstiegen und ein Chaos aus leeren Flaschen und angebissenen Marihuanakeksen hinterließen, wartete Erika, dass Mrs. Hendricks an Bord kam. Sabrina mied Rays Blick, obwohl er versuchte, auf sich aufmerksam zu machen, indem er winkte, als könnte sie ihn auf der leeren Rampe übersehen. Sie konnte kaum schlucken, jegliche Feuchtigkeit in ihrem Körper entwich im Takt ihres heftig schlagenden Herzens durch ihre Poren. Ihre Brust hob und senkte sich, als wäre sie durch hohen Schnee einen steilen Berg hinaufgelaufen.

Sie würde ihre Schulden nie zurückzahlen, nie bei ihren Eltern ausziehen können. Sie würde den Dells nie den Rücken kehren können. Sie war in einer Kiste gefangen, aus der aller Sauerstoff herausgesaugt worden war, was ihrem Gehirn die Fähigkeit nahm, sich mit dem, was gerade geschehen war, auseinanderzusetzen. Ihr Körper bewegte sich unabhängig von ihrem Gehirn – gehorchte irgendwelchen Autopilotbefehlen, die sie ihm nicht erteilt hatte.

Ihre Hände zitterten, als sie Normans Steuer zu einem stummen Abschied tätschelte. Er war ihr ein verlässlicher Gefährte gewesen, und sie wusste, dass das ihre letzten gemeinsamen Momente waren. Als sie sich vorbeugte, um ihre Wasserflasche in ihren Rucksack zu packen, versicherte sie sich noch einmal, dass sie alles eingesammelt hatte, und steckte noch eine Packung Zimtplätzchen mit Marihuana in eine Tasche. Mit dem Rucksack auf dem Rücken trat sie ihrem Schicksal entgegen. Mrs. Hendricks stand in einem schmalen Etuikleid und teuren hochhackigen Schuhen am Ende des Gangs, beides hätte besser in die feine Gesellschaft als in eine Kleinstadt mitten in Wisconsin gepasst. Das blassgelbe Kleid passte zu ihrem steifen, schulterlangen Bob. Sie hatte die Arme vor der Brust verschränkt und blockierte den Ausgang.

»Sabrina.«

»Mrs. Hendricks«, sagte Sabrina, wobei ihr die Worte fast

im Hals stecken blieben. Erika stand grinsend ein Stück hinter ihrer Mutter.

»Wir haben dich aus Respekt vor deiner Familie und der langen Zeit, die sie schon in der Stadt lebt, eingestellt, aber dieses Vertrauen war eindeutig fehl am Platz«, erklärte Mrs. Hendricks. »Ich kann niemanden weiter beschäftigen, der für den Job nicht geeignet ist. Erika hat mich gewarnt, dass du eine Katastrophe sein würdest, und es tut mir leid zu sehen, dass sie recht hatte. Du hast das Leben meiner Tochter in Gefahr gebracht.«

Sabrina hatte gewusst, dass das passieren würde, doch jetzt, wo es eintraf, war sie trotzdem geschockt ob der surrealen Situation, dass ihre schlimmsten Ängste Realität geworden waren. Die meisten ihrer Ängste spielten sich nur in ihrem Kopf ab, real für sie, aber für niemanden sonst. Dieses Mal würden die Leute allerdings wirklich über sie reden, würden begierig Erikas Berichten von ihrer öffentlichen Demütigung lauschen, die durch Rays Gegenwart nur noch schlimmer wurde.

»Ich bin entsetzt, was Erika mir erzählt hat, aber ich würde auch gern deine Version hören.«

Sabrina konnte sich entschuldigen und betteln. Vielleicht würde sie ihren Job sogar behalten, bis Erika das nächste unmögliche Szenario inszenierte – eine weitere skurrile Situation. Sie machte den Mund auf, doch dann wurde ihr klar, dass sie verlieren würde, egal, was sie sagte. Erikas Lippen verzogen sich nach oben. Entweder würde sie Sabrina um ihren Job katzbuckeln sehen oder Zeugin werden, wie sie auf demütigende Weise gefeuert wurde. Eine Win-win-Situation.

Das Einzige, was Sabrina kontrollieren konnte, war die Art, wie sie dieses Duck verließ. Winselnd oder brüllend. Sie hatte ihr Leben lang winselnd den Schwanz eingezogen, sich in den

Schatten davongeschlichen, um nicht bemerkt zu werden. Sie wollte eine Schimpfkanonade loslassen, die selbst Dixie Carter in *Mann muss nicht sein* vom Hocker reißen, bei der sie laut »Halleluja« schreien würde. Sie wollte all die schrecklichen Dinge aufdecken, die Erika zu ihr gesagt oder ihr angetan hatte. Wollte klarstellen, dass Bobby sie geküsst und angegrabscht hatte und Erika wütend war, weil Sabrina ihre Anerkennung gleichgültig war. Sie wollte alles erzählen.

Doch sosehr sie das auch wollte, sie steckte gerade mitten in der größten Panikattacke ihres Lebens, und sie musste hier weg. Sie zwängte sich zwischen den Hendricks-Frauen hindurch und lief zu ihrem Auto; ihr Rucksack schlug gegen ihre Schultern, und ihr BH drohte angesichts der durch den Stress verursachten unerwarteten Ansprüche an seine Strapazierfähigkeit aus allen Nähten zu platzen.

»Warte«, sagte Ray hinter ihr. Sie konnte hören, wie seine Schritte sich ihrem Tempo anpassten, doch sie konnte nicht stehen bleiben, dann würde sie auf der Stelle zusammenbrechen. Sie musste zum Auto, musste in seine Sicherheit flüchten. Alles, was sie im Moment auf den Beinen hielt, war die Bewegung.

Sie schloss ihre Autotür auf, warf Ray die Schlüssel zu und zeigte auf den Fahrersitz. »Steig ein.«

Und das tat er. Er stellte keine Fragen, und er versuchte auch nicht, sie zu überreden, stattdessen in seinen Wagen zu steigen. Er öffnete einfach die Fahrertür und startete den Motor, nachdem sie sich angeschnallt hatte.

»Was …«

»Nee, noch nicht reden. Fahr einfach, oder ich breche zusammen. Fahr auf der River Road zum Staatspark.« Sie hoffte, dass er wusste, wo der war. Sie musste weg von den Menschen, bis auf Ray. Sie wollte keine Fragen beantworten.

Es gab nur einen Ort, wo sie nun hinkonnte. Ihren Ort. Jetzt, wo sie im Auto saß, außerhalb von Erikas Reichweite, traf sie eine Welle nach der anderen. Sie überlegte, ihn zu bitten, zum Krankenhaus zu fahren, weil sie sicher war zu sterben. Sie öffnete den Mund, um Luft zu holen, bekam aber keine. Sie erstickte an der Leere, die an ihren Lungen zog, und der Schmerz befreite die Tränen. In heftigen keuchenden Schluchzern, die ihren gesamten Körper erschütterten, bekam sie schließlich genug Luft, um für diesen Moment am Leben zu bleiben, doch sie war schnell wieder verbraucht.

Ihr Atem regulierte sich nicht, und die Tränen hörten nicht auf. Es ging nicht vorüber. Wie ein Plattenspieler, der immer an derselben Stelle hakte und mit jedem Versuch, über diese Stelle zu kommen, schlechter und stressiger zu ertragen war. Gerade hakte er an einem fünf Zentimeter langen Kratzer mitten in Nickelbacks *Rockstar*, ein Albtraum, dem sie nicht entkommen konnte.

Ihr Körper hatte einen Schalter umgelegt, und ein Teil nach dem anderen schaltete sich ab, wurde dunkel, bis bloß noch die vibrierende Panik da war, die wie elektrischer Strom durch ihren Körper pulsierte. Sie wollte nur noch, dass es aufhörte. Sie wusste, dass große Teile ihres Lebens gerade in die Brüche gingen, doch sie konnte die Kontrolle nicht zurückgewinnen. Was hatte das alles für einen Sinn, wenn sie über das, was sie selbst betraf, gar nicht mitbestimmen konnte?

Es war lange nicht mehr so schlimm gewesen. Während sie an den hohen Wasserrutschen und Achterbahnen vorbeifuhren, die ihre kurvigen Schatten auf die Straße warfen, dachte sie daran, dass sie jetzt nie von hier fortkommen würde. Auf der Highschool hatte sie ihre gesamte Freizeit, von der sie reichlich gehabt hatte, mit Lernen verbracht. Sie hatte Stipendien erhalten, ihre Mutter mit ihren Plänen, aus den Dells wegzugehen, enttäuscht und viel zu viele Darlehen aufgenommen, um nicht zurückkommen zu müssen. Ohne ihr Einkommen aus dem Duck-Job würde sie ihre Schulden nie abbezahlen können. Ihre einzige Hoffnung, alles zurückzuzahlen, war die, weiter mietfrei bei ihren Eltern zu wohnen und einen Job zu finden, der wenigstens die Mindestzahlungen für ihre Kreditkarten und ihre Studiendarlehen abdeckte. Vor lauter Hindernissen sah sie die Zukunft nicht mehr.

Sie würde diesen Job nie bekommen. Sie würde ihre Schulden nie abbezahlen können. Sie würde bei ihren Eltern nie ausziehen können. Jeder Tag würde eine stetige Erinnerung an ihr Versagen sein. Ihre demütigende Kindheit war von einem demütigenden Erwachsenendasein abgelöst worden.

Diese Gedanken wiederholten sich in einer Dauerschleife.

Was musste Ray von ihr denken? Sie schleppte ihn mitten in die Pampa, wo er wer weiß wie lange mit ihr festsitzen würde. Er bog auf den Parkplatz ab und hielt. Sie versuchte sich zusammenzureißen und stellte fest, dass sie atmen konnte. *Konzentrier dich darauf.*

Einatmen.

Ausatmen.

Bauch raus.

Bauch rein.

Wiederholen.

Besser.

Nun steig aus dem Auto.

Sie griff nach ihrem Rucksack und nach einer Decke, die auf dem Rücksitz lag, und öffnete die Tür. Ray folgte ihr, als sie einen Weg zwischen den Bäumen einschlug, wo das Unterholz dünner wurde.

»Willst du mich hier umbringen?«, fragte er und lief hinter ihr her. Die Aussicht auf ihr Ziel trieb sie vorwärts. Sie schaffte es, ihm matt über die Schulter zuzulächeln, und wischte sich ein paar Tränen fort, doch ein stetiger Strom folgte. Sie ließ sie laufen.

Nach zehn Minuten verließ sie den Weg und bog in den Wald ab. Von den Fußspuren anderer Besucher, die sich genau wie sie einen besonderen Fleck abseits des Wanderwegs gesucht hatten, war immer noch so etwas wie ein Pfad zu erkennen.

»Jetzt, wo der Mord vom Tisch ist, kannst du mir vielleicht sagen, wohin wir gehen?«

»Zu meinem Platz.« Ihre Stimme war rau, doch es fühlte sich gut an zu sprechen – sie war über dem Hang.

Eine Pause entstand, bevor Ray etwas sagte. »Es tut mir leid. Ich wollte mich nicht aufdrängen. Ich …«

Sabrina drückte seine Hand, um ihm zu versichern, dass es okay war. Seine Hand fühlte sich auf ihrer überhitzten Haut kühl und trocken an.

Sie bahnte sich durch das Gebüsch einen Weg zu einer kleinen grasbewachsenen Stelle, die rechts und links von hohen Kiefern umgeben war. Direkt vor ihnen lag ein felsiger Abhang, der zu dem zwölf Meter tiefer fließenden Wisconsin River abfiel. Von Wasser und Wind geformte Sandsteinklippen säumten den Fluss und erinnerten an unordentlich aufeinandergestapelte Pfannkuchen. Oben auf den Klippen wuchsen dunkelgrüne Kiefern in seltsamen Winkeln, und hier und da fanden sich auch ein paar in den Wänden. Der Fluss bahnte sich seinen Weg um eine Kurve, wie in einer kleineren Version des Grand Canyon. Sie hatten es rechtzeitig geschafft. Die Sonne berührte gerade die Spitzen der Bäume.

»Wow«, sagte Ray, blieb neben ihr stehen und nahm den Blick in sich auf. Das Geräusch des schnell fließenden Wassers hallte von den Klippen wider und ertränkte jeden anderen Laut. Ray nahm ihr vorsichtig die Decke aus der Hand und breitete sie auf dem Boden aus. Sie setzten sich.

Das Schlimmste der Attacke war vorbei. Die Abgeschiedenheit half Sabrina, sich zu beruhigen. Ihre Hände zitterten immer noch, und Ray griff nach ihnen und hielt sie fest. Auch das half. Er vertäute sie in den felsigen Wassern ihres Gehirns.

Die Sonne war fast ganz hinter den Bäumen untergegangen, bevor sie etwas sagen konnte.

»Ich komme seit der Highschool hierher.« Sie holte noch einmal tief Luft, sodass die Worte nicht alle auf einmal aus ihrem Mund herauspurzelten. »Obwohl das Staatsland ist. Eigentlich soll es niemand betreten, deshalb finden auch nicht viele Leute diese Stelle. Es hat etwas mit der Sicherheit zu tun. Aber der Blick ist unschlagbar.« Sie holte einen der Kekse heraus und aß ihn halb auf in der Hoffnung, dass er sie beruhigte. »Du fragst dich wahrscheinlich, was passiert ist.«

»Neugierig bin ich schon.« Er lächelte sie an, und sein jungenhaftes Gesicht strahlte echte Wärme aus. Seine Züge waren in der zunehmenden Dämmerung nicht ganz zu erkennen, doch dieses tröstliche Lächeln war nicht zu übersehen.

Sie holte noch einmal zitternd Luft. Es ging nun einfacher. »Das Positive ist, dass ich jetzt viel mehr Zeit habe, an der Gala zu arbeiten. Das Negative, dass ich nicht länger als renommierte Tourenführerin bei Real Dells Ducky Tours angestellt bin.« Sie holte noch einmal tief Luft und rieb sich die Arme. Das Schwitzen hatte aufgehört, sie würde bald Schüttelfrost bekommen.

»So viel habe ich verstanden. Wie ist es dazu gekommen?«

Sabrina versuchte, ihm die lange Geschichte zu erzählen, die sie und Erika zusammen hatten und die bis zurück in die Grundschule reichte, ließ den Teil mit dem Geistersehen jedoch aus. Diesen Teil von sich würde sie nie mehr mit jemandem teilen. Der Himmel wurde orange, dann rot, dann blau und violett. Das Licht verblasste, und es wurde dunkel, Sterne durchbrachen die Monotonie des nächtlichen Himmels und flackerten im Rhythmus der Glühwürmchen.

»Warum hat Erika gerade dich ausgewählt? Ich kann mir nicht vorstellen, dass du irgendetwas getan haben sollst, das jahrelange Schikanen rechtfertigt.«

»Kann ein Mensch nicht gemein sein, weil er einfach von Natur aus so ist?«, fragte Sabrina, doch dann seufzte sie. »Ich habe viel darüber nachgedacht, und ich würde vermuten, dass es mit Cammy zu tun hat. Cammy ist im vierten Schuljahr auf unsere Schule gekommen. Es kamen selten neue Schüler, geschweige denn interessante wie sie, mit einem schottischen Akzent und hellblonden Haaren, die zu Zöpfen geflochten waren und an den Enden karierte Schleifen hatten. Ihre Eltern waren hierhergezogen, weil ihre Mutter die Architektin des neuen Aquaparks war. Erika war davon ausgegangen, dass Cammy ihre Freundin werden würde, aber Cammy wählte stattdessen mich. Wir haben zusammen Mittag gegessen, haben in der Pause zusammen unter einem Baum gesessen und gelesen und an den Wochenenden beieinander übernachtet. Als Cammys Mom ihren Job gemacht hatte, sind sie zum nächsten weitergezogen.«

»Du hast eine Freundin verloren und dir Erikas Hass eingehandelt.«

Sie lehnte den Kopf gegen seine Schulter. Die Erschöpfung hatte sie eingeholt und machte es schwer, auch nur den

Kopf zu halten. Sie hatte viel geredet. Sie zitterte. »Das war ein harter Tag«, sagte sie.

Er legte den Arm um sie und rieb ihre Schulter. Sie zitterte wieder, und Ray zog sie zwischen seine Beine, sodass er die Arme um sie legen konnte, bis ihr Rücken warm war. Sie war warm und sicher.

»Ich schätze, dass wir nun keine Dates mehr vorspielen müssen«, sagte Sabrina, doch sie bereute die Worte sofort, weil sie nicht wollte, dass es aufhörte.

»Sie waren nie vorgespielt, Sabrina.« Rays Stimme war leise und nahe an ihrem Ohr. »Der Grund, aus dem ich heute vorbeigekommen bin, ist der, dass ich sehen wollte, ob du jemanden brauchst, der dich nach Hause fährt, nachdem du die letzte Nacht nicht geschlafen hast.«

Sie richtete sich auf, sodass sie sich umdrehen und ihn ansehen konnte. Sein Gesicht war ihrem so nahe, dass sie seinen Atem spürte. Er roch nach Wintergrünpfefferminz, wie man ihn an der Kasse von *Nicht-Denny's Denny's* kaufen konnte.

Er redete weiter. »Ich habe verstanden, dass du das so wolltest, also habe ich so getan, aber für mich waren das echte Dates. Mit dem einzigen Unterschied, dass wir uns sonst öfter geküsst hätten.«

Ihr Blick wanderte zu seinen Lippen, die ihren so nahe waren. Dunkle Stoppeln bedeckten Kinn und Wangen. Würde sie sie spüren, wenn ihre Lippen seine berührten? In dem Moment, in dem der Gedanke da war, wusste sie, dass sie es herausfinden musste. Sie drehte sich in seinen Armen und beugte sich zu ihm hin, doch er hielt sie an den Schultern fest, sodass sie ihm nicht näher kommen konnte. Er wollte nicht, dass sie ihn küsste. Die Zurückweisung tat weh.

Sie wollte zurückweichen, aber seine Arme hielten sie weiter fest. Sie konnte ihm nicht näherkommen, doch sie konnte ihm auch nicht entkommen.

»Sabrina«, sagte er mit weicher Stimme, »ich möchte etwas klarstellen.« Seine Hände glitten an ihren Armen hinunter und umfassten ihre Hände. Ein Teil von ihr wollte sich zurückziehen, doch sie tat es nicht. »Ich möchte dich gern küssen. Aber ich weiß nicht, ob es dir nachher nicht leidtun würde. Ich kann mir nicht vorstellen, was in den letzten Stunden in dir vorgegangen ist, und will nicht, dass irgendeine Verwirrung darüber entsteht, was du fühlst und warum.«

Er drückte ihre Hand, und sie erwiderte den Druck.

»Ist das okay?«, fragte er.

Sie nickte.

Er fragte sie, ob es okay war, dass er ihr die Zeit gab, intelligente Entscheidungen zu treffen, die sie nicht bereute, auch wenn sie sich ziemlich sicher war, dass sie es nicht bereuen würde, ihn zu küssen, egal, wie die Umstände waren. Er zog sie wieder an seine Seite, sodass sie seine Wärme spürte. Es war wunderschön, ihm so nahe zu sein, und sie bekam Herzklopfen.

Sie kicherte.

»Alles okay?« Ray hatte sie ein Stück zurückgeschoben, um sie ansehen zu können.

Sie konzentrierte sich auf ihn und sah ihn ernst an, damit er wusste, dass sie ernst war. Sie wollte sich nicht von den schönen Sternen ablenken lassen, die am Himmel blitzten. Es waren so viele, und alle wirbelten und waberten um die Erde.

Oh.

»Ich denke, der Marihuanakeks fängt an zu wirken.«

Ray lachte. »Verstehe. Dann mach weiter.«

Sie legten sich auf die Decke, ihr Kopf in seiner Armbeuge, damit ihr nicht kalt wurde, auch wenn ihr das jetzt egal war.

»Sabrina«, sagte eine Frauenstimme. Sie kam ihr bekannt vor. »Sabrina, blinzle, wenn du mich hörst.«

Sie blinzelte und sah in die Richtung, aus der die Stimme gekommen war. Molly stand nicht weit entfernt von ihnen.

»Molly.« Der Name rutschte Sabrina heraus.

»Was?«, fragte Ray. »Was hast du gesagt?«

Mist. Sie mochte zwar high sein, doch Sabrina wusste, dass sie Mollys Namen nicht laut hätte aussprechen sollen.

»Ich habe nur an den Keks gedacht. Du weißt schon, Molly. Mary Jane. Die Marihuanakekse wirken tatsächlich.«

Selbst high wusste sie, dass sie wie eine Idiotin klang. Ray lachte es weg und zog sie enger an sich, obwohl er sich auf der Lichtung umsah.

»Ach, du lieber Himmel«, sagte Molly. »Du bist so was von high. Sag das bloß nicht deiner Mom. Sie hat gehört, was passiert ist, und macht sich Sorgen. Du gehst nicht an dein Telefon, und sie hat mich gebeten, dich zu suchen. Ich sage ihr, dass du bei Ray bist und dass sie sich keine Sorgen machen soll.«

»Hmmm, wundervoll«, sagte Sabrina und schmiegte sich enger an Ray. Er roch so gut. Sie wollte ihn küssen. Er ließ ihr Herz knallen. Knall, knall, knall. Wie ein Feuerwerk. Wie Popcorn.

Im Moment fiel es ihr schwer, sich zu erinnern, warum sie das nicht sollte.

Sie sollte nach Hause fahren und schlafen. Morgen würde sie sich um vieles kümmern müssen, und es bestand eine gute

Chance, dass sie gar nicht umziehen wollte. Doch sie fühlte sich zu wohl und war zu glücklich, um sich zu bewegen. Wenn jeder Tag wie dieser Moment sein könnte, könnte sie vielleicht in den Dells bleiben. In der Nähe ihrer Familie. In der Nähe von Ray.

25

fünfundzwanzig

Ray konnte nur noch daran denken, Sabrina zu küssen. Sie waren so nahe dran gewesen, doch dann hatte er ihnen Einhalt geboten, weil es das Richtige gewesen war. Ihr Gesicht war seinem so nahe gewesen, er hatte den Zimt von dem Marihuanakeks riechen können. Manchmal nervte es, das Richtige zu tun.

Er hatte sie nach Hause gefahren, zur Tür gebracht und an ihre verwirrte Mutter übergeben, die ihn zum Tee hereingebeten hatte. Er hatte abgelehnt, als Sabrina losgeprustet hatte. Wenn die Dinge sich so entwickelten, wie er hoffte, würde es noch viele Gelegenheiten geben, abends mit ihren Eltern Tee zu trinken.

Es war erst acht Uhr am Morgen, und die Küchenbelegschaft des *Otter Club* war bereits mit den Vorbereitungen für den Abend beschäftigt, köchelte Fonds, schnitt Gemüse und bereitete Steaks vor. Heute arbeitete er an einer neuen Kreation – einem Wisconsin-Risotto mit einem Spezialbier, einem zwei Jahre alten Cheddar aus einer Molkerei vor Ort und einer knusprig gebratenen Bratwurst, die Rick selbst hergestellt hatte. Er experimentierte bereits seit einer Weile an dem Rezept herum, kämpfte mit dem richtigen Verhältnis von Bier und Cheddar. Zu viel Bier stellte alles andere in den Schatten.

Zu wenig, und er konnte es auch lassen. Jetzt hatte er endlich die richtige Mischung gefunden, indem er das malzige Bier mit Hühnerfond verdünnte. Mit dem Cheddar war es noch schwieriger – wenn er zu viel nahm, wurde der Risotto klumpig und klebrig. Er musste ihn mit Parmesan und Colby mischen, damit er glatt schmolz. Heute war der letzte Durchlauf. Ganz zuletzt würfelte er eine Bratwurst und briet sie in einer Pfanne knusprig. Er gab eine Portion Risotto in eine Schüssel und eine kleine Menge Bratwurst in die Mitte.

Bevor er probierte, warf er einen Blick auf sein Handy. Keine Nachricht von Sabrina. Nur zwei SMS von Erika Hendricks wegen der Partnerschaft mit den Real Dells Ducky Tours. Er ignorierte sie.

Sollte er Sabrina anrufen? Die Abschiedsgala erforderte noch viel Arbeit, und jetzt, wo sie mehr Zeit hatte, wollte er davon profitieren. Außerdem wollte er sie wiedersehen. Sie wieder in seinen Armen halten. Ihr Haar wieder riechen. Er hielt das Handy in die Nähe eines Fensters, um sicherzugehen, dass ein schlechter Empfang nicht das Eingehen der Nachrichten behinderte, obwohl er wusste, dass die Wi-Fi-Verbindung überall im Supper Club sehr gut war.

»Dir geht es schlecht«, sagte Rick.

»Wieso geht es mir schlecht?«

Rick sah ihn an, sagte aber erst einmal nichts.

»Darf ich probieren?« Rick zeigte auf den Risotto, und Ray schob die Schüssel über die Edelstahlarbeitsfläche zu ihm hin. Rick schaufelte einen Bissen in seinen Mund, wobei er darauf achtete, auch etwas von der Bratwurst abzubekommen.

Ray nahm sich einen frischen Löffel und probierte ebenfalls. Während des Kauens atmeten sie durch die Nase, sodass die Luft sich mit den Aromen in ihrem Mund mischen konnte, bevor sie alles hinunterschluckten.

»Nicht schlecht. Irgendetwas fehlt noch, aber du bist nahe dran. Die Konsistenz ist gut, cremig und nicht zerkocht.«

Rick konnte geizig mit Komplimenten sein, deshalb versuchte Ray, nicht zu stolz auszusehen.

»Stimmt, etwas fehlt. Wie wäre es mit etwas Sauerkraut?«

Rick nahm noch einen Bissen und schwenkte den Löffel in der Luft. »Ja. Aber selbst gemachtes. Wag es ja nicht, das Dosenzeug zu nehmen.«

Ray notierte sich die Idee in seinem Notizbuch und aß noch einen Löffel. Beim Kauen warf er einen Blick auf sein Handy.

»Sagst du mir, wer es ist?«

Ray seufzte, und Rick widmete sich wieder seinen Vorbereitungen. »Sabrina Monroe.«

Rick hielt den Blick weiter auf die Rib-Eye-Steaks gerichtet, die er von einem Stück Rindfleisch schnitt. Was seltsam war. Rick sah einen immer an, wenn er mit einem sprach, und er brauchte seine Hände beim Schneiden nicht im Blick zu behalten. Man könnte ihm die Augen verbinden, und er würde sich nicht schneiden.

»Was verschweigst du mir?«

»Ich bin mit ihren älteren Brüdern zur Schule gegangen. Wir haben zusammen abgehangen.«

»Und?«

»Ich weiß nicht wirklich was. Was ihre Schwester anging, waren sie immer sehr beschützend. Sie hat es nicht leicht gehabt – ist viel gemobbt worden.«

»Einige Dinge haben sich bis heute nicht geändert«, sagte Ray.

»Es gibt Geschichten. Gerüchte – du weißt also nicht,

was wirklich stimmt, was boshaft ist und was überlieferte Geschichten sind. Es ist eine seltsame kleine Stadt, und die Leute sind genauso merkwürdig.« Er wandte sich wieder dem Schneiden zu.

»Erzählst du mir von den Gerüchten?«

Rick zuckte die Schultern, dann sah er Ray in die Augen. »Eine frühere Tellerwäscherin schwört, dass Sabrinas Mutter ihr eine Nachricht von ihrer toten Großmutter überbracht hat, kurz nachdem sie gestorben war. Dass sie Sachen gesagt hat, die nur ein Familienmitglied wissen konnte. Das ist bloß *eine* Geschichte. Es gibt noch diverse andere. Mrs. Monroe ist dabei erwischt worden, wie sie bei jemandem eingebrochen ist. Auf die Frage, warum, hat sie geantwortet, dass die Frau, die gerade gestorben war, die Lockenschere angelassen hatte. Und so war es auch. Woher wusste sie das? Es ist nichts Schlechtes, es ist nur seltsam.«

»Willst du mir sagen, dass die Monroes mit den Toten reden können? Wie in *Der sechste Sinn*?«

Rick hielt die Hände hoch. »Ich sage gar nichts über deine neue Freundin.«

Es konnte nicht wahr sein, oder? Ray hätte überraschter sein sollen, doch wenn die Leute meinten, dass sie etwas Merkwürdiges an sich hatte, erklärte das viel. Ein klassischer Sherlock-Holmes-Fehlschluss. Mehr überraschte ihn seine Freude, dass Rick sie als seine Freundin bezeichnet hatte. Er brauchte mehr Informationen, aber er musste vorsichtig sein. Er wollte sie nicht verschrecken. Wenn an den Geschichten etwas dran war – und je mehr er über Sabrina erfuhr, desto wahrscheinlicher kam ihm das vor –, musste sie ihm vertrauen. Vielleicht war die beste Vorgehensweise die, ihre Familie besser kennenzulernen.

Als sein Blick auf den Risotto fiel, nahm eine Idee in seinem Kopf Form an.

*

Ray parkte vor dem Haus der Monroes. Gestern Abend hatte er nicht viel davon gesehen, doch bei Tageslicht wirkte es fröhlich und einladend mit den bunten Blumen, die an der Veranda hingen, und dem Gartenzwerg, der ihn unter einem Busch hervor anlächelte; ganz anders als die Katze, die ihn durch die Fliegengittertür der Nachbarn wütend anstarrte und an dem dünnen Hindernis kratzte.

Er griff nach der Kühltasche und ging auf dieselbe Tür zu, an der er Sabrina am Vorabend abgeliefert hatte. Er klopfte, und kurz darauf öffnete Sabrinas Mutter.

»Ray, was für eine Überraschung! Sabrina ist noch oben.« Mrs. Monroe sah über ihre Schulter und nickte leicht, als würde sie jemandem antworten, aber er sah und hörte niemanden. »Ich bin mir sicher, dass sie in ein paar Minuten unten sein wird.« Sie trat einen Schritt zurück und hielt ihm die Tür auf. »Kommen Sie doch herein. Kann ich Ihnen einen Tee anbieten? Kaffee? Wasser?«

»Ein Kaffee wäre wunderbar, Mrs. Monroe.«

»Bitte nennen Sie mich doch Jenny.« Sie lächelte warm.

Sabrina hatte das strahlende Lächeln ihrer Mutter, obwohl sie es nicht so oft zeigte. Vielleicht sah er es deshalb so gern. Es war selten und etwas Besonderes. Jenny zeigte auf den Tisch, während sie zu der Kaffeekanne ging und ihm einschenkte. Er nahm Platz.

»Zucker? Milch?«

»Schwarz. Ich trinke meinen Kaffee gern so stark, dass er Tote auferwecken könnte.«

Jenny lachte, als sich ihr Mann zu ihnen gesellte.

»Wer bringt hier mein Mädchen zum Lachen?«

Ray stand auf, um ihm die Hand zu schütteln.

»Schön, Sie zu sehen, Ray. Was führt Sie an einem Samstagmorgen zu uns?«

»Ich habe an der Perfektion eines Wisconsin-Stil-Risottos gearbeitet und etwas zum Probieren mitgebracht. Ich vertraue auf Ihre erfahrenen Gaumen.«

Dough rieb sich erwartungsvoll die Hände.

Ray zog den Reißverschluss der Kühltasche auf und holte ein Glasbehältnis mit einem blauen Plastikdeckel und ein paar Löffel heraus, genug für alle. Die Schüssel gab immer noch Hitze ab.

»Wenn Sie mögen, nehmen Sie sich einen Löffel, und schlagen Sie zu. Sehen Sie zu, dass Sie auch etwas von der Bratwurst erwischen.«

Jenny und Dough hatten sich jeder einen Löffel genommen und kauten nachdenklich, als Sabrina auf Socken über den Hartholzboden gerutscht kam. Sie trug eine bunte Baumwollschlafanzughose mit Drachen darauf und ein übergroßes T-Shirt mit dem Spruch *Brave Frauen schreiben selten Geschichte.* Sein Herz geriet kurz ins Schlingern. Er stand auf Nerds. Er hatte sich einfach in sie verlieben müssen.

»Was machst du hier?« Ihr Haar war zu einem bezaubernden lässigen Bun zusammengebunden.

»Sei nicht so unhöflich, Schatz. Er hat uns etwas zum Probieren vorbeigebracht«, sagte Jenny und zeigte auf den Risotto auf dem Tisch.

Dough aß noch einen Löffel voll. »Mein Gott, ist das lecker.«

Sabrina zuckte zusammen. »Wirklich, Dad?« Sie zog ihren Haarknoten fester, wobei ein paar Locken entwischten und ihr Gesicht umrahmten.

»Danke, Dough«, sagte Ray.

»Käse schmeckt mir einfach.« Er klopfte sich auf den Bauch. »Wollen Sie das im *Otter Club* auf die Speisekarte setzen?«

»Oh, nein. Rick, mein Koch, würde mich umbringen, wenn ich an seiner Speisekarte herumbastle.« Ray nahm sich einen Löffel. »Das ist mein Hobby – ein Teil meiner Integration. Wussten Sie, dass in Wisconsin mehr Käse produziert wird als in jedem anderen Staat?«

Dough rieb sich die Hände. »Was, glauben Sie, mit wem Sie reden, mein Sohn? Wussten Sie, dass über neunzig Prozent der Milch in Wisconsin für die Herstellung von über sechshundert verschiedenen Käsen genutzt wird?«

Ray lachte – Sabrinas Dad und er waren eindeutig auf einer Wellenlänge. »Das wusste ich nicht, aber jetzt bin ich fest entschlossen, sie alle zu probieren.«

»Komm rein, Sabrina.« Dough griff nach ihrem Arm und dirigierte sie zum Tisch, zog einen Stuhl vor und gab ihr zu verstehen, sich neben Ray zu setzen. Sie verdrehte die Augen, doch als er insistierte, setzte sie sich hin. »Iss.«

Sabrina nahm einen Löffel und kaute. Dann nahm sie noch einen größeren. »Das ist wirklich gut, aber irgendwas fehlt. Der hintere Teil meiner Zunge möchte auch etwas davon haben, und er wird enttäuscht. Irgendetwas Würziges, vielleicht?«

Ray gefiel, dass Sabrina merkte, dass etwas fehlte, und dass sie nicht zögerte, das auch zu sagen. »Etwas Sauerkraut vielleicht?«, sagte er.

»Ja.« Sabrina und Dough sagten es gleichzeitig.

Dough fuhr fort. »Wir müssen uns mal unterhalten. Ich kann Ihnen ein paar Orte zeigen, wo sie erstaunliche Sachen mit Sauerkraut machen, und wir müssen mit Ihnen ins *Versteck* gehen.«

»Das würde mir sehr gefallen. Was ist das *Versteck*?«

Dough ignorierte die Frage. »Sabrina kann mir Ihre Nummer geben, und ich mache etwas aus.«

Jenny griff nach Doughs Arm. »Schatz, ich brauche im Wohnzimmer deine Hilfe.« Als Ausrede war es ein Klassiker. Ray blickte zu Boden, um sein Lächeln zu verbergen, als Jenny Dough aus dem Zimmer schob.

Sabrina aß noch einen Löffel. »Ich habe noch nie einen Risotto mit Bier und Bratwurst gegessen. Raffiniert.«

»Danke. Es war nicht einfach, das genau im richtigen Verhältnis hinzubekommen.«

Sie klopfte mit den Fingern auf den Tisch und musterte ihn. »Was machst du hier?«

Dunkle Ringe umrandeten ihre Augen. Sie waren deutlich zu sehen, da sie noch blasser war als sonst. War sie krank?

»Ich wollte mit dir über die Gala sprechen und wie du weiter vorgehen willst.« Er schob die Schüssel von einer Seite zur anderen. »Und ich wollte sehen, wie es dir heute geht.«

Sabrina schloss die Augen und malte mit den Fingern Kreise auf den Tisch. Er konnte nicht erraten, was sie dachte. War sie sauer? Traurig? Glücklich, dass er gekommen war? Wollte sie ihn immer noch küssen? Er wünschte sich, mit einem Blick sagen zu können, wie sie drauf war.

»Ich … mir geht es nicht so gut. Ich habe geschlafen, als du gekommen bist, ich fühle mich immer noch überfordert.«

»Dann ist es wohl kein günstiger Zeitpunkt, oder?«

Sabrina schüttelte den Kopf. »Ich brauche einen Tag oder so, um mich auf die neuen Umstände einzustellen, wenn das okay ist.«

Ray legte seine Hand auf ihre. Sabrina starrte sie an, dann blickte sie zu ihm hoch.

»Natürlich ist das okay. Wir können reden, wenn du dazu bereit bist.«

Sabrina neigte fragend den Kopf. Warum war sie so verwirrt?

»Über die Gala, ja?«, sagte sie.

»Und andere Dinge.« Ray lächelte sie an und drückte ihre Hand.

Sabrina zog ihre Hand weg, um ihren Haarknoten festzustecken. War das wirklich nötig oder war es ein Vorwand, ihm ihre Hand zu entziehen? Sie rückte etwas von ihm ab.

»Über gestern Abend«, sagte Sabrina. Ray lehnte sich auf seinem Stuhl zurück. Das war nie ein guter Satzanfang. »Wenn ich irgendetwas gesagt oder getan habe, das dir einen falschen Eindruck von mir vermittelt hat …« Sie ließ die Worte in der Luft hängen. Was glaubte sie, gestern Abend getan zu haben? Und was glaubte sie, dass er dachte, dass sie getan hatte? Wie hatte dieses Gespräch so schieflaufen können?

»Du hast nichts getan …« Er wusste nicht, wie er fortfahren sollte. »Das war hart für dich. Ich war froh, für dich da sein zu können.«

Sabrina lächelte und entspannte sich. »Gut. Eine Sache weniger, die ich überanalysieren muss.« Sie gähnte.

Ray nahm das als Stichwort und stand auf. »Ich lasse dich jetzt weiterschlafen. Schick mir eine SMS, wenn du bereit bist, über die Gala zu reden.«

Er beugte sich vor, um sie zu umarmen, doch sie ging nicht darauf ein. Ray bremste sich und klopfte ihr stattdessen auf die Schulter. Er nahm seine Schüssel und ging, bevor er noch etwas falsch verstand.

*

Molly und Jenny sahen zu, wie Ray davonfuhr, während Sabrina auf Zehenspitzen zur Treppe ging.

»Nicht so schnell. Bleib noch ein paar Minuten hier«, sagte Jenny.

Sabrina erstarrte, den Fuß auf der untersten Stufe. »Können wir später reden? Ich möchte wirklich ins Bett.« Sie zeigte die Treppe hoch.

»Es dauert nicht lange.« Jenny zeigte auf die Couch, und Sabrina schlurfte hinüber, kuschelte sich in die Ecke und zog eine Decke bis zu ihren Schultern hoch. Es erinnerte Molly an Sabrinas Teenagerzeit, wo sie sich genauso auf der Couch zusammengerollt und mit ihr Filme angesehen hatte.

Jenny setzte sich neben sie, und Molly ließ sich auf einem Stuhl am Fenster nieder. »Erzähl es mir.«

»Es war schlimm. Richtig schlimm. Es war von Anfang an ein abgekartetes Spiel. Ich weiß nicht, wie ich je diesen Job annehmen konnte.«

»Weil es der bestbezahlte Job für Saisonarbeit in den Dells ist, das meiste in bar«, sagte ihre Mutter und wiederholte die Antwort, mit der Sabrina sich davon überzeugt hatte, dass es eine gute Idee war, bei Real Dells Ducky Tours zu jobben.

Sabrina nickte. »Egal, es gibt tausend Gründe, aber das konnte ja nicht gut ausgehen.«

»Es gibt doch noch andere anständig bezahlte Jobs.«

»Das meine ich nicht, Mom. Ich meine diesen ganzen Sommer. Dass ich nach Hause gekommen bin. Das musste ja im Chaos enden. Im Gegensatz zu dir kann ich hier nicht leben. Ich kann das nicht.« Tränen sammelten sich in ihren Augen.

Jenny umarmte Sabrina und rieb ihr den Rücken. Molly wünschte, sie könnte Sabrina genauso trösten.

»Wenn ich Geld hätte, würde ich auf der Stelle abreisen.«

»Ich weiß. Du hast es schwerer gehabt als die anderen. Aber ich bin mir nicht sicher, ob abzureisen die Lösung ist, für die du es hältst. Von deinem Studiendarlehen einmal abgesehen, bist du eine Monroe, und auch wenn du woanders keine Geister siehst, ändert das nichts daran, wer du bist oder was du erlebt hast. Es wird dich nicht auf magische Weise zu einer anderen machen. Du bist, wer du bist, egal, wo du bist. Manche Verantwortlichkeiten sind zu gewaltig, um ihnen zu entkommen.«

»Das ist nicht hilfreich.« Sabrina setzte sich zurück. Sie war ganz blass im Gesicht und wirkte ziemlich schlapp.

Jenny küsste sie auf die Stirn. »Wir können später weiterreden. Ruh dich aus. Ich sehe in ein paar Stunden nach dir. Soll ich dir dann einen gegrillten Käse bringen?«

Sabrina nickte und verzog sich nach oben, ihre Füße rutschten in den Socken über den Holzboden.

Als ihre Tür sich hinter ihr schloss, drehte Jenny sich zu Molly um. »Du hast gesagt, dass sie sich fast geküsst hätten?«

»Sie waren sich so nahe. Am liebsten hätte ich sie zueinander hingeschoben, aber er hat sich wie ein perfekter Gentleman verhalten.«

»Und heute in der Küche?«, fragte Jenny.

Molly hatte natürlich alles beobachtet. Sie mussten auf Sabrina aufpassen. »Allein vergeigen die beiden das. Zu meiner Zeit hätte er ihr einen Antrag gemacht, und alles wäre geregelt. Nicht dieses ganze Hin und Her.«

»Genau genommen ist das nicht schlecht, Molly.« Jenny lächelte. »Vor allem für Sabrina, für die es keine halben Sachen gibt. Ray tut das Richtige.«

»Das heißt nicht, dass sie es nicht verbocken.«

»Da gebe ich dir recht. Wie wäre es mit etwas Gutem zu essen und noch besserer Gesellschaft?«

Molly lächelte. »Das dürfte helfen, aber sollten wir nicht etwas subtiler vorgehen? Sie wird ahnen, was wir vorhaben.«

»Das ist mir egal, solange es funktioniert«, sagte Jenny.

Molly wusste, dass es mehr als eines leckeren Essens bedurfte, doch es waren die kleinen Dinge und die kleinen Momente, von denen eine Beziehung lebte. Trotz ihrer Begeisterung für romantische Filme wusste sie, dass es ohne die vielen kurzen Blicke, die Berührungen, das leise Lächeln, die gemeinsamen Eisbecher, die langen Spaziergänge, die abendlichen Anrufe und die Insiderwitze nicht funktionierte. Ray und Sabrina mussten Zeit miteinander verbringen, um diese kleinen Augenblicke zu haben, die sich summierten.

26

sechsundzwanzig

Ray überprüfte die Adresse, die er von Sabrinas Vater bekommen hatte, um sicherzugehen, dass die Karte auf seinem Handy ihn an den richtigen Ort brachte. Dann bog er auf eine nicht asphaltierte, von Pinien gesäumte Straße ab. Das Licht der frühen Abendsonne drang kaum durch die Blätter. Nach einer Viertelmeile tauchte hinter einer Kurve eine Blockhütte auf, auf dem Parkplatz standen ein paar Autos, und dahinter funkelte ein See.

Ohne den Müllcontainer, der hinter einem Zaun versteckt war, hätte Ray gedacht, er wäre über irgendein Ferienhaus gestolpert. Nachdem er noch ein drittes Mal auf sein Handy geguckt hatte, stieg er aus dem Wagen und ging Richtung Eingangstür. Als er seinen Namen hörte, blieb er stehen.

»Ray.« Dough kam über den Parkplatz getrabt, sein Hemd spannte über dem Bauch, und er winkte mit einem Arm. »Ich wollte früher hier sein, aber zumindest sind Sie noch nicht an der Tür.«

Dough wurde langsamer und führte Ray zu der Veranda, wo wie bei einem normalen Haus eine Fliegengittertür vor der normalen Holztür war. Kleine Blumentöpfe mit roten und weißen Blumen standen neben dem Geländer. Dough trat nicht durch die Tür, wie Ray erwartet hatte, sondern blieb vor einem kleinen Fenster links stehen, klopfte zweimal, wartete und klopfte noch zweimal.

Das Fenster glitt auf, doch ein Vorhang hinderte Ray weiter daran, in das Gebäude hineinzusehen.

»Passwort«, sagte eine Stimme.

»Illegaler Alkoholausschank«, antwortete Dough.

Das Fenster wurde geschlossen, und die Tür ging auf. Dough warf einen Blick über die Schulter und sah Ray mit zuckenden Brauen an, der total verwirrt aussah. Wohin brachte Dough ihn?

Drinnen begrüßte sie eine junge Wirtin. »Guten Abend, Mr. Monroe. Ich bringe Sie zu Ihrem Tisch. Die Damen sind bereits da.«

Die Damen?

Tatsächlich, an einem weiß eingedeckten Tisch mit Blick auf den wunderschönen See und den Sonnenuntergang saßen Jenny und Sabrina. Sabrina sah genauso überrascht aus, ihn zu sehen, wie er es war.

»Hey, du. Ich wusste nicht, dass du hier bist. Dein Dad hat nur gesagt, dass er mir sein Lieblingsrestaurant zeigen will. Das nicht der *Otter Club* ist, wie ich leicht enttäuscht feststellen muss, Dough.« Ray versetzte Doughs Schulter einen leichten Schlag. Der Speiseraum war klein mit zehn Tischen; eine Tür führte zu einer gemütlichen Bar und eine andere in die Küche. »Wo sind wir hier?«

Dough sah zufrieden aus, und Sabrina verdrehte die Augen.

»Es hat nicht wirklich einen Namen«, sagte sie, »aber alle nennen es das *Versteck*. Es ist ein privater Supper Club, der früher einmal der Mafia gehört hat. Hier in der Gegend gibt es Gerüchte, dass Al Capone oft hier gewesen ist, doch das behauptet jedes Restaurant nördlich von Madison. Jedes Mitglied hat sein eigenes Passwort, um eingelassen zu werden. Es ist ein bisschen albern, und Dad bringt gern Leute hierher. Das Essen ist großartig. Es gibt keine Speisekarte, nur ein paar Tagesgerichte. Egal, ob du Molekularküche, klassisches französisches Essen oder Hackbraten und Kartoffelbrei bekommst, es ist immer ein Erlebnis.«

»Heute haben sie Hähnchen nach Art des Hauses. Das beste im ganzen Staat«, sagte Dough.

»Nach Art des Hauses?«

»Brathähnchen, aber unter Druck gegrillt. Ich weiß nicht wirklich, welche Magie da im Spiel ist, aber es ist super saftig und knusprig.«

Ray sah sich mit anderen Augen um. Eine Kellnerin brachte ein riesiges goldbraun gebratenes Hähnchen an einen der Nachbartische, während eine andere Gruppe an ihren Cocktails nippte. Eine dritte, die bereits aß, saß an einem Tisch mit einer Platte mit Hähnchen, großen Schüsseln mit Kartoffelbrei, grünen Bohnen, Mais und ein paar anderen Dingen, die er von seinem Platz aus nicht identifizieren konnte. Was für eine interessante Idee! Nur wenige Restaurants konnten sich so etwas leisten, doch ein privater Club mit einer limitierten Anzahl an Sitzplätzen … er lehnte sich auf seinem Stuhl zurück, als eine Kellnerin aus der Küche auftauchte. Er wollte einen Blick hinter die Kulissen werfen, da sein, wo etwas los war. Das war das Beste daran, ein Restaurant zu besitzen. Der *Otter Club* mit seiner Kombination aus Kreativität und Geschäftssinn, Essen und Gästen, befeuerte einen Teil von ihm, der im Immobiliengewerbe erstickt worden war.

Endlich hatte er eine Arbeit, die ihn inspirierte, und die durfte er nicht verlieren.

*

Sabrina hatte dem Bein ihrer Mutter unter dem Tisch einen Tritt versetzt, als ihr Vater mit Ray aufgetaucht war. Das war kein Zufall. Ihre Mutter und Molly hatten ohne jegliches Fingerspitzengefühl Pläne geschmiedet, aber sie wollte nicht, dass sie sich einmischten. Als sie im Kopf den Tag neulich noch einmal durchgegangen war, hatten sie weniger die Ereignisse auf dem Duck und mehr die Zeit mit Ray beschäftigt. Was dachte er zu ihrem Zusammenbruch? War ihm klar, dass sie Mollys Namen nicht hatte aussprechen wollen? Sie hätte niemals einen Marihuanakeks mitten in einer Panikattacke essen dürfen.

Sabrina wusste es zu schätzen, dass er sich chic gemacht und extra eine gebügelte dunkle Hose und ein in die Hose gestecktes Button-down-Hemd angezogen und seine Brille aufgesetzt hatte, um mit ihrem Vater auszugehen. Langsam entwickelte sie ein ernsthaftes Faible für diese Brille und wie sie auf seiner Nase herunterrutschte und wieder hochgeschoben werden musste. Manchmal fiel ihm eine Locke in die Stirn und wippte kurz auf und ab, bevor er sie wieder zurückschob.

Während des ganzen Essens beobachtete Ray genau, was um ihn herum vorging, und stellte Fragen zu dem Restaurant. Als sie beim Digestif angekommen waren – er trank einen Portwein und sie schlürfte an einem Brandy Alexander –, standen ihre Eltern auf, um zu gehen.

»Wir fahren zurück«, sagte Sabrinas Mutter. Sabrina wollte ebenfalls aufstehen und trank schneller. »Nein, Liebes, du bleibst. Ich bin mir sicher, Ray wird dich gern nach Hause fahren. Und mach dir keine Gedanken, für die Rechnung kommen wir auf, ihr könnt also gern noch etwas bestellen, wenn ihr wollt.«

Dann waren sie weg, und ein Kältekopfschmerz jagte durch ihre Stirn.

»Entschuldige«, sagte Sabrina.

Ray lächelte. »Macht überhaupt nichts. Es ist die perfekte Art, dieses Essen zu beenden.« Er schwenkte sein Glas. »Ich hoffe, es macht dir nichts aus, mich am Hals zu haben.«

»Überhaupt nicht. Es ist schön, dich zu sehen, jetzt, wo ich mich wieder mehr wie ich selbst fühle.«

»Das freut mich zu hören.«

Es war so peinlich. Sie wollte, dass es wieder so zwischen ihnen war wie vorher, als sie sich noch nicht vor seinen Augen in ein Häufchen Elend verwandelt hatte.

»Möchtest du über die Gala reden?«, fragte sie.

»Ich denke schon. Obwohl es mir angesichts dieser Aussicht hier wie eine Schande vorkommt.«

Sie drehten sich um, um aus dem Fenster zu sehen. Die Sonne war inzwischen untergegangen, und das Licht von dem Restaurant glitzerte auf dem Wasser wie zerbrochenes Glas auf Asphalt. Sabrina nahm noch einen Schluck von ihrem Drink und zuckte zusammen, als sich der Kältekopfschmerz erneut einstellte. Sie musste etwas sagen, irgendetwas, um das Schweigen zu brechen.

»Meine Eltern sind nicht sehr subtil«, sagte Sabrina, als sie mit den Fingerspitzen das Kondenswasser von dem Cocktailglas auf die weiße Tischdecke wischte.

Ray nippte an seinem Portwein, dann stellte er ihn ab und legte seine Hand neben ihre, nahe genug, dass ihre kleinen Finger sich berührten, was ihren Geist in Aktion versetzte. Sollte sie ihre Hand wegziehen? Ihren kleinen Finger um seinen winden? So tun, als würde sie ohnmächtig, um keine Entscheidung treffen zu müssen?

Seine blauen Augen fokussierten ihre, machten es ihr unmöglich wegzusehen. »Subtilität ist etwas für Leute, die nicht wissen, was sie wollen.«

Er nahm ihr die Entscheidung ab, indem er seine Hand auf ihre legte.

Jeglicher Rest eines Kältekopfschmerzes verflüchtigte sich angesichts der Hitze, die durch ihren Körper schoss. Warum wehrte sie sich? Wenn schon das Berühren ihrer Hände diese Reaktion in ihr auslöste, was würde dann erst passieren, wenn sie sich wirklich küssten? Oder noch weiter gingen?

Sabrina nutzte die freie Hand, um einen Schluck von ihrem Brandy zu nehmen, sie brauchte den flüssigen Mut und die kühle Erleichterung. Sie schauderte, als das kalte Eis trotz der Hitze, die immer noch dort pulsierte, wo ihre Hände miteinander verbunden waren, seine Arbeit leistete. Ein Lächeln kroch in ihre Mundwinkel.

»Nein, nicht diesen Tisch.« Eine ganz andere Kälte rann von ihrem Kopf aus ihren Rücken hinunter. Erika und Bobby hatten das Restaurant betreten. »Wir sitzen dort.« Erika zeigte auf einen Tisch vor dem Fenster, der Sabrina und Ray die Sicht versperren würde. Als sie an ihrem Tisch vorbeigingen, blieb Erika stehen.

»Hallo, Ray. Haben Sie meine E-Mails bekommen?«

Ray räusperte sich und warf Sabrina einen schnellen Blick zu, bevor er zu Erika hochsah.

Was für E-Mails? Sie zog ihre Hand unter seiner weg.

»Das habe ich. Ich werde sie mir ansehen und Ihnen nächste Woche ein paar Änderungen zuschicken.«

»Ich freue mich darauf.«

Erika zog Bobby hinter sich her, doch Sabrina interessierte es nicht mehr, wo sie saßen.

»Du schreibst ihr E-Mails?«

Wie konnte er nach dem, was er bei den Ducks mit angesehen hatte, irgendetwas mit Erika zu tun haben wollen? Bedeuteten ihm ihre Gefühle so wenig?

»Es geht um die Arbeit. Wir verhandeln über ein Projekt mit einer Duck-Tour und einem Abendessen«, sagte Ray.

Sabrina sah ihn einen Moment lang an, dann nickte sie, ehe sie ihren Drink abstellte und das Restaurant verließ, um ein Taxi zu rufen. Mist, kein Empfang. Sie drehte sich um, um zurück ins Restaurant zu gehen und dort das Telefon zu benutzen, und lief in Ray. Ihre Stirn stieß gegen sein Kinn.

»Hey«, sagte er und griff nach ihren Oberarmen, sodass sie nicht stürzte, »es geht nur um die Arbeit.«

Ihr Kopf fühlte sich an, als stünde er in Flammen, und sie wusste nicht, ob sie schon einmal so wütend gewesen war.

»Bei ihr geht es nie nur um die Arbeit. Wie kannst du bloß noch ein Wort mit ihr reden, nachdem du gesehen hast, was sie mir angetan hat und was das mit mir gemacht hat?«

»Ich werde mit ihnen arbeiten müssen. Das ist eine kleine Stadt, und sie gehören zur hiesigen Geschäftswelt. Ich kann nicht aus einer Laune heraus einfach Brücken hinter mir abbrechen.«

»So siehst du das also? Wie kann derselbe Mann, der mir Gute-Nacht-Geschichten schickt und Risotto vorbeibringt, mit der Frau zusammenarbeiten, die mein Leben zerstört hat?« Sabrina hielt die Hände hoch. »Ich kann das im Moment nicht.« Sie ging auf der Schotterstraße Richtung Stadt.

»Es sind zehn Meilen zurück in die Stadt. Du kannst nicht zu Fuß gehen.«

»Es wäre nicht das erste Mal.«

»Lass mich dich nach Hause fahren. Ich habe deinen Eltern versprochen, dass ich das tue.«

Sabrina blieb stehen und ging zu seinem Auto. »Gut, aber wir reden nicht miteinander. Verstanden?«

Er nickte.

Sie stieg in seinen Wagen, verschränkte die Arme vor der Brust und hielt sich an ihre Worte.

27

siebenundzwanzig

»Ich verstehe das nicht. Ich hätte nicht gedacht, dass sie so wütend werden könnte. Es geht doch nur ums Geschäft«, sagte Ray. »Manchmal müssen wir eben mit Leuten interagieren, mit denen wir lieber nichts zu tun haben würden.«

Er gab große Stücke Kohl in die Küchenmaschine und zerkleinerte sie für das hausgemachte Sauerkraut, während Rick eine Sauce für das heutige Tagesgericht auf kleiner Flamme kochen ließ.

»Kumpel, du bist doch clever. Du warst doch in Harvard, oder?«

Ray nickte, ihm war bereits klar, wohin das führen würde.

»Wie kannst du nur so dämlich sein?«

»Aber …«

»Nein. Fang gar nicht erst an. Es ist eine Frage der Loyalität. Du kannst nicht erwarten, dass Sabrina dir vertraut, wenn du mit Erika und Bobby zusammenarbeitest.«

»Nur mit Erika.«

Rick zeigte mit dem Messer auf ihn, doch das war nicht nötig. Ray hatte in dem Moment gewusst, dass es falsch war, als Erika die E-Mails erwähnt hatte, und das Schuldgefühl hatte sich in seinem Magen eingenistet. Seine Mutter hatte immer betont, wie wichtig es war, Gelegenheiten zu nutzen und sich Alternativen offenzuhalten, egal, wie unangenehm sie waren. Aber das hier war nicht New York, und Sabrina war keine Erbin. Er hatte sie verletzt, und er musste das in Ordnung bringen.

»Ich hab's begriffen.«

»Frag dich selbst, was wichtiger ist. Ein gutes Verhältnis zu Sabrina und vielleicht mehr oder eine unbedeutende Geschäftsverbindung mit Erika? Du musst dich entschuldigen, und das solltest du gut machen.«

»Ich weiß nicht einmal, was ich für sie bin. Sind wir Arbeitskollegen? Sind wir Freunde? Sind wir aneinander interessiert? Ich dachte, wir wären das alles, aber jetzt weiß ich es nicht mehr.«

»Sie wäre nicht so sauer, wenn es nicht so wäre. Wann siehst du sie das nächste Mal?«, fragte Rick.

»Sie kommt morgen herüber, um an der Gala zu arbeiten.«

»Dann lass uns überlegen, wie du es angehst.«

*

Sabrina traf pünktlich ein. Sie ging ins Haus, vorbei an der Kücheninsel, neben der er stand, und marschierte zum Esszimmer, wo ihre Arbeitsutensilien waren – ohne ihn auch nur eines Blickes zu würdigen. Als sie das Zimmer betrat, zögerte sie kurz und warf einen Blick über die Schulter zurück zu der Tür, wo er auf genau diesen Moment gewartet hatte.

»Es tut mir so leid, entschuldige.« Er kam zu ihr ins Esszimmer und stellte sich so vor sie hin, dass die Klebezettel, mit denen er DU HATTEST RECHT geschrieben hatte, genau hinter ihm waren.

»Ich höre«, sagte Sabrina.

Ray holte tief Luft, als ihm klar wurde, dass das die erste

echte Entschuldigung war, die er jemals ausgesprochen hatte – es war nicht so, dass er nicht viele idiotische Dinge getan hatte, für die er sich eigentlich hätte entschuldigen müssen, doch für gewöhnlich ließen die Leute ihn ungeschoren davonkommen. Im Gegensatz zu Sabrina. Sie erwartete mehr von ihm. Obwohl das nicht ganz stimmte. Es war eher so, dass *er* durch sie mehr von sich erwartete. Er wollte mehr wie sie sein. Rücksichtsvoll und mitfühlend. Freundlich und großzügig.

»Ich hätte nicht einmal darüber nachdenken dürfen, mit Erika zusammenzuarbeiten«, sagte er. »Auch wenn ich nicht einmal ansatzweise weiß, was sie dir alles angetan hat, habe ich genug gesehen. Jede Entschuldigung, die ich vorbringe, ändert daran nichts. Ich mag dich, Sabrina. Ich hatte gehofft, dass aus unseren gespielten Dates echte werden, aber ich verstehe, wenn das außer Frage steht. Du bist meine Freundin, und ich habe nicht darüber nachgedacht, dass es dich verletzen könnte, wenn ich mit ihr zusammenarbeite. Ich hoffe, du kannst mir verzeihen.«

Sabrina griff nach seiner Hand, doch ihr Gesichtsausdruck verriet nichts. Und wenn sie seine Entschuldigung nicht annahm? Wenn sie nichts mehr mit ihm zu tun haben wollte? Dann würde er die Planung der Gala allein durchziehen müssen, und sie würde nicht gut werden, und er hätte seine Chance verspielt, die Jasper-Immobilien zu halten. Der Gedanke, dass Sabrina aus seinem Leben verschwinden könnte, weil er sie so sehr verletzt hatte, dass sie ihm nicht vergeben konnte, hatte etwas von einer Bowlingkugel, die er gegen die Brust bekam und die ihm die Luft aus den Lungen presste und ein paar Rippen brach. Der Schmerz würde sehr viel länger anhalten, als er gedacht hätte.

Sie sah ihm in die Augen, und er versank fast in ihren, die satte Bernsteinfarbe zog ihn magisch an.

»Ich weiß das hier zu schätzen. Danke. Meine Reaktion war … heftig, aber du kennst nicht die ganze Geschichte.« Sie lehnte sich gegen den Esszimmertisch und schob ihn mit der Hüfte ein paar Zentimeter weiter. »Ich hatte nicht viele Freundinnen in der Schule. Erika hat mich in der fünften Klasse zur Ausgestoßenen gebrandmarkt und in der achten zur Spinnerin, aber in der Highschool hat das Ganze noch einmal eine ganz neue Dimension angenommen. Zu Beginn des letzten Schuljahrs hat mich Bobby zur Überraschung aller – vor allem meiner – zu einem Date eingeladen. Einen Monat später sind wir dann zusammen auf die Abschiedsgala gegangen.«

»Das war 2007, oder?«, fragte Ray.

Sabrina neigte den Kopf zur Seite.

»Ich war in dem Jahr auch dort. Onkel Harry hat in diesem Jahr einen Preis bekommen.«

»Den Teil habe ich nicht mitbekommen. Du wirst gleich verstehen, warum.« Sabrina rieb sich die Hände an ihren Shorts, dann holte sie tief Luft, doch Ray hatte bereits eine Ahnung, was als Nächstes kommen würde. Sein Blut wallte, und er verspürte den Drang, Bobby zu finden und ihm eine reinzuhauen. »Bobby war mein erster Freund, und ich war in ihn ›verliebt‹.« Sabrina machte mit den Fingern Ausrufungszeichen in der Luft. »Er brachte mich zum Lachen. Er schenkte mir Aufmerksamkeit. Ich verstand endlich all die ganzen Highschool-Filme, in denen das unbeholfene Mädchen den beliebten Jungen bekommt. Du warst da, dann weißt du auch, dass die Gala in jeder Hinsicht wie ein Schulball für die ganze Stadt ist.« Sie machte eine bedeutsame Pause. »Ich hatte beschlossen, dass das der Abend sein sollte, an dem Bobby und ich …«

»Nein.« Ray zuckte zusammen. »Du musst es mir nicht erzählen. Das ist wie eine schlechte Folge einer Fernsehserie.«

»Es wird noch schlimmer. Ich erspare dir die Details.«

Ray wusste das zu schätzen, während er ihre Version der Ereignisse damit verglich, woran er sich von dem Abend erinnerte.

»Wir waren auf dem Parkplatz, in seinem Ford Bronco, und mühten uns ab, uns in der Enge des Autos unsere schicken Kleider wieder anzuziehen.« Sabrina zögerte und schluckte. »Dann war da ein … seltsames Geräusch im Wagen. Er ist total ausgeflippt und aus dem Auto gestürzt, und ich bin ihm gefolgt … Bobby hat nach den Schlüsseln gegriffen, den Wagen abgeschlossen und ist nach drinnen gegangen. Meine Schuhe und mein Handy waren noch im Auto, deshalb habe ich bei dem Wagen meiner Eltern gewartet, bis sie herausgekommen sind. An dem Abend hat er Erika nach Hause gefahren.«

»Er hat dich da draußen stehen lassen? Allein?« Irgendetwas fehlte in der Geschichte, denn selbst für Bobby schien ihm das ein ziemliches Weicheiverhalten zu sein. Wenn er die Lücken mit dem füllte, was er wusste, konnte Ray sich schon vorstellen, was einen Jungen im Teenageralter in Panik versetzt hatte. Doch egal, was in dem Auto passiert war, selbst wenn ein drei Meter großer Werwolf da draußen vor der Tür gestanden hätte, hatte Bobby die erste Regel eines Gentlemans missachtet – immer auf seine Lady Rücksicht zu nehmen.

»Genau.«

»Was für ein Arschloch. Und dann hat er Erika abgeschleppt?«

»So ist es. Am Montag war es *das* Schulgespräch. Seitdem sind sie zusammen.«

Er zog sie in seine Arme. »Es tut mir so leid, dass dir das passiert ist. Ich kann nicht glauben, dass du zugestimmt hast, mir bei der Gala zu helfen.«

»Ich hatte auch gute Zeiten hier, aber an diesem Abend habe ich begriffen, dass ich gehen musste, wenn ich jemals ein normales Leben führen wollte.«

Ray wünschte sich so sehr wie noch nie, dass er ihr an jenem Abend auf dem Parkplatz nachgelaufen wäre. Er zog sie fester an sich, wollte die Zeit zurückspulen und jener todunglücklichen Sabrina etwas von seiner Wärme abgeben. Er würde sie nie mehr im Stich lassen.

Sie drehte sich zu der Wand um und zeigte auf die Klebezettel. »Das ist eine furchtbare Verschwendung von Post-its. Wenn sie erst einmal an etwas geklebt haben, sind sie nicht mehr zu gebrauchen.«

»Ich verspreche dir, dass ich dir alle Post-its kaufen werde, die du brauchst, in jeder Farbe, die du dir nur wünschen kannst.«

*

»Mach keine Versprechungen, die du nicht zu halten gedenkst«, sagte Sabrina zu Ray, doch die Anspannung fiel von ihr ab. Er hatte sich entschuldigt und es auch so gemeint – Klebezettel logen nie. Sie hatte ihm anvertraut, was damals geschehen war, zumindest die Teile, die sie erzählen konnte. Die wirkliche Geschichte durfte er nie erfahren.

An jenem Abend hatten auf der Gala Tausende von glitzernden weißen Lichtern gefunkelt, um die Birkenzweige und Ahornblätter in allen möglichen Farbschattierungen gewunden waren. Sie stand in einem leeren Gang in der River Lodge abseits des Hauptraums. Der heutige Abend würde sie für die ganzen Jahre entschädigen, in denen sie von allen Teenagerinitiationsriten ausgeschlossen gewesen war. Heute Abend würde sie ein ganz normales Mädchen sein, das mit seinem

Freund auf einem schicken Ball war. Sie hatte Bobby gesagt, dass sie ihn um zehn Uhr draußen treffen würde – jetzt war es fünf vor zehn. Sie war nervös, aber sie war bereit. Nichts würde etwas an ihrem Entschluss ändern.

»Ich weiß, was du vorhast. Tu es nicht.« Molly tauchte in einem glamourösen, mit Pailletten besetzten Ballkleid vor ihr auf, in dem sie aussah, als hätte man sie in Gold getaucht; ihre verwegenen roten Lippen waren der einzige Farbtupfer.

Sabrina ging auf und ab; dann hielt sie inne. »Ich gehe da raus. Ich bin bereit. Ich will das.« Sie zeigte auf Molly. »Und du. Folgst. Mir. Nicht. Es ist mir egal, was Mom sagt.«

Bevor Molly etwas erwidern konnte, ging sie in Richtung Tür. Mollys Gluckengehabe hatte sie in ihrem Entschluss nur noch bestärkt. Heute war ihr Abend.

»Sabrina …« Molly folgte ihr.

»Ich meine, was ich gesagt habe, Molly. Bleib, wo du bist.«

Zwischen einem Moment und dem nächsten war Molly verschwunden. Sabrina stieß die Tür auf, vor der Bobby bereits stand. Er hatte eine Rose von einem der Tafelaufsätze in der Hand und wartete auf sie, den Arm gebeugt, um sie zu seinem Auto zu geleiten.

Es dauerte nicht lange, bis die Fenster von Bobbys Ford Bronco beschlugen. Er hatte alles vorbereitet, die Rücksitze waren heruntergeklappt und voller Decken. Es gelang ihnen, sich in dem beengten Raum auszuziehen, ihre Schuhe unter die Sitze zu kicken und Sabrinas Ballkleid über eine Nackenstütze zu hängen, damit es nicht zerknitterte.

Alles in allem dauerte das Ganze nicht lange. Sabrina war überrascht, dass alle so ein Theater darum machten. Während sie noch auf den Decken lagen, schlüpften sie wieder in ihre Unterwäsche. Bobbys schlaksige Gliedmaßen nahmen den meisten Platz ein und ließen Sabrina nur wenig Raum, sodass sie sich umständlich zusammenrollen musste, um nicht gegen das Lenkrad zu stoßen.

Sollten sie miteinander reden? Sich küssen? Schnarchte Bobby?

»Deine Mom macht sich Sorgen«, unterbrach Mollys Stimme Sabrinas umherschweifende Gedanken. Sie hatte sich auf den Fahrersitz fallen lassen. »Sie möchte, dass du zurück auf den Ball kommst.«

Sabrina schrie auf.

»Ist alles okay?«, fragte Bobby.

»Ich dachte, ich hätte etwas gesehen.« Sie sah Molly über Bobbys Kopf hinweg böse an.

»Ihr ist aufgefallen, dass Bobby und du eine Weile nicht da wart. Du solltest dein kleines Telefon benutzen.« Molly hielt die Hand an ihr Ohr.

Sabrina versuchte sie fortzuscheuchen, während Bobby sie auf die Stirn küsste und zurück an seine Seite zog.

»Ruf sie an! Ruf sie an!«, rief Molly.

Uff. Molly war schlimmer als die nervigste Schwester.

»Ruf sie an. Ruf sie an. Ruf sie an.«

»Halt die Klappe, ich mache das«, sagte Sabrina.

»Was?« Bobby setzte sich auf, und Sabrina wurde klar, was sie gesagt hatte.

»Meine Mom macht sich Sorgen. Ich sollte ihr eine SMS schreiben.«

»Warum hast du dann gesagt, dass ich die Klappe halten soll?«

Sabrina fiel nicht schnell genug eine Erklärung ein, zumindest nichts, was einen Sinn ergab.

»Du musst mich nicht anlügen. Du machst dauernd so

verrückte Sachen. Sag mir, was los ist. Du kannst mir vertrauen.«

Sie wollte ihm glauben. Sabrina wollte ihm die Wahrheit sagen. Vielleicht war es an der Zeit. Als sie darüber nachdachte, wie es sein würde, ihr Geheimnis mit ihm zu teilen, sah sie im Geiste bereits ihre Zukunft vor sich. Wie sie zusammen aufs College gingen – sie würden beide die University of Wisconsin in Madison besuchen. Wie sie sich im letzten Jahr verlobten und sechzehn Monate später heirateten – die ideale Zeitspanne, um eine Hochzeit zu planen. Wie sie in ein Haus in der Nähe ihrer Eltern zogen – eins, das sie renovieren konnten, bevor ein Baby kam. Wie sie ihrer Mom mit der Familienverpflichtung half, während Bobby mehr Verantwortung in den Aquaparks übernahm. Vielleicht wurde sie Schriftstellerin und würde Geschichten erzählen. Und all das begann in diesem Moment.

Sie holte tief Luft. »Es wird dir unglaublich vorkommen, aber ich habe mit jemanden geredet, den du nicht sehen kannst. Es ist ein Geist.«

»Es? Ich bin kein ›es‹«, warf Molly ein.

»Nicht jetzt, Molly«, sagte Sabrina.

Bobby lehnte sich von ihr weg und setzte sich auf, dann zog er sein Unterhemd an.

»Wie eben. Molly ist hier. Sie ist bereits eine ganze Weile hier. Du weißt schon, der *Showboat Saloon*-Geist? Das ist Molly.«

Molly gab ein Hmmm von sich. Sie schätzte diese Berühmtheit nicht.

Sabrina sprach schneller, als Bobby seine Hose anzog. »Die meisten Geister bleiben nur hier, bis ihre unerledigten Angelegenheiten zu Ende geführt sind. Das macht meine Familie. Meine Familie hilft ihnen mit ihren unerledigten Angelegenheiten.«

Sabrina streckte die Hand nach Bobby aus, doch Bobby stieß sie mit weit aufgerissenen Augen weg. Er zerrte an seinem Smokinghemd. Vielleicht sollte Sabrina sich auch anziehen. Sie zog sich das Kleid über den Kopf.

Bobby fand schließlich seine Stimme wieder. »Mein Gott! Ich dachte, du hättest das Tourette-Syndrom. Du glaubst, dass in diesem Moment ein Geist hier ist?«

»Molly«, sagte Sabrina, den Kopf zwischen diversen Lagen Tüll. Sie zog das Kleid herunter und merkte, wie ein paar der Nadeln aus ihrem Haar fielen.

Bobbys Augen suchten wild die Dunkelheit ab, als würde das helfen und Molly plötzlich erscheinen.

»Er glaubt dir nicht«, sagte Molly.

»Pssst, Molly.« Sabrina griff nach Bobbys Hand, aber er zog sie weg. »Es ist okay.«

»Soll ich etwas bewegen, damit er sieht, dass ich hier bin?«, fragte Molly.

»Bobby, Molly möchte wissen, ob du einen Beweis willst, dass sie hier ist?«

Er nickte, obwohl er sich nicht sicher zu sein schien.

Molly streckte die Hand nach dem Zündschloss aus, in dem der Schlüssel baumelte. »Man sieht sich«, sagte Molly und drehte den Zündschlüssel um. Der Ford Bronco erwachte in der Stille des Parkplatzes zum Leben, dann löste Molly sich in Luft auf.

»Meine Fresse«, war alles, was ihm dazu einfiel.

Bobby schlüpfte in seine Schuhe und sprang aus dem Auto. Sabrina folgte ihm, wobei sie das Kleid, dessen Reißverschluss noch offen war, um sich festhielt. Der Oktoberboden war kalt, als sie auf die feuchten Blätter und Zweige des Parkplatzes trat.

»Es ist okay. Sie ist weg. Es gibt nichts, wovor du Angst haben musst.« Sabrina streckte die Hand nach Bobby aus, um ihm zu versichern, dass es keine große Sache war.

»Lass mich in Ruhe, du Freak. Alle haben gesagt, dass ich wahnsinnig sein muss, mich mit dir zu treffen. Ich weiß nicht, wie du das gemacht hast oder was du so treibst, aber du bist wirklich verrückt.«

Er stellte den Motor aus, griff nach den Schlüsseln, sperrte den Wagen ab und ging zurück auf den Ball. Sabrina ließ er im Dunkeln stehen, allein und ohne Handy. Bis zu ihr nach Hause waren es vier Meilen. Ohne Schuhe. Die waren noch im Auto. Sie zitterte, als die feuchte Kälte sich um ihre nackten Schultern legte, der Kies in ihre Füße schnitt. Sie konnte nicht zurück auf den Ball gehen. Bobby würde mit Sicherheit allen erzählen, was passiert war. Vielleicht war der Wagen ihrer Eltern nicht abgeschlossen.

Zu verstört, um zu verarbeiten, was sie gerade erlebt hatte, suchte sie nach ihrem Auto. Mist. Der Wagen war abgeschlossen. Sie ließ sich an der Seite hinuntergleiten und wartete, bis sie ein paar Stunden später herauskamen.

»Sabrina.« Ray flüsterte ihren Namen, und ein Kribbeln erfasste ihren Körper mit voller Wucht und holte sie zurück in die Gegenwart. Sie schloss die Augen, um das Gefühl seiner Nähe zu genießen.

Als sie sie wieder öffnete, stand Ray ein paar Zentimeter von ihr entfernt. Der Geruch seines Aftershaves – Orangen und etwas Holziges – klärte ihren Geist, ein herrliches Gefühl. Sein Finger fuhr an ihrem Kiefer entlang, was ihr den Atem raubte. Sie beugte sich näher zu ihm hin, legte ihre Hände auf seine Brust und spürte das Pochen seines Herzens, das ihrem eigenen entsprach. Das hier passierte wirklich. Sie war sich nicht ganz sicher gewesen, dass sie das wollte, aber jetzt? Jetzt war es alles, was sie wollte. Ihr Gehirn versuchte fieberhaft, jeden Geruch, jede Berührung, jedes Gefühl zu erhaschen, sodass sie sich daran erinnern und alles immer wieder abspielen konnte.

Ihre Lippen streiften sich, sanft und eifrig, Ray hielt bloß inne, um seine Brille auf dem Tisch abzulegen. Alles, was für sie existierte, waren ihre sich berührenden Körper. Sie schlang ihre Arme um seinen Rücken und zog ihn näher zu sich heran. Im Moment sorgte sie sich weder um das Geld noch um peinliche Geheimnisse, grübelte nicht, warum sie nichts mehr von dem Bewerbungsgespräch gehört hatte oder ob sie jemals aus ihrem Kinderzimmer ausziehen würde. Sie konnte nur an die hypnotisierende Langsamkeit denken, mit der sich Rays weiche Lippen auf ihren bewegten, erst eine Ecke ihres Mundes schmeckten und dann die nächste. Ihr Atem wurde zu einem leisen Keuchen, das immer schneller wurde, keiner wollte den Kuss unterbrechen. Ihre Hände erforschten seinen Rücken, verfolgten eine Linie von den Schulterblättern zu den Gürtelschlaufen. Seine Arme umschlangen ihren Körper, ihre Beine berührten sich, sodass seine Hüften sich gegen ihre drückten, aber er war immer noch zu weit weg. Er schob sie gegen die mit Klebezetteln bedeckte Wand. Sie zog ihn an sich, während seine Küsse ihre langsame Erkundung fortsetzten, sein Mund an der Stelle verweilte, wo Ohrläppchen und Nacken sich trafen. Dann wanderte er an ihrem Schlüsselbein hinunter und entsandte Hitzewellen in ihr Innerstes. Sie seufzte, als seine Lippen erneut ihre fanden, leidenschaftlicher als zuvor. Zumindest fiel seine Kontrolle genauso in sich zusammen wie ihre.

Seine Hände glitten an ihren Seiten hinunter und verweilten auf ihren Hüften.

Mit jedem Kuss, jeder Berührung wollte Sabrina mehr. Verbundenheit spüren … es war zu lange her. Ein kalter Gedanke unterbrach ihre erhitzte Glückseligkeit. Und wenn sie nicht Ray wollte? Wenn sie so verzweifelt irgendetwas brauchte, dass sie nicht klar denken konnte? Sie handelte sich Liebeskummer ein. Was würde passieren, wenn sie es wirklich schaffte, den Dells den Rücken zu kehren?

Sabrina schob Ray sanft von sich weg; sofort trat er einen Schritt zurück, seine Lider und sein Atem waren schwer. Sabrina bereute es sofort, doch sie musste langfristig denken.

»Entschuldige«, brachte Ray mit rauer Stimme heraus.

Mein Gott, diese Stimme.

»Kein Grund sich zu entschuldigen.« Sabrina trat um ihn herum, Klebezettel fielen hinter ihr zu Boden. Sie durfte ihn nicht ansehen, wenn sie sprach. Ray war gefährlich attraktiv – sein Anblick kostete sie Gehirnzellen, und sie brauchte jetzt jede einzelne. »Aber …« Sabrina stützte die Hände auf den Esszimmertisch.

»Kein Aber. Bitte kein Aber.« Er trat an ihre Seite, berührte sie allerdings nicht.

Sie sehnte sich danach, ihm zu vertrauen, doch sie kannte sich zu gut. Sie wusste, dass jede Sommerliebe unweigerlich mit weiteren Narben enden würde. Mit der Liebe ging es nie gut bei ihr, wenn ein Mann sie erst richtig kannte. Sie hielt die Augen auf den Tisch gerichtet und war froh über die kühle Luft, die sie wieder zur Vernunft gebracht hatte. Was dachte sie sich bloß? Arbeit und Privates sollte man nie miteinander vermischen, und in den Dells schon gar nicht.

»Aber …« Sabrina ordnete das bereits sortierte Büromaterial, bis ihre Augen sie hintergingen und in sein Gesicht blickten. Er hatte die Brille wieder aufgesetzt, und sie verstärkte seine Unsicherheit. Die gleiche Unsicherheit, die sie jeden Tag empfand. *Was denkt diese Person von mir? Wird sie mich mögen? Bin ich gut genug?* In ihrem Kopf setzte ein Gehirnzellenmassaker ein. Als sie zum Sprechen ansetze, wusste sie, dass es eine schlechte Entscheidung war, doch die Logik hatte verloren. »Vor uns liegt viel Arbeit. Wir sollten uns besser darauf konzentrieren ... als auf andere ablenkende Aktivitäten.«

Sie konnte das nicht. Sie konnte nicht sagen, was ihr Verstand als richtig befand – dass sie es platonisch halten sollten. Dass sie nichts miteinander anfangen sollten, weil es zu nichts führen würde. Doch die Erleichterung, die ihm ins Gesicht geschrieben stand, war das perfekte Spiegelbild dessen, was sie selbst empfand. Wenn es eine so schlechte Entscheidung war, warum war es dann so verführerisch? Warum fühlte es sich so richtig an?

»Okay.« Ray nickte, und ein Lächeln breitete sich langsam auf seinem Gesicht aus. »Okay. Wir sollten etwas arbeiten. Ich lasse dich jetzt hier allein und gehe in mein Büro. Die Wände dürften uns helfen, bei der Sache zu bleiben.« Er gab ihr einen sanften Kuss auf die Stirn und ging in sein Büro, wobei er sich mit einem Grinsen umdrehte, um die Tür zu schließen.

Die Wände würden nicht das Problem sein.

28

achtundzwanzig

Ray blieb mehrere Stunden in seinem Büro, um Sabrina ihren Freiraum zu lassen. Sie war zu einem Entschluss gekommen, und er wollte nicht unbeabsichtigt etwas tun, das sie ihre Meinung ändern ließ. Einen Moment hatte es gegeben, in dem Bedauern in ihren Augen aufgeblitzt war, doch dann war er vorbei gewesen.

Er konnte auf viele falsche Küsse in seiner Vergangenheit zurückblicken, wo das Bedauern fast schon in dem Augenblick eingesetzt hatte, in dem sich ihre Lippen berührten. Aber hier traf das Gegenteil zu. Sie zu küssen, war so wichtig gewesen wie zu atmen. Niemand bereute es zu atmen, doch jetzt, wo er diese besondere Luft geschmeckt hatte, brauchte er sie noch einmal.

Sein Handy vibrierte auf dem Schreibtisch. Es war eine unbekannte Nummer.

»Hi, Ray. Hier spricht Susan vom H.H. Bennett Studio.«

Er kramte ein Stück Papier und einen Stift hervor, neugierig, was sie zu sagen hatte. Würde er endlich ein paar Antworten zu der geheimnisvollen Frau bekommen?

»Hey, haben Sie herausgefunden, wer die Frau auf dem Foto ist?«

»Nicht ganz. Wir wissen nicht, wie sie heißt, aber wir haben sie noch auf einem anderen Bild entdeckt, das zusammen mit dem Besitzer, Mr. Oliver, im Süßwarenladen aufgenommen wurde. Wir gehen davon aus, dass es sich um eine Verwandte oder eine Angestellte handelt. Ich kann Ihnen einen Abzug von dem Foto schicken. Es tut mir leid, dass wir keine weiteren Informationen haben.«

»Das hilft mir schon sehr.«

Sie beendeten das Gespräch, und ein paar Minuten später ging die nächste SMS ein. Das Bild war etwas unscharf, doch die blonden Locken und ihre Grübchen waren unverkennbar. Hinter der Süßigkeitentheke wirkte sie klein, zumindest im Vergleich zu Mr. Oliver mit seinem Schnäuzer und dem Seitenscheitel. Als er sich die Gesichter der beiden genauer ansah, kam er zu dem Schluss, dass sie auf keinen Fall verwandt waren. Wahrscheinlich war sie eine Angestellte. Er musste nachdenken, woher er weitere Informationen bekommen konnte.

Um seinen Verstand und seine Hände zu beschäftigen, brachte er Ordnung in die Schreibtischschubladen, die bereits voll mit Büroklammern, Stiften und Papierkram von dem Restaurant waren. Er kippte eine kleine Schachtel aus, in der sich alles Mögliche angesammelt hatte, und sortierte Heftklammern, Büroklammern und Reißzwecken in ordentlichen Häufchen. Übrig blieb der geheimnisvolle Schlüssel, den er beim Ausräumen von Onkel Harrys Sachen aus dem Büro gefunden hatte. Er sah ihn sich genauer an, hielt ihn ins Sonnenlicht, das durch das Fenster hinter ihm fiel. Zuerst hatte er gedacht, er sei für die Schreibtischschubladen, aber er passte in keins der Schlösser. Es standen Zahlen darauf, er hatte jedoch keine Ahnung, wozu er gehörte. Er befestigte ihn an seinem Schlüsselbund, um sich daran zu erinnern, sich im Haus umzusehen, wenn er Zeit dazu hatte.

*

Das Licht im Raum hatte sich von direkter Sonneneinstrahlung zu normalem Tageslicht hin verändert, als Ray mit einer Tasse Kaffee und einem kleinen Käseteller für Sabrina hereinkam.

»Ich dachte, du hast vielleicht Hunger«, sagte Ray und reichte ihr den Teller. Ein Regenbogen aus kleinen Vierecken bildete ihr Kaleidoskop von Plänen. Jedes Viereck war ordentlich in einer der ebenso ordentlichen Rubriken platziert, die jetzt die Wand einnahmen, an der vorher seine Entschuldigung geklebt hatte. »Das sind ganz schön viele Post-its.«

»Ich sage dir auch nicht, wie du deinen Job machen sollst«, entgegnete Sabrina und nahm den Teller. »Danke.« Sie hatte den Tisch an die Seite geschoben und saß auf kleinen Kissen, die sie sich aus den anderen Räumen geholt hatte. Vor ihr lag ein inzwischen sehr viel vollerer Ordner, zusammen mit einem Berg leerer Klebezettel, die auf ihren Einsatz warteten. Sie sah in den Ordner, schrieb etwas auf einen Post-it und klebte ihn dort an die Wand, wo sie es für richtig hielt.

Gelegentlich erwischte er sie dabei, wie sie die Hände in der Luft schwenkte oder leise redete. Ihre kleinen Bewegungen faszinierten ihn. Es konnte durchaus sein, dass sie Selbstgespräche führte, die beste Vorgehensweise plante und die Wege verwarf, die nicht zum Ziel führten. Doch ihre Gesten erinnerten ihn zu sehr daran, wie seine Mutter mit ihm interagierte, wenn sie beschäftigt war und er sie mit Fragen bombardierte, wie sie ihn mit der Hand wegscheuchte, wenn er zu sehr störte.

Er konnte es nicht beweisen, und er wusste nicht, wie er sie danach fragen sollte, aber er war nahezu überzeugt, dass Sabrina auf die gleiche Weise mit jemandem interagierte. Mit jemandem, den er nicht sehen konnte. Ricks Gerüchte schienen wahr zu sein. Er starrte auf den Papierstapel, über dem Sabrina die Hand am heftigsten schwenkte, und sah sich nach einem lästigen Insekt um – was die plausibelste Erklärung gewesen wäre –, oder ob von irgendwo ein Luftzug kam, der ein Hinweis darauf sein könnte, dass da mehr war. Doch da war nichts.

»Du kannst dich ruhig über mich lustig machen, ich weiß, dass ich im Vergleich zu dir keine Ahnung von Organisation habe. Warst du in deinem vorigen Leben ein General?«, sagte Ray.

Sie verdrehte die Augen. Er liebte das. Während des letzten Monats hatte er festgestellt, dass Sabrina sich in der Gesellschaft der meisten Menschen nicht wohlfühlte, den Mund nicht aufmachte und den Kopf gesenkt hielt. Frei sprach sie nur mit ihrer Familie – und jetzt mit ihm. Bei dem Gedanken, zu dieser exklusiven Gesellschaft zu gehören, wurde ihm ganz warm ums Herz.

»Hör zu, wenn wir das schaffen wollen, brauchen wir detaillierte Pläne plus Alternativen für den Fall, dass etwas schiefgeht. Das ist ein Ablaufdiagramm. Jede Farbe steht für eine Rubrik: Essen, Unterhaltung, Auktion, etc. … Die Klebezettel darunter stehen für andere Dinge, die wir brauchen, Leute, die wir um Spenden für die Auktion bitten können, Dinge, die wir mieten können und so weiter. Wenn eine Möglichkeit nicht infrage kommt, werfen wir den Post-it hier hinein.« Sie hielt einen Plastikmülleimer hoch, dessen Boden bereits einige zusammengeknüllte Klebezettel zierten. »Ich hoffe, so gehen uns die Möglichkeiten nicht aus. Ich habe die Post-its der Wichtigkeit nach geordnet, sodass wir immer wissen, was zu tun ist. Und auf jedem Klebezettel steht ein R oder ein S, das anzeigt, wer dafür verantwortlich ist.«

»Unglaublich. Ich bin mir jetzt bereits sicher, dass die Gala ein großer Erfolg wird. Ich kann nicht glauben, dass du das alles heute Nachmittag geschafft hast, aber eins hast du übersehen.« Er griff nach einem Post-it und einem Edding.

»Ist das die richtige Farbe für die Rubrik?«, fragte Sabrina. »Das ist sehr wichtig. Und die Edding-Farbe ist auch wichtig. Ich will meine Erklärung nicht überkomplizieren, weil sie eigentlich nur für mich wichtig ist, aber alles hat eine Farbe. Sag mir, was es ist, und ich mache es.«

Sabrina griff nach dem Zettel und dem Edding. Er drehte sich schnell herum und schrieb etwas, wobei er darauf achtete, ein großes S daneben zu setzen, sodass klar war, wer für die Aufgabe zuständig war. Bevor er sich wieder zu ihr umdrehte und sie ansah, klebte er sich den Post-it auf die Stirn.

Als sie die Notiz las, glätteten sich die Falten auf ihrer Stirn und wurden von einem breiten Lächeln abgelöst. Sie kniete sich hin und griff mit den Händen nach seinem Gesicht.

»Ich denke, du bist besser im Organisieren, als ich dachte. Du bist ein Naturtalent.« Sie beugte sich zu ihm hin und drückte ihre Lippen auf seine. Ray zog sie an sich, sodass sie auf ihm lag und ihre Beine sich miteinander verflochten. Sabrina hielt inne. »Der Ordner?«

Er sah ihr über die Schulter. »Ist in Sicherheit.«

Er zog sie enger an sich; sie zu spüren, elektrisierte ihn und sein Atem wurde flach. Es war ihr zweiter Kuss, und es fühlte sich an, als würden sie genau dort weitermachen, wo sie aufgehört hatten. Wann würde er aufhören, ihre Küsse zu zählen? Bei zehn? Bei hundert? Bei tausend? Und wie sollte er sie voneinander trennen, wenn ein Kuss in den nächsten überging, mit kleinen Abstechern den Nacken hinunter oder hoch zu einem Ohrläppchen oder der Stirn? Er wusste nur, dass es nie genug sein würden. Er würde immer den nächsten Kuss wollen, und den nächsten, und den nächsten.

Als seine Hände die Rundungen ihrer Hüfte und ihrer Taille erkundeten, drückte sich ihre Hüfte gegen seine, und beide seufzten.

Sie zog sich wieder zurück, atemlos diesmal.

Wie würde es erst ohne diese Lagen von Stoff sein, Haut auf Haut? Der Gedanke, wie ihr nackter Körper wohl aussah, brachte ihn fast um den Verstand. Er rollte sie auf den Rücken, sodass er sich fester an sie pressen konnte, und stützte sein Gewicht auf den Ellenbogen neben ihrem Kopf an, während er die Hände tief in ihren dicken Locken vergrub. Sie griff nach seinem T-Shirt, drehte den Stoff in ihren Händen. Er spürte den Moment nahen, in dem es kein Zurück mehr gab. Er hatte nicht vor, mit Sabrina zu schlafen. Noch nicht. Nicht, wenn er wusste, dass sie ihm noch nicht völlig vertraute.

Sein Kuss wurde weniger drängend, bevor er ihn abbrach, nachdem er ein letztes Mal ihren Mundwinkel geküsst hatte. Glänzende Augen sahen zu ihm hoch. Er hoffte, dass sein Blick genauso viel Verlangen zeigte wie ihrer.

»Vielleicht ist das jetzt nicht der richtige Moment, damit fortzufahren.«

Sabrina holte tief Luft, dann seufzte sie, gefolgt von einem Blick aus weit aufgerissenen Augen, doch diesmal lief sie nicht weg. Sie rutschte zurück auf ihr Kissen, dann stand sie auf und strich sich Haar und Bluse glatt. »Und jetzt bleib mit deinem charmanten Klebezettel, wo du bist, sonst bekommen wir gar nichts mehr getan.«

Sie biss geräuschvoll in einen Cracker von der Käseplatte und richtete ihre Aufmerksamkeit wieder auf die Wand mit den bunten Post-its, doch ihre Lippen waren noch geschwollen und ihre Wangen rot von seinen Küssen. Da er sich selbst nicht genug traute, um näher zu kommen, konzentrierte er sich auch auf ihr Projekt.

»Jetzt, wo wir einen Plan haben, ist es Zeit, an die Arbeit zu gehen«, sagte er. »Wo wollen wir anfangen?«

29

neunundzwanzig

Molly wartete auf Sabrinas Bett, als sie hereinkam. Der Geist trug einen flauschigen, weiß-rosa gestreiften Schlafanzug, hatte das Haar zu zwei Zöpfen geflochten und einen kuschelweichen Plüschhasen in den Händen. Konnte sie den fühlen oder nicht? Sabrina hatte Molly nie danach gefragt. Schuldgefühle stiegen in ihr hoch. Sie musste ihr eine bessere Freundin sein. Es war schließlich nicht so, dass sie eine hätte entbehren können.

»Hi, Molly.«

»Da hatte jemand aber einen guten Tag.« Molly strahlte sie an.

Sabrina wurde rot. »Ich weiß nicht, was du meinst.«

»Diese rosigen Wangen sprechen eine andere Sprache.«

»Hast du uns beobachtet?« Sabrina runzelte die Stirn.

»Ich bin verschwunden, bevor es interessant wurde. Ich habe schließlich eine Schnüffelmoral.«

»Die hält sich aber in Grenzen.« Sabrina lächelte sie an, dann ließ sie sich nach hinten auf ihr Bett neben Molly fallen, deren Beine im Bett verschwanden, als es unter Sabrinas Gewicht federte. Sie griff nach einem Kissen und bedeckte damit ihr Gesicht.

»Rede mit mir, Schätzchen.«

Sabrina nahm das Kissen weg, um Mollys Gesicht zu sehen, das Gesicht, dem sie über die Jahre so viele ihrer Geheimnisse anvertraut hatte. Molly wusste alles.

»Ich habe heute eine schlechte Entscheidung getroffen. Ich hätte seinen Kuss nicht erwidern dürfen. Ich hätte ihm klarmachen müssen, dass ich nicht hierbleibe, dass nichts aus uns werden kann und dass es keine Rolle spielt, wie attraktiv oder nett er ist oder wie wunderbar weich meine Knie werden, wenn er mich küsst. Sie fühlen sich unmöglich an, was alles möglich macht. Das ergibt nicht einmal einen Sinn, wenn ich es laut ausspreche, aber ich kann es nicht besser erklären.«

Molly zog die Knie unter ihr Kinn. »Du hast es perfekt erklärt. Ich weiß genau, was du meinst. Ich verstehe nicht, wieso du denkst, dass das ein Fehler war, Schätzchen. Im Gegenteil. So muss es sich anfühlen, wenn es richtig ist.«

Sabrina setzte sich auf. »Es kann nicht richtig sein. Er wird hierbleiben – ich kann sehen, wie die Wurzeln aus ihm herauswachsen und sich ihren Weg in den Boden suchen. Ich kann hier nicht mit jemandem zusammen sein, nicht, ohne dass er alles über meine Familie weiß. Das wird nicht passieren. Es reicht, dass sein toter Onkel mir folgt, bis wir herausgefunden haben, was er von mir will. Wie soll ich das Ray erklären?«

»Ray ist nicht wie Bobby. Er wird dich nicht verlassen.«

»Du weißt nicht, wie das war. Von einer Sekunde auf die andere hat Bobby mich abserviert. Ich weiß nicht, ob es zu verrückt für ihn war, Geister zu sehen, oder ob der Grund der war, dass er bekommen hatte, was er wollte, oder ob alles in Wirklichkeit nur ein Streich war, den er und Erika sich ausgedacht hatten. Ich werde die Wahrheit nie erfahren – du weißt nicht, wie sich das anfühlt.«

Mollys Augen blitzten; ihre Konturen wurden beinahe fest und waren nicht leicht verwischt wie sonst. »Ich weiß das besser als jeder andere. Was glaubst du, warum ich immer noch hier bin, Sabrina?«

Sabrina blinzelte. Sie wusste es nicht, nicht wirklich. Sie kannte Molly ihr ganzes Leben und hatte sie nie danach gefragt. Es war ihr immer unhöflich vorgekommen, doch jetzt erschien es ihr unhöflich, nicht gefragt zu haben.

»Du hast recht. Es tut mir leid.« Sie zögerte. »Aber warum bist du immer noch hier?«

»Weil der Mann, den ich geliebt habe, verschwunden ist und ich nie wieder etwas von ihm gehört habe. Im Gegensatz zu heute hatte ich kein Google, um herauszufinden, was passiert war. Ich habe nicht gewusst, ob er gestorben war, die Stadt verlassen hatte oder einfach nicht mehr mit mir reden wollte. Seine Familie wollte mir nichts sagen, weil sie mit mir nicht einverstanden waren. Bevor ich Antworten bekommen konnte, bin ich krank geworden und gestorben.«

Sie sagte das so sachlich.

»Später habe ich herausgefunden, dass er zumindest gewusst hat, dass ich gestorben war, und dass er mich entweder wirklich geliebt oder große Schuldgefühle gehabt hat, dass er mich einfach so verlassen hatte.« Ihre Lippen zuckten leicht bei einer Erinnerung, die sie nicht teilen wollte, wodurch sich ihre Grübchen noch vertieften. »Aber ich weiß nicht, warum er gegangen ist. Jeder, der es gewusst haben könnte, ist tot. Diese eine Sache, die ich mehr als alles andere wissen muss, werde ich nie erfahren. Ich werde ihn nie wiedersehen. Also bin ich hier.«

Sabrina tat ihre Freundin unendlich leid.

»Ich finde eine Antwort für dich, Molly. Durch meine journalistischen Kontakte habe ich Zugang zu Informationen. Wer war er? Damit fangen wir an, und dann sehen wir, was wir herausfinden. Irgendjemand muss etwas wissen.«

Mollys Lächeln wurde traurig. »Schätzchen, das haben wir schon zu oft versucht. Jedes Mal schöpfe ich neue Hoffnung, die dann zerstört wird. Es ist zu lange her. Er ist seit Langem tot, und die Antworten sind mit ihm gestorben.«

Molly legte Sabrina die Hand auf die Schulter und hinterließ einen kalten Handabdruck, auf den Sabrina ihre Hand legte.

»Und jetzt«, sagte Molly, verschränkte die Beine und umarmte ihren Plüschhasen, »zurück zu diesem Unsinn über Fehler. Erzähl mir von Ray.«

»Das bringt nichts.«

»Du magst ihn. Er mag dich. Ihr beide mögt das Küssen. Wie viel mehr Sinn brauchst du?«

Sabrina lächelte, dann verwandelte sich das Lächeln in ein Stirnrunzeln. »Wenn er mich küsst, wünsche ich mir, dass es nie aufhört.« Sie stand auf und zog sich ihren Schlafanzug an. »Deshalb muss ich dem einen Riegel vorschieben, bevor es zu spät ist.«

»Du wirst ihn verlassen, ohne dass er den wirklichen Grund kennt? Du wirst ihm das Herz brechen.« Die Worte hatten mehr Kraft als üblich. »Du willst einen wunderbaren Menschen aus deinem Leben verbannen, einen Menschen, wie nicht alle einem begegnen.«

Sabrina beschäftigte sich damit, ihre schmutzigen Kleider aufzusammeln und in den leeren Wäschekorb zu werfen. Ihre Mutter musste wieder ihre Wäsche gewaschen haben. Das sollte ein Vorteil des Zuhause-Wohnens sein, doch es gab ihr nur noch zusätzlich das Gefühl, eine Versagerin zu sein.

Mit neunundzwanzig sollte ihre Mutter nicht mehr ihre Unterwäsche waschen. Sie musste das Thema wechseln.

»Kannst du den Plüschhasen fühlen?«, fragte Sabrina, ohne sich um jegliches Fingerspitzengefühl zu kümmern.

Molly schürzte die Lippen, während sich eine kleine Falte zwischen ihren Augenbrauen bildete – ihr Denkergesicht. »Es ist so lange her, seit ich etwas berührt habe. Ich denke, ich fühle ihn, aber ich hatte schon immer eine gute Vorstellungskraft, deshalb fülle ich die Lücken bei den Sinnen, die ich nicht habe. Manchmal kann ich sogar die Cookies von deiner Mutter riechen.«

»Das hoffe ich. Die riechen nämlich ziemlich gut«, sagte Sabrina. Sie rückte das leere Glas, in das sie ihr Trinkgeld steckte, auf der Kommode zurecht. Sie hatte vorhin alles eingezahlt. »Es tut mir leid, dass ich dich nicht öfter gefragt habe, wie das Leben für dich ist. Können wir das Leben nennen? Jenseits? Ist das ein besseres Wort?«

»Jenseits ist gut. Das ist nichts, worüber Atmende nachdenken, warum also fragst du?«

»Hast du mich gerade eine Atmende genannt?«

»Das sagt Belle immer.« Molly lachte in sich hinein.

»Wie geht es ihr?«

»Wie immer.« Molly lachte. »Sie ist griesgrämig, verbittert und schrecklich neugierig.«

Sabrina griff nach ihrem Laptop und ihrem Notizbuch und ging zurück ins Bett. Molly nahm das als ihr Zeichen zu verschwinden und löste sich in Luft auf.

Sabrina öffnete ihren Laptop und loggte sich in ihr Konto ein, auf dem seit langer Zeit einmal Geld war. Die ganzen Trinkgelder aus mehreren Monaten Arbeit hatten sich zu einem höheren Betrag summiert, als sie erwartet hatte. Sie konnte einc ihrer Kreditkarten ganz damit ausgleichen und die andere ein wenig. Mit ein paar Klicks tätigte sie die Überweisungen, und ein riesiges Gewicht fiel von ihren Schultern. Allein in ihrem Zimmer genoss sie diesen kleinen Erfolg, wohlwissend, dass noch viel Arbeit vor ihr lag, bis sie die Schulden los war, doch sie hatte ein paar Fußhalte gefunden, die das Klettern einfacher machten.

Ihr Handy klingelte. Eine Nachricht von Ray. Nein, keine Nachricht, eine Tonaufnahme. Sie drückte auf Play. Es war das erste Kapitel von *Der Sternwanderer* von Neil Gaiman. Seine Stimme erweckte die Worte zum Leben, die sie schon Dutzende von Malen gelesen hatte. Eine weitere Nachricht ging ein.

Kapitel zwei folgt morgen.

Etwas, worauf sie sich freuen konnte. Während sie zuhörte, schlug sie ihr Notizbuch auf, und die Nummer der örtlichen Therapeutin fiel in ihren Schoß. Sie hatte sie immer noch nicht angerufen. Sie fuhr mit den Fingern über die Zahlen, der Zettel war zerknüllt, da er den ganzen Sommer über in ihrem Notizbuch herumgerutscht war, dann schob sie ihn zurück zwischen die Seiten. Vielleicht war es an der Zeit, eine Stunde zu buchen. Zum ersten Mal, und mit Rays Stimme als Gesellschaft, rief der Gedanke, in ihrer Heimatstadt zu bleiben, keine sofortige Panik in ihr hervor.

30

dreißig

Ray drehte die letzte Schraube in das Schild und trat einen Schritt zurück, um seine Arbeit zu bewundern.

WELPENCLUB

Das Schild war in Dunkelgrün und Cremeweiß gehalten, passend zu dem waldigen Umfeld des *Otter Club*, und fügte sich zusammen mit dem Gebäude, an dem es angebracht war, harmonisch in die Umgebung ein – allein dass die Farbe noch nicht verwittert und kein Vogelkot darauf war, ließ erkennen, dass es neu war. Ein neuer Maschendrahtzaun zäunte den frisch hergerichteten Schuppen ein, der jetzt über Elektrizität, eine Fenster-Klimaanlage, fließendes Wasser und mehrere kleine Pferche verfügte.

Der Welpenclub markierte den Beginn seiner neuen Partnerschaft mit dem Tierheim. Zunächst würden zwei Freiwillige jeden Freitag und Samstag ein paar Hunde vorbeibringen, die adoptiert werden konnten (sollte sich das Programm als erfolgreich erweisen, würden sie noch andere Tage hinzunehmen). Die Gäste konnten im Beisein der Freiwilligen mit den Hunden schmusen und spielen, während sie auf ihren Tisch warteten, und sich über eine Adoption informieren – selbst

Touristen stand diese Möglichkeit offen. Eine gut ausgeschilderte Spendenbüchse bot den Gästen noch eine weitere Möglichkeit, sich einzubringen. Die Hunde bekamen ein wenig der wichtigen und nötigen Aufmerksamkeit, die sie brauchten, und fanden vielleicht sogar ein neues Zuhause, das Tierheim bekam gratis Publicity und Geld und Ray die perfekte Unterhaltung für seine Gäste.

Ein Lieferwagen fuhr vor dem Gebäude vor – die ersten Welpen.

»Hey.« Gabby sprang vom Beifahrersitz. Sie war die freiwillige Koordinatorin, mit der er das Programm ausgearbeitet hatte. »Das sieht großartig aus. Warum zeigst du mir nicht alles, während Jake die Hunde herauslässt?«

Er führte sie durch das Tor in den kleinen, grasigen Bereich, wo neben Kübeln mit Wasser für die labberigen Zungen neue Spielzeuge warteten. Kleine Schreibtafeln, auf denen sich Informationen zu jedem Hund fanden, hingen an dem Zaun direkt neben der Spendenbox, und es gab Broschüren mit zusätzlichen Infos über eine Adoption sowie die zur Adoption stehenden Tiere, die auf neue Familien warteten. Eine kleine Station zum Händewaschen erinnerte die Gäste daran, sich vor und nach dem Spielen mit den Hunden die Hände zu waschen. Drinnen boten vier große Pferche – ausgerüstet mit Decken, Wasser und Fressschalen – einen Rückzugsort für die Hunde. In einer Ecke konnten schmutzige Hunde unter einer Dusche abgeduscht oder leere Wasserschalen aufgefüllt werden. Snacks für Menschen und Hunde lagen in Regalen über einem Schreibtisch, an dem die Freiwilligen Formulare ausfüllen oder eine Pause machen konnten.

»Wenn dir noch etwas einfällt, was du oder die Hunde braucht, lass es mich wissen«, sagte Ray. »Als zusätzlichen

Bonus für die Freiwilligen hatte ich an ein Abendessen gedacht – alles, was auf der Speisekarte steht. Schick mir einfach eine SMS, wenn ihr etwas haben wollt, dann bringe ich es euch raus. Das sollte es auch einfacher machen, Freiwillige zu finden.«

Gabby lächelte. »Das sieht fantastisch aus. Ich bin mir sicher, dass mir nach dem heutigen Abend noch ein paar Ideen kommen, aber fürs Erste haben wir alles.«

Jake kam mit einem großen weiß-braunen Bernardiner-Mischling herein, der direkt auf Ray zulief und sich zu seinen Füßen niederließ. Er war nur minimal kleiner als ein reinrassiger Bernhardiner, hatte dickes Fell, schwarze Augen und Ohren und eine große, nasse Schnauze, die Sabberfäden auf Rays Hose hinterließ.

»Das ist Frank. Er glaubt, er wiegt fünf Pfund und keine neunzig. Wenn sich die Gelegenheit bietet, wird er mit Sicherheit eine Möglichkeit finden, auf deinen Schoß zu kommen.« Sie kraulte ihn hinter den Ohren. »Wenn ich nicht in einer Wohnung wohnen würde, würde ich den Kerl mit nach Hause nehmen.«

Gabby griff nach der Leine und führte Frank zu einem der Pferche, wo er an den Decken schnüffelte, das Wasser probierte und alles als seinen Maßstäben gerecht werdend beurteilte, indem er sich mit einem Seufzer zusammenrollte.

Jake brachte die anderen beiden herein, einen seidig glänzenden Labrador-Mischling mit einem Fell wie eine Holstein-Kuh, der Moo hieß, und eine kleine Malteserhündin mit Namen Izzy, die bis auf ein paar graue Flecken fast ganz weiß war und deren süßes Gesicht permanent überrascht aussah. Während die drei in ihren Pferchen waren, blieben die Türen offen, falls sie ihre Umgebung erkunden wollten.

Moo und Frank schienen damit zufrieden, sich auszuruhen, während Izzy bei Jake stehen blieb, bis er sich zu ihr hinunterbeugte, sie hochnahm und sich mit ihr unter dem Arm an die Arbeit machte.

Gabby und Jake machten sich mit ihrer neuen Umgebung vertraut, beschrieben die Tafeln und legten die Broschüren aus.

»Ray, bist du hier?« Das kurze Knarren des Tors folgte Sabrinas Stimme. Als Ray aus dem Schuppen trat, wurde er von Frank zur Seite geschoben, der sich an ihm vorbeidrängte. Sabrina schloss das Tor hinter sich und kniete sich hin, um ihn zu begrüßen. »Wer ist dieser wunderschöne …«, sie warf einen Blick auf seine Unterseite, »Junge?«

Frank wedelte mit dem Schwanz, als er sich an sie schmiegte, sodass Sabrina in die Hocke gehen musste. Er nahm das als Einladung und setzte sich auf ihren Schoß, als wäre es sein Thron. »Uff.«

»Das ist Frank.«

Frank leckte ihr das Gesicht, womit er erneut seinen ausgezeichneten Geschmack bewies.

»Komm her, Junge, das ist meine Freundin, die du da zerquetscht. Ich brauche sie in einem Stück.« Frank leckte Sabrina noch einmal über das Gesicht. »Ich sehe schon.« Ray holte ein Stück getrocknetes Rindfleisch aus seiner Tasche und hielt es ihm hin. »Hierher, Frank.« Frank trottete zu ihm hinüber und nahm behutsam die Leckerei aus seiner Hand, schaffte es jedoch, eine Sabberspur zu hinterlassen. »Guter Junge.« Ray kraulte ihm den Kopf bis hinunter zum Rücken, während Sabrina aufstand und sich umschaute.

Die anderen Hunde tauchten auf, um zu sehen, was los war. Sie schnüffelten an Sabrinas Beinen, bevor sie den restlichen

Außenbereich inspizierten. Moo fand einen Knochen und machte es sich an einer schattigen Stelle bequem.

»Das ist unglaublich. Ich würde allein schon herkommen, um mit ihnen zu spielen«, sagte Sabrina.

»Das hoffe ich.« Ray griff nach ihrer Hand. »Kannst du eine Weile bleiben?«

Sie schüttelte den Kopf. »Ich muss die Plakate abholen und überall in der Stadt aufhängen. Wenn ich früh fertig bin, komme ich zurück.«

»Ich schätze, ich muss dich den Job auch machen lassen, für den ich dich engagiert habe. Aber würdest du nicht lieber mit den Kerlen hier spielen?«

»Klar.« Sabrina sah abgelenkt aus, ihr Blick fokussierte eine Ecke am Zaun. Was immer es war, auch die drei Hunde sahen hin.

Izzy näherte sich langsam der Stelle, dann wedelte sie mit dem Schwanz, als würde sie einen Lieblingsmenschen begrüßen. Moo tat es ihr gleich und hüpfte dazu noch aufgeregt herum. Frank hielt sich zurück, schien aber nicht alarmiert, nur neugierig. Ray sah nichts, Sabrina schon, wie es schien.

»Ich sollte jetzt gehen«, sagte sie, stellte sich auf die Zehenspitzen, küsste ihn auf die Wange und ging zu ihrem Auto. Als sie davonfuhr, wandten die Hunde sich wieder ihren vorherigen Aktivitäten zu, während Frank an Rays Tasche nach weiteren Leckerlis schnüffelte.

Gabby stand in der Tür. »Das war seltsam«, sagte sie.

»Dann habe ich mir das also nicht nur eingebildet?«

»Nee. Vielleicht haben sie einen Nager gesehen, den wir nicht sehen konnten. Oder irgendein Tier gehört.« Sie zuckte die Schultern und ging wieder hinein. Izzy folgte ihr wie ein Schatten.

Er bildete sich nichts ein. Die Hunde hatten auch etwas gesehen – und in seinem Herzen wusste er, dass Sabrina wusste, was es war. Ray hoffte, ihr Vertrauen zu gewinnen und ihr die Gewissheit geben zu können, dass es keine Geheimnisse gab, die etwas an seinen Gefühlen für sie ändern konnten.

*

Während Sabrina vom Parkplatz des *Otter Club* fuhr, warf sie einen Blick auf den Beifahrersitz.

»Jetzt wissen wir, dass Hunde dich spüren können«, sagte Sabrina zu Harry, der ihr glücklicherweise ins Auto gefolgt war.

Harry nickte und lächelte.

»Und das gefällt dir?«

Er nickte noch energischer.

Seit mehr als zwei Monaten suchte Harry sie jetzt heim, sie allein, ihre Mutter oder Molly behelligte er nie. Es musste eine Möglichkeit geben, ihm zu helfen.

»Schön, es ist an der Zeit, dass wir herausbekommen, was du brauchst. Du scheinst mich zu verstehen. Hab ich recht?«

Harry nickte, wenn auch ein wenig unsicher. Verstand er nur einiges von dem, was sie sagte, als würden sie unterschiedliche Sprachen sprechen?

»Okay. Wir schaffen das. Es ist ein Eliminierungsprozess.« Harry sah sie an. Sie würde mit der offensichtlichsten Möglichkeit anfangen und betete, dass sie falschlag. »Willst du, dass Ray etwas erfährt? Ray, dein Neffe?«

Harry lächelte und nickte energisch.

Mist. Diese Antwort war nicht misszuverstehen.

Harry nickte noch einmal und sah aus dem Fenster, während sie über die Brücke am Kilbourn Damm fuhren.

Harry zeigte auf das Lenkrad und vollführte mit der Hand eine Drehbewegung. Sabrina guckte in die Richtung, in die er zeigte, aber da war nichts. Sie sah gerade noch rechtzeitig auf, um zu bremsen, bevor sie mit dem Auto, das ihnen entgegenkam, zusammenstieß. Sie sollte sich zuerst einmal darauf konzentrieren, heil nach Hause zu kommen, sonst hatten sie möglicherweise beide noch unerledigte Dinge.

Harry gab einen missbilligenden Laut von sich.

»Ich weiß. Es ist auch für mich frustrierend. Aber wir schaffen das.«

Sie fuhr in die Auffahrt ihrer Eltern, griff nach ihrer Handtasche und den Schlüsseln und stieg aus dem Wagen. Harry folgte ihr und zeigte auf ihre Handtasche. Sie blieb stehen, hielt die offenen Handflächen hoch, die Handtasche über dem Arm.

»Was?«

Harry zeigte auf die Hand, an der an einem Finger die Schlüssel baumelten, und machte die gleiche Bewegung, indem er sein Handgelenk drehte, als würde er einen Schlüssel umdrehen.

»Geht es um einen Schlüssel? Muss Ray einen Schlüssel finden? In seinem Haus?«

Harry nickte. Einen Schlüssel konnte sie finden. Sie war öfter bei Ray, um an der Gala zu arbeiten, es dürfte also nicht schwer sein, sich ein wenig umzusehen. Sie konnte das machen, ohne ihr Familiengeheimnis preiszugeben oder dass Harry ihr gesagt hatte, wonach sie suchen sollte.

»Jetzt machen wir Fortschritte. Wo soll ich suchen?«

Harry runzelte die Stirn, als ihre Mutter aus dem Haus trat und auf sie zukam.

»Hey, Sabrina. Harry.« Sie nickte dem Geist zu. »Schön, dich zu sehen.«

Er lächelte.

»Wir müssen einen Schlüssel finden«, sagte Sabrina. Sie wollte nichts lieber, als die Aufgabe an ihre Mutter abzugeben.

Ihre Mutter neigte den Kopf zur Seite. »*Du* musst den Schlüssel finden. Das ist deiner. Harry ist zu dir gekommen, nicht zu mir. Das muss einen Grund haben.«

Sabrina runzelte die Stirn. »Aber, Mom ...«

»Versuch es nicht einmal«, sagte ihre Mutter, bevor sie ihre nächste Frage an Harry richtete. »Wofür ist der Schlüssel?«

Harry benutzte seine Hände, um ein Viereck in die Luft zu malen.

Ihre Mutter lächelte sofort. »Das kenne ich. Er meint ein Fach. Ein Schließfach?«

Harry nickte und lächelte.

»Wie hast du das gleich gewusst?«, fragte Sabrina.

»Das ist nicht mein erstes Schließfach. Das passiert häufiger, als du denkst.« Sie tätschelte Sabrinas Schulter. »Ich gehe jetzt in den Buchclub. Wir sprechen über *Das Licht der letzten Tage*. Ich bringe für alle Handdesinfektionsmittel mit.« Sie hielt eine Geschenktüte hoch, die von dem Gewicht der Flaschen hin und her schwang.

»Genau das, was die Damen brauchen, um vor den ganzen Keimen Angst zu bekommen.«

»Ich weiß.« Ihre Mutter lachte. »Ich habe es ausgesucht. Und jetzt finde diesen Schlüssel, damit Harry gehen kann.«

Sabrina sah auf ihrem Handy nach der Uhrzeit. »Ich muss

die Plakate abholen und anfangen, sie aufzuhängen. Wenn ich fertig bin, gehen wir zu Ray.«

Harry wackelte mit den Hüften.

Er mochte zwar nicht sprechen können, doch er bewegte sich richtig gut.

31

einunddreißig

Ray liebte es, wenn sich die Gäste nach dem Abendessen an der Bar versammelten. Satt und glücklich genossen sie in guter Gesellschaft und mit Muße ihre Digestifs. Nichts war mehr da von der Eile, den ersten Cocktail zu bestellen und das Essen hinunterzuschlingen – das Gefühl, satt zu sein, ließ alle lockerer werden. Er erkannte ein paar Gesichter an der Bar und versicherte sich, den Stammgästen ein bisschen mehr Aufmerksamkeit für ihre Loyalität zu schenken. So dankbar er auch für die Touristen war, es waren die Ortsansässigen mit ihren häufigen Besuchen und ihren Empfehlungen, die dafür sorgten, dass er zu tun hatte. Mundpropaganda war nach wie vor in jedem Geschäft die beste Methode, Erfolg zu haben.

Die großen offenen Fenster erlaubten es der milden Sommerabendbrise, die Luft abzukühlen, während Fliegengitter die Insekten fernhielten, die von dem Licht angezogen wurden. Unter dem Geplauder und der Hintergrundmusik schrien Nachtvögel und raschelten Blätter, während das warme Licht von den umstehenden Birken zurückgeworfen wurde. Er und die andere Barkeeperin spülten Gläser und wischten die Bar ab, nachdem sie drei Stunden Old-Fashioneds und Eiscremedrinks gemixt hatten. Es war eine Routine geworden. Drinks machen, die Bar abwischen, Gläser spülen. Er plante immer drei Schritte voraus, sodass kein Gast warten musste, während noch schmutzige Gläser vor ihm standen. Deshalb merkte er auch sofort, wenn der Abend eine schlechte Wendung nahm.

Bobby und Erika tauchten am Ende der Bar auf. Sie hatte ihren dünnen, nackten Arm um seinen linken Bizeps geschlungen, um ihren riesigen Klunker zur Geltung zu bringen, der das Licht aus jeder Ecke einfing und unmöglich zu übersehen war. Er kannte Frauen wie sie, leicht zu vergessen und oberflächlich. Allein bei dem Gedanken, mit ihr zusammenzuarbeiten, wurde ihm schlecht. Er überlegte, sie der anderen Barkeeperin zu überlassen, doch er wollte es Sarah ersparen, mit ihnen fertigwerden zu müssen, falls sie schwierig wurden.

Er wischte schnell die Theke vor ihnen ab und warf zwei Servietten auf die noch feuchte Fläche. »Was kann ich euch bringen?«

»Einen Scotch on the …«, setzte Bobby an, aber Erika grub ihre Nägel in seinen Arm. »Ein Bier. Ein Spotted Cow. Und für sie ein Glas Chardonnay.«

Er fügte sich widerspruchslos. Die meisten Leute hätten nicht einmal gemerkt, dass sie buchstäblich ihre Krallen in ihn geschlagen hatte – zumindest wusste Ray jetzt, wer das Sagen hatte.

»Ich brauche eine Kreditkarte, Bobby«, sagte Ray. »Das letzte Mal, als du hier warst, bist du gegangen, ohne zu bezahlen.«

Erika sah Bobby finster an und drückte erneut seinen Arm. Wie eine Marionette zog er seine Brieftasche heraus und reichte Ray eine Karte. Ray goss ihnen ihre Getränke ein und hoffte, dass es das war.

»Es ist ein paar Wochen her, dass ich dir den Vertrag geschickt habe. Gibt es ein Problem?«, fragte Erika.

»Ich habe mich für einen anderen Weg entschieden.«

Erika kniff die Augen zusammen. »Das ist ein Fehler.« Sie sprach die Worte ruhig aus, während er ihr ihren Wein hinstellte.

»Nein, das ist Chardonnay.« Er hielt die Flasche hoch.

»Nicht mit dem Wein. Mit Sabrina.« Sie zischte den Namen. »Sie ist verrückt.«

Erika beugte sich vor, wobei ihr ärmelloses Shirt auseinanderklaffte, sodass er die Tupfen auf ihrem BH zählen konnte. War das Absicht? Mit Bobby direkt an ihrer Seite?

»Mach dir um mich keine Sorgen«, sagte er.

Erika machte eine finstere Miene, während Bobby sein Bier trank und überallhin schaute, nur nicht zu ihnen. Ray respektierte Erikas energische Art. Sie wusste, was sie wollte, und tat alles, um es zu bekommen. Doch Bobby hatte kein Rückgrat.

»Ich weiß, dass du meinst, zu allen nett sein zu müssen, aber zu Sabrina musst du das nicht sein.«

»Tut mir leid«, sagte Ray, und Erika entspannte sich angesichts seiner scheinbaren Zustimmung. »Du hast da etwas falsch verstanden. Es ist mir egal, was du denkst. Ich entscheide selbst, mit wem ich mich zusammentue. Wenn irgendjemand zu gut für irgendjemanden ist, dann ist Sabrina zu gut für uns alle.«

Erika funkelte ihn zornig an. »Ich möchte das jetzt nicht, aber ich glaube, hier ist ein Beweis vonnöten. Bobby, erzähl ihm von der Gala.«

Ray brauchte Bobbys Version der Geschehnisse nicht. Er wusste genug von jenem Abend. Mit Bobby und Erika vor sich konnte er nur daran denken, auf wie viele unzählige Weisen sie Sabrina unglücklich gemacht hatten. Sie hätten sie in der Schule in Ruhe lassen können. Erika musste keine gemeinen Dinge sagen. Bobby musste sie nicht behandeln, als wäre sie austauschbar. Ray biss die Zähne zusammen, und der Muskel in seiner Wange zuckte bei dem Bemühen, sich zu beherrschen.

Alles, was er fühlte, war Wut. Wut auf sich selbst, dass er so langsam war. Wut auf Bobby, dass er so ein riesiger Schwachkopf war. Wut auf Erika, dass sie so ein grausamer Snob war. Er warf Bobbys Karte auf die Theke.

»Ihr geht jetzt besser.«

»Aber …« Bobby zeigte auf seinen Drink.

Ray knallte das Glas, das er gerade abtrocknete, auf die Theke, sodass die beiden zusammenzuckten. »Kommt nie mehr hierher. Ihr habt Hausverbot.«

Ihr Besuch hatte den gegenteiligen Effekt gehabt, den sie beabsichtigt hatten. Er würde Sabrina auf keinen Fall aufgeben. Er würde eine andere Möglichkeit finden, aus dem *Otter Club* einen Erfolg zu machen.

»Ich muss im Büro etwas nachsehen«, sagte Ray zu Sarah, der anderen Barkeeperin. Sie gab ihm durch ein Nicken zu verstehen, dass sie ihn gehört hatte, während sie einem Gast ein Glas Wein einschenkte.

In seinem Büro kramte er den Partnerschaftsvertrag für den *Otter Club* heraus. Er hatte keinen Blick mehr darauf geworfen, seit er und Onkel Harry ihn unterschrieben hatten. Vielleicht gab es eine Hintertür. Eine Bestimmung, die es ihm erlauben würde, die Fäden in der Hand zu behalten oder die Hälfte seiner Eltern aufzukaufen.

Beim Lesen des Dokuments fand er die relevante Passage. Bei Harrys Tod würde das Eigentumsrecht wie alle anderen Aktivposten behandelt werden und an den in seinem Testament bestimmten Erben übergehen. Ray war zu wütend, um zurück an die Bar zu gehen. Da der größte Ansturm vorbei war, kam Sarah allein zurecht. Er würde den Abend damit verbringen, sich in seiner Enttäuschung zu suhlen.

32

zweiunddreißig

»Wo sollen wir suchen?«, fragte Sabrina.

Harry und Sabrina standen in Rays dunkler Küche. Sie hatte mit dem Hausschlüssel aufgeschlossen, den Ray ihr für den Fall gegeben hatte, dass sie arbeiten musste, wenn er nicht da war – jetzt machte sie zum ersten Mal davon Gebrauch. Schmutziges Geschirr stand neben der Spüle, und der Boden hätte wieder einmal gekehrt werden sollen. Sie dachte darüber nach aufzuräumen, doch sie war sich nicht sicher, ob sie wollte, dass Ray sah, dass sie während seiner Abwesenheit hier gewesen war.

Ohne zu zögern, führte Harry sie in Rays Büro und zu seinem Schreibtisch. Er zeigte auf die oberste Schublade. Als sie den Schlüssel dort nicht fanden, sah sie im restlichen Schreibtisch nach. »Mach ein Geräusch, wenn du ihn siehst.«

Aber da war nichts. Nur eine Menge Papiere, Stifte und ein altes Tagebuch.

»Wo könnte er sonst sein?«

Harry breitete die Arme aus.

»Überall?«, fragte sie.

Er nickte und bedeutete ihr, ihm zu folgen. Vor der Tür zur Gästetoilette, die unter der Treppe lag, blieb er stehen.

»Meinst du, er ist hier drinnen? Glaub mir, Harry, da kann

nichts versteckt sein. Da ist kein Platz, da gibt es nur ein Waschbecken und eine Toilette.«

Harry trat durch die Tür, kam wieder heraus und gab ihr zu verstehen, ihm zu folgen.

»Wenn du unbedingt willst.« Sie griff nach der Klinke, und in dem Moment hörte sie, wie die Tür von der Garage zur Küche aufging. Mist. Ray kam nach Hause.

»Sabrina, bist du da?«, rief Ray.

Harry löste sich in Luft auf, als könnte Ray ihn sehen. Feigling.

»Ja. Ich musste etwas nachsehen. Ich habe nicht mit dir gerechnet«, sagte Sabrina.

Er war in der Küche, die Hemdärmel hochgerollt, die Haltung angespannt. Lag es an ihr? Hätte sie den Schlüssel nicht benutzen sollen?

»Ist alles okay? Wäre es dir lieber, ich wäre nicht hier, wenn du nicht zu Hause bist?« Sie hielt den Schlüssel hoch. »Ich kann ihn dir zurückgeben.«

Rays Schultern entspannten sich, als er zu ihr hochblickte und sie in die Arme nahm. Er roch nach Brandy und Limette, gemischt mit dem üblichen Seifengeruch.

»Nein, ich möchte, dass du ihn benutzt, jederzeit. Ich … auf der Arbeit …« Er kämpfte, um die richtigen Worte zu finden. »Ich bin vor allem wütend auf mich, weil ich so ein Idiot war, aber jetzt, wo du hier bist …« Er nahm ihr Gesicht in seine Hände, »ist mein Abend gerettet.«

Er legte seine Brille auf die Arbeitsplatte. Seine Lippen berührten ihre, zunächst sanft, dann fester, als würde der Kuss ihm geben, was er so verzweifelt brauchte. Er drückte sie gegen die Kücheninsel, öffnete ihre Lippen mit seiner Zunge, schmeckte sich tiefer. Sabrina antwortete mit ihrem ganzen

Körper, zog ihn enger an sich, nagte an seiner Unterlippe. Er hob sie auf die Arbeitsfläche, sodass sie auf der perfekten Höhe saß, um ihre Beine um seine Taille zu schlingen.

»Mein Gott, Sabrina«, keuchte er, während seine Hände den Rand ihres Shirts fanden und es hochschoben. Wärme flutete jede Stelle, die seine Hände berührten.

Jeder rationale Gedanke war dahin, und Sabrina zerrte an seinem Hemd, musste mehr von ihm spüren, mehr von seiner Haut sehen. Er unterbrach ihren Kuss gerade lange genug, um es sich über den Kopf zu ziehen und über die Schulter zu werfen. Sie legte ihre Hände auf seine straffe Brust, sein Puls raste unter ihren Fingern. Ihr Magen schlug Purzelbäume, als sie begriff, wohin das führen würde. Ihre Hände erstarrten in der Liebkosung. Rays Hände fuhren an ihren Armen entlang, bis sie auf ihren lagen. Er hatte ihre Reaktion noch nicht bemerkt. Sie löste ihre Beine von seinem Körper.

»Entschuldige«, sagte sie und versuchte, von der Arbeitsplatte zu rutschen, doch Ray hielt sie fest.

»Kein Grund, sich zu entschuldigen.« Seine Worte klangen abgehackt, und er legte den Kopf in ihre Halsbeuge, sodass sein Atem warm auf Sabrinas Haut traf. »Ich hatte das auch nicht geplant.«

Jetzt, wo das Feuer keine Nahrung mehr bekam, reagierte Sabrina verwirrt, entsetzt, was sie hatten tun wollen. Was hatte sie sich nur dabei gedacht?

»Ich muss gehen.« Sie glitt von der Arbeitsfläche, aber Ray griff sanft nach ihrem Arm, bevor sie aus seiner Reichweite war.

»Was ist los? Habe ich irgendetwas getan?«

Er dachte, es läge an ihm und nicht an ihrem kaputten Gehirn. Sie hätte nicht gedacht, dass ein gebräunter Mann ohne Hemd so verletzlich aussehen könnte, doch das tat er.

»Überhaupt nicht. Es liegt an mir.«

Er ließ ihren Arm los. »Ich weiß nicht, was das bedeutet.«

Ray griff nach seinem Hemd und zog es an, dann setzte er die Brille wieder an ihren angestammten Platz. Sie wollte nicht darüber reden, aber es war nicht fair, Ray in dem Glauben zu lassen, dass er etwas falsch gemacht hatte. Wie konnte sie es ihm erklären?

»Ich …« Sie rieb die Hände gegeneinander, während sie auf den Boden guckte.

Er rieb ihre Schultern und sah ihr in die Augen. »Sabrina, du kannst nichts sagen, das mich umhaut.«

»Ich mache so etwas nicht …« Sie schwenkte die Hände in der Luft. »… oft.«

»Jemanden daten?«

Mein Gott, er würde sie dazu bringen, es auszusprechen.

»Ich hatte nur einmal Sex«, brachte Sabrina schließlich hervor.

»Du meinst nur mit einem Mann.« Sie konnte Ray rechnen sehen, und sie sah den Moment, als er es begriff. »Aber du hast diesen Typen auf dem College gedatet … oder?«

»Auf der Uni, aber so weit sind wir nie gekommen. Bis ich dazu bereit war, hatte er sich schon anders orientiert und vergessen, es mir zu sagen.«

Ray rieb sich die Stirn. Warum sagte er nichts? Das war nicht einmal das Verrückteste an ihr. Wollte er mehr Informationen? Weniger? Sollte sie gehen? Sie ertrug das Schweigen nicht, nicht von ihm.

»Ich komme morgen wieder zur Arbeit«, sagte sie.

Ray schüttelte den Kopf. »Nein.«

»Nein? Willst du nicht, dass ich morgen zur Arbeit komme?«

Es brach ihr das Herz, dass er sie so einfach wegschicken konnte, weil sie nicht bereit war, mit ihm ins Bett zu steigen.

»Nein, geh nicht.« Seine Arme zogen sie in eine feste Umarmung. »Ich hatte keine Ahnung. Es tut mir so leid.«

Einen Moment genoss Sabrina die Umarmung, dann schob sie ihn weg. »Ich will dein Mitleid nicht. Mit jemandem intim zu sein, ist eine große Sache für mich, und angesichts der Tatsache, dass ich nicht gerade extrovertiert bin, sind mir bisher nicht viele gute Kandidaten über den Weg gelaufen. Ich ziehe es vor zu glauben, dass das so ist, weil meine Ansprüche recht hoch sind und nicht, weil sich niemand für mich interessiert. Aber ich verstehe es auch, wenn das die Dinge für dich ändert.«

Rays Augen funkelten vor Zorn. »Glaubst du wirklich, dass das in irgendeiner Weise wichtig für mich ist? Dass ich sauer bin, dass du nicht zur gleichen Zeit bereit bist, Sex mit mir zu haben, wie ich mit dir?«

»Da wärst du nicht der Erste.«

»Du bist eine kluge Frau, du kannst deine eigenen Entscheidungen treffen, aber vor mir hattest du eindeutig einen wirklich schlechten Männergeschmack. Ich bin wütend, dass du nicht so behandelt worden bist, wie du es verdienst. Ich bin frustriert, weil ich nicht alles für dich perfekt machen kann. Aber vor allem bin ich für dich da, egal, was ist. Ich habe es nicht eilig, weil ich nicht weggehen werde. Ich bin bereit, wenn du es bist.«

Tränen sammelten sich in ihren Augen, doch Sabrina kämpfte gegen sie an, hatte Angst, Ray könnte etwas anderes in sie hineinlesen als Erleichterung. Wie kam es, dass er immer genau das Richtige sagte?

*

Ray wischte sich mit dem feuchten T-Shirt, das er vor einer Stunde ausgezogen hatte, den Schweiß von der Stirn. Die

Mansarde, in der es mindestens vier Grad wärmer war als im Rest des Hauses, schmorte in der Augusthitze, doch sie war der letzte Raum, den er noch säubern musste. Er ignorierte die alten Möbel, die die Familie hierher verbannt hatte, nachdem sie unmodern geworden waren, und trug die Pappkartons in sein sehr viel kühleres Büro.

In den meisten Kartons waren fleckige, schmutzige Gardinen oder kaputter Weihnachtsschmuck. Er stellte sie zur Seite, um später zu sehen, ob etwas davon es verdiente, aufbewahrt zu werden. In einigen waren Fotos in angelaufenen Silberrahmen, eine Geschichte seiner Familie in Schwarz-Weiß, aufgenommen bei größeren lokalen Ereignissen, wie der Einweihung des Kilbourn-Staudamms, der Grundsteinlegung der Arche Noah oder dem Bestaunen des Wonder Spots. Verschiedene Versionen seiner Augen und seiner dunklen Haare sahen ihn an, doch keine davon sah glücklich aus, nicht so wie Nummer eins auf dem Foto mit der geheimnisvollen blonden Frau oder wie Onkel Harry auf den neueren Schnappschüssen, auf denen er Mätzchen machte.

Er stellte sie in einer Reihe in ein Regal, seine Familiengeschichte in linearer Formation, eine ernste Gruppe, der es an Freude fehlte. Lag es an dem Unvermögen der modernen Fotografie, spontane Emotionen einzufangen, oder an einem tief verwurzelten familiären Emotionsdefizit? Er wusste nur, dass er nicht so sein wollte wie sie.

Sein Computer gab einen Ton von sich.

Ein Facetime-Anruf von seinen Eltern. Gut. Er klickte auf Annehmen.

»Hallo, Mom, Dad.«

Sein Vater winkte. Wie gewöhnlich übernahm seine Mutter das Reden.

»Schatz, warum hast du nichts an?«

Hinter den Köpfen seiner Eltern erschien Lucy mit einem Glas Scotch in der Hand. »Du hättest nicht drangehen sollen, kleiner Bruder.«

Seine Mutter scheuchte sie mit einem finsteren Blick weg.

»Ich habe in der Mansarde gearbeitet. Da war es heiß.«

»Konnte das nicht jemand von deinem Restaurant für dich machen?«

»Nein, Mom, ich wollte das selbst machen.«

»Wie läuft der Club? Ist es zu dem Geschäft gekommen, über das wir gesprochen haben?«

Alles in Ray sträubte sich. Selbst nach der Atempause mit Sabrina gestern Abend waren der Ärger und die Frustration über Erika und Bobby noch präsent. Sosehr er es sich auch gewünscht hätte, war er nicht mit der perfekten Lösung aufgewacht, wie er seine Eltern aus der Teilhaberschaft drängen konnte. Er schätzte es nicht, dass seine Mutter ihn daran erinnerte.

»Mein Restaurant läuft super, und ich habe mich für ein anderes Vorgehen entschieden.« Er holte tief Luft. »Wir haben ein gutes Gleichgewicht gefunden, das, was funktioniert, beizubehalten und an den Schwachstellen zu arbeiten. Wenn alles gut läuft, dürften wir zum Herbstanfang ganz gut dastehen. Ich arbeite bereits an einer Liste mit Verbesserungen für den Winter. Es wird euch freuen zu hören, dass die Gala verspricht, die beste aller Zeiten zu werden.«

»Schön.« Ihr mangelndes Interesse hätte nicht offensichtlicher sein können. »Dein Vater und ich veranstalten eine Labor-Day-Party im Haus in Montauk. Du musst dabei sein. Wir laden die Lancasters und die Timmermanns ein. Ich denke, du bist mit ihren Töchtern zur Schule gegangen. Du bleibst über das Wochenende …«

»Ich werde nicht kommen«, sagte Ray.

»Natürlich tust du das. Du hast gesagt, dass mit der Arbeit alles gut läuft, es sollte also kein Problem sein wegzukommen. Ich habe schon allen gesagt, dass du kommst.«

»Dann sagst du ihnen jetzt, dass ich das nicht tue. Das ist wieder so einer deiner Verkuppelungspläne. Ich habe hier eine Freundin.«

»Doch nicht dieses Hendricks-Mädchen?«

»Nein. Sie heißt Sabrina. Du kennst sie nicht.«

Seine Mutter öffnete den Mund, um etwas zu sagen.

»Oder ihre Familie«, fügte er hinzu. »Sie sind von hier. Ihre Mutter war Krankenschwester, und ihr Vater verkauft Versicherungen.«

Seine Mutter presste die Lippen aufeinander. »Sie hat es auf dein Geld abgesehen. Gib ihr nichts.«

»O mein Gott, Mom. Nicht jeder auf der Welt ist hinter unseren Familienjuwelen her.« Lucy prustete im Hintergrund. Er liebte seine Schwester. »Wenn überhaupt, wäre Sabrina diejenige, die ich von meiner Familie überzeugen müsste.«

»Gut. Bring sie mit nach Montauk. Ich möchte sie kennenlernen.«

»Ich werde sie auf keinen Fall auf eine deiner Partys schleppen.«

»Dann kommen wir zum Labor Day zu dir. Wir können in deinem Garten ein Barbecue veranstalten und Sabrina kennenlernen. Lade auch ihre Familie ein.«

Den Tod vor seiner Tür stehen zu sehen, hätte ihn mit weniger Grauen erfüllt als die Vorstellung, dass seine Eltern sich mit Sabrina und ihrer Familie trafen.

»Und was ist mit Montauk? Mit deiner Party?«

»Ich habe die Einladungen noch nicht verschickt. Es bringt

nichts, wenn du nicht kommst. Es ist beschlossene Sache. Wir kommen am Labor Day. Halte Zimmer für uns bereit. Kuss.«

Sie legte auf, und Ray fuhr sich mit den Händen in die Haare. Er fühlte sich total geplättet. Lucy hatte versucht, ihn zu warnen. Er konnte Sabrina oder die Monroes nicht seinen Eltern aussetzen. Ein Blick auf seine dominante Mutter und Sabrina würde niemals glauben, dass es mit ihnen funktionieren konnte.

Seine Eltern würden in drei Wochen hier sein. Er musste es ihr sagen, damit sie Zeit hatte, sich vorzubereiten. Er kannte Sabrina gut genug, um zu wissen, dass ihre Ängstlichkeit abnahm, wenn sie sich vorab mit einer neuen Situation vertraut machen konnte. Wenn sie planen konnte, ließen sich potenzielle Probleme vermeiden. Und am wichtigsten war, dass sie ihm vertraute, dass er sie vor allen Gefahren beschützte, selbst vor seinen Eltern.

33

dreiunddreißig

»Du leistest gute Arbeit«, sagte Ray, als er Sabrina ein Glas Cider reichte. Er kam aus dem Door County, war wie ein Sekt aufgemacht und hatte ein cremefarbenes Label. Sie standen vor der Wand mit den perfekt in Linie gebrachten, farbkodierten Klebezetteln. Auf dem Tisch lagen noch mehr davon, doch die meisten waren mit kleinen Haken versehen.

Sie hatten es geschafft, oder so gut wie. Phase eins war erledigt. Sie hatten eine Band gebucht, angefangen, Sachen für die Auktion zu akquirieren, und einen Signature Cocktail kreiert – den Dells Old Fashioned aus Kirschlikör aus der Region, selbst gemachtem Bitterorangenlikör und einem mit Zimt aromatisierten einfachen Sirup. Es konnte noch immer eine Menge schiefgehen. Werbeanzeigen mussten geschaltet, Sachen für die Auktion abgeholt und geordnet, Antworten auf Einladungen gezählt und abgehakt und noch tausend andere Dinge erledigt werden. Sabrina warf einen Blick auf ihr Flipchart. Sie würde noch nicht zum nächsten Blatt umschlagen, würde sich noch einen Moment darin sonnen, was sie in Phase eins alles erreicht hatten. Sie nippte an ihrem Cider und war dankbar, dass die einzigen Blasen, die in ihrem Kopf platzten, von der Kohlensäure kamen.

»Nicht übel.« Sie lächelte Ray an. »Und dass das ›Abendessen mit einem Hund‹ hinzugekommen ist, finde ich wunderbar.«

»Das war Gabbys Idee. Wir stellen die entsprechenden Tische auf die Veranda, wo weniger Krach und mehr Platz ist, falls die Hunde überfordert oder nervös werden. Es sollten ein paar Tausender für das Tierheim dabei herausspringen.«

»Sie verdient ein extra Dankeschön, weil uns dadurch auch ein paar Themenideen für die restlichen Tische gekommen sind. Wir haben die Tafel, die Freunde der Bücherei und den Angel Fund des Schulbezirks. Dieses Geld wird wirklich etwas bewirken.«

Sabrina nahm noch einen Schluck Cider und schloss die Augen, um den Moment zu genießen. Dann holte sie tief Luft, öffnete sie wieder und schlug zum nächsten Blatt des Flipcharts um, einer neuen Liste noch ohne Haken, um sich anschließend der Wand zu ihrer Rechten zuzuwenden, an der sie einen neuen Regenbogen aus Klebezetteln mit zu erledigenden Aufgaben angebracht hatte.

Ray studierte Sabrinas Gesicht. »Wie kommt es, dass die Leute das nicht sehen?«, fragte er.

Sabrina runzelte die Stirn. »Was?«

»Dich.«

»Die Leute sollen mich nicht sehen. Ich mag das so.«

»Sie verpassen etwas. Verpassen, wie wichtig die kleinen Dinge sind.« Er sah zur Decke. »All diese kleinen Dinge summieren sich zu großen Dingen. Du bewirkst hier etwas, und du erweckst auch in mir den Wunsch, etwas zu bewirken. Du willst nichts von mir, aber ich möchte dir alles geben.«

Sabrina spürte, wie er zu einer großen Erklärung ansetzte. Sie machte einen Schritt zurück, was ihm nicht entging.

»Hör zu, genau davon rede ich. Du hast so viel getan, um

mir zu helfen, und du magst nicht einmal hören, was das für mich bedeutet.«

»Es ist nicht so, dass ich nichts von dir will. Ich will mein Geld.«

Sie lächelten beide.

»Du hast es dir mehr als verdient.« Er rieb sich die Hände an seiner Hose ab, dann legte er sie ihr auf die Schultern. »Warum ist das so schwer?«

»Spuck es aus, Ray.«

»Ich liebe dich.«

Sabrina blieb der Mund offen stehen.

»Bleib bei mir. Seit ich dir begegnet bin, fühle ich mich dir verbunden, dieser Stadt. Mit dir zusammen zu sein ist wie ein unmöglicher Traum, aber du hast mir gezeigt, dass du Dinge möglich machst. Mein Leben hat durch dich mehr Sinn. Ich verstehe, wer ich sein möchte. Ich liebe dich, Sabrina.«

Sabrinas Verstand konnte nicht verdauen, was er gesagt hatte. Er liebte sie um ihrer selbst willen. Und sie bekam keine Panik, sie hatte keine Angst.

»Du hast gesagt, ich soll es ausspucken. Nun wäre der richtige Moment, auch etwas zu sagen, irgendetwas.«

»Das möchte ich auch.« Sie legte sich die Hand auf den Mund.

Er nahm seine Hände von ihren Schultern. »Du musst jetzt nicht auch ›Ich liebe dich‹ sagen. Das erwarte ich gar nicht, aber ein Zeichen, dass dir dieser Moment keine Albträume bereitet, wäre hilfreich.«

Tränen sammelten sich in ihren Augenwinkeln. Er hatte genau die richtigen Dinge gesagt, Dinge, von denen sie geträumt hatte. Sie versuchte, für den Strom von Gefühlen in ihr die richtigen Worte zu finden.

»Es macht mir nichts … es macht mir nichts aus.«

Ray trat einen Schritt zurück.

»Nein, das ist nicht richtig rübergekommen.« Sabrina wischte sich die Tränen ab. »Es macht mir nichts aus, dass du mich weinen siehst. Es macht mir nichts aus, dass du gesehen hast, wie ich meinen Job verloren habe – nicht mehr. Es macht mir nichts aus, wenn mir Cider das Kinn hinunterläuft und du lachst.«

Ray schüttelte verwirrt den Kopf. »Ich bin mir nicht sicher, ob das besser ist.«

Jetzt griff sie nach seinen Schultern. »Ich mache mir über alles Sorgen, Ray. Jeden Abend gehe ich jeden Schritt meines Tages noch einmal durch und analysiere jede Kleinigkeit, für die andere Menschen mich verurteilen könnten. Ich weiß, dass das dumm ist, doch ich tue es. Jeder Tag besteht aus einer langen Reihe peinlicher Erinnerungen an Dinge, für die andere mich meiner Meinung nach im Stillen verurteilen. Ich stecke in einer Dauerschleife, wiederhole jedes Vergehen, und mit jeder Umdrehung wird es schlimmer. Aber bei dir«, sie berührte mit den Händen sein schönes Gesicht, »tue ich das nicht. Ich tue das nicht, weil ich weiß, dass du mich nicht verurteilst und dich nicht über mich lustig machst. Bei dir fühle ich mich sicher, als könnte ich dir meine tiefsten, dunkelsten Geheimnisse anvertrauen, und du würdest mich nur noch mehr lieben.«

Er zog sie fest an sich, seine weichen Lippen neben ihrem Ohr.

»Es gibt nichts, was du tun oder sagen kannst, weswegen ich dich nicht mehr lieben würde.«

Tränen tropften auf sein Hemd, und es machte ihr nichts aus. Er drückte sie nur noch fester an sich. Endlich hatte sie trockenes Land gefunden, wo die Wellen sie nicht erreichen konnten. Keine verlassene Wüste, sondern einen tropischen Strand mit vornehmen Clubsesseln und Piña-Colada-Drinks, die einem serviert wurden.

»Ich schätze, ich kann dir sagen, wo ich all meine Leichen vergraben habe«, sagte Sabrina und zog sich etwas zurück, um sein Gesicht sehen zu können.

Rays Augen leuchteten stärker als sonst. »Auf jeden Fall. Dann kann ich meine auch da vergraben.«

»Ein Paar, das zusammen mordet, bleibt zusammen?« Sie griff nach seinen Händen.

»So in der Art«, sagte Ray.

»Ich liebe dich auch. Ich habe das noch nie zu jemandem gesagt, der nicht zur Familie gehört. Ich war mir nicht sicher, ob ich das jemals tun würde.«

Er schlang seine Arme um sie, und als sie ihr eigenes Herz in ihrer Brust schlagen hörte, wusste sie, dass sie endlich den Menschen gefunden hatte, auf den sie gewartet hatte, doch in das Glück schlängelte sich die Schlange des Zweifels und zerstörte den Moment. Sie mochte Ray lieben, aber sie war nicht ganz ehrlich zu ihm gewesen. Wenn ihre Beziehung eine Chance haben sollte, musste er die Wahrheit über sie erfahren.

*

Sabrina summte vor sich hin, als sie in Rays Esszimmer aufräumte, ihrem Hauptquartier für die Gala. Ray hatte in den *Otter Club* gemusst, um ein paar Dinge zu erledigen, und sie wollte ihm später folgen. Sollte sie ausflippen? Ray liebte sie. Sie liebte ihn.

Ihr Telefon klingelte, und sie meldete sich, ohne nach der Nummer zu gucken, da sie davon ausging, dass es Ray war.

»Hey, du«, sagte sie.

»Sabrina, hier spricht Kalyndra Smith. Ich freue mich so, Sie zu erreichen.«

Sabrina ließ den Ordner, den sie in der Hand hielt, auf den Tisch fallen und setzte sich daneben. »Hi, Kalyndra. Schön, von Ihnen zu hören.«

War das ein guter oder ein schlechter Anruf? Hatte sie den Job? Sie würden mit Sicherheit nicht anrufen, um ihr zu sagen, dass sie ihn nicht hatte, doch das beantwortete ihre Frage nicht, ob das ein guter oder ein schlechter Anruf war.

»Wir sind mit unseren Bewerbungsgesprächen durch, und es freut mich, Ihnen sagen zu können, dass Sie den Job haben. Wir hoffen, dass Sie in den nächsten Wochen anfangen können, und wie wir während des Bewerbungsgesprächs schon besprochen haben, können Sie auch im Homeoffice arbeiten. Wir würden es allerdings gern sehen, wenn Sie zumindest einmal in der Woche zu Personalbesprechungen ins Büro kämen. Einige unserer Mitarbeiter pendeln ebenfalls über längere Entfernungen – nur für den Fall, dass Sie mit ihnen darüber reden möchten, wie sie das organisieren.«

Sie hatte den Job.

Sabrina atmete tief durch. Hier war ihr Weg zurück in das Leben, das sie wollte. Aber Ray hatte ihr gerade gesagt, dass er sie liebte. Plötzlich fiel ihr wieder ein, dass sie Magenschmerzen bekam, wenn sie ihren ganzen Mut zusammennehmen musste, um für eine politische Story Fremde anzurufen. Stunden damit verbrachte, nebensächliche Fakten online zu eruieren, nur um weitere Telefongespräche zu vermeiden, und unter dem Schuldenberg keine Luft bekommen würde, den ihr sicher dürftiges Gehalt selbst mit dem Geld, das sie diesen Sommer verdient hatte, nicht wirklich verringern würde.

Und Ray liebte sie.

Sie war sich immer noch nicht sicher, ob das ein guter oder ein schlechter Anruf war.

Kalyndra redete weiter. »Ich schicke Ihnen das Angebot per E-Mail. Es tut mir leid, sagen zu müssen, dass Gehalt und Zusatzleistungen nicht verhandelbar sind. Es ist das, was wir allen Nachwuchsjournalisten zahlen.«

Nachwuchsjournalisten. Nachdem sie fünf Jahre in sämtlichen Nachrichtenredaktion tätig gewesen war, war sie immer noch eine Anfängerin.

Ray liebte sie.

»Sabrina?«

Sie schüttelte den Kopf. »Entschuldigung, ich war nicht auf diesen Anruf vorbereitet. Vielen Dank. Geben Sie mir ein paar Tage, um darüber nachzudenken?«

»Natürlich, aber ich brauche bald eine Antwort. Wir brauchen Leute. Die Nachrichtenwelt schläft nicht und so weiter.«

Leute. Das war es, was sie war. Eine von vielen, die bereit waren, für ein niedriges Gehalt in einer aussterbenden Branche zu arbeiten. Es gab Leute, die viel bewirkten, doch wenn sie ehrlich zu sich selbst war, wusste sie, dass sie nicht zu ihnen gehörte. Wenn sie für den *Elephant Room* arbeitete, nahm sie jemand anderem den Platz weg, jemandem, der vielleicht großartig in dem Job war. Jemandem, der etwas bewirken konnte.

Guter Anruf oder schlechter Anruf …

Sie hatte fast zwei Monate darauf gewartet, und jetzt kam ihr Zuhause ihr gar nicht mehr so übel vor. Zum großen Teil lag das natürlich an Ray. Aber es hatte sich noch mehr verändert. Zum ersten Mal wusste sie, dass sie hier etwas bewirkte. Sie half, die Abschiedsgala zu organisieren. Das Leben war vorhersehbarer in den Dells, und das tat ihr gut. Die Menschen achteten aufeinander. Selbst die Geister verursachten nicht viel Chaos – obwohl Molly es immer noch zu genießen schien, sich so viel wie möglich in ihr Leben einzumischen, und sie mochte das so.

Jetzt, wo sie seit einer Weile wieder hier war, wurde ihr klar, wie sehr sie Molly vermisst hatte, wenn sie woanders gelebt hatte, mehr noch als ihre Eltern oder ihre Brüder, weil Molly eine beste Freundin und eine Schwester in einem war. Sie fühlte sich nicht mehr einsam. Sie hatte kein blühendes Sozialleben, doch sie hatte Menschen um sich. Ihre Menschen.

Und sie war nicht an ihr Telefon gefesselt wie früher. Das tägliche Drama konnte ihr egal sein. Die tägliche Analyse, welcher TV-Sprecher was gesagt hatte, und der folgende überzogene Diskurs – sie vermisste das überhaupt nicht. In dieser kleinen Ecke der Welt hatte sie etwas bewirkt, indem sie half.

Sie las sich das Angebot durch und lachte, dann schloss sie die E-Mail.

Ray liebte sie.

34

vierunddreißig

»Wo kommt das alles her?«, fragte Sabrina und stellte den schweren Pappkarton auf einen der Tische nahe der Bar. Der Karton klirrte, als sie ihn abstellte. Jedes Teil, das sie herausnahm, wischte sie mit einem sauberen Tuch ab und stapelte alles auf einem Stuhl. Ray stellte seinen Karton auf einen Nachbartisch, legte seine Schlüssel daneben und tat das Gleiche.

»Ich habe das Haus meines Onkels ausgemistet. Ich dachte, es könnte lustig sein, einiges davon als Dekoration für den *Otter Club* zu verwenden.«

»Und die Leute daran zu erinnern, dass deine Familie seit Ewigkeiten hier ist.«

»Irgendetwas in der Art«, sagte er mit einer naiven Treuherzigkeit, aus der ein verschlagenes Lächeln wurde.

»Sehr subtil.« Sabrina holte tief Luft. Sie musste ihm immer noch von ihrer Entscheidung erzählen, einen Weg finden, Harry zu helfen, und Ray ihr Geheimnis anvertrauen, doch jedes Mal, wenn sie das Gespräch darauf bringen wollte, verließ sie wieder der Mut. Sie war noch nicht so weit. »Ich habe übrigens endlich etwas von meinem Bewerbungsgespräch gehört.«

Ray sah sie an, seine blauen Augen waren ausdruckslos und versuchten nicht preiszugeben, was er dachte, bevor er ihre

Entscheidung gehört hatte. Sabrina wusste es zu schätzen, dass er seine emotionale Reaktion von ihrer abhängig machte.

»Und?«, fragte Ray.

»Ich habe den Job, wenn ich ihn will.«

»Glückwunsch.« Er zog die Brauen hoch, fast als würde er hoffen, dass sich so auch seine Mundwinkel nach oben biegen würden. Er konnte seine Enttäuschung, falls sie gehen und den Job antreten würde, nicht ganz verbergen. »Wenn du ihn willst?«

»Ich habe um ein paar Tage Bedenkzeit gebeten. Ich nehme ihn nicht an.«

Rays vorgespieltes Lächeln verwandelte sich in ein echtes.

»Ich fühle mich in den Dells jetzt wohler als früher«, fügte sie hinzu.

Er stellte den Rahmen, den er gerade in den Händen hielt, ab und nahm sie in die Arme. »Das ist die Antwort, auf die ich gehofft habe.« Ihre Füße baumelten ein paar Zentimeter über dem Boden. »Was wirst du tun? Ich hätte hier massenhaft Arbeit für dich.«

»Ich denke nicht, dass es klug wäre, die ganze Zeit zusammenzuarbeiten. Mir wird schon was anderes einfallen, mal sehen. Wahrscheinlich wird es aber schon etwas mit Büromaterialien zu tun haben.«

Seine weichen Lippen drückten sich auf ihre, als besiegelten sie einen Pakt, ein feierliches Versprechen, das sie zusammenhalten würde. Sie liebte seine Lippen und wie sie jeden Muskel in ihrem Körper zum Entspannen und Anspannen brachten – und das gleichzeitig. Wie sie ihr den Atem nahmen und trotzdem all die Luft gaben, die sie zum Atmen brauchte.

»Wir werden nie fertig, wenn du mich weiter küsst.« Sie

schob ihn sanft weg. »Zurück an die Arbeit, damit wir für heute fertig werden.«

Er stahl sich noch einen Kuss und ging wieder zu seinem Karton mit den Rahmen, während er sie über die Brille hinweg alle paar Minuten ansah. Sie wischte ein gerahmtes Schwarz-Weiß-Foto von Männern in gestreiften Anzügen und Frauen in langen, dunklen Kleidern ab, die vor dem Damm in der Stadtmitte standen. Das nächste war ein Abzug von einer Besitzurkunde über mehrere Morgen Land, die jetzt zum Stadtzentrum gehörten. Jedes Bild konservierte einen anderen historischen Moment in den Dells.

»Ist das ein echtes H.H.-Bennett-Foto?«

Sie hielt ein Foto von drei Männern in dunklen Anzügen und mit Melonen hoch, deren Schnäuzer sich um ihre Wangen kräuselten, als sie in die Luft sprangen. Das Bild war scharf, obwohl sie sich bewegten.

»Ja. Er war ein Freund der Familie, wenn man den Geschichten glauben darf.«

»Das kannst du hier nicht aufhängen. Das gehört in ein Museum.«

Er nahm ihr den Rahmen aus der Hand. »Ich möchte es hier haben. Es ist in einem guten Rahmen, und ich sehe zu, dass es nicht in der Sonne hängt.«

»Es wird dir gestohlen werden.«

»Niemand wird das stehlen.«

Sie lachte zu ihm hoch. »Ich werde es stehlen. Ich könnte auf eBay viel Geld damit machen.«

Ray schlang die Arme um sie und sah ihr in die Augen. »Ich schraube es an der Wand fest.« Er küsste sie, zart und süß, sodass ihre Muskeln weich und entspannt wurden.

Sie seufzte. »Was?«, fragte er.

»Es ist leicht, mit dir zusammen zu sein. Bei dir bin ich am meisten ich selbst.« Er strich ihr mit seinen starken Händen über das Haar, und sie legte ihre Hände auf seine Brust. »Ich hätte nie gedacht, dass ich mit jemandem entspannen könnte, der nicht zur Familie gehört.«

»Ja, irgendwie mag ich dich auch. Selbst wenn du mit dir selbst redest.«

»Ich rede nicht mit mir selbst.« Sabrina runzelte die Stirn.

»Ich habe dich mit jemandem reden gesehen, also redest du entweder mit dir selbst oder mit jemandem, den ich nicht sehen kann.«

Ray küsste sie auf die Stirn und wandte sich wieder seiner Arbeit zu, doch Sabrina rührte sich nicht. Ein Tsunami aus Zweifeln brach über sie herein, als hätte er sich außerhalb ihres Gesichtsfelds aufgebaut und nur darauf gewartet, sie zu erfassen, sie aus den bequemen Clubsesseln und weg von den Piña Coladas zu zerren, wenn sie sich in Sicherheit wähnte. Wie kam er darauf? Sie war so vorsichtig; in Gegenwart von anderen sprach sie nicht mit Molly, auch wenn er das gerade gesagt hatte. Kurz nach ihrer Rückkehr in die Dells war es ihr ein paarmal passiert, doch das hatte daran gelegen, dass sie aus der Übung gewesen war. Als sie nach dem nächsten Bild griff, zitterten ihre Hände, Fragen schossen in ihrem Gehirn an die Oberfläche wie Schwefelblasen in einem Moor und ihr Magen zog sich zusammen. Warum stellte sie sich so an? Irgendwann musste sie ihm ihr Geheimnis anvertrauen. Wieso war es etwas anderes, wenn er von selbst darauf kam? Einmal abgesehen davon, dass sie wusste, dass der Grund der war, dass sie dann nicht die Kontrolle hatte. Was er erfuhr und wie er es erfuhr, musste von ihr kommen.

Sie wischte an einem Fingerabdruck auf dem Glas vor dem

nächsten Foto herum, als sie plötzlich innehielt. Sie konnte nicht glauben, was sie da sah.

»Molly«, flüsterte sie.

Da war sie – in Schwarz-Weiß. Molly neben einem attraktiven Mann, der Ray sehr ähnlich sah.

»Was hast du gesagt?«, fragte Ray, doch Sabrina ignorierte ihn.

»Molly, ich weiß, dass du hier irgendwo bist.«

Und dann war sie da, in einer Jeans mit einer hohen Taille, einem rot-weiß karierten Hemd und einem Halstuch um die Locken gebunden.

Molly sah verwirrt aus. »Was ist los, Schätzchen? Du weißt, dass Ray hier ist. Hast du es ihm endlich gesagt?« Ihre Augen funkelten bei der Vorstellung.

Sabrina hielt das Foto hoch. »Das bist du, oder?«

Molly rang nach Luft, und ihr Outfit wechselte zu dem, das sie auf dem Foto trug. Sie griff nach dem Bild, wobei ihre Lippen ein leises O formten.

»Raymond«, flüsterte sie schließlich.

»Raymond. Sein Name ist Raymond? Wie Raymond Jasper? Du hast gewusst, dass sie verwandt sind?«

»Du sprichst mit ihr, oder?«, sagte Ray, während er sich im Zimmer umsah und neben sie trat. »Sie ist hier.«

Sabrinas Kehle wurde eng, ihre Muskeln versuchten, gegen die Panik anzukämpfen. Was hatte sie getan? Doch als sie Ray ansah, stellte sie fest, dass er weder besorgt noch betroffen aussah, lediglich interessiert. Sabrina zeigte ihm das Bild. Das alles ergab keinen Sinn.

»Wieso hast du das?«

»Das ist mein Urgroßvater. Ich bin mir ziemlich sicher, dass die Frau an seiner Seite die Liebe seines Lebens war, aber ich bekomme nicht heraus, wer sie war. Mehr weiß ich nicht.«

Molly wimmerte leise bei seinen Worten.

»Und wie kommst du darauf?«, fragte Sabrina.

»Ich habe sein altes Tagebuch, darin erwähnt er sie, und in seinem Testament hat er bestimmt, dass er neben ihr begraben werden will, aber Urgroßmutter hat allen verschwiegen, wer sie war.« Sein Blick schweifte umher. »In dem Tagebuch fehlen ein paar Seiten. Ich habe überall nach ihnen gesucht, dabei habe ich das hier auch alles entdeckt. Er ist schließlich nach New York gezogen und hat Urgroßmutter geheiratet.«

Sabrinas Magen brannte. Ihre Welten prallten aufeinander, und nichts passte zusammen.

Ray griff nach einem anderen Foto. »Guck mal, hier steht er neben meinem Onkel Harry, der ein paar Jahre vor Raymonds Tod zu Besuch gekommen war.«

»Er hat nach wie vor volles Haar. Und ist immer noch so attraktiv«, sagte Molly, während sie beide das Foto studierten.

»Moment, du hast mich gefragt, ob ich mit ihr rede. Was meinst du?«

»Molly. Du sprichst mit Molly. Sie ist hier.«

»Wie kommst du darauf?« Sabrina trat einen Schritt zurück. Wenn sie auf Abstand ging, konnten sie vielleicht so tun, als wären die letzten Minuten nicht gewesen.

»Sabrina, komm schon. Es ergibt alles einen Sinn. Du redest mit Leuten, die sonst niemand sehen kann. Rick hat mir eine Geschichte von einer früheren Tellerwäscherin erzählt, der deine Mutter geholfen hat, nachdem ihre Großmutter gestorben war. Ich habe versucht herauszufinden, was mit Nummer eins passiert ist … und das hat mich zu dir geführt, aber ich habe es nicht gewusst.«

Es war zu spät, um etwas vorzutäuschen. Er wusste, dass sie ein Freak war. Während sie fieberhaft überlegte, wie sie ihr Geheimnis doch noch bewahren konnte, erschien Harry neben Rays Schlüsseln und rief: »Schu. Schü. Schus«, während er auf die Schlüssel zeigte. Es war zu viel. Ihre beiden Welten stießen tosend aufeinander, und die Wellen trafen sie aus allen Richtungen.

»Harry?«, sagten Molly und Sabrina gleichzeitig.

»Harry? Mein Onkel Harry?«, fragte Ray.

Sie hielt eine Hand hoch. Er wusste es. Sie hatte sich endlich einem anderen Menschen gegenüber ein wenig geöffnet, und er hatte ihr schlimmstes Geheimnis herausgefunden. Sie hatte gewusst, dass es ein Fehler war, alles. In die Dells zurückzukehren, für die Real Dells Ducky Tours zu arbeiten, Ray. Sie wusste, was als Nächstes passieren würde.

35

fünfunddreißig

Molly folgte Sabrina nach draußen zu ihrem Auto. Und Harry auch. Ray blieb, wo er war, allerdings ohne zu wissen, dass er jetzt alleine war. Sabrina saß in ihrem Wagen und wartete, bis das Zittern so weit aufhörte, dass sie fahren konnte.

»Wir müssen zurück. Ray weiß etwas über meinen Raymond.«

Sabrina ignorierte sie. Warum passierte ihr alles Schreckliche in diesem Supper Club? Bis auf das heftige Schlagen ihres Herzens hörte sie nichts. Wie konnte es so schnell schlagen, wenn es gerade zerbrach? Langsam fuhr sie vom *Otter Club* weg.

»Sabrina!«, rief Molly und griff nach ihrem Arm, ohne ihn wirklich greifen zu können. Sabrina spürte lediglich die Kälte, die durch ihn hindurch schoss.

Sabrina ignorierte sie den ganzen Weg bis nach Hause und hoch in ihr Zimmer, wo Molly sich vor ihr aufbaute. Endlich blieb Sabrina stehen.

»Fahr zurück. Wir müssen Ray fragen, was er weiß.« Mollys Stimme brach, und ihre Umrisse zitterten.

»Ich kann nicht. Ich kann nicht. Ich kann nicht. Ich kann nicht.« Ihre Gedanken purzelten in kurzen Sätzen aus ihr heraus, in Dauerschleife. Sie ließ sich aufs Bett fallen.

»Sabrina Monroe, ausnahmsweise geht es mal nicht um

dich. Kannst du dich jetzt einfach zusammenreißen und für mich da sein?«

Sabrina rollte sich enger um ihren nervösen Magen zusammen. Sie hatte das Gefühl, sich übergeben zu müssen, wusste aber, dass das nicht helfen würde. Molly hatte recht. Unter normalen Umständen hätte sie keine Minute gezögert, ihrer liebsten Freundin zu helfen. Doch in diesem Moment konnte sie das nicht. Ihr Körper rollte sich schützend um ein unsichtbares Innerstes, umklammerte es verzweifelt, damit es nicht auseinanderbrach. Es brachte sie um, dass sie nach all der Zeit nicht für ihre Freundin da sein konnte.

Sie rastete aus, weinte und schrie gleichzeitig. »Es ist nicht so einfach. Ich bekomme keine Luft. Mein Herz rast und tut weh. Ich habe das Gefühl zu sterben, und die einzige Möglichkeit, mich zu retten, ist die, mich zu verstecken. Ich will dir helfen. Aber ich kann nicht. Wenn du etwas bewegst, erfordert das so viel Energie, dass dich danach eine Weile niemand sehen kann. So ist das Leben für mich. Es muss mir wirklich etwas wert sein, damit ich diesen Aufwand betreibe.«

»Und ich bin den Aufwand nicht wert?« Sabrina hatte Molly noch nie so wütend gesehen.

»Ich kann das nicht.«

Das Schreien hatte sie den letzten Rest an Energie gekostet. Sie konnte Molly nicht helfen, nicht einmal ein bisschen. Nicht jetzt. Es zerriss sie zu wissen, dass sie mit ihrer größten Schwäche ihre liebste Freundin verletzte.

»Ich habe so lange auf irgendeine Information gewartet, und nun ist es endlich so weit. Aber du kannst nicht damit umgehen? Weil du dich überfordert fühlst? Was meinst du wohl, wie ich mich fühle?« Mollys schwache Weichzeichnung nahm ein kräftiges Rot an.

»Du kannst nichts fühlen!« Sabrina wusste, dass das ein Schlag unter die Gürtellinie war, und bereute es sofort, doch selbst das war zu langsam. Molly war fort. Sabrina war so wütend auf sich selbst, auf das Leben und auf Ray, dass sie wollte, dass alle so litten wie sie. Sie sollten sich hilflos, verwirrt und gebrochen fühlen, genau wie sie das immer tat.

Aber das war es nicht, was sie wollte. Nicht wirklich. Und sie wollte nicht in ihrem Zimmer unter der Decke gefangen sein. Es frustrierte sie, Zeit an eine Panikattacke zu verlieren. Sie wusste, dass sie jetzt besser mit ihrer Ängstlichkeit umgehen konnte, doch seit sie nach Hause gekommen war, hatte sie aufgehört, es zu versuchen. Das war nun Monate her, und sie wusste, dass ihre eigensinnige Weigerung, sich die Hilfe zu holen, die sie brauchte, sie daran hinderte, ihr Leben zu leben und denen zu helfen, die sie wirklich liebte.

Einatmen.

Ausatmen.

Einatmen.

Ausatmen.

Fünf Dinge, die sie sehen konnte: Ihr Bett. Hogwarts. Laptop. Schrank. Schmutzige Kleider.

Vier Dinge, die sie berühren konnte: Daunendecke. Kissen. Nachttisch. Schlafanzug.

Drei Dinge, die sie hören konnte: Vögel. Mrs. Randolph, die mit Mr. Bennett sprach. Ihren Vater in der Küche.

Zwei Dinge, die sie riechen konnte: Die lila Kerze auf ihrem Nachttisch. Die Burger ihres Vaters.

Ein Ding, das sie schmecken konnte: Reue.

Einatmen.

Ausatmen.

Sabrina setzte sich in ihrem Bett auf. Ihre Haut kribbelte

noch immer, doch ihr Herzschlag hatte sich beruhigt, und sie konnte wieder klarer denken. Ihr Handy vibrierte. Ein Anruf von Ray. Sie brauchte noch Zeit, bevor sie bereit war, ihm gegenüberzutreten. Sie zog ihr Notizbuch zu sich heran und fand die Visitenkarte. Nun musste sie wirklich aktiv werden und einen Termin bei der Therapeutin ausmachen. Selbst wenn sie nur einmal hinging, sie brauchte das. Es war dumm gewesen, nicht auf sich zu achten, und jetzt wusste sie beim besten Willen nicht, wie sie mit ihrer Situation umgehen sollte.

*

Menschenskind! Molly konnte sich nicht erinnern, jemals so wütend gewesen zu sein. Sie tauchte an einem Ort nach dem anderen auf. Zuerst versuchte sie es in den lauten, chaotischen Aquaparks. Doch dort konnte man nicht in Ruhe nachdenken. Dann in der Bücherei mit der ruhigen Leseecke – nicht schlecht, doch es fehlte an inspirierender Energie. Sie konnte schließlich nicht die Bücher nach Ideen durchforsten. Danach ging sie zum Friedhof, wo sie zwischen den Grabsteinen umherwanderte und die Grabinschriften las.

Das war schon besser. Sie befand sich im älteren Teil des Friedhofs, wo die Menschen ihre Gefühle noch mit ernsten Worten zum Ausdruck gebracht hatten. Es gab viele Bibelzitate und abgedroschene Sprüche. Am Ende einer Reihe sah sie Belle ein paar Reihen entfernt. Als Belle die Hand hob, winkte Molly und freute sich über den freundlichen Gruß. Belle winkte nie.

Moment. Nichts da. Belle winkte ihr nicht, im Gegenteil: Die Handbewegung war äußerst unverschämt. Was für eine launenhafte alte Schrulle!

»Verschwinde von meinem Friedhof, Blondchen.« Ihre Stimme war tief für eine Frau.

»Belle, es ist so lange her«, sagte Molly.

»Nicht lange genug.«

Belle trug ein langes graues Wollkleid, das bis zum Hals zugeknöpft war, wo ein wenig weiße Spitze herausguckte, die einzige Auflockerung an ihrem langweiligen Outfit. Es ließ ihre blasse Haut und den dunklen, eng gebundenen Haarknoten noch strenger aussehen, sie wirkte wie eine wütende Schullehrerin, die mit Umarmungen sparte, aber Rohrstock, Tischtennisschläger und Gerte liebte. Eine dunkle Pfeife guckte aus einer Tasche in ihrem Rock.

»Was für ein schöner Abend.«

»Ich weigere mich, Small Talk mit dir zu machen. Geh«, sagte Belle.

Molly seufzte. Sie versuchte seit fast einem Jahrhundert, sie für sich zu erwärmen. Wenn überhaupt, war Belle bloß noch mürrischer geworden. Als frühere Südstaatenspionin erzürnte es sie noch immer, dass sie auf Nordstaatenboden gestorben war.

Molly drehte ihr den Rücken zu, um die nächste Reihe zu studieren, nur um noch einmal mit einer ebenso unhöflichen Geste von Belle empfangen zu werden.

»Ist das wirklich nötig?«, fragte Molly.

»Ja. Du bist auf meinem Friedhof, und ich will, dass du verschwindest«, sagte Belle. Ihre dunkle Kleidung absorbierte das Licht wie ein schwarzes Loch.

»Du bist unmöglich.«

»Ich bin nicht diejenige, die sich mit den Atmenden vergnügt.«

»Vielleicht würdest du das Leben ein wenig mehr genießen, wenn du das tätest.«

»Genau deshalb tue ich das nicht. Du bist nicht lebendig. Du bist nichts als Staub unter der Erde, für immer hier gefangen, wie ich.«

Molly musste nicht daran erinnert werden, nicht jetzt, wo sie den Schimmer einer Hoffnung sah, endlich herauszufinden, was mit Raymond passiert war. Sie war nach wie vor wütend auf Sabrina, dass sie so grob zu ihr gewesen war, doch nachdem sie Zeit gehabt hatte, sich zu beruhigen, verstand sie Sabrina zum Teil. Molly kannte sie lange genug, um zu wissen, dass Zeit das Einzige war, das half, wenn sie einen nervösen Anfall hatte. Sie würde ihr helfen, aber Molly wollte, dass sie es schneller tat, und die beste Möglichkeit war die, sie so schnell wie möglich mit Ray zu versöhnen.

Ray war es egal, ob sie Geister sah. Das war offensichtlich. Doch Sabrina konnte über ihre Panik nicht hinaussehen. Sie war so bemüht, diesen Teil ihres Lebens absolut geheim zu halten, dass die dazu erforderliche Mühe auch das Gute in ihrem Leben zerstörte. Molly konnte entweder weiter wütend sein oder aktiv werden. Die Antwort war klar.

»Ich brauche deine Hilfe.« Belle hob erneut die Hand, aber Molly fuhr fort, bevor sie die Geste vollenden konnte. »Was ist, wenn ich dir verspreche, dich in Ruhe zu lassen? Nicht mehr auf den Friedhof zu kommen?«

»Für immer?«

»Mit Ausnahmen bei Notfällen.«

»Für dich ist alles ein Notfall.«

»Ausnahmen bei Beerdigungen.« Belle wollte gerade Nein sagen, doch Molly sprach weiter. »Das kannst du mir nicht verwehren.«

»Gut. Ich tue alles, um dich loszuwerden.«

Molly erklärte ihr die Situation. Belle hörte zu, und als

Molly fertig war, klopfte sie mit den Fingern auf einen Grabstein, während sie nachdachte. Belles Kleid wechselte zu einem dunklen weinroten Farbton hin mit rosa Blumen um den Ausschnitt.

»Wir müssen sehen, dass Ray zu Sabrina geht, dann können sie sich versöhnen, und jeder bekommt, was er braucht. Ich werde erfahren, was Ray weiß, Harry kann Ray sagen, wo der Schlüssel ist, und Sabrina und Ray können zusammen sein. Jeder hat etwas davon.«

»Vor allem ich, weil du nicht mehr herkommen wirst.«

Molly schnaubte. »Ja, das habe ich dir bereits zugesagt.«

Belle paffte an ihrer Pfeife. »Du wirst etwas anfassen müssen«, sagte sie.

»Wenn ich etwas anfasse, löse ich mich mindestens für ein paar Tage in Luft auf.«

»Musst du ›in Luft auflösen‹ sagen? Das ist kein lustiger Partytrick.«

Molly ignorierte sie und redete weiter. »Es wäre kontraproduktiv, wenn ich mich auflösen würde. Ich möchte sofort wissen, was passiert.« Sie lief auf und ab. »Ray muss etwas tun, das Sabrina davon überzeugt, dass die Eigenarten ihrer Familie sie nur noch kostbarer für ihn machen. Etwas, was beweist, dass er sie versteht und so akzeptiert, wie sie ist. Etwas Fürsorgliches und Romantisches. Wo ist ein Flughafen, wenn man einen braucht?«

»Wovon redest du?«

»In allen guten romantischen Filmen gibt es am Ende einen Moment, in dem einer dem anderen seine Liebe beweist, indem er in der Regel zum Abfluggate des anderen rennt oder ein romantisches Lied singt.«

»Das ist das Dämlichste, was ich je gehört habe.«

»Weißt du überhaupt, was ein Gate ist?«

»Ich bin tot, keine Idiotin. Deshalb will ich, dass du von meinem Friedhof verschwindest.« Belle wanderte auf und ab, ihr langes Kleid wehte durch die Grabsteine hindurch. Sie machte sich nicht die Mühe, um die Steine herumzugehen. »Wir machen es folgendermaßen. Wir gehen zu Ray und spielen einen dieser dämlichen Filme ab, von denen du immer so schwärmst – idealerweise bis zu einer Stelle, an der er den Hinweis versteht. Versteht er ihn nicht, tritt Plan B in Aktion.«

»Und wie sieht Plan B aus?«

»Etwas auf den Spiegel schreiben, wenn er duscht. ›Mach etwas Romantisches, du Idiot!‹, zum Beispiel.«

»Das ist so klischeehaft – ein Geist, der etwas auf einen Spiegel schreibt. Wir können ihm doch nicht seine Dusche ruinieren.«

»Als hättest du das noch nie getan«, sagte Belle mit einer verachtungsvollen Handbewegung. »Das Ganze ist das reinste Klischee. Was erwartest du? Wenn du für die beiden ein Happy End willst, gibt es nicht so viele Wege, dorthin zu kommen. Es gilt, den Weg zu genießen, nicht nur das Ziel.«

Okay, vielleicht hatte sie recht? Belle hatte eine Schwäche für Romantik.

»Wenn wir da sind«, fuhr Belle fort, »sagst du mir, was ich tun soll. Ich müsste ein paar Dinge anfassen können, bevor ich verschwinde.«

»Ich weiß das zu schätzen, Belle. Wirklich.«

»Du kostest mich mehr Kraft, als Dinge anzufassen. Ich werde die Pause genießen. Zeig mir den Weg.«

Molly griff nach Belles Hand, und sie tauchten in Rays Haus auf, wo er vor seinem offenen Laptop in seinem Büro saß. Er starrte aus dem Fenster, die Ellenbogen auf den

Schreibtisch, das Kinn in die Hand gestützt. Perfekt. Er saß an einer guten Stelle.

»Schreib ›youtube.com‹ in die Zeile da.« Molly zeigte auf den Bildschirm.

Belle nickte und runzelte konzentriert die Stirn. Sie tippte ein U.

»Nein. Nicht den Buchstaben. Das Wort Y-O-U.«

»Dann musst du das sagen.« Belle presste die Lippen fest zusammen.

»Ich buchstabiere, und du schreibst. Y-O-U-T-U-B-E. Dann ein Punkt.« Belles Hand bewegte sich zu der richtigen Stelle hin. »Ja, genau. Und jetzt C-O-M. Und drück die Return-Taste.«

Belle drückte die Taste, und der Bildschirm veränderte sich, was Rays Aufmerksamkeit erregte. Er sprang von seinem Stuhl auf. Mit dem Rücken zur Wand sah er sich mit weit aufgerissenen Augen im Zimmer um.

»Molly«, flüsterte er.

»Natürlich zollt er *dir* die Anerkennung. Was jetzt? Ich kann nicht mehr lange.«

»Jetzt schreib an die Stelle hier ›zehn Dinge, die ich an dir hasse‹.«

»Ein Film über meine Gefühle für dich. Vielleicht würde der mir gefallen.«

Molly presste die Lippen aufeinander und schnaubte. »Schreib einfach. Und drück auf Return.«

Belle befolgte ihre Anweisungen. Ray sah zu, wie die Worte erschienen, und suchte nach den Händen, die sie entstehen ließen. Er sah weder verängstigt noch beunruhigt aus, nur neugierig und bereit. Ja, er würde Sabrina guttun.

Als die Suchergebnisse kamen, zeigte Molly auf den Link, den sie wollte. »Okay, klick den an.«

»Was anklicken?«, brummte Belle. Ihre Umrisse zitterten wie bei einem Foto, das mit einer schwankenden Kamera aufgenommen worden war, während ihre Nasenflügel bebten.

»Leg vorsichtig einen Finger auf das Rechteck und bewege ihn, bis der Pfeil auf dem Video ist, auf das ich gezeigt habe.«

Belle stöhnte und bewegte den Cursor zu dem richtigen Video hin, bevor sie sich auflöste.

»Mist. Mist. Mist«, sagte Molly.

Sie waren so nahe dran gewesen! Molly konzentrierte sich. Sie musste nur das Touchpad berühren, und das Video würde starten. Sie konnte das. Belle war sehr viel stärker als sie, doch sie konnte diese eine Bewegung machen. Vielleicht verschwand sie nicht einmal, und selbst wenn sie das tat, sie wartete schon so lange auf Informationen … was bedeuteten da noch ein paar weitere Tage?

Als sie die Hand nach dem Touchpad ausstreckte, verschwand ihre Hand in Rays. Er hatte sich auf seinem Stuhl zurückgesetzt.

»Soll ich mir das ansehen?«, sagte er laut. »Ich komme mir wie ein Idiot vor, mit jemandem zu reden, den ich nicht sehe. Na, dann los.«

Er klickte es an. Auf dem Bildschirm erschien eine sprechende Eidechse.

Pustekuchen. Das war ein Werbespot. Manchmal waren Computer die absolut schrecklichste Erfindung überhaupt. Aber schließlich kam doch noch die Szene, auf die sie es abgesehen hatte. Das Mädchen las dem Jungen ihr Gedicht vor. Und dann überraschte er sie nach der Schule an ihrem Auto mit einer neuen Gitarre – das war schon früher in dem Film vorgekommen. Das war wichtig. Es bewies, dass er wusste, dass er einen Fehler gemacht hatte und sie dafür schätzte, wer sie war.

Ray sah sich das Video an, und Molly sah ihn an. Als es vorbei war, spielte er es noch einmal ab. Und noch einmal.

Er öffnete seinen Schreibtisch und holte einen Block mit Klebezetteln und einen Stift heraus und machte eine Brainstorming-Liste: Blumen, Lied, Tanzen, Ausflug, Abendessen.

Das alles war schrecklich. Sabrina brauchte etwas Besonderes.

Ray riss das Post-it von dem Block und klebte es auf seinen Schreibtisch, bevor er ein zweites beschrieb. Und noch eines. Diesmal waren es keine Geschenkideen. Es war so viel besser.

36

sechsunddreißig

Drei Tage waren vergangen, seit sich ihr Leben in ein komplettes Chaos verwandelt hatte, doch die einzelnen Teile wurden langsam klarer. Nach einer Sitzung mit ihrer neuen Therapeutin hatten sie sich darauf geeinigt, dass sie sich auf das konzentrierte, was sie kontrollieren konnte, wie die Gala, sodass sie alle Planungsunterlagen in ihr Schlafzimmer geholt hatte und von dort aus arbeitete – Ray kurze Fragen simste, die er ebenso knapp beantwortete. Ihr war klar, dass sie überempfindlich reagierte, aber zu wissen, dass er ihr Geheimnis kannte, gab ihr das Gefühl, ungeschützt zu sein. Es war am besten, den Mund zu halten und zu einer Therapeutin zu gehen, bevor irgendein irreparabler Schaden entstand.

Molly ignorierte sie auch. Geister konnten es einem sehr schwer machen, sich bei ihnen zu entschuldigen, da sie nach Belieben verschwinden konnten.

Den Arm voller Kartons mit der Werbung für die Abschiedsgala trat Sabrina aus der Druckerei auf den Bürgersteig, um zu ihrem Auto zu gehen. Obwohl es noch nicht einmal Mittag war, waren um die Main Street herum bereits viele Touristen unterwegs, die sich in den diversen Geschäften umsahen.

»Passen Sie doch auf, wohin Sie gehen«, sagte eine nasale Stimme, die Sabrina sofort erkannte. Sie hielt den Stapel mit den Kartons ein Stück von ihrem Gesicht weg, sodass Erika sah, wen sie vor sich hatte. »Oh, ich hätte es wissen müssen.«

Erika hatte mehrere rutschige Tüten aus der Reinigung über dem Arm, durch die man Lagen von bunten Kleidern und dunklen Anzügen sah. Sabrina wartete, dass sich der übliche Schrecken und die übliche Angst einstellten, aber es passierte nichts. Erikas Gesicht wurde noch verkniffener, während sie auf Sabrinas Antwort wartete, und je länger sich der Moment hinzog, desto sicherer war sich Sabrina, dass sie nichts zu sagen hatte. Diese Frau, die sie dermaßen schikaniert und verletzt hatte, war ihr mit einem Mal egal.

Sabrina ging nicht mehr mit Erika in die Schule. Sie hatten nicht dieselben Freunde. Sie musste ganz sicher nicht mehr mit ihr arbeiten. Sabrina musste nie mehr mit ihr reden. Erika konnte nichts tun, das sie verletzte.

Es war befreiend.

Sabrina ging um sie herum zu ihrem Wagen und ließ eine sprachlose Erika am Straßenrand stehen.

»Warte, Sabrina.«

Sabrina ging weiter und schloss mit ihrem Schlüssel den Kofferraum ihres Autos auf.

»Bitte«, sagte Erika.

Ach, du Schreck.

Sabrina stellte die Kartons ab, bevor sie schließlich reagierte. »Ja, Erika?«

Die Plastiktüten immer noch fest umklammert, kam Erika auf sie zugestöckelt, wobei ihr eine der Tüten herunterrutschte und auf der Straße landete, als sie stehen blieb. Erika sah auf die Tüte hinunter, dann hoch zu Sabrina; sie schien zu erwarten, dass Sabrina die Tüte für sie aufhob. Doch Sabrina rührte sich nicht. Da Erika die restlichen Tüten nicht loslassen konnte, wenn sie nicht alle auf der schmutzigen Straße landen sollten, versuchte sie in die Hocke zu gehen und sich vorzubeugen, um nach der Tüte zu greifen, aber sie bekam sie nicht zu fassen.

»O mein Gott, hör auf.« Sabrina bückte sich, um die Tüte aufzuheben und an Erikas Finger zu hängen. »Was wolltest du von mir?«

Erika kniff die Augen zusammen, während sie ihre Gedanken sammelte. »Du weißt es vielleicht nicht, aber Ray hat uns im *Otter Club* Hausverbot erteilt …«

»Doch, das weiß ich.«

»Unsere Eltern nicht.«

Sabrina verstand. Angesichts des Haufens schicker Kleider war ihr klar, wohin dieses Gespräch führen sollte, doch sie wollte, dass Erika es aussprach.

Erika schnaubte. »Sprichst du mit Ray, damit wir zu der Abschiedsgala kommen können?«

Ein Teil von Sabrina wollte Nein sagen, und es war kein kleiner Teil. Wenn sie an all die Partys, Tanzveranstaltungen und Übernachtungen dachte, von denen Sabrina wegen Erika ausgeschlossen worden war, erschien ihr eine Gala mehr als ein fairer Preis. Sabrina stellte sich vor, wie Erika ihren Eltern erklären musste, weshalb sie und ihr Musterknabe nicht hingehen würden. Mrs. Hendricks würde die Lippen zusammenpressen, genau wie Erika jetzt. Es spielte keine Rolle, dass Sabrina im Moment nicht mit Ray sprach – das musste Erika nicht wissen.

Sabrina holte tief Luft. Vielleicht gab es eine Möglichkeit, dass alle davon profitierten.

»Ich spreche mit Ray, wenn du und Bobby zustimmt, Tickets für einen ganzen Tisch zu kaufen.«

»Das haben meine Eltern bereits getan, das ist also erledigt.«

»Nein. Du und Bobby kauft Tickets für einen separaten Tisch und füllt ihn mit Leuten, die bei der Auktion hoch bieten.«

Erikas Lippen wurden schmal.

»Der einzige noch freie Tisch ist der des Angel Fund. Stell dir mal vor, für wie großzügig euch alle halten werden.«

»Gut. Wir kaufen die Tickets.«

»Ausgezeichnet. Willst du jetzt bezahlen oder mir später zu Hause einen Scheck vorbeibringen?«

Erika sah auf die Tüten über ihrem Arm. »Ich regle das später.«

»Ich schicke Ray sofort eine SMS.« Sabrina hielt ihr Handy hoch.

Erika nickte und ging zu ihrem Auto, beim Öffnen der Tür zu den Rücksitzen verlor sie noch weitere Tüten.

»Nichts zu danken!«, rief Sabrina ihr hinterher.

Sie zögerte, als sie gerade die SMS abschicken wollte. Drei Tage waren seit dem Vorfall mit dem Foto vergangen. Er hatte einige Male versucht, sie anzurufen, dann aber damit aufgehört. Hatte er aufgegeben? Sollte sie ihn anrufen? Dass Ray die Wahrheit kannte, ließ ihre Gefühle von Erschrecken zu Verletztheit zu Schock und wieder zurück schwanken, aber sie liebte ihn auch. Daran änderte sich nichts. Gut, dass sie in einer Stunde eine Therapiesitzung hatte.

Sie schrieb ihm eine SMS.

Ich habe Erika und Bobby erlaubt, zu der Gala zu kommen. Sie haben die Tickets für den letzten Tisch gekauft.

Die Antwort kam sofort.

Solange das für dich okay ist.

Das war es.

Ist es. Ich bringe nachher Sachen für die Auktion vorbei.

XO

Das war's?

Sie warf einen Blick auf ihre Liste. Vor ihrem Termin hatte sie noch ein paar Dinge zu erledigen.

Wie konnte er ihr seine Liebe erklären und dann nur ein XO schicken?

*

Sabrina und ihre Mutter saßen vorne auf der Veranda in den durchhängenden, angeschlagenen Korbmöbeln mit ihren durchgesessenen und verblassten gestreiften Kissen und einer Menge vertrockneter Blätter aus den letzten Jahren in den Ritzen. Nur selten waren sie ungestört. Molly und ihr Vater waren immer in der Nähe oder Arabella, Lilly und Oscar, die ihre Mutter auf der Stelle einziehen lassen würde, würden ihre Brüder das erlauben. Ihre Mutter war am glücklichsten, wenn sie ihre Familie um sich versammelt hatte.

Waren sie miteinander allein, sagte ihre Mutter nicht viel. Nicht, weil sie Geheimnisse vor ihr hatte, sondern eher, weil Sabrina die Einzige war, die sie verstand. Sie waren die einzigen Monroe-Frauen. Sie wusste, dass es über die Welt verteilt noch andere Frauen wie sie gab, mit denen sie wahrscheinlich verwandt waren, ging man in einem ausgedehnten Stammbaum weit genug zurück, aber sie gehörten nicht zur direkten Familie.

Sie hielt die Hand ihrer Mutter; sie war weich und warm, doch die Haut war dünner, als sie einmal gewesen war, und hatte mehr Flecken, und die Venen traten stärker hervor. Es war die Hand einer Großmutter, einer jungen Großmutter zwar, aber definitiv einer Großmutter. Sabrina mochte nicht darüber nachdenken, doch ihre Mutter würde nicht ewig da sein, und sie würde dafür sorgen, keine unerledigten Dinge zu hinterlassen.

Sabrina legte den Kopf auf die Schulter ihrer Mutter. »Ich bleibe.«

Es war das erste Mal, dass sie die Worte laut aussprach. Sie hatte erwartet, sie würde total erleichtert sein, weil sie endlich die Verpflichtung akzeptierte. Der Handel war abgeschlossen, der Vertrag unterzeichnet. Doch sie fühlte sich nicht anders als vorher.

»Du hast es dir anderes vorgestellt?«, fragte ihre Mutter und legte ihren Arm um Sabrina, sodass sie ihre Schulter streicheln konnte. Sie würde nie zu alt sein für den Trost ihrer Mutter, und es tat ihr tief in ihrem Innersten weh, dass sie eines Tages nicht mehr da sein würde, selbst wenn dieser Tag noch in weiter Ferne lag. In ihrer Familie war es unmöglich, ohne ein intimes Verhältnis zum Tod aufzuwachsen. Sabrina hatte immer akzeptiert, dass die Zeit auf dieser Daseinsebene endlich war. Sie wollte nur nie auf einer Ebene sein, auf der ihre Mutter nicht war.

»Hier zu bleiben fühlt sich an, wie zu akzeptieren, dass du eines Tages nicht mehr da sein wirst.«

»Kannst du dir mich und Belle vorstellen, wie wir auf dem Friedhof abhängen?«, gluckste ihre Mom.

»Natürlich nicht. Ich habe so lange gegen die Idee zu bleiben angekämpft, dass ich erwartet habe, eine Klingel würde schellen, jetzt, wo ich meine Bestimmung schließlich akzeptiert habe. Stattdessen mache ich mir Sorgen, dass ich versage, wie ich das bei allem tue.«

»Du bist keine Versagerin. Aber das hier ist auch nichts, worin du gut oder schlecht sein kannst. Es ist wie atmen. Man kann es nicht falsch machen.«

»Meine Panikattacken sagen mir da etwas anderes.«

»Du weißt, was ich meine. Was wir tun, ist eine Ausweitung dessen, wer wir sind. Wir mögen ein Problem unterschiedlich angehen, doch letztendlich wollen wir dasselbe – Menschen helfen. Es ist eine Last, aber das weißt du bereits. Ich wünschte nur, ich hätte dich besser vorbereitet.«

»Ich bin vorbereitet.«

»Ich meine nicht jetzt. Ich meine, als du jünger warst. Es muss doch etwas gegeben haben, dass ich hätte tun können.«

»Du konntest mich nicht vor Erika und ihren Freundinnen beschützen. Nicht wirklich. Ich habe ein Talent für schlechtes Timing.«

Ihre Mutter küsste sie auf den Scheitel. »Was wir tun, ist nicht leicht, Sabrina. Bestenfalls sagen die Leute, dass du seltsam bist. Oft bezeichnen sie dich als wahnsinnig, vielleicht sogar als gefährlich. Es liegt in der menschlichen Natur, sich angesichts des Todes unwohl zu fühlen. Und dann kommen wir, wenn sie am verletzlichsten sind, und zeigen ihnen, dass die Welt gar nicht so ist, wie sie gedacht haben.«

Sabrina seufzte leise.

»Zum einen helfen wir einer Seele, ihren Platz zu finden; ich denke nicht, dass es eine ehrenwertere Aufgabe gibt«, fuhr ihre Mutter fort. »Gleichzeitig stören wir die Trauer der Familie. Das müssen wir auch beachten. Und manchmal sind Situationen komisch. Das sind die Tage, an denen ich nach Hause komme und mit deinem Dad darüber lache. An anderen Tagen wiederum ist alles eine einzige Qual. Aber, Sabrina, denk immer daran, du bist da, um den kürzlich Verstorbenen zu helfen. Die Lebenden haben Zeit, ihre Probleme zu lösen. Die Toten sollten nicht warten müssen. Was wir tun, ist sonderbar, und das merken die Menschen. Es ist wichtig, dass wir uns mit Menschen umgeben, die uns so, wie wir sind, lieben. Der Rest spielt keine Rolle.«

Sabrina und ihre Mutter sahen auf die ruhige Straße hinaus, während das Geräusch der in der Nähe vorbeifahrenden Autos eine Eule unterbrach, die in dem Baum über ihren Köpfen schrie. Glühwürmchen funkelten in den Herzblattlilien, und der Grillgeruch aus dem Garten eines Nachbarn weckte die Lust auf geröstete Marshmallows in ihr. Die Welt, die ihr wichtig war, war geschrumpft und langsamer geworden, und statt sich gefangen zu fühlen, fühlte sie sich endlich frei, sie selbst zu sein. Eine Weile bei ihren Eltern zu wohnen, bedeutete, dass sie ihr Studiendarlehen abbezahlen konnte. Sie würde einen anderen Job finden – vielleicht einmal mit Mr. Garnham vom Beerdigungsinstitut reden. Wenn sie sich den Toten gegenüber verpflichtete, konnte sie vielleicht auch all den kürzlich Verstorbenen helfen und nicht nur denen, die unerledigte Dinge hinterließen.

Die Luft, die ihre Lungen füllte, war bereits süßer.

»Ich bin froh, dass du bleibst«, flüsterte ihre Mutter.

37

siebenunddreißig

Molly huschte durch das Haus, guckte aus den Fenstern und summte. Es war echt ärgerlich. Molly ignorierte sie seit Tagen, und jetzt konnte sie nicht ruhig sein. Sabrina wanderte von einem Zimmer ins andere, sammelte ihre Sachen ein und räumte sie in die Schubladen. Sie packte endlich aus. Wenn sie für sich selbst aufkommen wollte, musste sie einen Job finden, den sie mochte, eine Arbeit, bei der sie von ihrer Liebe zu Büroartikeln und zum Organisieren profitieren konnte. Und nach ihrem Anruf bei Mr. Garnham hatte sie einen Anhaltspunkt.

Mollys Pfeifen hätte ihr sagen müssen, dass etwas passieren würde, vor allem als sie auch noch zu tanzen begann. Zu allem Überfluss trug sie an einem Septembertag, an dem es fünfunddreißig Grad Celsius waren, auch noch ein smaragdgrünes Wollkostüm mit dazu passenden hochhackigen grünen Mary Janes und eine Fuchsstola um die Schultern. Bei ihrem Anblick wurde Sabrina heiß.

»Kannst du bitte aufhören? Ich dachte, du wärst wütend auf mich.«

Molly zuckte die Schultern. »Manchmal machen gute Menschen Fehler, und wenn man ihnen die Gelegenheit gibt, machen sie sie wieder gut. Der Großzügige erkennt das, verzeiht ihnen und gibt ihnen eine zweite Chance, weil das Leben vielleicht etwas mehr Empathie und Vergebung braucht.«

»Wovon redest du?«

Molly zeigte aus dem Fenster, die hereinkommende Brise zerzauste ihr Haar kein bisschen. »Schau mal, du bekommst Besuch.«

Sabrina zog den Vorhang zurück. Draußen stand Ray. Er hatte sich gegen sein Auto gelehnt und sah zu ihrem Fenster hoch. Er hielt sein Handy hoch und tippte auf den Bildschirm. Fast sofort gab Sabrinas Smartphone ein Pling von sich.

Bitte hör zu.

Als Nächstes folgte eine Tondatei, gefolgt von einer weiteren.

Mit Kopfhörern.

»Was hast du getan?«, sagte Sabrina zu Molly, während sie ihr Haar zu einem Knoten drehte und ihre Bluse auf etwaige Flecken überprüfte. Sabrina kämpfte gegen ein Lächeln an, sie mochte nicht zugeben, wie begeistert sie war, ihn dort zu sehen.

»Ich weiß nicht, was du meinst.« Molly strich ihren Fuchspelz glatt und tätschelte kurz den kleinen Kopf. »Belle hat geholfen.«

»Die Geschichte will ich hören.«

Sabrina griff nach ihren Ohrstöpseln und steckte sie sich in die Ohren, während sie am Fenster stehen blieb, sodass Ray sie sehen konnte. Sie drückte auf Play. Sofort spürte sie die Wirkung seiner Stimme, wie ein warmes Nackenkissen.

Sabrina, es tut mir leid, dass es ein paar Tage gedauert hat, aber ich habe Zeit gebraucht, um zu überlegen, wie ich dir am besten sage, was ich denke. Bitte vergib mir die Verzögerung, ich hoffe, du kommst zu dem Schluss, dass das Warten sich gelohnt hat.

Erst einmal möchte ich dir sagen, dass du wunderbar bist, und nun, wo ich das Geheimnis deiner Familie kenne, empfinde ich das bloß noch mehr. Ich könnte dir immer wieder sagen, dass ich dich genauso liebe, wie du bist, doch ich verstehe, dass das im Moment vielleicht nicht reicht.

Stattdessen vertraue ich dir zehn peinliche und seltsame Dinge über mich an, die sonst niemand weiß. Du bist jetzt die Hüterin meiner Geheimnisse.

1. *Ich gebe Ketchup auf Steaks und Eier. Nur wenn ich beides zusammen esse, aber so ist es.*
2. *Ich mag Wasserrutschen. Sehr sogar. Ich liebe sie über alles. An dem Tag, an dem wir uns zum ersten Mal begegnet sind, habe ich meine Schwester mit in den Aquapark geschleppt, um dort nicht der seltsame Single zu sein.*
3. *Jedes Mal, wenn ich in einer U-Bahn bin, plane ich mindestens zwei unterschiedliche Fluchtrouten für den Fall, dass ernsthaft etwas passiert. Ich achte darauf, wo die Türen sind, halte Ausschau nach Seitentunneln und plane, wie ich mich wie ein ausgebildeter Spion durch die Massen bewegen kann.*
4. *Ich habe mal an einem Tanzwettbewerb gegen einen Fernsehstar aus den Achtzigern teilgenommen und verloren. Wenn du mich betrunken machst, erzähle ich dir vielleicht die ganze Geschichte.*
5. *Ich glaube an Bigfoot. Wirklich. Hast du mal gesehen, wie groß Kanada ist?*

6. *Ich habe Keanu Reeves einmal auf einer Cocktailparty getroffen und einen seiner Sprüche zitiert, habe Luftgitarre gespielt und bin weggerannt.*
7. *Ich trete nie auf Risse im Bürgersteig, niemals.*
8. *Ich liebe das Wort »episch«, benutze es aber nur selten.*
9. *Während der ganzen Mittelstufe habe ich von mir selbst in der dritten Person gesprochen. Manchmal tue ich das immer noch, wenn ich alleine bin.*
10. *Mein Tamagotchi lebt immer noch und heißt Tamagotchi Hanks.*

Sie spielte das Ganze noch einmal ab, die Hand vor dem Mund. Dieser Mann, der sie über den Garten hinweg ansah, der D&D mochte (ihr war aufgefallen, dass das nicht auf seiner Liste war), verstand sie, vielleicht sogar besser als sie sich selbst. Sabrina biss sich auf die Unterlippe, um nicht zu lächeln, während sie nach draußen zu Ray ging. Als sie aus der Hintertür trat, kam er auf sie zu, und beide schafften es nicht, ihr Grinsen zu verbergen.

Das bedeutete etwas. Ihr gegenseitiger Eifer, das Treffen auf halbem Weg, das Vertrauen. Sie hatten voreinander nichts mehr zu verbergen.

Rays Hände zitterten, in der einen hielt er einen Blumenstrauß, die andere rieb er sich an seiner Hose trocken. Sabrina erkannte Hände, die vor Angst schwitzig waren – noch etwas, was sie gemeinsam hatten.

»Eine epische Liste«, sagte sie. Rays Grinsen wurde breiter.

»Sabrina«, er holte tief Luft, »ich weiß nicht, wie ich dir sagen soll, wie leid es mir tut …«

Sie schüttelte den Kopf. »Nein. Was hättest du denn tun sollen? Mir einen Vorwurf machen, dass ich Tote sehe? Das klingt verrückt. Ich weiß das.«

»Ich möchte diesen neuen Teil meines Lebens nicht verlieren – ich hätte nie gedacht, das jemals zu finden. Bis ich in die Dells gekommen bin, waren meine Entscheidungen immer davon beeinflusst, was der Familie am meisten bringt. Und dann bist da du und tust alles für alle, einfach so. Du bist zu gut für mich, aber ich will trotzdem, dass du in meinem Leben bist.«

»Ray, als ich herausgefunden hatte, dass du es weißt … das von den Geistern … habe ich mich so schutzlos gefühlt. Ich konnte nicht mehr kontrollieren, was du von mir denkst. Ich tue die netten Dinge für mich, weil sie mir das Gefühl geben, ein Teil der Welt und kein ausgegrenzter Beobachter zu sein. Es ist reiner Egoismus. Stell mich nicht auf ein Podest – ich habe Höhenangst.«

»Dann braucht die Welt mehr von deinem Egoismus.«

Sabrina, die sich nicht sicher war, wie sie reagieren sollte, zeigte auf den Strauß. »Ist der für jemand Besonderen?«

Er reichte ihn ihr.

Als sie einen Blick in das braune Papier warf, sah sie, dass es kein Strauß aus echten Blumen war, sondern dass er aus Dutzenden von kleinen Papierblüten in Hellgelb, Blau und Rosa bestand.

»Sind die aus den Klebezetteln?«

Jede der Blüten war sorgfältig gefaltet und saß oben auf einem grünen Stift. Er musste Stunden dafür gebraucht haben.

»Ich habe eine alarmierende Anzahl von Papierschnitten. Post-its sind kleine tödliche Rasierklingen, aber das war es wert – absolut.«

In einer Ecke des Straußes steckte eine schriftliche Mitteilung. Sabrina zog sie heraus, um sie zu lesen. Küss mich!

»Ist das der aus dem Esszimmer?«, fragte sie.

Ray nickte.

»Du hast ihn behalten?«

»Unser zweiter Kuss. Ich kann doch nicht den Beweis für die beste Entscheidung wegwerfen, die ich je getroffen habe.«

Hier war ein Mann, der auf dem Weg zum großen Erfolg gewesen war und der sich stattdessen entschlossen hatte, in dieser kleinen, blöden Stadt zu leben, und der sich in sie verliebt hatte. Ihr Herz schmolz dahin.

Sabrina sah Ray an, der sie so sah, wie sie wirklich war, und klebte sich den »Küss mich!«-Zettel auf die Stirn.

Er küsste sie, und wäre ihr Herz nicht bereits dahingeschmolzen, wäre es mit Sicherheit in Flammen aufgegangen.

Atemlos trat sie einen Schritt zurück. »Vielleicht können wir zu dir gehen? Bei mir ist es ein bisschen voll.« Sie runzelte die Stirn und hoffte, dass er verstand, was sie meinte.

Das tat er. »Bist du dir sicher?«

»Ja. Bitte. Jetzt.«

Ray ließ sie nicht zweimal bitten. Beide saßen schneller in seinem Auto, als Mr. Bennett durch ein Loch in der Fliegengittertür entwischen konnte.

Als Ray aus der Einfahrt fuhr, drehte er sich zu Sabrina um.

»Ein Geheimnis muss ich dir noch beichten«, sagte er. »Meine Familie kommt am Labor Day in die Stadt, und sie möchten mit deiner Familie gern eine Grillparty veranstalten.«

*

»Was bedeutet das für uns?«, fragte Sabrina, die neben Ray im Auto saß.

Ray hielt mit einer Hand das Steuer, während sich die Finger der anderen mit ihren verflochten, dankbar, dass sie sie nicht wegzog. Sie war nicht bestürzt, nur überrascht.

»Mom möchte dich kennenlernen.«

»Woher weiß sie überhaupt von uns? *Ich* weiß kaum einmal von uns.«

Ray wusste nicht so genau, wie er das dominante Verhalten seiner Mutter erklären sollte, ohne Sabrina zu verschrecken, doch er vertraute darauf, dass sie damit zurechtkommen würde, und erzählte ihr alles, von den Verkupplungsversuchen, über ihre Sorge, dass Sabrina hinter seinem Geld her sein könnte, bis zu der Tatsache, dass sie das Jasper-Land als Druckmittel gegen ihn in der Hand hielt. Sabrina nickte, während er sprach.

»Warum will sie meine Familie kennenlernen?«, fragte sie.

»Musst du das wirklich fragen nach allem, was du jetzt über sie weißt? Die Familie ist ihr Ein und Alles, und sie möchte wissen, wer deine Leute sind. Aber mach dir keine Gedanken. Lucy wird als Puffer da sein.«

Sabrina runzelte die Stirn.

O nein.

»Ich habe den Eindruck, du erwartest, dass es mich beunruhigt, deine Familie kennenzulernen, aber ich denke, dass es andersherum ist«, erwiderte sie. »Die Monroes lassen sich nicht so leicht einschüchtern.«

Sie hatte recht. Ein bisschen Ostküsten-Snobismus würde Jenny und Dough Monroe nicht aus der Fassung bringen.

Er lachte. »Deine Familie ist eine Naturgewalt.«

Nach der kurzen Fahrt von den Monroes zu ihm traten sie in die Küche. Das stille Haus, das sich so von dem ihrer

Familie unterschied, verdeutlichte ihnen noch einmal, dass sie nun allein waren.

»Wein?«, fragte Ray und griff nach zwei Gläsern und einem Flaschenöffner, während er heimlich nach irgendeinem Zeichen von Bedauern oder Zögern bei ihr suchte.

»Ja, bitte«, sagte Sabrina.

Mit Leichtigkeit entkorkte er den Rotwein, der auf der Arbeitsplatte stand, und schenkte ihnen beiden großzügig ein.

Sabrina trank hastig das halbe Glas aus.

»Sabrina.« Ray stellte sein Glas ab und trat zu ihr. »Wir müssen gar nichts. Wir können auch unseren Wein mit in den Garten nehmen und ein Feuer anzünden. Wenn es dunkel wird, können wir der Nachtschwalbe zuhören und in die Sterne gucken.«

Sie schloss die Augen und atmete tief durch, die Hände auf dem Bauch, während ihre Lippen beim Ausatmen ein O formten. Als sie sie öffnete, funkelten ihre sonst so warmen Augen vor honigsüßer Hitze, während sie auf ihn zutrat und ihm über die Wange streichelte.

»Ich möchte das, aber das heißt nicht, dass ich nicht nervös bin«, entgegnete sie.

Sie berührte seinen Mund mit ihrem, sanft und federleicht, und biss ihn spielerisch in die Unterlippe. Mit einem leisen Knurren vergrub Ray eine Hand in ihrem Haar, während er den anderen Arm um ihren Rücken schlang, um sie an sich zu ziehen; ihre Kurven passten perfekt zu seinen, als wären sie zwei Hälften eines zerbrochenen Ganzen, das endlich wieder zusammengefügt wurde.

»Wenn du nicht willst, dass uns die Waschbären zusehen, sollten wir nach oben gehen«, sagte Ray zwischen ihren Küssen.

Sabrina nickte und wurde rot. »Ich nehme weder die Pille noch sonst was. Hast du irgendwas?«

»Habe ich.«

Er führte sie in sein Schlafzimmer und legte ein Kondom auf den Nachttisch, plante allerdings, es erst einmal nicht zu benutzen. Das hier war in vielen Beziehungen Sabrinas erstes Mal, und er wollte sichergehen, dass sie es auf jede erdenkliche Weise genoss.

Als er sich umdrehte, stand Sabrina vor ihm und knöpfte langsam ihre Bluse auf.

»Lass mich das machen«, sagte Ray. Seine Hände zitterten, als er den ersten Knopf aufmachte. Auch er hatte eine ganze Weile mit niemandem mehr geschlafen und noch nie jemanden so gebraucht, wie er Sabrina brauchte. Irgendwo auf dem Weg zum Schlafzimmer hatte sich die Lust in Verlangen verwandelt. Er bemühte sich, langsam vorzugehen, um jede Sekunde zu genießen. Bei jedem Knopf wurde Sabrinas Atem zittriger, und als er den letzten aufknöpfte, zitterten sie beide. Sanft schob er ihr die Bluse von den Schultern, und Sabrina stand in einem einfachen BH und einer Jeansshorts vor ihm.

»Wunderschön«, flüsterte Ray, als er die Ärmel über ihre Hände zog.

»Meine Unterwäsche könnte ein Upgrade gebrauchen.«

Ray schüttelte den Kopf. »Es ist perfekt – du bist perfekt.«

Er hielt ihr Gesicht in den Händen, verteilte Küsse auf ihren Brauen, ihren Wangen und ihrem Kiefer; ihre Haut war heiß unter seinen Lippen. Seine Lippen wanderten ihren Nacken entlang und über die Brust, während seine Hände an den Seiten ihres Körpers entlangglitten, wobei sie sie kaum berührten, sich jedoch jede Kurve einprägten, um sie zu küssen, bevor der Abend herum war.

Als seine Hände am Rand ihrer Jeans ankamen, kniete er sich hin, knöpfte ihre Shorts auf und ließ sie über ihre runden Hüften gleiten, sodass ihr violetter Slip sichtbar wurde. Nachdem er Sabrina aus ihren Shorts geholfen hatte, wanderten seine Hände ihre Beine hinauf und über die weiche Baumwolle. Sie stöhnte leise, und Ray hätte sich beinahe vergessen.

»Ray«, flüsterte sie, als er seine Hände in ihrem Haar vergrub.

Er stand langsam auf, ließ ihre Körper einander touchieren, bis sie sich wieder von Angesicht zu Angesicht gegenüberstanden. Ihr Atem ging stoßweise, obwohl sie einander kaum berührt hatten.

Sie griff nach seinem Shirt, zog es ihm langsam über den Kopf und warf es auf die Seite. Dann schob sie eine Hand in eine Gürtelschlaufe und zog ihn zu sich heran, drückte ihre Lippen auf seine; ihre Hände fuhren über seine Haut, während er sich an ihrem BH zu schaffen machte, bis er den Verschluss aufbekam. Sie lösten sich gerade lange genug voneinander, dass sie die Träger von ihren Armen streifen konnte, während er sich seiner Shorts entledigte. Er schaffte es kaum, die nötige Kontrolle aufzubringen, um seine Boxershorts an ihrem Platz zu lassen.

Er hob sie hoch und legte sie auf das Bett, bedeckte sie mit seinem Körper, Haut an Haut. Sie zu berühren, übertraf all seine Vorstellungen, jeden Traum, weil er schmecken und riechen und jeden kleinen Seufzer hören konnte, wenn er eine neue empfindliche Stelle entdeckte. Das Verlangen pochte in ihm, wenn sie stöhnte, doch er hielt sich zurück, warf ihre Unterwäsche vom Bett und lächelte ob der Süße.

*

»Und … wie fühlst du dich?«, fragte Ray, dessen Brust sich noch im gleichen Rhythmus hob und senkte wie ihre. Er hatte den Arm über dem Kopf und lag auf dem Rücken. Sabrina wünschte, sie könnte dieses Gefühl konservieren – im Moment konnte nichts ihre Ängstlichkeit in die Höhe schießen lassen.

»Das war … so viel besser, als ich es in Erinnerung hatte. Ich hätte nicht so lange gewartet, hätte ich gewusst, dass Sex so großartig sein kann.«

Ihre schweren Glieder sanken in die weichen Bezüge, erschöpft und befriedigt. Ihre zerzausten Locken hüpften, wenn sie den Kopf bewegte. Sie hatte dreimal einen Orgasmus gehabt. Dreimal. Das erste Mal hatte sie Angst gehabt, seinen Kopf mit ihren Oberschenkeln zu zerquetschen. Immer wieder hatte er neue Stellen gefunden, die bei seiner Berührung zum Leben erwachten.

»Aber nur, wenn du ihn mit mir hast. Ich bin einfach magisch.«

Sabrina lachte und rollte zu ihm herüber, sodass sie in seiner Armbeuge lag.

»Willst du damit andeuten, dass dein Penis magisch ist?«

»Willst du damit andeuten, dass er das nicht ist?«

Ray küsste sie auf die Stirn.

»Da…«, setzte Sabrina an, doch Ray legte ihr den Finger auf den Mund.

»Falls du dich bei mir bedanken willst, dass ich Sex mit dir hatte, muss ich ein paar ernste Worte mit dir reden, wenn ich wieder bei Kräften bin.«

»Wie wäre es dann mit einem Kuss?«

»Jederzeit.«

Sabrina streckte sich, um an seine Lippen zu kommen, ihre

eigenen fühlten sich zart und empfindlich an. Mit dem Finger fuhr sie über Rays Brust, dann sah sie sich im Zimmer um. Es war ziemlich groß, hatte eine dunkle Holzvertäfelung und eine burgunderrote Tapete, die altmodisch war und sich an einigen Stellen löste.

Harry tauchte neben dem Bett auf.

»Harry! Was, zum Teufel …?«, keuchte Sabrina, und Harry hatte die Frechheit zu lachen. Sie wollte gar nicht wissen, wie lange er schon da war. »Ray, hat dein Onkel einen perversen Hang?«

»Ist er hier? Jetzt?« Ray zog die Decke höher über Sabrina.

»Ja, genau hier.« Sie zeigte mit dem Finger in Harrys Richtung.

»*Schüüüü*«, sagte Harry.

»Mist. Es tut mir leid. Ich war abgelenkt, aber jetzt kümmere ich mich darum«, sagte sie zu Harry, bevor sie sich an Ray wandte. »Hast du übrigens einen Schlüssel in Harrys Schreibtisch gefunden?«

»Ja. Ich dachte, er wäre für die Schreibtischschubladen, doch da passt er nicht.«

»Der ist für ein Schließfach. Was immer darin ist, er will, dass du es bekommst.« Sabrina musste ihm die Wahrheit sagen. »Ich weiß das schon seit einer Weile, wusste aber nicht, wie ich es dir sagen sollte. Ich hatte gehofft, ihn zu finden und dich in die richtige Richtung schubsen zu können. Es tut mir leid.«

»Kein Grund, dich zu entschuldigen. Ich verstehe«, sagte Ray.

»Ich habe mich bei Harry entschuldigt. Meinetwegen musste er länger bleiben als nötig. Hast du den Schlüssel?«

Ray schlüpfte aus dem Bett und in seine Boxershorts, dann

holte er den Schlüsselbund aus seiner Hosentasche. Als er den richtigen Schlüssel gefunden hatte, hielt er ihn in die Richtung hoch, in die Sabrina vorhin gezeigt hatte. »Ist er das?«

Harry nickte, und mit jedem Nicken wurde er klarer. Dann war er plötzlich verschwunden. Harry war gegangen. Sabrina hatte immer erwartet, dass Engel singen würden oder dass eine Glocke klingelte, wenn ein Geist verschwand, doch es war eher wie die Abwesenheit eines Geräuschs, ein kleines schwarzes Loch, wo einmal etwas gewesen war und jetzt nicht mehr.

»Er ist weg«, sagte Sabrina.

»Ist er gegangen?«

»Er ist dorthin gegangen, wohin auch immer sie gehen, wenn ihre unerledigten Angelegenheiten zu Ende geführt sind. Du hast den Schlüssel, er hat nun seinen Frieden.«

»Huch. Das ist ein bisschen so, als wäre er noch einmal gestorben. Obwohl ich ihn nicht sehen oder mit ihm sprechen konnte, war es beruhigend, dass er noch immer da war.«

»Hast du ihn gerngehabt? Gute Erinnerungen an ihn?«, fragte Sabrina.

Ray nickte.

»Dann wird er immer da sein.«

Ray wischte sich durch das Gesicht und setzte sich wieder auf das Bett. »Willst du sehen, was in dem Safe ist?«

38

achtunddreißig

Die Bank of Wisconsin Dells schloss pünktlich um fünf Uhr, keine Minute früher und keine später. Sabrina und Ray betraten sie um 16:59, und Faith Garnham, der Tochter von Mr. Garnham, blieb nichts anderes übrig, als ihnen lächelnd zu helfen, selbst wenn sie vor Wut fest mit den Zähnen knirschte.

»Ich weiß das wirklich zu schätzen, Faith«, sagte Ray. »Ich verspreche Ihnen, dass es nicht lange dauert.«

Faith führte sie in einen Raum mit kleinen Schließfächern, jedes mit zwei Schlössern.

»Darf ich den Schlüssel noch einmal sehen?« Sie trug die Nummer in ein Formular ein, dann steckte sie ihren Schlüssel in das Schlüsselloch des entsprechenden Schließfachs und drehte ihn um. Ray tat das Gleiche mit seinem Schlüssel. Faith holte das Schließfach heraus und stellte es auf den Tisch.

»Ich bin draußen, falls Sie mich brauchen.«

»Was glaubst du, was darin ist?«, fragte Sabrina.

»Es muss etwas sehr Wichtiges sein, oder? Warum sollte er sonst noch da gewesen sein und es hier deponiert haben?«

»Und wenn es eine Schatzkarte ist?«

»Das ist mein Mädchen.« Er gab ihr schnell einen Kuss und erwog, ihn zu verlängern, doch die Neugier siegte. »Bist du bereit?«, fragte er.

Sabrina nickte, und Ray öffnete das Fach. Er hatte gehofft, die fehlenden Seiten des Tagebuchs darin zu finden, doch stattdessen enthielt es einen versiegelten Umschlag, gerade dick genug, dass eine Seite hineinpasste. *Das war's?* Ray öffnete das Kuvert und zog ein einseitiges Dokument heraus. Es war kurz, aber es änderte alles, angefangen mit der ersten und wichtigsten Zeile.

Ich, Harold Jasper,
hinterlasse im Vollbesitz meiner geistigen
und körperlichen Kräfte meinen gesamten Besitz
einschließlich Immobilien, Konten und Besitztümern
Raymond Harold Jasper IV.

Es war unterschrieben, notariell beglaubigt und einen Monat nach Rays Umzug in die Dells datiert, als Harry schon krank, aber noch bei vollem Verstand gewesen war. Dieses Dokument bedeutete, dass er völlig unabhängig von seinen Eltern war, und die Erleichterung überwältigte ihn. Er brauchte Zeit, um die Erkenntnis sich setzen zu lassen. Harry hatte ihm alles hinterlassen. Das Haus, die Immobilien in der Stadt, seinen Anteil am Supper Club … all das gehörte ihm.

Die Zukunft, die er sich gewünscht hatte, wurde endgültig Wirklichkeit. Das Restaurant, das Haus, die Dells und Sabrina, die diesen Augenblick mit ihm teilte. Die Erkenntnis, dass er die volle Kontrolle über sein Schicksal hatte, verankerte ihn in dem Moment. Wie er sein Leben von hier aus gestalten wollte, hing einzig und allein von ihm ab.

*

»Entschuldige, Ray, dass wir so lange gebraucht haben. Es gab eine kleinere Krise, ob rosa oder gelbe Sprenkel für die Cupcakes die richtige Farbe haben«, sagte Sabrina, als sie durch die Verandatür seiner Küche trat, gefolgt von Arabella, Lilly und Oscar.

»Wir haben uns natürlich für beide entschieden«, warf Arabella ein.

»Noch einmal guten Tag, Arabella«, sagte Ray und streckte ihr die Hand hin. Sie ergriff sie und machte einen formvollendeten Knicks, dann rannte sie mit den anderen Kindern davon.

»Sie ist in der Royal-Phase. Wir haben die Reißleine gezogen, als sie darauf bestanden hat, dass wir sie nur noch mit ›Ihre Hoheit‹ anreden«, sagte Cal und schüttelte Ray die Hand. »Danke für die Einladung. Wo soll ich das hinstellen?« Er hielt das Tablett mit den mit violettem Zuckerguss überzogenen Cupcakes hoch, die großzügig mit gelben und rosa Sprenkeln verziert waren.

Ray zeigte auf den Tisch, der bereits voll mit Essen war, und stellte seine Familie Sabrinas vor. Sie taxierten einander immer noch, als Oscar zu Rays Mutter gerannt kam und vor ihr stehen blieb. Er legte den Kopf so weit in den Nacken, wie er konnte, um ihr ins Gesicht sehen zu können.

»Kannst du Molly sehen? Oma sagt, sie guckt da drüben in die Fenster, aber ich kann sie nicht sehen.«

Sabrinas gesamte Familie beugte sich vor wie ein Mann, um ihn zu stoppen, doch Rays Mutter kniete sich vor ihn hin.

»Ich weiß nicht. Warum gehen wir nicht hin und sehen nach?« Sie nahm ihn an der Hand und ging an Ray vorbei. »Wie süß, er hat eine imaginäre Freundin, die Molly heißt.« Sie verließen die Veranda und spähten in seine Bürofenster.

Ray drehte sich zu Sabrina um und flüsterte: »Ist sie hier?«

»Ja, aber ich weiß nicht, was sie macht.«

Er wusste die Diskretion, die Sabrinas Familie jeden Tag leben musste, jetzt ganz neu zu würdigen.

»Ray, ist diese Urne das, was ich denke, dass sie ist?«, fragte seine Mutter. »Wie ist er hierhergekommen?«

Ray sah zu Sabrina hinunter. »Erwischt!«

Eine Falte bildete sich auf Sabrinas Stirn, und sie ging auf das Haus zu, doch dann blieb sie stehen.

»Oh. Das war seltsam. Molly hat ganz traurig ausgesehen, und dann hat sie sich aufgelöst.« Sabrina hielt inne und tippte sich auf die Lippe. »Ist das ihr Raymond da drinnen?«

»Ja, das ist er. Ich habe die beiden nicht einmal miteinander in Verbindung gebracht. Ich war so abgelenkt von … na ja, von dir.«

»Das ist okay. Er verschwindet ja nicht. Ich muss noch einmal mit Molly herkommen, um nach diesen Seiten zu suchen. Sie hat ein paar Ideen, wo wir nachsehen könnten.«

Rays Vater und Dough hatten sich zwei Stühle unter einen Baum gezogen und tranken Bier, während Sabrinas Brüder, Cal und Trent, den Kindern halfen, Wasserbomben mit dem Schlauch zu füllen. Wenn sie sich benahmen, war ihnen für nach dem Essen eine Wasserbombenschlacht epischen Ausmaßes in Aussicht gestellt worden, wie Sabrina es ausgedrückt hatte, und er liebte sie dafür.

»Jenny, deine Enkel sind einfach süß. Du musst so glücklich sein.« Ray entging der Seitenblick seiner Mutter zu ihm hin nicht.

Lucy stand neben ihm und schnaubte. »Merk dir, dass sie mich nicht angesehen hat.«

»Glaubst du, dass jetzt der richtige Moment ist?«, fragte

Ray. Er hatte ihr von Onkel Harrys neuem Testament erzählt, seinen Eltern aber noch nichts gesagt. Das wollte er heute tun.

»Warte, ich hole mir einen Stuhl. Ich möchte es bequem haben, während ich mir das ansehe«, sagte Lucy.

Sabrina lachte. »Ich mag sie. Sehr sogar.«

Lucy zwinkerte ihr zu und ließ sich etwas mühselig auf einem Sitzsack nieder.

»Kann ich bitte mal euer aller Aufmerksamkeit haben? Ich möchte euch etwas mitteilen«, sagte Ray. Alle drehten sich zu ihm um bis auf die Kinder, die eine Kröte im Blumenbeet entdeckt hatten und beobachteten, wie sie zwischen den Herzblattlilien herumlief. »Beim Aufräumen des Hauses habe ich einen Schlüssel zu Onkel Harrys Schließfach gefunden, in dem ein neueres Testament lag.«

Ray beobachtete seine Eltern – er wollte ihre Reaktionen auf keinen Fall verpassen.

»Er hat seine gesamten Immobilien mir vermacht. Ich habe das Testament im Arbeitszimmer, falls jemand es sehen möchte. Mein Anwalt hat es überprüft. Es ist gültig.«

Seine Eltern zeigten keine Reaktion, doch die Monroes brachen in Glückwunschrufe aus und schüttelten ihm die Hand. Lucy erhob sich. »Ein Toast auf den größten Landbesitzer in den Dells«, sagte sie.

Alle hoben ihr Glas, aber ein Schrei durchbrach den feierlichen Moment.

»Nein, Lilly, ich will sie nicht halten!«, schrie Oscar und rannte vor Lilly weg, die die Kröte in den Händen hielt.

»Sie tut dir nichts. Sie ist nett«, sagte Lilly.

Trent und seine Frau, Becky, sprangen gemeinsam auf, um hinter ihren Kindern herzulaufen, und der Moment war dahin. Seine Eltern hatten immer noch nichts gesagt. Ray verstand das nicht.

»Ihr scheint nicht sonderlich überrascht, und Dad ist kein so guter Schauspieler«, sagte Ray.

»Wir wissen das seit Ewigkeiten, Ray. Harry hat uns angerufen, nachdem er beschlossen hatte, sein Testament zu ändern.«

»Und was sollte dann der Scheiß, dass ich mich beweisen soll? Dass ihr den *Otter Club* als Druckmittel eingesetzt habt?«

Solche Spielchen sahen seinen Eltern ähnlich. Sabrina rieb ihm den Rücken, doch es änderte nichts an dem Ärger auf seine Eltern.

»Wir wollten sichergehen, dass du das hier wirklich willst. Das Testament wäre irgendwann aufgetaucht. Wir konnten nicht glauben, dass du wirklich gedacht hast, wir würden dieses Land verkaufen. Jetzt, wo wir wissen, dass es dir ernst damit ist hierzubleiben, sind wir sicher, dass du der Familie Ehre machen wirst.«

»Verdammt noch mal.« Ray warf die Hände in die Luft, entfernte sich kurz und kam wieder zurück. »Habt ihr auch nur die geringste Ahnung, welchen Stress ihr mir damit gemacht habt? Ich versuche, ein Geschäft auf den Weg zu bringen, und plane meine erste Abschiedsgala, und ihr macht es mir noch zusätzlich schwer. Wer macht so etwas?«

Seine Mutter schnaubte, bevor sie sagte: »Gute Eltern.«

Sabrina griff nach seiner Hand, und er beruhigte sich. Fühlte es sich so für sie an, wenn er sie beruhigte? Wenn ja, war es sehr effektiv.

»Wie dem auch sei, ihr wärt sehr beeindruckt von eurem Sohn«, sagte Sabrina. »Die Abschiedsgala wird die beste, die es je gegeben hat. Ihr solltet kommen.«

Ray klappte der Unterkiefer herunter. Was hatte sie da getan?

»Das würden wir sehr gern, meine Liebe. Wie aufmerksam von dir, uns einzuladen, Raymond muss es durch seine ganzen neuen Verantwortlichkeiten entfallen sein.« Seine Mutter legte den Arm um Sabrina und zog sie weg. »Und jetzt sag mir, wie du zu Kindern stehst? Zwei, drei, sechs?«

Sabrina wurde kreidebleich.

Lucy ging an ihnen vorbei und flüsterte in Sabrinas Ohr: »Lauf.«

39

neununddreißig

»Bist du bereit?«, fragte Sabrina und warf einen Blick zur Seite. Sie stand mit Ray in seiner Küche. Molly war wahrscheinlich ebenfalls da, doch Ray konnte sie nicht sehen. »Es kann durchaus sein, dass sie nicht hier sind, Molly.« Sabrina hörte einen Moment lang zu, dann verdrehte sie die Augen. »Ich weiß nicht, wo du das aufgeschnappt hast. Aus deinem Mund klingt das lächerlich. Schlimmer, als wenn Dad sich an SMS-Sprache versucht.«

Ray beobachtete die einseitige Konversation. Es begeisterte ihn, dass er jetzt Teil dieser Seite von Sabrinas Leben war.

»Wo sollen wir anfangen?«, fragte Ray und sah sich in seinem Zuhause mit ganz anderen Augen um.

Sabrina nickte. »Ja, das ist mühsam, aber so ist das.«

Ray runzelte die Stirn.

»Sie ist sauer, dass sie warten muss, bis ich dir gesagt habe, was sie gesagt hat. Dass das alles so lange dauert. Und sie hat gesagt, dass sie es weiß, wenn sie sie sieht, und dass wir ihr folgen sollen.«

Sabrina griff nach Rays Hand und zog ihn hinter sich her, während sie im Erdgeschoss langsam von Zimmer zu Zimmer gingen. In der Bibliothek verbrachten sie besonders viel Zeit, sie leerten alle Schränke aus, sodass Molly sah, was darin war.

»Ich weiß es nicht, okay?« Sabrinas Worte klangen abgehackt. Sie drehte sich zu Ray um. »Sind das alle Bücher und Akten, die du gefunden hast?«

»Ja, ich habe alle durchgesehen, die Bücher habe ich sogar ausgeschüttelt. Sie könnten natürlich in einer Bindung versteckt sein, aber das scheint mir ein sehr großer Aufwand, um ein paar Seiten zu verstecken.«

Sabrina hörte zu und nickte. »Hast du im Thronsaal nachgesehen?«

Ray runzelte die Stirn, und Sabrina warf die Hände in die Luft, um ihn darauf hinzuweisen, dass sie nur die Überbringerin der Botschaft war.

»Du hast jetzt in den sauren Apfel gebissen, so ist das Leben mit einer Monroe-Frau nun mal.«

Ray lachte und nickte. »Das habe ich.« Er ging im Geiste alle Zimmer im Haus durch, ob irgendeins als Thronsaal bezeichnet werden könnte, und tippte am ehesten auf das Büro, doch das war es eindeutig nicht. »Wir haben keinen Thronsaal.«

Pause.

»Er ist unter der Haupttreppe.« Sabrina ging Richtung Treppe.

»Die Toilette?«, fragte Ray.

»Genau«, sagte Sabrina. »Das sind Mollys Worte, nicht meine.«

Sie gingen an der großen, ein Meter achtzig breiten Treppe vorbei, und Sabrina öffnete die Tür zu dem kleinen Raum, in dem es nur eine Toilette und ein kleines Standwaschbecken gab.

»Harry wollte auch, dass ich hier nachsehe.« Sabrina ging hinein, kam wieder heraus und sah zu der Treppe hin. »Findest du nicht auch, dass der Raum in Anbetracht der riesigen Treppe, unter der er liegt, zu klein ist?«

»Darüber habe ich noch nie nachgedacht, aber es gab Gerüchte, dass das Haus ein geheimes Versteck hat.« Ray sah es jetzt auch, Sabrina hatte recht. Die Toilette hätte größer sein müssen.

Sabrina sah Molly an. »Woher weißt du davon?« Sabrina studierte die Lampe über dem Waschbecken. »Egal, ich will gar nicht wissen, warum du mit Raymond mitten in der Nacht in seinem Haus herumgeschlichen bist.« Sie drückte auf eine Blume, und sie hörten ein leises Klicken. Ein Spalt wurde in der Ecke des Raums sichtbar. Sie schoben ihn weiter auf.

Sabrina und Ray schalteten die Taschenlampen ihrer Handys an und traten in den dunklen Raum. Sabrina zitterte.

»Entschuldige, aber das ist ein enger Raum, und du wuselst die ganze Zeit herum.« Pause. »Okay, wir bleiben hier, damit du dich umsehen kannst.«

Ray blieb, wo er war, während Sabrina mit ihrer Lampe den kleinen Raum ausleuchtete, wahrscheinlich dort, wo Molly es ihr sagte. Er sah sich ebenfalls mit seiner Lampe um. In dem kleinen Raum, der etwas größer war als die Toilette, gab es ein staubiges kleines Sofa, einen Tisch mit einer Gaslampe und Regale. Regale mit Büchern. Vielen Büchern.

»Die Familie hat diesen Raum genutzt, um während der Prohibition Alkohol zu verstecken und, wie es scheint, um zu lesen und unerlaubte Affären zu pflegen. Molly und Raymond haben etwas Zeit ...« Sabrinas Stimme verlor sich, dann zeigte sie auf ein dunkelgrünes Buch. »Das?« Sie zog es aus dem Regal, warf einen Blick auf das Cover und lachte. »*Das Gespenst von Canterville*. Das ist mehr als bizarr.« Sie gab Ray das Buch. »Willst du?«

Er nahm es entgegen. Es hatte einen Einband aus dunkelgrünem Tuch mit einer goldenen Serifenschrift, und hinter einer geisterhaften Figur in Gold – vermutlich dem Geist, der dem Buch den Titel gegeben hatte – sah man die Silhouette eines schwarzen Schlosses und einen weißen Mond.

»Warum dieses Buch?«, fragte Ray.

»Molly hat es Raymond an dem Abend geschenkt, bevor er verschwunden ist. Er hat Oscar Wilde geliebt, aber es sollte auch ein Witz sein. Sie heißt mit Nachnamen Cantor. Sie hat viel Geld dafür ausgegeben. Damals waren Bücher relativ teuer.«

Langsam öffnete Ray das Buch. Darin stand eine Widmung von Molly.

Liebe niemanden, der dich behandelt,
als wärst du gewöhnlich. – Oscar Wilde

In außergewöhnlicher Liebe, Molly

In dem Buch lagen ein paar gefaltete Seiten, die eindeutig aus einem anderen Buch herausgerissen worden waren – die Risskante passte zu der zackigen Abrisskante in dem Tagebuch. Die fehlenden Seiten – endlich. Rays Hände zitterten, als würde ihm ein eisiger Schauer den Rücken hinunterlaufen.

»Molly, jetzt drängle ihn doch nicht so!«, sagte Sabrina.

»Lass uns wo hingehen, wo das Licht besser ist«, meinte Ray, und sie verließen nacheinander den engen Raum.

Er breitete die Seiten auf der Kücheninsel aus, sodass sie die verblasste Schrift lesen konnten.

»Warum lassen wir sie Molly nicht zuerst lesen?«, sagte Ray. Sabrina nickte. Er beobachtete ihr Gesicht, während sie Mollys beobachtete. An einer Stelle bekam sie feuchte Augen und fuhr sich mit der Hand zum Mund. Ab und zu wendete Sabrina eine der Seiten, sodass Molly die Rückseite lesen konnte. Er konnte sich nur vorstellen, wie herzzerreißend das für sie sein musste.

»Sie ist weg. Ich denke, sie braucht etwas Zeit. Vielleicht kannst du uns die Seiten eine Weile überlassen. Ich bin mir sicher, dass sie sie noch einmal lesen möchte.«

»Sie kann sie haben«, sagte Ray.

Jetzt waren sie mit Lesen an der Reihe.

14. Oktober 1931

Ein Zug in Illinois

Mein Herz tut weh, und ich schulde Molly die größte aller Entschuldigungen. Ich werde den Rest meines Lebens darauf verwenden, den Schmerz wiedergutzumachen, den ich ihr zugefügt habe.

Meine Familie, diese kleingeistigen Idioten, haben mich fortgeschickt, nachdem sie unsere Verlobung entdeckt haben. Meine Mutter hat von meinen tiefen Gefühlen und meiner Absicht zu heiraten erfahren, indem sie in diesem Tagebuch gelesen hat, das ich in meinem Zimmer versteckt hatte. Seit vielen Jahren wünschen sie sich eine für beide Seiten vorteilhafte Verbindung mit den Hendricks', was mir schon zuwider war, noch bevor ich Molly mit ihrem großen Herzen und ihrem heiteren Wesen kannte. Doch seit wir uns begegnet sind, habe ich meine Seelenverwandte gefunden. Ich möchte jeden Tag bis zum Ende aller Tage an ihrer Seite verbringen, und selbst das wird nicht genug sein.

Meine älteren Brüder haben mich mit Gewalt zum Bahnhof gebracht und in einen Zug nach New York gesetzt. Ich bin nicht freiwillig gegangen, was mein blaues Auge bezeugt – als einer gegen drei habe ich mich gut geschlagen, konnte sie aber nicht überwältigen. Leider Gottes war ich zahlenmäßig in der Unterzahl, und um mir keine dauerhaften Verletzungen zuzufügen, wurde ich bewusstlos gemacht und wachte erst in einem rumpelnden Zugwagen wieder auf, als die großen Häuser von Chicago mir den Blick auf den See verstellten. Jede Meile, die uns trennt, brennt in meiner Seele wie Salz auf verletzter Haut. Mein Plan ist es, bei der erstbesten Gelegenheit abzuhauen und zurück nach Hause zu kommen. Ich habe zwar kein Geld bei mir, doch ich habe immer noch meine Konten. Ich werde zu Molly zurückkehren und sie dorthin mitnehmen, wo meine Familie sich nicht einmischen kann.

Fürs Erste habe ich beschlossen, dass es das Beste ist, mich nicht zu widersetzen. Nach New York zu reisen, sie glauben zu lassen, dass ich mich ihrem Willen füge, und zu verschwinden, wenn sie mich nicht mehr dauernd unter Beobachtung haben. Es mag länger dauern, als mir lieb ist, aber ich werde nicht aufgeben. Ich hoffe, ihr einen Brief schreiben zu können, doch ich muss warten, bis meine Familie mich nicht beobachtet.

Ich bete, dass meine Molly auf meine Rückkehr wartet und nicht an meiner Standfestigkeit zweifelt. Mein Herz ist bei ihr, bis wir wieder vereint sind.

Es folgten mehrere Absätze, in denen er seine Versuche zu verschwinden beschrieb und wie sie von seiner Familie vereitelt worden waren. Der letzte Eintrag war am herzzerreißendsten.

22. November 1932

Wisconsin Dells, Wisconsin

Ich bin nach Hause zurückgekehrt, aber es ist nicht länger ein Zuhause. Mein Herz wird nie mehr ein Zuhause finden, und der Verlust macht mich wütend. Während meiner unbeabsichtigten und ungewünschten Abwesenheit ist das Schlimmste passiert: Meine geliebte

Molly ist umgekommen. Ich war zu lange fort und habe sie total im Stich gelassen. Von ihrem früheren Arbeitgeber und Vermieter habe ich erfahren, dass sie Anfang Oktober krank geworden ist und dass ihr Zustand sich schnell verschlechtert hat, nachdem Mr. Oliver ihr kündigen musste. Da er das Hidden Hiawatha's schließen musste, konnte er sich keine Angestellten mehr leisten. Ohne eine Arbeit hatte Molly niemanden und kein Einkommen. Sie ist wochenlang in ihrer Wohnung geblieben. Mr. Oliver hat sich geweigert, mir zu erzählen, was passiert ist, als meine wunderschöne Molly entdeckt wurde – zu spät und seit einigen Tagen tot –, doch meine Vorstellungskraft bewegt sich auf Wegen, die so dunkel und grauenhaft sind, dass die Wahrheit eine Erleichterung wäre, da bin ich mir sicher.

Ich werde meiner Familie nie verzeihen, dass sie mich von ihr getrennt hat. Wäre ich hier gewesen, würde sie noch leben, wäre gesund und meine schöne Braut, da bin ich mir sicher. Es schmerzt mich, dass sie auf meine Rückkehr gewartet hat und ich nicht gekommen bin. Ich bete, dass sie nicht gestorben ist und mich gehasst hat. Ich könnte es nicht ertragen, dass sie geglaubt hat, ich hätte sie im Stich gelassen. Ich werde ihr nie sagen können, dass es mir leidtut, werde sie nie um Vergebung bitten oder es wiedergutmachen können, ganz zu schweigen davon, meinen Plan umzusetzen, sie jeden Tag zum Lächeln zu bringen. Sie haben sie hinten auf dem Friedhof begraben – mit einem kleinen weißen Stein, der mit der Zeit verblasst und erodiert ist. Ich habe ihn durch einen passenderen ersetzen lassen, der ihrer geschätzten Rolle in meinem Leben gerechter wird. Es hat mich geschmerzt, ihren Nachnamen Cantor dort stehen zu lassen, jetzt wird die Welt nie erfahren, welchen Platz sie immer in meinem Herzen einnehmen wird. Ich könnte genauso gut neben ihr begraben sein, weil alles nun schal und grau ist. Ich kann keinen Tag länger hierbleiben.

Jede Ecke birgt Erinnerungen, die mich hinabziehen. Um weitermachen zu können, muss ich gehen, aber nicht für immer. Wenn ich

tot bin, werde ich zurückkommen, um neben ihr zu liegen. Auf dem Grabstein ist auch Platz für meinen Namen. Wir konnten im Leben nicht zusammen sein, jetzt werden wir für immer im Tode vereint sein. Das ist mein fester Wille, da das alles ist, was mir von ihr geblieben ist.
Morgen kehre ich mit meinen Eltern und Brüdern nach New York zurück. Wir haben ein Haus an dem großen Park. Ich werde mich den Wünschen meiner Familie beugen und die Frau heiraten, die sie für mich ausgewählt haben, eine entfernte Vanderbilt-Cousine. Ich werde arbeiten, wo sie mir sagen, dass ich arbeiten soll. Es spielt keine Rolle mehr. Ich warte nur auf den richtigen Zeitpunkt, um wieder mit Molly vereint zu sein. Dann kann ich wieder leben.

Rays Kehle wurde eng. Er drückte Sabrina fest an sich, er brauchte es, sie zu spüren. Seine Eltern waren nicht einfach, doch er konnte sich nicht vorstellen, dass sie ihn von einer Frau trennen würden, die er liebte. Er würde dafür sorgen, dass sein Urgroßvater dort zur Ruhe gebettet wurde, wo sein Herz bereits weilte.

40

vierzig

»Hast du überhaupt keine Angst?«, fragte Ray, der dicht neben Sabrina ging, während sie sich zwischen den Grabsteinen hindurchschlängelten. Die Hitze des Tages hatte sich bereits gelegt, und Sabrina wünschte, sie hätte einen Pullover über ihrem T-Shirt. »Umgeben von all den Toten?«

»Ich mag zwar vor vielem Angst haben, aber der Tod gehört definitiv nicht dazu.« Sie griff nach hinten und drückte seinen Arm, wobei sie sorgfältig darauf achtete, nicht gegen ihn und seine kostbare Fracht zu stoßen. »Hier gibt es nichts, was uns etwas anhaben kann.«

Ray stieß sich das Schienbein an einem niedrigen Grabstein, den er in der Dunkelheit nicht gesehen hatte. »Autsch.«

»Nur deinem Schienbein. Pass auf die Steine auf«, sagte Sabrina.

»Das gibt einen Bluterguss«, meinte Ray.

»Ich besorge dir etwas Eis, wenn wir das hier erledigt haben. Folge mir und du stößt gegen nichts.«

»Warum müssen wir das abends machen? Ohne Taschenlampen?«

»Auch wenn wir die Erlaubnis haben, hier zu sein, macht es die Sache einfacher, wenn wir der Polizei nichts erklären müssen. Das Mondlicht reicht uns.«

Ray brummte etwas, was Sabrina nicht verstand.

»Wir sind fast da, meine Lieben«, sagte Molly, die ihnen den Weg zeigte. Sabrina folgte Molly, und Ray folgte Sabrina. Sie gingen um einen großen Granitwürfel herum und standen vor einem der größten Grabsteine des Friedhofs – einem riesigen Block aus weißem Marmor mit einem eindrucksvollen weinenden Engel. Auf dem Grabstein stand:

MARGARET CANTOR

DIE LIEBE MEINES LEBENS

»UND DIE LIEBE IST STÄRKER ALS DER TOD.« – OSCAR WILDE

»Wow, wie dezent«, sagte Sabrina.

»Für meinen Geschmack ist es ein bisschen zu protzig«, sagte Molly, doch sie schien sich zu freuen.

»Du heißt Margaret? Warum hast du mir das nie gesagt?«, fragte Sabrina.

»Ich muss dir nicht alles sagen.« Molly legte ihre Hand auf den Stein. »Außerdem habe ich den Namen nie besonders gemocht. Molly passt zu mir. Ich weiß nicht, warum Raymond ihn auf den Stein gesetzt hat. Er hat gewusst, dass ich ihn gehasst habe.«

»Wir hätten sehr viel früher eins und eins zusammenzählen können, wenn ich deinen richtigen Namen gewusst hätte.« Sabrina berührte den kalten Stein. »Warum war ich noch nie an deinem Grab?«

Molly fiel geschockt die Kinnlade herunter. »Das ist makaber. Warum solltest du das wollen? Ich bin zu dir gekommen.« Sie schnaubte, dann fuhr sie mit den Fingern über die Worte. »Er hat mich wirklich geliebt. Wir wären so glücklich miteinander geworden.«

Ray trat zu ihnen an den Grabstein und zog die silberne Urne aus der Tasche, die er bei sich trug. »Da ist er.«

Molly standen Tränen in den Augen. Sie streckte die Hand aus, um die Urne zu berühren. Sabrinas Augen wurden feucht, weil Mollys Gesicht vor Liebe nur so strahlte. Es war herzzerreißend.

»Was ist?«, sagte Ray.

»Molly berührt die Urne. So nah ist sie Raymond seit langer Zeit nicht mehr gewesen.«

»Sie hätte die Urne im Haus besuchen können.«

»Ich wandere nicht uneingeladen durch fremde Häuser«, sagte Molly, während sie weiter die Urne berührte.

Sabrina runzelte die Stirn, sie wusste, dass das nicht ganz der Wahrheit entsprach, doch jetzt war dafür nicht der richtige Moment. Ray blickte auf die Urne. Er kniff die Augen zusammen bei dem Versuch, Mollys Hand zu sehen.

»Hi, Molly«, sagte er.

»Hi, Ray«, flüsterte Molly.

Sabrina gab ihre Worte an Ray weiter.

»Er sieht wirklich aus wie mein Raymond«, erklärte Molly. »Dieses Haar. Du willst einfach hineingreifen, sein Gesicht zu deinem ziehen und ihn küssen, bis dir Hören und Sehen vergeht.«

»Molly!«

»Was hat sie gesagt?«, fragte Ray.

»Dinge, die ich nicht vorhabe zu wiederholen.«

»Tu nicht so geschockt. Ich war lange genug in eurer Nähe. Ich habe schon mitbekommen, wie ihr redet«, sagte Molly.

»Es ist schlimmer, als wenn meine Mom so redet. Es ist beunruhigend.«

»Und was sollen wir jetzt tun?«, fragte Ray.

Vor dem Stein war ein Loch, ein paar Zentimeter tief, ein paar Zentimeter breit. Eine Schaufel lehnte an der Seite des Grabs neben einem kleinen Häufchen Erde. Sabrina hatte alles so vorbereiten lassen, damit sie ein wenig Zeit für sich hatten, ohne dass jemand sie beobachtete.

»Leg ihn zu Molly, sodass sie für immer zusammen sind.«

»Ich brauche noch einen Moment«, sagte Molly.

Sie legte die Hände auf die Urne und schloss die Augen. Nach einer Weile gab sie ihr einen sanften Kuss.

»Ich wünschte, ich könnte mit dir gehen, mein Liebster«, sagte sie schließlich und nickte Sabrina zu.

»Ray, leg ihn in das Grab, dann fülle ich es auf«, sagte Sabrina.

Ray kniete sich auf den Boden und ließ die Urne sanft auf den Grund hinunter, und Sabrina schaufelte die Erde darauf. Es dauerte nicht lange, das kleine Loch zu füllen. Sie stampfte die Erde fest und stellte die Schaufel dorthin zurück, wo sie sie gefunden hatte.

»Der Verwalter pflanzt morgen frisches Gras darüber. Nächstes Jahr wird man nichts mehr sehen«, sagte sie.

Sie blieben einen Moment schweigend stehen.

»Molly? Bist du das wirklich?« Sabrina und Molly hoben gleichzeitig die Köpfe und sahen eine neue Figur. Einen älteren Mann mit dickem weißem Haar in einem maßgeschneiderten grauen Anzug. Er trat auf sie zu, während sein Haar allmählich dunkler wurde und seine Haut sich glättete, bis ein junger Mann vor ihnen stand.

»Raymond.« Molly trat zu ihm. »Wie?«

Er sah sich um. Sein Blick ruhte auf Mollys Grabstein, dann kehrte er zu ihr zurück und betrachtete zärtlich ihr Gesicht.

»Ich … ich weiß nicht.« Beide leuchteten in einem sanften

weißen Licht. »Ich war in New York. Das Letzte, woran ich mich erinnere, ist, dass ich mein Tagebuch aus dem Regal gezogen habe, damit Ray es findet.« Er zeigte auf Ray. Sabrina bedeckte den Mund mit den Händen.

»Was. Ist. Los?«, fragte Ray.

»Dein Urgroßvater ist hier. Das Letzte, woran er sich erinnert, ist, dass er das Tagebuch aus dem Regal gezogen hat, damit du es findest.«

»Du hast versucht, zu mir zurückzukommen? Nach all der Zeit?« Molly streckte die Hände nach seinen aus, und als sie sich vereinten, wurde das Licht intensiver und pulsierte wie ein Glühwürmchen.

»Was ist das?«, fragte Ray und zeigte auf die Stelle, an der Molly und Raymond standen.

»Du kannst das sehen?«, fragte Sabrina.

»Wie sollte ich nicht?«

»Molly.« Sabrinas Alarmglocken klingelten. Alles, was Molly je gewollt hatte, war, Raymonds Gesicht noch einmal zu sehen, herauszufinden, was zu ihrer Trennung geführt hatte. Sie hatten das Tagebuch gefunden, und er war hier. Und Raymond hatte neben Molly begraben werden wollen. Alles war erfüllt. »Molly?«

»Sabrina, du musst meinen Raymond kennenlernen.« Das Licht wurde heller. Molly strahlte Sabrina an. »Raymond, das ist Sabrina, meine liebste Freundin. Du wirst sie mögen.«

»Molly«, sagte Sabrina sanft, »es ist Zeit.«

»Zeit, wofür, hm?«

»Deine unerledigten Dinge sind erlegt.« Sabrinas Worte blieben ihr in der Kehle stecken. Molly machte große Augen, und das weiße Licht wurde noch intensiver, bis es so hell war wie ein Autoscheinwerfer.

»Ich kann sie sehen«, flüsterte Ray. Sein Blick war unverwandt auf die beiden gerichtet, um nur nichts zu verpassen.

Molly drehte sich zu Raymond um, und er nickte. Molly kam zu Sabrina und streckte die Hand nach Sabrinas Wange aus. Beide hielten die Luft an, als ihre Finger Sabrinas Gesicht berührten.

»Ich kann dich fühlen«, sagte Molly. Sabrina griff nach der Hand, die so real war wie Rays und so warm, als hätte sie stundenlang Sonnenlicht gespeichert. Sie drückte sie, dann zog sie Molly in ihre Arme, ihre hüpfenden Locken verdeckten die Tränen, die aus ihren Augen liefen. Die Seide von Mollys Kleid raschelte unter ihren Fingern, als sie sie fester an sich zog. Sabrina fühlte ihr Herz an Mollys stiller Brust schlagen.

»Schätzchen«, sagte Molly.

»Du gehst, und es ist zu früh. Ich weiß, dass das egoistisch ist.«

Molly drückte sie noch fester. »Schätzchen, ich habe nicht lange. Ich fühle schon den Zug – es ist faszinierend. Ich dachte, ich würde ewig hier sein. Du warst meine Freundin, und du hast es erträglich gemacht – nein, mehr als erträglich, wunderbar. Ich weiß nicht, wohin ich gehe, doch ich weiß, es wird nicht so schön sein, weil ich keine Filme mehr mit dir gucken und nicht mit dir lästern kann.«

Sabrina verdrehte die Augen und lächelte.

»Aber ich verspreche dir, dass ich dich nie vergesse.« Sie ließ Sabrina los und hielt den kleinen Finger hoch.

Sabrina griff mit ihrem danach, während sie nach Luft rang, um die Tränen in Schach zu halten, doch schließlich ließ sie sie laufen. »Was soll ich nur ohne dich machen?«

»Du wirst es herausfinden. Du bist nicht mehr allein.« Sie sah über ihre Schulter zu Ray hin.

»Und du auch nicht.« Sabrina ließ ihre Hand los und nickte zu der Stelle hin, wo Raymond wartete. Ray trat neben sie und griff nach ihrer Hand. »Ihr habt beide lange genug gewartet. Genießt euer Happy End.«

Als Molly Raymonds ausgestreckte Hand ergriff, wurde das Licht strahlend hell, dann waren beide verschwunden. Sabrinas Ray zog sie fester an sich, während ihre Schultern bei jedem Schluchzer bebten.

Eine Stimme erklang hinter einer Rauchwolke. Sabrina konnte das Gesicht nicht sehen, doch sie wusste, wem sie gehörte. Diese Reibeisenstimme konnte niemand anderem als Belle gehören.

»Endlich wird es hier etwas ruhiger sein.«

41

einundvierzig

Es waren nur noch wenige Tage bis zu der Gala, und die Wand vor dem Esszimmertisch war mit Klebezetteln bedeckt, doch diesmal für etwas anderes, etwas Größeres. Sabrina hatte den Esstisch gegen die Wand geschoben, sodass sie beim Arbeiten die Post-its lesen konnte. Gelegentlich hielt sie inne, um dem Arrangement einen neuen hinzuzufügen.

Vor ihr stand ihr Laptop und zeigte ein leeres Dokument, der Cursor zuckte wie ein blinkendes Herz. Sie hatte auf Tausende von blinkenden Cursorn geblickt, die alle darauf warteten, dass sie jemandes Geschichte erzählte. Aber jetzt wartete der blinkende Cursor auf ihre Geschichte, was sich richtig anfühlte. Sabrina lebte mit einem Fuß in einer fantastischen Welt, die reich war an Geschichten von Liebe und Hass, Verrat und Rache, Habgier und Güte.

Mollys Geschichte wollte sie als erste erzählen. Die Geschichte einer verlorenen Liebe, die Geschichte von Liebenden, die sich wiedergefunden hatten, weil sie nie aufgehört hatten, sich zu lieben, auch wenn sie erst sterben mussten, um zusammenzukommen. Es war eine wunderschöne Geschichte über die Hoffnung, und Sabrina wollte sie teilen.

Sie gab den Titel ein:

Ray kam auf Zehenspitzen herein und stellte ein gegrilltes Käsesandwich neben sie. »Du bist schon eine ganze Weile hier drinnen. Ich dachte, du könntest etwas zu essen gebrauchen«, sagte er.

Er küsste sie auf den Scheitel und hatte sich umgedreht, um zu gehen, als Belle im Zimmer erschien. In ihrer Begleitung war eine ältere Frau in einem Krankenhausnachthemd und flauschigen Socken, das graue Haar an manchen Stellen zerdrückt, an anderen abstehend, während der verräterische Schein ihre Konturen verschwimmen ließ.

»Hier ist noch eine«, sagte Belle und ließ die Frau los, als würde sie sie in eine Gefängniszelle werfen.

»Hi, Belle«, sagte Sabrina.

Ray wurde munter und sah sich um. Er versuchte noch immer, die Geister zu sehen, wenn sie auftauchten.

»Ich habe sie auf dem Highway Twelve aufgelesen.«

»Danke, dass du sie zu mir gebracht hast, Belle.« Sabrina drehte sich zu der Frau um. »Womit kann ich Ihnen helfen, Ms …?«

»Ally ist in Ordnung.« Sie sah Belle und Ray mit großen Augen an.

»Verstehst du, was mit dir passiert, Ally?«

»Ich bin tot, oder?« Sie saugte an ihren Zähnen. »Ich war sehr krank.«

»Es tut mir leid, aber das stimmt. Du bist hier, weil noch etwas erledigt werden muss, bevor du ganz deinen Frieden findest. Ich werde dir dabei helfen.« Sabrina lächelte sie an. »Du musst mir nur sagen, was es ist.«

Ally sah Ray an.

»Mach dir seinetwegen keine Gedanken, er kann dich nicht sehen, obwohl ihm der Gedanke gefällt, dass er das kann, wenn er die Augen fest genug zusammenkneift.«

»Das ist mein Stichwort.« Er verließ das Zimmer. »Tschüss, Belle. Viel Spaß, Sabrina!«, rief er aus der Küche.

Belle zeigte zur Tür. »Soweit man das von Atmenden sagen kann, ist er in Ordnung.« Sie sah Ally an. »Du schaffst das.«

Dann war Belle verschwunden.

»Okay, Ally. Jetzt sind wir unter uns. Du kannst mir alles sagen. Ich habe schon alles gehört.«

Allys gesamte Aura errötete leicht. »Ich habe ein paar Dinge versteckt, von denen ich nicht möchte, dass mein Mann oder meine Kinder sie finden.« Sie warf einen Blick zur Küchentür und flüsterte: »Erwachsenendinge. Ich denke, sie würden es nicht verstehen.«

Sabrina blinzelte und hielt sich die Hand vor den Mund, um ihr Lächeln zu verbergen. Sie hatte doch noch nicht alles gehört.

»Kein Problem, Ally. Komm mit, und wir kümmern uns darum. Mit etwas Glück ist deine Familie noch im Krankenhaus, und wir können ins Haus und sind wieder raus, bevor irgendjemand etwas merkt.«

Ally sah erleichtert aus. Manche Geheimnisse nahm man besser mit ins Grab.

42

zweiundvierzig

»Probier das mal«, sagte Ray und hielt Sabrina ein mundgerechtes Häppchen hin. Er steckte es ihr in den Mund. Es war ein leicht paniertes Bällchen. Als sie darauf biss, schmeckte sie Reis – nein, Risotto – mit reifem Cheddar und einem Stückchen Bratwurst und einen leicht bitteren Nachhall nach malzigem Bier und einem Hauch Sauerkraut.

»Hast du dein Wisconsin-Risotto zu Arancini verarbeitet?«

Ray lachte.

»Ich könnte gar nicht mehr aufhören, davon zu essen. Sie sind der Hammer.«

»Das ist die einzige von meinen Ideen, die Rick akzeptiert hat, aber schon das ist eine Leistung.«

»Jetzt kreierst du auch noch köstliches Essen.«

Sie griff nach Rays Fliege, um sie zurechtzuziehen, obwohl das nicht wirklich nötig war. Sie suchte nur irgendeinen Grund, ihn zu berühren, und auch wenn sie dafür keine Entschuldigung brauchte, war es schön, eine zu haben. Er trug die formelle Kleidung, als wäre es ihm in die Wiege gelegt. Er schlang den Arm um ihre Taille, wobei er darauf achtete, ihre Robe nicht zu zerknittern, auf der sich Blätter von einem burgunderroten Hintergrund abhoben. Das auf einer Seite schulterfreie Kleid hatte einen weiten Rock, der rauschte, wenn sie sich drehte.

»Sollen wir mal nach unseren Ehrengästen sehen?«, schlug er vor.

Die beiden bahnten sich ihren Weg durch eine wachsende Menschenmenge, blieben immer wieder stehen, um ein paar Worte mit jemandem zu wechseln, wobei Ray den größten Teil des Redens übernahm. Schließlich schafften sie es zu der Veranda, auf der drei Tische für ein »Abendessen mit einem Hund« standen, jeder für sieben Personen und einen Vierbeiner. Der sehr attraktive Frank, der ebenfalls eine Fliege trug, wartete bereits mit Gabby an seinem Tisch.

»Sieh dir an, wie gut er aussieht!«, sagte Sabrina und kraulte Franks weiche schwarze Ohren. »An unserem Tisch sind eindeutig die Bestgekleideten.«

Ray nickte. »Nicht nur das«, sagte er und gab Frank ein Leckerchen aus seiner Tasche. »Dieser Kerl wird auch mein neuer Mitbewohner.«

»Wirklich?«, fragte Sabrina.

»Frank ist schwer zu vermitteln, weil er so groß ist«, sagte Gabby.

»Du bist zu groß, mein Junge, nicht wahr?« Ray ging nahe genug an ihn heran, um ein paar Küsse zu bekommen. »Er wird auch unser Vorzeigewelpe. Er kommt mit mir zur Arbeit und wird immer hier sein, um mit den Gästen zu schmusen.«

»Wie läuft es denn so?«, fragte Sabrina Gabby.

»Innerhalb eines Monats haben wir zwei Adoptivfamilien gefunden und eine potenzielle. Plus Franks Vermittlung. Die Spenden gehen auch in die Höhe.«

Sabrina beugte sich hinunter, um Frank anzusehen. Seine dunklen Augen drückten nichts als hündische Verehrung aus.

»Wir werden uns oft sehen.« Sie gab ihm einen Schmatzer auf die Stirn.

»Sabrina.«

Sabrina drehte sich um, um Rays Mutter zu begrüßen.

»Claire, ich freue mich so, dass du und Raymond kommen konntet.«

»Das ist überwältigend. Du und unser Ray habt euch selbst übertroffen. Du musst unbedingt ein paar Partys für mich planen.«

»Nur wenn du sie hier veranstaltest. Mr. Garnham hat mir einen Job im Beerdigungsinstitut angeboten. Ich fange nächste Woche an.«

Claire verzog das Gesicht. »Das ist eine ungewöhnliche Wahl.«

»Sie ist besser, als du vielleicht denkst«, sagte Sabrina. Ray drückte ihren Arm und lächelte. »Außerdem hat Ray mich zu ein paar Partyplanungsgigs beschwatzt. Ich habe ihm zwar gesagt, dass er sich mich nicht leisten kann, doch er wollte nicht auf mich hören.«

»Das tut er meistens nicht.«

Lucy trat zwischen sie und zwang Claire, sich entweder außer Hörweite zu begeben oder von Frank abgeschleckt zu werden.

»Hey, Lady.« Sie küsste Sabrina auf die Wange. »Ich mag dein Kleid. Mom hat auf dem Weg hierher die ganze Zeit von dir geredet.« Lucy nickte über ihre Schulter in Richtung ihrer Mutter. »Du gehörst jetzt dazu. Du gehörst jetzt zur Familie. Sie wird dich nie mehr loslassen.«

»Ich gehöre nicht zur Familie.«

»Das tust du auf die Weise, die zählt. Du bist ihre beste Chance auf Enkelkinder innerhalb der nächsten zehn Jahre. Der Rest ist eine Formalität – eine, für die sie viel Geld ausgeben wollen wird, aber trotzdem eine Formalität. Also, mach dich auf was gefasst.«

Sabrina lachte. Sie war angenehm überrascht, dass der Gedanke an Kinder sie nicht in eine Angstspirale katapultierte. Die neuen Medikamente gegen Ängste mussten wirken.

»Ich freue mich, dass du hier bist, und ich weiß, dass Ray das auch tut«, sagte Sabrina.

»Lustig, es ist gar nicht so schrecklich, sich in die Walachei zu begeben. Und *die* wachsen mir langsam ans Herz.« Sie hielt einen Brandy Old Fashioned hoch und schwenkte das Glas, sodass das Eis gegen die Seiten klickte. »Wer ist das?« Lucy zeigte auf Gabby, die Frank mit Bacon auf seinen Spezialsitz lockte. Gabby hatte ihr Haar zu einem Pferdeschwanz zurückgebunden, der über einem goldenen, mit Pailletten besetzten Oberteil hing, zu dem sie eine Lederhose (wahrscheinlich Kunstleder, so, wie sie Gabby kannte) und dunkle Plateaustiefel trug. Gabby blickte auf und bemerkte Lucys Blick, lächelte zurück und wandte ihre Aufmerksamkeit wieder Frank zu.

»Ich stelle euch vor«, sagte Sabrina.

Nachdem Sabrina dafür gesorgt hatte, dass Lucy auf dem Stuhl neben Gabby saß, wollte sie vor dem Abendessen noch eine letzte Runde drehen, um sich zu vergewissern, dass alles bereit war. In der Küche schnappte sie sich noch zwei Reisbällchen, während Rick ihr versicherte, dass alles nach Plan lief – doch wenn ihr nach Snacks sei, solle sie sich die bitte bei den Kellnern besorgen, weil er Tabletts mit leeren Stellen nicht aus der Küche gehen ließe. Nachdem er sie ausreichend getadelt hatte, überprüfte sie, ob die Bar genug Eis hatte und ob für alle Sachen für die stille Auktion Gebote abgegeben worden waren. Ein paar übertrafen sogar den überhöhten aufgelisteten Preis – ein Riesenerfolg, da es sich bei allem um Spenden handelte.

Sie holte ihre Liste und einen Stift aus der Tasche ihres

Kleids – ja, es hatte Taschen – und hakte die letzten Punkte ab. Sie konnte jetzt nichts mehr tun als den Abend zu genießen. Die Lichter blinkten, um zu verkünden, dass gleich das Abendessen serviert würde, und sie drehte sich zu ihrem Tisch um.

Vor ihr stand Erika, das Haar hochgesteckt, sodass es unmöglich war, die kieselsteingroßen Diamantohrstecker und die dazu passende Halskette zu übersehen, an der ihre Finger herumspielten für den Fall, dass nicht aller Augen bereits von dem Funkeln geblendet waren. Das schwarze Kleid, das ihren Körper umhüllte, lenkte die Aufmerksamkeit noch mehr auf die kleine Toilettenpapierschleppe, die unten herausschaute. Zwei Jungen, die hinter ihr standen, zeigten darauf und kicherten.

»Wie es aussieht, hast du es geschafft, die Stadt nicht zu blamieren«, sagte Erika.

Sabrina öffnete den Mund, um sie daran zu erinnern, dass Erika ohne sie gar nicht hier wäre, doch in diesem Moment tauchte Sabrinas Mutter auf und drückte sanft ihren Ellenbogen.

»Was für schöne Diamanten«, sagte ihre Mutter.

Erika war sofort abgelenkt wie ein Kind, dem man eine Süßigkeit hinhielt. »Sie sind seit Jahren in der Familie. Großmutter wollte, dass ich sie bekomme.«

»Ja, ich weiß, meine Liebe. Madam war sich so sicher, dass sie die Hundert überschreiten würde, dass es ihr nie in den Sinn gekommen ist, allen zu sagen, wo sie sie versteckt hatte. Es wäre schrecklich gewesen, hätte es mich nicht gegeben, um diese ganz spezielle Information weiterzugeben. Ich bezweifle, dass irgendjemand in eurer Familie den lockeren Stein auf dem Dachboden entdeckt hätte.«

»Woher wussten Sie das?«, fragte Erika.

Jenny beugte sich vor, um ihr etwas zuzuflüstern. »Sieh zu, dass du aufschreibst, wo du sie verstecken willst. Man weiß schließlich nie, wann die Monroes es müde werden, den Hendricks' zu helfen.«

Ihre Mutter tätschelte Erikas Wange und führte Sabrina weg.

»Das hat sich richtig gut angefühlt«, flüsterte ihre Mutter, doch Sabrina blieb stehen und ging zu Erika zurück.

»Was ist es diesmal?«, sagte Erika. Sie machte es einem wirklich schwer, nett zu ihr zu sein.

»Heb deinen linken Fuß.«

Sabrina ging in die Hocke, wobei sich ihr Kleid um sie herum aufblähte, und löste das Toilettenpapier von Erikas Absatz.

Sie stand wieder auf und hielt es Erika vor die Nase.

»Ich hab's«, sagte Sabrina, zerknüllte es in ihrer Hand und wartete nicht auf ein Danke, das nie kommen würde. Manche Menschen waren nicht fähig, sich zu ändern.

Nach dem Abendessen und der Auktion, als bloß noch getrunken, getanzt und das Nachspeisenbüfett geplündert wurde, begutachteten Sabrina und Ray ihren Erfolg. Sie verfolgte nicht mehr, wie lange es her war, seit sie das letzte Mal mit jemandem gesprochen hatte, nicht, weil sie eine versteckte extrovertierte Seite an sich entdeckt hatte, sondern weil es keine Rolle mehr spielte. Sie war, wie sie war, und die richtigen Leute liebten sie dafür. Es spielte keine Rolle, ob sie sich in ihrem Zimmer versteckte oder eine prachtvolle Party organisierte, sie war sich selbst treu. Nach Perfektion zu streben und sich darüber Gedanken zu machen, was die anderen von ihr dachten, hatte sie nur unglücklich gemacht. Die Fehler waren es, die das Leben interessant machten wie die ungleiche Holzmaserung und die vereinzelten Astlöcher in einem wunderschönen Holzboden.

Ray führte sie zur Tanzfläche und schlang seine Arme um ihre Taille. Sabrina suchte die Menge ab, zuerst wusste sie nicht, nach wem sie Ausschau hielt, doch dann wurde ihr klar, dass sie die hüpfenden Locken oder das Lächeln mit den Grübchen nicht finden würde. Molly. Sie hätte diesen Abend geliebt, hätte irgendein aufwendiges Abendkleid getragen oder sich vielleicht aus Spaß jede Stunde umgezogen, an diversen Tischen heimlich gelauscht und die lustigsten Geschichten später mit Sabrina geteilt.

Wenn Molly hier wäre, würde sie Sabrina sagen, dass das das perfekte Ende ihrer Liebesgeschichte war. Der Bösewicht war bekämpft, das Paar vereint, und es gab eine Party mit eleganten Kleidern, gutem Essen und viel Musik. Doch im wahren Leben sahen glückliche Happy Ends anders aus als im Film. Der Schmerz, der Verlust und die Schwierigkeiten verschwanden nicht. Jede Freude erinnerte einen daran, dass jemand nicht mehr da war, um den Moment mit einem zu teilen. Richtige Happy Ends waren süß und schmerzlich zugleich. Mit Ray an ihrer Seite wollte Sabrina alles auskosten.

Rezept

Brandy Old Fashioned à la Wisconsin

In unserem wunderbaren Milchprodukte-Staat machen wir die Old Fashioneds anders. Es kursieren viele unterschiedliche Geschichten, wie die Wisconsin-Version entstanden ist, und die meisten gehen auf die Weltausstellung in Chicago 1893 zurück, als die in Kalifornien ansässigen Korbel Champagne Cellars einen Brandy auf den Markt brachten und die Bürger von Wisconsin begeistert waren, wie er sie an ihre deutschen (und Weinbrand liebenden) Wurzeln erinnerte. Danach wird es unklarer – bis nach der Prohibition, wo Brandy Old Fashioneds und Supper Clubs untrennbar zusammengehörten. Ein Fischessen an einem Freitagabend war ohne einen Old Fashioned nicht komplett. Mit dem folgenden Rezept können Sie diese Wisconsin-Tradition selbst genießen.

Für 1 Person und 1 Cocktailglas

* ½ Unze einfachen Sirup (Kochen Sie Zucker und Wasser zu gleichen Teilen, bis sich der Zucker aufgelöst hat, und lassen Sie alles abkühlen.)

* 2 Kirschen plus etwas Saft aus dem Glas und weitere Kirschen zum Garnieren. Maraschino-Kirschen gehen, doch wenn Sie an qualitativ hochwertige Kirschen kommen, die in Brandy eingelegt sind, verwenden Sie diese.

* 2 Orangenschnitze

* 10 Spritzer eines Bitters (Angostura-Bitter sind traditionell, aber Sie können auch gern experimentieren.)

* 1½ Unze Brandy (Korbel ist traditionell, doch es geht mit jedem Brandy.)

* Eis

* Soda (Verwenden Sie 7up für eine süße Version und für eine saure eine saure Soda oder Sodawasser.)

* Geben Sie den einfachen Sirup, zwei Kirschen plus Saft, einen Orangenschnitz, die Bitter und den Brandy in das Cocktailglas und schütteln.

* Fügen Sie das Eis hinzu, und rühren Sie um.

* Füllen Sie den Rest des Glases mit Soda auf.

* Garnieren Sie mit dem anderen Orangenschnitz und einer Kirsche.

Danksagungen

Ich bin so dankbar für die vielen, vielen Menschen, die mein Leben und meinen Beruf möglich machen.

Ich danke Rachel Ekstrom – mein Wohl ist dir immer wichtig. Du lässt dich auf meine verrückten Ideen und nie endenden Fragen über jeden Aspekt des Verlagsgewerbes ein. Ich bin so dankbar, dich zu haben. Ein Dank an das Folio-Team, vor allem an Maggie Auffarth.

Kerry Donovan – von unserem ersten Gespräch an wusste ich, dass du verstanden hast, welche Art Bücher ich schreiben wollte. Du hast mir geholfen, sie Realität werden zu lassen! Danke!

Allen bei Berkley, die mich mit offenen Armen aufgenommen haben, doch vor allem Diana Franco, Jessica Mangicaro und Mary Geren. Und Vikki Chu für das perfekte Coverdesign, Stacy Edwards, Craig Burke, Jeanne-Marie Hudson und Claire Zion. Lektor*innen machen einen ungewürdigten Job. Sie verkünden den Autoren die harten Wahrheiten – wie, dass wir nicht wissen, wie wir die Kommas zu setzen haben, oder dass bei uns die Wochen achtzehn Tage haben. Abby Graves, ich danke dir!

Ein Buch zu schreiben, ist eine bedeutende Sache, doch sie ist noch sehr viel bedeutender, wenn Menschen es auch lesen.

Ich danke Kathleen Carter, dass du für die nötige Werbung gesorgt hast. Danielle Noe, du bist eine Facebook-Zauberin.

Melissa Marino – meiner Mittäterin und Recherchefrau, du hast mir am Anfang geholfen, mich durch diese Geschichte zu wursteln, als ich versucht habe, fünfzehn Sachen auf einmal zu tun. Kelly Harms und Kristin Harmel, danke dafür, dass ihr eure Weisheit mit mir geteilt habt.

Testleser*innen sind wichtig, um zu wissen, ob ein Buch Hand und Fuß hat. Ich danke Carla Cullen – unsere Frühstücke bedeuten mir so viel –, Sarah Cannon, Gail Werner, Anne Siess und Heather Webb (für unser vierstündiges weinseliges Videogespräch und dass wir auch mitten in der Pandemie über mein Buch sprechen konnten). Meinen Mädchen Karma Brown, Colleen Oakley und Nicole Blade – unsere täglichen SMS erhalten mir meine geistige Gesundheit, und unsere gemeinsame Liebe für die *Vampire Diaries* stellt meinen Glauben an die Welt wieder her. Team Damon forever.

Das Internet ist großartig für die Recherche, doch manchmal braucht man reale Menschen für die Details. Ich danke Kiki Rodriguez – du weißt, wer du bist. Lynette und Terry Gunville – ihr seid nicht nur beide unglaubliche Fans meiner Bücher, eure Einsicht in die Kämpfe mit der Angst und wie man sie behandelt, hat Sabrina Leben eingehaucht. Alle Fehler gehen auf meine Rechnung.

Ich danke meiner Familie – monatelang bekomme ich das, was um mich herum passiert, nur halb mit. Danke, dass ihr Geduld mit mir habt und alles am Laufen haltet. Mom, Sandy, Pam – dass ihr mir immer helft, wenn ich einer Situation nicht gewachsen bin. Daisy, meinem Riesenkuscheltier und meiner ultimativen Schreibgefährtin. Meinen Kindern, Ainsley und

Sam, ihr seid mein Ein und Alles. Meinem Johnny Reichert – du unterstützt mich in jeder Beziehung.

Und zuletzt danke ich all meinen Leser*innen, die mir sagen, dass sie unbedingt weitere Bücher wollen – es bedeutet mir so viel zu wissen, dass Fremden gefällt, wie mein Gehirn tickt.